복합재료

COMPOSITE MATERIALS

| 이대길 | 정명영 | 최진호 |
| 전성식 | 장승환 | 오제훈 | 공저

홍릉과학출판사

이 책의 부록 파일은 도서출판 홍릉 홈페이지(www.hongpub.co.kr)에서 내려받을 수 있습니다.

홈페이지에서 도서명 검색 후 보조자료를 다운로드하시기 바랍니다. (Chrome 웹브라우저 사용 권장)

저자서문

본 교재는 MIT의 우주항공공학과에서 P. A. Lagace 교수에 의해 강의되고 있는 복합재료역학의 강의노트를 기본으로 하여, 본 저자들이 한국과학기술원 기계공학과의 신소재 응용 기계설계 연구실에서 연구한 내용, 학사과정(복합재료 개론)과 대학원 과정(복합재료 가공론, 복합재료 설계)에서 강의한 내용, 그리고 다른 교재들의 좋은 내용과 관련 논문들을 인용하여 저술하였다. 본 교재를 저술하면서 어려웠던 점은 용어의 번역 및 통일성 문제이었으며, 올바른 의미 전달을 위하여 영어 원어를 병기하였다. 본 서의 내용은 크게 복합재료 역학과 복합재료 가공법으로 나눌 수 있으며, 고분자 수지를 기지재로 사용하는 장 섬유 복합재료와 관련된 내용들을 중심으로 기술하였다. 복합재료 역학에서는 고전 적층판 이론, 환경 특성, 복합재료 미소역학 등을 다루었으며, 복합재료 가공법에서는 진공성형법, 필라멘트 와인딩, 펄트루전, RTM, 압축성형 공정 등에 대한 기본적인 내용들을 소개하고 있다. 따라서, 본 교재는 학부 과정과 대학원 과정에서 복합재료를 처음 공부하는 사람들 또는 관련 산업계에 종사하고 있는 사람들에게 많은 도움이 될 것으로 생각한다.

본 교재가 출간되기까지 많은 도움을 준 한국과학기술원 기계공학과 신소재응용 기계설계 연구실의 졸업생 및 재학생들에게 감사드리며, 홍릉과학출판사의 관계자 여러분들께도 심심한 감사를 드린다.

2007년 8월

한국과학기술원 기계공학과_이대길
부산대학교 나노시스템공정공학과_정명영
경상대학교 기계항공공학부_최진호
공주대학교 기계공학과_전성식
중앙대학교 기계공학과_장승환
한양대학교 기계공학과_오제훈

차례

Chapter 01 복합재료 개론

Chapter 02 복합재료 거시역학

Chapter 03 응력, 변형률 및 강성의 변환

Chapter 04 적층판의 평면 내의 강성

Chapter 05 플라이 응력

Chapter 06 굽힘

Chapter 07 파손 이론

Chapter 08 흡습열 응력 및 변형률

Chapter 09 복합재료 미시역학

Chapter 10 Autoclave Vacuum Bag Degassing 공정

Chapter 11 복합재료의 접합

Chapter 12 필라멘트 와인딩 공정

Chapter 13 펄트루전

Chapter 14 RTM

Chapter 15 SMC

Chapter 16 압축성형

CHAPTER 1

복합재료 개론

1.1 입문

복합재료는 두 가지 이상의 성질이 서로 다른 물질이 거시적(Macroscopic)으로 혼합되어 유용한 물질이 된 것을 가리킨다. 두 가지 이상의 서로 다른 물질을 혼합하는 방법에는 원자와 원자가 합쳐져서 화합물(예를 들면, $2H_2 + O_2 = 2H_2O$)로 만들어지는 경우가 있으나, 이런 경우는 복합재료라고 하지 않는다. 복합재료는 혼합되어 있는 상태에서도 각 성분이 원래의 성질을 가지고 있어서, 미시적(Microscopic)으로 보면 균일하지 않은(Inhomogeneous) 상태로 존재한다.

서로 성질이 다른 두 가지 이상의 물질을 혼합하여 유용한 물질을 만드는 방법은 아주 옛날부터 개발되어 왔다. 예를 들어 이집트에 억류되어 노예 생활을 하던 유대인들은 벽돌을 만들 때 자른 지푸라기를 섞어서 벽돌의 강도를 증가시켰으며, 중세의 기사들이 사용하던 칼의 내부는 연한(Ductile) 재료로 되어 있어서 잘 부러지지 않으나, 외부는 강하고 취성(Brittle)이 있는 재료로 되어 있어서 잘 자를 수 있었다. 자연계에서 복합재료의 예는 매우 많으며, 사람의 뼈도 일종의 복합재료로 섬유가 축 방향으로 배열되어 있어서 굽힘(Bending) 강성이 강화되었으며, 대나무도 섬유가 축 방향으로 배열되어 있어서 다른 나무보다 매우 가늘지만 더 높이 자랄 수가 있다.

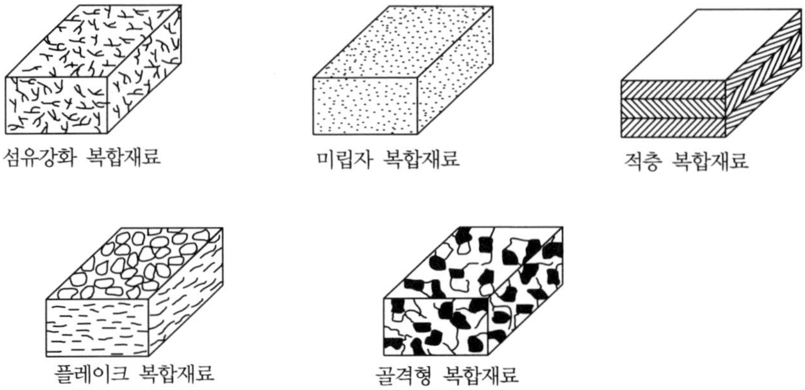

그림 1.1
여러 가지 형태의 복합재료

복합재료의 종류는 일반적으로 다음과 같이 다섯 가지 종류로 구별할 수가 있다.

○ 섬유(Fiber) 강화 복합재료

섬유강화 복합재료는 연속적인 섬유나 단(Chopped) 섬유로 강화된 복합재료를 말한다.

○ 미립자(Particulate) 강화 복합재료

복합재료 기지(Matrix) 내에 미립자(Particulate)를 넣어서 기계적, 화학적 성질을 강화한 복합재료를 말한다.

○ 적층(Laminar) 복합재료

층(Laminar)으로 이루어진 복합재료를 말한다.

○ 플레이크(Flake) 복합재료

복합재료 기지 내에 작은 얇은 층(Flake)의 강화재료를 넣어 보강한 것이다.

○ 골격형(Skeletal) 복합재료

복합재료 기지 내에 연속적인 골격(Skeletal) 모양의 강화섬유가 들어 있는 복합재료를 말한다. 그림 1.1은 위의 다섯 가지 형태의 복합재료를 보여 준다[1].

위의 다섯 가지 복합재료의 구분 방법은 명확한 것은 아니고 어떤 경우에는 위와 같은 방법으로 구별하기 힘든 복합재료가 존재할 수도 있다. 또한 한 가지 복합재료가 여러 가지 종류의 복합재료로 구분될 수 있다. 예를 들면, 섬유강화 적층 복합재료(Fiber Reinforced Laminate Composite Material)는 섬유강화 복합재료이면서 동시에 적층 복합재료가 될 수 있다.

복합재료를 이용한다는 측면에서 볼 때, 장섬유강화 형태의 복합재료(Long Fiber Reinforced Composite Material, or Filamentary Type Composite Material)가 가장

중요하다. 장섬유강화 복합재료는 일반적으로 높은 비강성(High Specific Modulus), 높은 비강도(High Specific Strength), 높은 감쇠(High Damping) 및 열적 특성(Thermal Characteristics)을 가지고 있다.

1.2 복합재료에 사용되는 강화섬유

섬유강화 복합재료에서 섬유는 가장 중요한 요소이고, 일반적으로 복합재료 부피 중 가장 많은 부분을 차지하며, 또한 가장 많은 하중을 전달한다. 따라서 섬유의 종류, 양 및 적당한 적층(Stacking) 각도의 선정이 중요하며, 일반적으로 다음과 같은 관점에서 선정한다.

1. 비중(Specific Gravity)
2. 인장강도 및 인장강성(Tensile Strength and Modulus)
3. 압축강도 및 압축강성(Compressive Strength and Modulus)
4. 피로강도 및 피로파괴 기구(Fatigue Strength and Fatigue Failure Mechanisms)
5. 전기 및 열 전도도(Electrical and Thermal Conductivities)
6. 가격(Cost)

표 1.1은 최근에 많이 사용되고, 상업적으로 구입이 가능한 섬유의 종류와 특성을 보여준다[2].

1.3 복합재료에 사용되는 기지

섬유강화 복합재료에서 기지(Matrix)는

(1) 섬유 사이에서 응력을 전달한다.
(2) 좋지 않은 환경(Adverse Environment)으로부터 섬유를 보호하며
(3) 기계적인 마모로부터 섬유를 보호하는 역할을 한다.

기지는 복합재 구조에서 인장력(Tensile Load)을 전달하는 데는 큰 역할을 수행하지 않으나, 평면 내의 전단 특성(Shear Property)이나 층간전단(Interlaminar Shear) 특성에는 매우 중요한 역할을 한다. 층간전단강도(Interlaminar Shear Strength)는

표 1.1 | 상업적으로 구입이 가능한 강화섬유

Fiber	Typical diameter (μm)(직경)	Specific gravity (비중)	Tensile modulus GPa (인장강성) (10^6psi)	Tensile strength GPa (인장강도) (10^3psi)	Strain to failure (파괴변형률) (%)	Coefficient of thermal expansion (열팽창계수) (10^{-6}m/m℃, 0–100℃)	Poisson's ratio (포아송비)
Glass							
E glass	10(round)	2.54	72.4(10.5)	3.45(500)	4.8	5	0.2
S glass	10(round)	2.49	86.9(12.6)	4.30(625)	5.0	2.9	0.22
PAN-carbon							
T-300 (Amoco)	7(round)	1.76	228(33.5)	3.2(470)	1.4	-0.1 to -0.5 (longitudinal) 7 to 12(radial)	0.2
AS (Hercules)	7(round)	1.77	220(32)	3.1(450)	1.2	-0.5 to -1.2 (longitudinal) 7 to 12(radial)	
T-40 (Amoco)	6(round)	1.81	276(40)	5.65(820)	2.0		
HMS (Hercules)	7(round)	1.85	344.5(50)	2.34(340)	0.58		
GY-70 (Celanese)	8.4 (bilobal)	1.96	483(70)	1.52(220)	0.38		
Pitch-carbon							
P-55 (Amoco)	10	2.0	380(55)	1.90(275)	0.5	-0.9 (longitudinal),	
P-100 (Amoco)	10	2.15	690(100)	2.2(325)	0.31	-1.6 (longitudinal),	
Kevlar 49 (Dupont)	11.9(round)	1.45	131(19)	3.62(525)	2.8	-2(longitudinal) +59(radial)	0.35
Boron	140(round)	2.7	393(57)	3.1(450)	0.79	5	0.2
SiC	133(round)	3.08	400(58)	3.44(485)	0.84	1.5	
Al_2O_3	20(round)	3.95	379.3(55)	1.90(275)	0.4	8.3	

굽힘(Bending)을 받는 구조를 설계할 때 중요한 인자이며, 전단강도(Shear Strength)는 비틀림 하중(Torsional Load)을 받는 구조에서 고려하여야만 하는 중요한 인자이다. 기지는 압축응력을 받는 경우에 섬유의 좌굴(Fiber Buckling)이 일어나는 것을 어느 정도 억제하며, 복합재료의 압축강도(Compressive Strength)의 향상에 기여한다. 섬유와 기지의 상호작용은 손상허용(Damage Tolerance) 구조를 설계하는데 중요하며, 복합재료의 가공성(Processibility)과 내부결함은 기지의 점도(Viscosity), 용해온도(Melting Point) 및 경화온도(Curing Temperature)에 매우 밀접하게 관련

표 1.2 | 복합재료에 사용되는 기지(Matrix)

(1) 고분자

① 열경화성 고분자 수지(Thermoset Polymers)

- 에폭시(Epoxy) : 주로 우주 항공기에 사용.
- 폴리에스테르와 비닐 에스테르(Polyester and Vinylester) : 자동차, 선박, 화학 및 화공, 전기적인 응용.
- 페놀(Phenolics) : BMC(Bulk Molding Compound)를 제조하는 데 사용.
- 폴리이미드(Polyimides), PBI(Polybenzimidazoles), PPQ(Polyphenylquinoxaline) : 높은 온도의 우주용으로 사용(온도범위가 250~400℃).

② 열가소성 고분자 수지(Thermopladtic polymers)

- 나일론(나일론 6, 나일론 6.6), 열가소성 폴리에스터(PET, PBT), 폴리카보네이트 (Polycarbonate, PC), 폴리아세탈(Polyacetal) : 사출 성형 시에 단(Chopped) 섬유를 섞어 사용.
- 폴리아마이드-이마이드(Polyamide-imide, PAI), PEEK(Polyether-ether Ketone), PSUL(Polysulfone), PPS(Polyphenylene sulfide), PEI(Polyether imide) : 연속적인 섬유에 섞어 사용하며, 어느 정도 높은 온도에 사용.

(2) 금 속

알루미늄과 알루미늄의 합금, 타이타늄 합금, 마그네슘 합금, 니켈 계통의 슈퍼 합금(Nickel-bassed Superalloys), 스테인리스강 : 고온에 사용 (사용온도 : 300~500℃).

(3) 세라믹

알루미나(Al_2O_3), 탄소(C), 실리콘카바이드(SiC), 실리콘 나이트라이드(Silicon Nitride, Si_3N_4) : 높은 온도에 사용.

된다. 표 1.2는 상업적으로 구할 수 있거나, 혹은 개발 중인 기지를 보여준다. 이러한 기지 중에서, 에폭시(Epoxy)와 폴리에스터(Polyester)와 같은 열경화성(Thermoset) 고분자재료가 가장 많이 사용되는데, 이는 이들 재료가 가공성(Processibility)이 양호하기 때문이다. 금속기지(Metallic Matrix)와 세라믹 기지는 높은 온도에 주로 사용된다[2].

1.4 복합재료의 일반적 성질

대부분의 섬유강화 복합재료(Fiber-reinforced Composite Material)들은 기존의 금속재료들보다 강도(Strength)와 강성(Modulus)이 높다. 이들 재료들은 낮은 비중 때문에, 높은 비강도(Strength/Density)와 비강성(Modulus/Density)의 값을 가지게 된다. 그리고 섬유강화 복합재료는 일반적으로 좋은 피로(Fatigue) 특성을 가지고 있기 때문에, 무게를 줄여야 하는 우주항공 재료나 자동차의 재료로 사용되고 있다.

표 1.3 | 여러 가지 재료들의 인장 특성

재 료	비중	Young률 GPa (msi)	인장강도 MPa (ksi)	항복강도 MPa (ksi)	Young률 /비중 (10^6m)	인장강도 /비중 (10^3m)
SAE 1010강(냉간)	7.87	207(30)	365(53)	303(44)	2.68	4.72
AISI 4340(담금질 후 풀림)	7.87	207(30)	1722(750)	1515(220)	2.68	22.3
AL 6061-T6 알루미늄 합금	2.70	68.9(10)	310(45)	275(40)	2.60	11.7
AL 7178-T6 알루미늄 합금	2.70	68.9(10)	606(88)	537(78)	2.60	22.9
Ti-6AI-4V 타이타늄 합금	4.43	110(16)	1171(170)	1068(155)	2.53	26.9
17-7 PH 스테인리스 강	7.87	196(28.5)	1619(235)	1515(220)	2.54	21.0
INCO 718 니켈 합금	8.2	207(30)	1399(203)	1247(181)	2.57	17.4
고강도 탄소섬유 에폭시(일방향)	1.55	137.8(20)	1550(225)		9.06	101.9
고강성 탄소섬유 에폭시(일방향)	1.63	215(31.2)	1240(180)		13.44	77.5
E-유리섬유 에폭시(일방향)	1.85	39.3(5.7)	965(140)		2.16	53.2
케블라 49 에폭시(일방향)	1.38	75.8(11)	1378(200)		5.60	101.8
붕소섬유-6061 알루미늄 합금	2.35	220(32)	1109(161)		9.54	48.1
탄소섬유-에폭시(quasi-isotropic)	1.55	45.5(6.6)	579(84)		2.99	38

표 1.3은 여러 가지 재료들의 인장 특성을 보여 준다.

고분자 물질을 기지로 갖는 섬유강화 복합재료는 기지의 높은 감쇠(Damping) 특성 때문에 일반적으로 높은 감쇠 특성을 가지고 있다. 표 1.4는 여러 가지 재료들의 감쇠 특성을 보여 준다. 이러한 복합재료들은 높은 비강성을 함께 가지고 있으므로, 구조재료로 사용할 경우에 구조의 높은 고유 진동수를 가져오며, 외부의 요인에 의하여 진동이 발생할 경우 쉽게 진동을 흡수하므로, 동력전달축 등에 사용된다.

섬유로 강화된 복합재료는 낮은 열팽창계수(CTE, Coefficient of Thermal Expansion)를 가지므로, 우주선과 같이 높은 온도와 낮은 온도에서 동시에 사용되

표 1.4 | 고분자 복합재료의 감쇠값

재 료	섬유방향	영률(GPa)	Damping Factor
연강(mild steel)		207	0.0017
6060 Al합금		68.9	0.0009
E glass-epoxy	0°	39.3	0.0070
Boron-epoxy	0°	220	0.0067
Carbon-epoxy	0°	207	0.0157
	22.5°	35	0.0164
	90°	6.9	0.0319
	$[0/22.5/45/90]_s$	69	0.0201

는 구조재료로 이용되면, 치수의 안정을 가져오게 된다.

일반적인 재료인 강철이나 알루미늄은 등방성(Isotropic) 물질이나, 복합재료는 이방성(Anisotropic) 물질이므로 섬유방향으로 가장 높은 강성과 강도를 나타내게 된다. 따라서 섬유강화 복합재료를 이용하여 구조를 설계하는 일은 등방성 재료를 사용하여 설계하는 것보다 훨씬 어렵다. 또한 복합재료는 일반적으로 파괴가 발생할 때까지 항복이 일어나지 않는 특성을 가지고 있으므로 이를 설계 시 고려해야만 한다. 그리고 기지의 성질에 의하여 환경의 영향을 많이 받으므로, 사용되는 환경에 대한 고려를 하여야만 한다.

1.5 복합재료의 성형 방법

복합재료를 성형하는 방법은 여러 가지가 있는데, 고분자 물질을 기지로 하는 복합재료의 성형 방법으로는, 진공백 성형(Vacuum Bag Molding), 압축 성형(Compression Molding), 펄트루전(Pultrusion), 필라멘트 와인딩(Filament Winding), RTM(Resin Transfer Molding), ERM(Elastic Reservoir Molding), 포일 성형(Foil Metallurgy), 주조(Casting), 전착(Electro-deposition), 증착(Vapor Deposition) 및 금속용사(Metal Spray) 방법 등이 있다. 이 중에서 고분자 복합재료를 성형하는 데 많이 사용되는 방법에 대하여 좀 더 자세히 살펴보기로 한다.

1.5.1 진공백 성형 공정(Vacuum Bag Molding Process)

진공백 성형 공정은 많은 생산량을 필요로 하지 않으나, 고품질이 요구되는 우주항공용 복합재료를 제조할 때 주로 사용된다. 진공백 성형 공정에서 주로 사용되는 재료는, 기지인 에폭시 수지(Epoxy Resin)가 일부 경화된(B-staged) 상태로 섬유와 혼합되어 있는 프리프레그(Prepreg)이다.

프리프레그는 Preimpregnated의 줄인 말로 일반적으로 프리프레그는 수지를 무게로 42% 정도 포함한다. 이러한 프리프레그가 수지의 손실이 없는 상태로 경화(Cure)되면, 복합재료는 섬유를 부피로 50% 포함하게 된다. 그러나 부피로 약 10%의 수지가 경화과정에서 빠져나오므로, 일반적으로 복합재료의 섬유 함유량은 부피로 60%가 되며, 이 값이 항공우주(Aerospace) 산업의 표준값으로 되어 있다. 이렇게 과다한 수지가 밖으로 빠져나오는 동안에 프리프레그 내에 남아 있던 공기나 용제

(Solvent)가 빠져나오므로, 복합적층판(Composite Laminate)의 기공양(Void Content)이 감소하게 된다. 그러나 최근의 경향은 거의 여유수지를 가지지 않는, 수지의 무게가 34% 정도인 프리프레그가 사용되는데, 이 프리프레그는 성형 과정에서, 무게로 1~2%만의 잉여수지를 배출시킨다.

그림 1.2는 진공백 성형 공정의 일반적인 예를 보여 준다. 금형(Mold)의 표면은 구멍이 없는(Non-porous) 테프론(Teflon) 필름으로 덮어서, 프리프레그에서 나오는 수지가 금형에 붙는 것을 방지한다. 이 테프론 표면 위에는 수지 흡수제(Resin Bleeder)가 놓여지고 그 위에 구멍이 있는(Porous) 테프론을 놓는다. 그 위에 우리가 제조하려고 하는 복합재료의 소재인 프리프레그를 크기와 개수 및 방향을 맞추어 놓는다. 이때 프리프레그와 구멍이 있는 테프론 사이에 필-플라이(Peel Ply)라는 천을 놓기도 하는데, 필-플라이는 복합재료의 표면의 조도를 조절하거나, 접합(Joining) 할 때까지 떼지 않고 두었다가, 접합시에 떼어서 외부 물질이 복합재료 표면을 접합 전에 침범하는 것을 예방한다. 프리프레그 윗면에도 아랫면과 같이 구멍이 있는 테프론, 수지 흡수제, 구멍이 없는 테프론을 덮는다. 그 위에 복합재료 표면을 평평하게 하면서, 복합재료 윗면의 온도분포를 균일하게 하기 위한 알루미늄 코올 플레이트(Caul Plate)를 놓고, 이 코올 플레이트 위에 구멍이 없는 테프론을 덮는다. 그 위에 진공펌프로 공기를 뽑아낼 때 공기의 통로가 되는 브리더(Breather)를 놓은 후 전체를 온도에 견디는 나이론 같은 재질로 된 진공백을 이용하여 덮은 후, 진공 실런트(Vacuum Sealant)를 이용하여 진공 포장한다. 진공 포장하기 전에, 수지의 수평 방향으로서 흐름을 방지하고, 또한 프리프레그가 움직이는 것을 막기 위하여 코르크로 된 댐(Dam)을 쌓기도 한다. 이렇게 진공백에 쌓여진 프리프레그는 오토클레이브(Autoclave) 밖에서 진공이 잘 되었는지 확인한 후에, 예열이 된 오토클레이브 내에 넣은 후 온도와 압력을 가하여 성형을 한다.

그림 1.3은 오토클레이브 내에서 열 경화성 수지인 에폭시를 기지로 하는 탄소섬

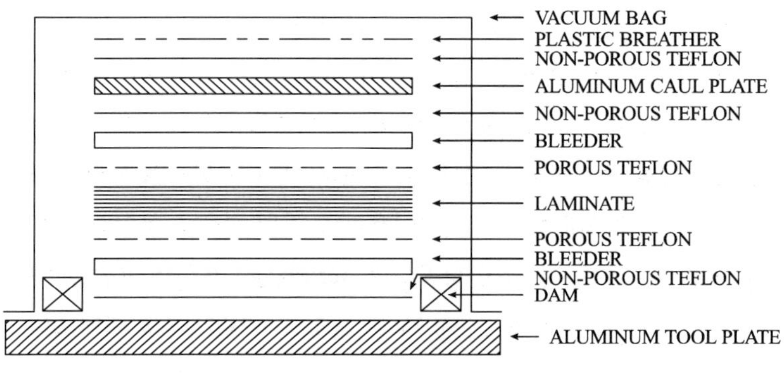

그림 1.2
진공백 성형 공정

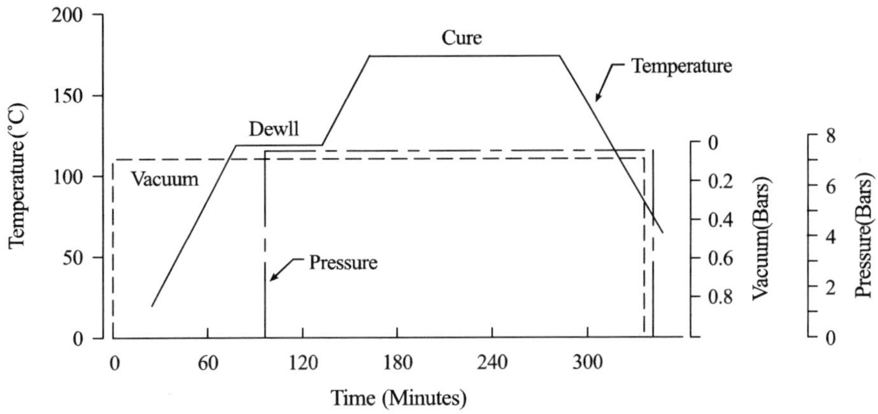

그림 1.3
탄소섬유 에폭시 복합재료를 오토클레이브(Autoclave)에서 경화시킬 때의 경화 사이클

유 에폭시 복합재료 프리프레그를 경화시킬 때의 일반적 경화 사이클을 나타낸다.

1.5.2 압축 성형 공정(Compression Molding Process)

압축 성형 공정은 자동차 등에 많이 사용되는 SMC(Sheet Molding Compound)를 매치드 몰드(Matched Mold)에서 성형하는 데 주로 사용된다. 압축 성형 공정의 이점은 짧은 시간에 복잡한 형상의 제품을 만들 수 있으며, 여러 가지 구멍, 보스(Boss), 리브(Rib), 플랜지(Flange) 등을 삽입하여 일체로 성형할 수 있다는 장점이 있다. 따라서 드릴링이나, 접합공정 같은 것이 단축되게 된다. 그림 1.4는 압축 성형 공정의 모양을 나타내며, 장입제(Charge)인 SMC 플라이 (Ply)의 넓이는 금형 단면적의 60~70% 정도가 되도록 채운다. 장입제(Charge) 내의 압력이 상승하여 금형 내의 모든 곳을 채울 때까지 금형에 열을 가하면서 금형 윗부분을 일정한 속도로 하강시킨다. 금형의 온도는 일반적으로 130~160℃(270~320°F)가 되며, 경화가 어느 정도 끝나게 되면 금형을 열고, 이젝터(Ejector) 핀을 사용하여 제품을 꺼내게 된다.

1.5.3 펄트루전(Pultrusion)

펄트루전은 길고 곧으며 단면적이 일정한 구조재를 제조하기 위하여 사용된다. 펄트루전으로 제조할 수 있는 모양은 원형의(속이 차거나 빈) 통, 평평한 판, 여러 가지 보(Beam) (앵글, Channel) 등이다. 최근에는 단면적이 변하거나, 곡선 모양의 제품을 펄트루전으로 제조하는 기술이 개발되었다.

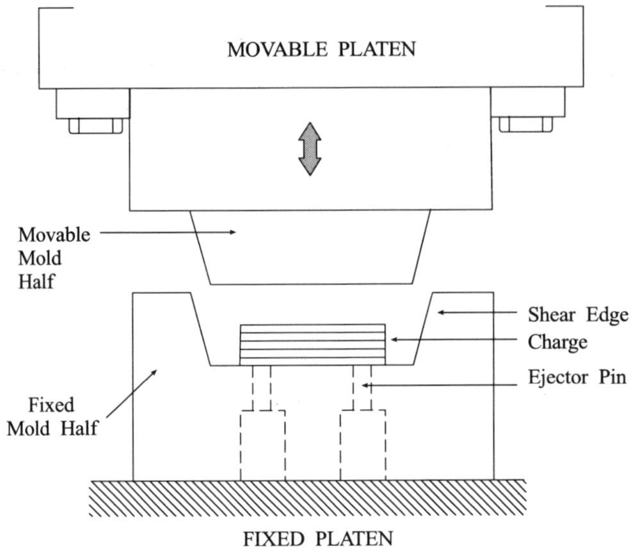

그림 1.4
압축 성형 공정
(Compression Molding Process)

그림 1.5는 펄트루전 공정라인의 일반적인 모양을 보여 준다. 이 공정에서는 연속적인 스트랜드 로빙(Strand Roving)과 매트(Mat)라인이 한쪽으로부터 당겨져서, 수지를 담고 있는 통(Resin Bath)으로 통과하게 된다. 이 통속에는 경화제(Curing Agent), 염료, 자외선 차단제 및 화재 지연제(Fire Retardant)와 같은 물질이 함께 들어 있다. 스트랜드 로빙과 매트 위에는 열 가소성 폴리에스터로 된 표면을 매끄럽게 하는 층(Surfacing Veil)을 덮게 된다. 이와 같이 혼합된 재료들은 예열이 된 여러 단계의 금형 내부를 통과하며, 이때 섬유가 균일하게 배열되면서 여러분의 수지를 짜내게 된다. 마지막의 성형 과정은 점차 좁혀지는 금형 내에서 이루어지며, 이렇게 제조된 복합재료를 적당한 길이로 자르게 된다. 금형의 입구는 수지가 너무

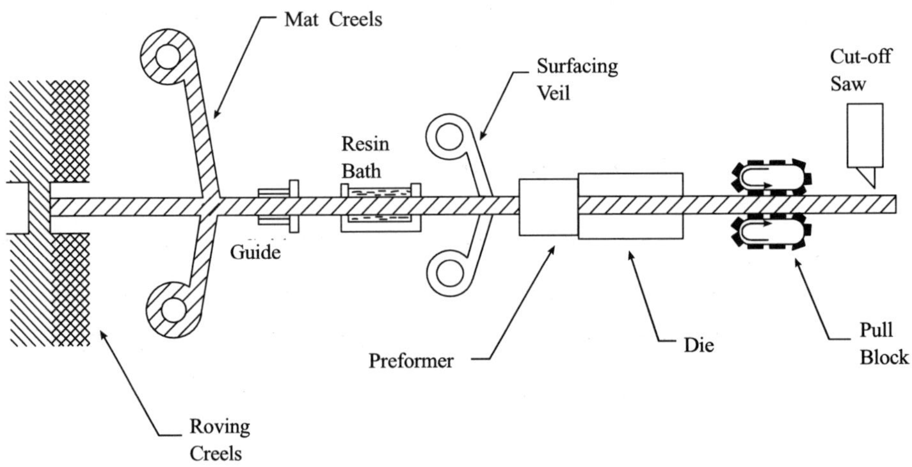

그림 1.5
펄트루전(Pultrusion) 공정라인

빨리 경화하는 것을 방지하기 위하여 수냉시키는 경우가 많으며, 금형의 나머지 부분은 전기나 기름 히터 등을 사용하여 가열하게 된다.

1.5.4 필라멘트 와인딩(Filament Winding)

그림 1.6은 필라멘트 와인딩 공정을 보여 준다. 이 공정에서는 많은 수의 섬유가 실패로부터 풀려서, 액체의 수지, 촉매(Catalyst), 염료와 자외선 흡수제 등이 섞여 있는 수지통(Resin Bath) 속을 통과한다. 섬유의 장력은 실패와 수지통 사이의 섬유 안내기(Fiber Guide)에 의하여 조절된다. 수지통에서 빠져나온 로빙(Roving)은 수지 닦는 장치(Resin Wiping Device)로 여분의 수지를 닦아낸 다음, 캐리지(Carriage)에서 넓게 펼쳐진 후 맨드럴(Mandrel)에 감기게 된다. 필라멘트 와인딩 제조 방법에서, 수지의 함유량은 섬유의 장력과, 수지를 닦는 장치에서 수지를 닦는 장치에서 수지를 닦아 내는 정도에 관련된다.

필라멘트 와인딩 공정에서의 섬유의 감기는 모양은 나선형 모양으로 감기게 되며, 그림 1.7과 같이 캐리지(Carriage)의 이송(Feed) 속도와 맨드럴의 회전속도를 조절하여, 거의 0°(축방향)로부터 90°에 이르는 와인딩 각도로 와인딩할 수가 있다. 필라멘트 와인딩에서 원형 맨드럴의 경우에 와인딩 각도(나선각) θ는

$$\tan\theta = \frac{2\pi Nr}{V}$$

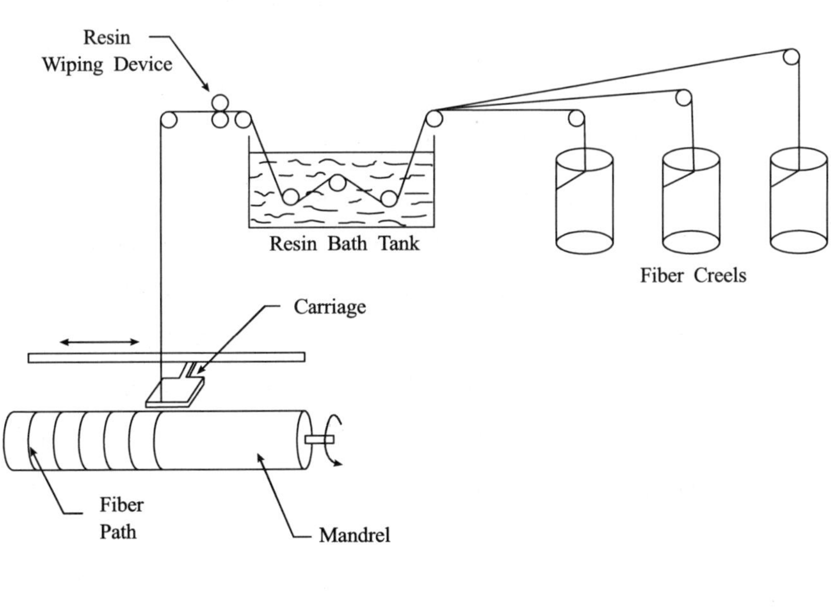

그림 1.6
필라멘트 와인딩(Filament Winding) 공정

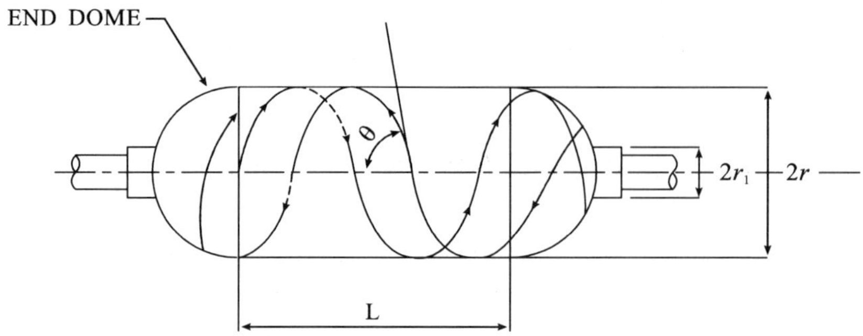

그림 1.7
나선형 와인딩 모양
(Helical Winding Pattern)

로 표시되며, 여기서 N은 회전속도, V는 캐리지의 이송 속도이고, r은 섬유가 맨드럴에 감길 때의 반경이다. r은 와인딩 과정에서 증가하므로, 일정한 θ를 얻기 위해서는 V와 N을 조화시켜야만 된다. 이를 위하여 최근에는 CNC(Computer Numerical Control)를 이용한 필라멘트 와인딩 기계를 사용하여 와인딩을 하는데, 이 기계의 원리는 CNC 선반과 비슷하다.

1.5.5 RTM(Resin Transfer Molding)

RTM에서는, 수지가 함침이 안 된 상태의 스트랜드 매트(Strand Mat)나, 짠 로빙(Woven Roving), 또는 천을 두 개로 된 금형의 아래 금형 위에 놓고 위의 금형을 덮은 후, 촉매가 들어 있는 액체 수지를 금형의 중앙에 위치한 스프류(Sprue)를 통하여 사출하여, 경화시키게 된다.

RTM에서 사용하는 압력은 대개 69~690kPa(10~100psi)이며, 수지가 금형을 채우면서 금형 내부에 있는 공기가 통기구(Air Vent) 구멍을 통하여 빠져나가게 되고, 수지는 섬유에 함침되게 된다. 수지와 촉매의 선정에 따라서, 경화는 상온에서 일어나거나 혹은 고온에서 일어나게 할 수도 있다. 금형에서 꺼낸 제품은 정확한 치수를 맞추기 위하여 다듬질을 필요로 한다.

평평한 섬유강화 플라이(Ply)를 사용하는 대신에, RTM에서는 원하는 형상의 모양과 거의 같은 프리폼(Preform)을 사용할 수가 있다. 이 프리폼은 미리 성형된 스크린 위에 길이가 12.7~76.2mm(0.5~3inch)인 장섬유(Long Chopped Fiber)를 뿌려서 만든다. 섬유와 같이 뿌려진 결합체(Binder)는 미리 성형된 모양을 유지하는 역할을 한다. 프리폼을 사용하는 이점은 깊은 구멍 같은 부분이 있는 복잡한 모양을 쉽게 성형할 수 있으며, RTM 공정에서 가장 많은 인력이 요구되는 다듬질을 필요로 하지 않는다는 것이다.

압축 성형 공정에 비하여 RTM은 매우 낮은 공구비용(Tooling Cost)을 필요로 하며, 매우 간단한 금형 체결 장치(Mold Clamping Device)를 필요로 한다. 일반적으로 금형을 체결하기 위해서는 래칫(Ratchet)이나, 볼트, 너트 등을 사용하면 된다. RTM 공정의 또 한가지 이점은 금속 리브(Rib), 보강재(Stiffener)와 기타 삽입물(Insert) 등을 금형 내에 넣은 채로 제조할 수 있다는 것이다. RTM 공정은 캐비닛, 의자, 호퍼(Hopper), 물탱크, 목욕조와 보트 등을 제조하는 데 성공적으로 사용된다.

1.6 복합재료를 사용하는 이유

지금까지 복합재료의 제반성질 및 가공방법에 대하여 언급하였는데, 복합재료를 사용하는 이유에 대하여 다신 한 번 정리한 후, 비행기에 복합재료를 이용할 때의 이점에 대하여 예를 들어 설명하고자 한다. 복합재료를 사용하는 가장 중요한 이유는 비강성(Specific Stiffness : E/ρ)과 비강도(Specific Strength : S/ρ)가 기존의 재료보다 크기 때문이다. 비행기의 경우에 항속거리(Range of Aircraft)는 다음 식과 같이 표시된다.

$$\text{항속거리} = \text{L/D} \cdot \text{V/SFC} \cdot \text{In}\frac{w_0}{w_f}$$

여기서

L/D = 양력(Lift) − 항력(Drag) 비

SFC = 비 연료 소모율(Specific Fuel Consumption)

V = 비행기의 속도

w_0 = 이륙시의 전체 무게

w_f = 착륙시의 전체 무게(연료 없음)

$w_0 - w_f = w_{fuel}$

보통의 단거리 이착륙기(STOL : Short Take-off and Landing Aircraft)인 경우에

$w_0 = 68{,}000\text{kg}$

$w_f = 60{,}000\text{kg}$

정도가 되어,

$$\text{In}\frac{w_0}{w_f} = 0.125$$

이다. 만약 비행기의 구조에 복합재료를 사용하여 3,000kg의 무게를 절약하였다고 가정하면 $w_f = 57{,}000\text{kg}$이 되어

$$\text{In}\frac{w_0}{w_f} = \text{In}\frac{68{,}000}{57{,}000} = 0.176$$

이 된다. 이 경우에 항속거리의 증가는

$$\frac{0.176}{0.125} - 1 = 0.41$$

즉, 41%의 항속거리가 길어지게 된다.

같은 항속거리일 경우에 승객 한 사람의 무게(짐을 포함)가 110kg이라면,

$$\frac{3{,}000\text{kg}}{110\text{kg}} = 27\text{ 명}$$

의 승객을 더 탑승시킬 수가 있다. 이와 같은 관점에서 현재 항공기의 재료는 무게를 줄이기 위하여 1kg 당 40만 원의 재료까지 사용할 수 있고, 인공위성의 경우는 1,000만 원의 재료까지 사용하여도 경쟁력이 있게 된다. 통신위성의 경우에 한 달 동안 궤도를 제자리에 있도록 유지하는 연료는 약 2kg 정도가 필요하나, 통신위성의 한 달 수입은 약 10억 원 가량인 것으로 알려져 있다. 참고로 탄소섬유 1kg의 국내 가격은 현재 약 2만 원 정도이다.

두 번째의 이유는, 복합재료는 우리가 원하는 방향으로 강성과 강도를 조절할 수 (Tailoring) 있다는 것이다. 기존의 재료는 등방성 재료이기 때문에 모든 방향으로 강성과 강도가 같으나, 복합재료는 필요한 방향으로만 강성과 강도를 높혀서 재료의 낭비를 막을 수 있다는 장점이 있다. 세 번째 이유는 탄소섬유나 케블라섬유는 열팽창계수(Coefficient of Thermal Expansion)가 거의 영(zero)에 가깝기 때문에, 이러한 재료로 구조물을 제작하면, 온도변화에 따른 구조물의 열변형을 최소화 할 수 있다. 특히 우주공간이나 지상의 높은 곳에서는 햇빛을 받는 부분과 받지 않는 부분 사이에 온도의 차이가 매우 심하여 구조의 치수 안정성(Dimensional Stability)

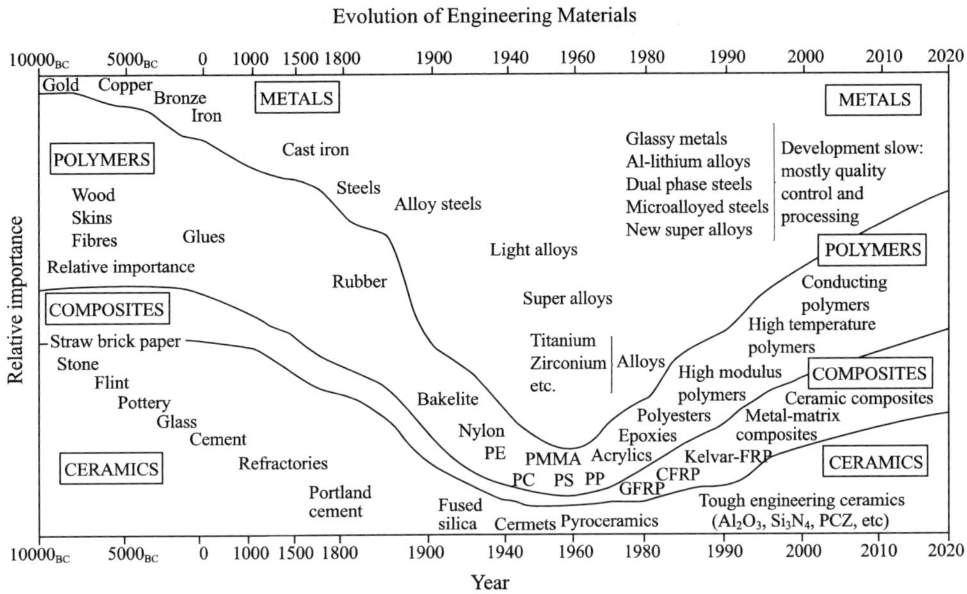

그림 1.8
네가지 재료(세라믹, 복합재료, 고분자, 금속)의 기계와 토목분야에서의 상대적인 중요도(시간은 비선형 척도로 나타내었음)

이 문제가 되는데, 이 경우 복합재료는 중요한 역할을 한다. 네 번째는 제조방법(Manufacturing Method)의 용이함을 들 수 있는데 복합재료는 금형이 준비되면 가공을 거의 필요로 하지 않는 정형가공(Net Shape Manufacturing)을 할 수가 있다. 다섯 번째는 자동화(Automation)를 들 수 있는데, 복합재료의 가공 방법 중에서 Filament Winding과 Pultrusion 및 Injection Molding 등은 거의 모든 공정의 자동화가 이루어진 상태이며, 미국이나 독일 등에서는 Autoclave Molding도 자동화를 하고 있는 중이다. 즉, Prepreg를 Water Jet으로 자르고, Stacking은 Robot을 사용하는 시도가 이루어지고 있다. 1950년대부터 복합재료의 사용이 급격하게 늘어나고 있으며, 그림 1.8에서 보는 바와 같이 앞으로는 고분자 기지 복합재료뿐만 아니라 금속과 세라믹 기지로 이루어진 복합재료의 사용도 증가될 것으로 예측된다[3].

참고문헌

[1] J.R. Viason and R.L. Sierakowski, The Behavior of Stractures Composed of Composite Materials, Martinus Nijhoff Publishers, 1987.

[2] P.K. Mallick, Fiber-Reinforced Composites, Materials, Manufaeturing and

Design, Marcel Dekker, Inc., 1988.

[3] F.L. Matthews and R.D. Rawhings, Composite Materials: Engineering and Science, chapter 1, Champan and Hall, 1994.

CHAPTER 2

복합재료 거시역학

2.1 입문

복합재료의 역학(Mechanics)을 취급하는 방법에는 미시적(Micro) 방법과 거시적(Macro) 방법이 있는데, 미시적 방법은 복합재료 각 층(Lamina 혹은 Ply) 내의 섬유(Fiber)와 기지(Matrix)를 구별하여 각각에 걸리는 응력(Stress)과 변형률(Strain)을 계산하는 방법이다. 미시적 방법에서는 섬유의 직경(7~8㎛) 크기 정도의 물체에 관심을 가지게 된다.

거시적 방법은 각 층 내의 섬유와 기지를 구별없이, 두 물질의 성질이 완전히 혼합되어 평균 성질(Averaged 혹은 Smeared)을 나타낸다고 가정하고 응력과 변형률을 계산하는 방법이다. 거시적 방법에서는 대개 1mm 정도 이상 크기의 물체에 관심을 가지며, 일반적으로 균일한(Homogeneous) 직교이방성(Orthotropic) 플라이에 관심을 갖는다. 그림 2.1은 복합재료 내의 응력분포를 미시적 방법과 거시적 방법으로 나타낸 것을 보여 준다[1]. 그림 2.1(a)는 미시적 방법으로 복합재료 내의 응력분포를 나타낸 그림으로, 섬유와 기지에 걸리는 응력이 따로 계산되어진다. 이들 응력의 평균값이 플라이 응력(ply stress)이다. 그림 2.1(b)는 거시적 방법으로 계산한 플라이 응력을 나타낸 그림으로, 이 값을 평균하면 적층판 응력(Laminate stress)이 된다. 본 교재에서는 층(Lamina, 복수는 Laminae)과 플라이(Ply, 복수는 Plies)라는 용어를 같은 의미로 사용할 것이며, 플라이가 여러 개 모여서 된 것을 적층판

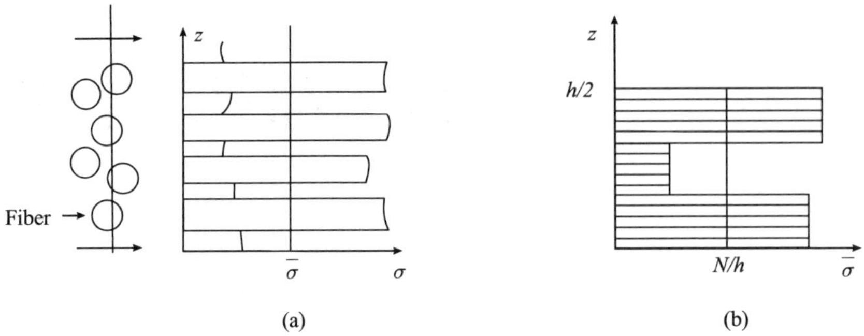

그림 2.1
미시적(Micro) 및 거시적(Macro) 방법으로 나타낸 응력
a) 미시적 방법
b) 거시적 방법

(Laminate, 복수는 Laminates)이라는 용어로 부를 것이다. 프리프레그(Prepreg)로 제조한 복합재료인 경우 프리프레그 한 장이 일반적으로 한 개의 플라이가 된다.

2.2 일반적인 HOOKE의 법칙

일반적인 Hooke의 법칙을 텐서(Tensor) 방정식으로 나타내면 식 (2.1)과 같다. 여기서 σ_{mn}은 응력(Stress), ε_{pq}은 변형률(Strain), C_{mnpq}는 탄성계수를 나타낸다.

$$\sigma_{mn} = C_{mnpq}\varepsilon_{pq} \quad (p,\ q = 1,\ 2,\ 3) \tag{2.1}$$

응력과 변형률의 아래첨자의 첫 번째 지수는 응력과 변형률이 존재하는(혹은 작용하는) 면의 수직선의 방향을 나타내고, 두 번째 지수는 그 평면 내에서 응력과 변형률의 방향을 나타낸다. 본 교재에서는 오른손 법칙 좌표계를 사용하며, 이것을 예로 들면, x y평면에서 x축에서 y축으로 오른손 나사를 돌렸을 때, 진행하는 방향이 z축을 나타내는 좌표축이다. 응력과 변형률이 작용하는 면의 수직선의 방향이 양일 때, 응력과 변형률도 양의 방향을 나타내면, 응력과 변형률은 양의 값을 갖는다. 또한 응력과 변형률이 작용하는 면의 수직선의 방향이 음일 때, 응력과 변형률도 음의 방향을 나타내면, 응력과 변형률이 양의 값을 갖는 것으로 정의된다. 응력과 변형률이 작용하는 면의 방향이 양일 때(혹은 음일 때), 응력과 변형률의 방향이 음이면(혹은 양이면), 응력과 변형률은 음의 값을 갖는 것으로 정의한다. 따라서 인장응력과 변형률은 양의 값을 가지며, 압축응력과 변형률은 음의 값을 갖는다.
응력과 변형율을 표기하는 방법에는 텐서 표시 방법과 공학적 표시 방법(Engineering Notation)이 있는데, 대부분의 복합재 관련 교재에서는 공학적 표시 방법을 보다 많이 사용한다. 표 2.1은 텐서 표시방법과 공학적 표시방법으로 표기한 응력과 변

표 2.1 | 텐서 표시 방법과 공학적 표시 방법에 의한 응력과 변형율

응력(Stress)		변형율(Strain)	
텐서 표시 방법	공학적 표시 방법	텐서 표시 방법	공학적 표시 방법
σ_{11}	σ_1	ε_{11}	ε_1
σ_{22}	σ_2	ε_{22}	ε_2
σ_{33}	σ_3	ε_{33}	ε_3
$\sigma_{23} = \tau_{23}$	σ_4	$\gamma_{23} = 2\varepsilon_{23}$	ε_4
$\sigma_{31} = \tau_{31}$	σ_5	$\gamma_{31} = 2\varepsilon_{31}$	ε_5
$\sigma_{12} = \tau_{12}$	σ_6	$\gamma_{12} = 2\varepsilon_{12}$	ε_6

형율을 상호 비교하여 정리한 것이다.

식 (2.1)의 Hooke의 법칙을 위에서 설명한 공학적 표시방법으로 다시 표현하면 다음과 같다.

$$\sigma_i = C_{ij}\varepsilon_j \qquad (i,\ j\ =\ 1,2,3,4,5,6) \tag{2.2}$$

윗 식 (2.2)의 오른쪽 항에 반복해서 나오는 j를 “더미지수(Dummy Index)”라 하는데, 지수의 모든 값을 대입하여 더하여야 한다. 예를 들면,

$$\sigma_1 = C_{1j}\varepsilon_j = \sum_{j=1}^{6} C_{1j}\varepsilon_j = C_{i1}\varepsilon_1 + C_{i2}\varepsilon_2 + C_{i3}\varepsilon_3 + C_{i4}\varepsilon_4 + C_{i5}\varepsilon_5 + C_{i6}\varepsilon_6 \tag{2.3}$$

이 된다. 또한 텐서 방정식의 왼쪽에 한 번만 나타나는 지수를 “자유지수(Free Index)”라 하며, 각각의 지수에 대하여 독립된 방정식이 성립된다. 즉, 위 식 (2.2)는 다음과 같이 표시될 수 있다.

$$\begin{aligned}
\sigma_1 &= C_{1j}\varepsilon_j = C_{11}\varepsilon_1 + C_{12}\varepsilon_2 + C_{13}\varepsilon_3 + C_{14}\varepsilon_4 + C_{15}\varepsilon_5 + C_{16}\varepsilon_6 \\
\sigma_2 &= C_{2j}\varepsilon_j = C_{21}\varepsilon_1 + C_{22}\varepsilon_2 + C_{23}\varepsilon_3 + C_{24}\varepsilon_4 + C_{25}\varepsilon_5 + C_{26}\varepsilon_6 \\
\sigma_3 &= C_{3j}\varepsilon_j = C_{31}\varepsilon_1 + C_{32}\varepsilon_2 + C_{33}\varepsilon_3 + C_{34}\varepsilon_4 + C_{35}\varepsilon_5 + C_{36}\varepsilon_6 \\
\sigma_4 &= C_{4j}\varepsilon_j = C_{41}\varepsilon_1 + C_{42}\varepsilon_2 + C_{43}\varepsilon_3 + C_{44}\varepsilon_4 + C_{45}\varepsilon_5 + C_{46}\varepsilon_6 \\
\sigma_5 &= C_{5j}\varepsilon_j = C_{51}\varepsilon_1 + C_{52}\varepsilon_2 + C_{53}\varepsilon_3 + C_{54}\varepsilon_4 + C_{55}\varepsilon_5 + C_{56}\varepsilon_6 \\
\sigma_6 &= C_{6j}\varepsilon_j = C_{61}\varepsilon_1 + C_{62}\varepsilon_2 + C_{63}\varepsilon_3 + C_{64}\varepsilon_4 + C_{65}\varepsilon_5 + C_{66}\varepsilon_6
\end{aligned} \tag{2.4}$$

식 (2.2)의 탄성계수 C_{ij}는 36개의 상수를 가질 수 있다. 그러나 탄성체의 변형율 에너지를 고려하면 독립적인 탄성계수의 수는 줄어들 수 있다. 탄성체의 단위 부피당 일 에너지 W의 증가는

$$dW=\sigma_i \; d\varepsilon_i \tag{2.5}$$

로 표시되며, 식 (2.2)를 대입하면 다음과 같다.

$$dW=C_{ij}\varepsilon_j \; d\varepsilon_i \tag{2.6}$$

모든 변형율에 대하여 윗 식을 적분하면, 단위 부피당 일 에너지 W는 다음과 같다.

$$W=\frac{1}{2}C_{ij}\varepsilon_i\varepsilon_j \tag{2.7}$$

식 (2.7)을 미분하면 아래와 같다.

$$\frac{\partial W}{\partial \varepsilon_i}=C_{ij}\varepsilon_j \tag{2.8}$$

식 (2.8)을 한 번 더 미분하면

$$\frac{\partial^2 W}{\partial \varepsilon_i \partial \varepsilon_j}=C_{ij} \tag{2.9}$$

이 된다. 또한, 같은 방법으로

$$\frac{\partial^2 W}{\partial \varepsilon_j \partial \varepsilon_i}=C_{ji} \tag{2.10}$$

가 성립되므로,

$$C_{ij} \;=\; C_{ji} \tag{2.11}$$

가 되어, 독립적인 탄성계수는 21개로 줄어들게 된다.
식 (2.2)의 Hooke의 법칙을 변형률에 대하여 나타내면 다음과 같다.

$$\varepsilon_i=S_{ij}\sigma_j \;\; (i,\; j=1,\; 2,\; 3,\; 4,\; 5,\; 6) \tag{2.12}$$

이때 S_{ij}는 컴플라이언스(Compliance)라 하며, 탄성계수 C_{ij}의 역행렬이 된다. 식 (2.12)를 전개하면

$$\varepsilon_1=S_{11}\sigma_1+S_{12}\sigma_2+S_{13}\sigma_3+S_{14}\sigma_4+S_{15}\sigma_5+S_{16}\sigma_6$$

$$\vdots$$

$$\varepsilon_4 = S_{41}\sigma_4 + S_{42}\sigma_2 + S_{43}\sigma_3 + S_{44}\sigma_4 + S_{45}\sigma_5 + S_{46}\sigma_6$$

$$\vdots$$

$$\varepsilon_6 = S_{61}\sigma_1 + S_{62}\sigma_2 + S_{63}\sigma_3 + S_{64}\sigma_4 + S_{65}\sigma_5 + S_{66}\sigma_6 \tag{2.13}$$

이 된다.

2.3 이방성 물질(ANISOTROPIC MATERIAL)

전절에서 공부하였듯이, 일반적인 Hooke의 법칙에서 서로 다른 탄성계수의 개수는 21개이다. 이것을 공학적인 표기 방법으로 표시하면 다음과 같은 행렬이 된다.

$$[C_{ij}] = \begin{Bmatrix} C_{11} & C_{12} & C_{13} & C_{14} & C_{15} & C_{16} \\ C_{21} & C_{22} & C_{23} & C_{24} & C_{25} & C_{26} \\ C_{31} & C_{32} & C_{33} & C_{34} & C_{35} & C_{36} \\ C_{41} & C_{42} & C_{43} & C_{44} & C_{45} & C_{46} \\ C_{51} & C_{52} & C_{53} & C_{54} & C_{55} & C_{56} \\ C_{61} & C_{62} & C_{63} & C_{64} & C_{65} & C_{66} \end{Bmatrix} \tag{2.14}$$

식 (2.14)로 표시되는 일반적인 이방성 물질은 트리클리닉(Triclinic) 재료라는 용어를 써서 표현하기도 한다.

이러한 일반적인 이방성물질의 탄성계수는 실험으로 구하기가 어렵다. 따라서 우리가 복합재료를 사용하여 구조물을 설계할 때에는 가능하면 여러 개의 면에 대하여 물질의 성질이 대칭이 되도록 한다.

2.3.1 모노클리닉 재료(Monoclinic Material)

복합재료의 성질이 한 개의 면에 대하여 서로 대칭일 때 이를 모노클리닉 재료라

표 2.2 | x_i'와 x_j가 이루는 방향 코사인 l_{ij}

l_{ij}	x_1	x_2	x_3
x_1'	1	0	0
x_2'	0	1	0
x_3'	0	0	-1

고 부른다.

그림 2.2와 같이 x_1, x_2평면이 대칭면인 복합재료를 생각하자.

x_3축을 x_3의 반대방향으로 취하여, 좌표계 x_1', x_2', x_3'을 생각하면

$$x_1' = x_1,\ x_2' = x_2,\ x_3' = -x_3 \tag{2.15}$$

이 된다. 모노클리닉 재료도 탄성재료이므로, 일반적인 Hooke의 법칙이 x_1, x_2, x_3 좌표축과 x_1', x_2', x_3'좌표축 모두에 대하여 같은 형태로 성립하여야만 한다. 모노클리닉 재료의 부가적인 성질은 재료의 성질이 x_1, x_2 평면에 대하여 대칭이라는 것이다. 이 경우 x_i'와 x_j가 이루는 방향 코사인(Direction Cosine) l_{ij}를 표로 나타내면 표 2.2와 같다.

텐서 변환공식(Tensor Transformation Formula)을 사용하여 x_1, x_2, x_3 좌표계에서의 텐서 $\sigma_{\alpha\beta}$를 x_1', x_2', x_3'좌표계로 변환하면

$$\sigma_{\alpha\beta}' = l_{\alpha i}\, l_{\beta j}\sigma_{ij} \tag{2.16}$$

가 된다. 이것을 $\sigma_{11}'(=\sigma_1')$에 대하여 적용하면

$$\begin{aligned}\sigma_{11}' = {} & l_{1'1}l_{1'1}\sigma_{11} + l_{1'1}l_{1'2}\sigma_{12} + l_{1'1}l_{1'3}\sigma_{13} \\ & + l_{1'2}l_{1'1}\sigma_{21} + l_{1'2}l_{1'2}\sigma_{22} + l_{1'2}l_{1'3}\sigma_{23}\end{aligned}$$

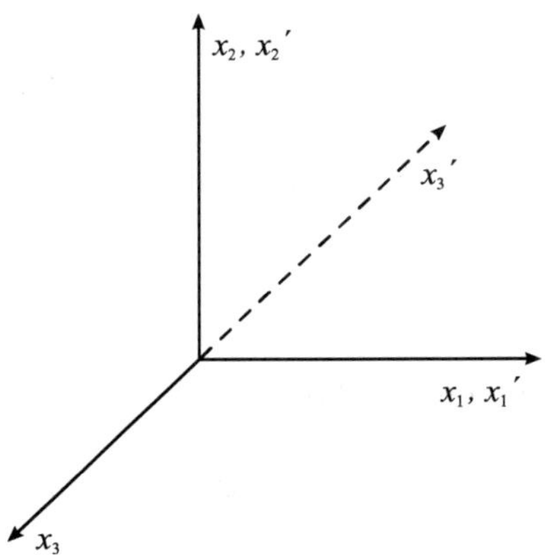

그림 2.2
x_1, x_2 평면이 대칭면인 모노클리닉 재료 (Monoclinic Material)

$$+ l_{1'3}l_{1'1}\sigma_{31} + l_{1'3}l_{1'2}\sigma_{32} + l_{1'3}l_{1'3}\sigma_{33}$$

$$= \sigma_{11} \tag{2.17}$$

식 (2.16) $\sigma_{23}(=\sigma_4')$에 대하여 적용하면

$$\sigma_{23}' = l_{2'i}l_{3'j}\sigma_{ij} = l_{2'1}l_{3'1}\sigma_{11} + l_{2'1}l_{3'2}\sigma_{12} + l_{2'1}l_{3'3}\sigma_{13}$$

$$+ l_{2'2}l_{3'1}\sigma_{21} + l_{2'2}l_{3'2}\sigma_{22} + l_{2'2}l_{3'3}\sigma_{23}$$

$$+ l_{2'3}l_{3'1}\sigma_{31} + l_{2'3}l_{3'2}\sigma_{32} + l_{2'3}l_{3'3}\sigma_{33}$$

$$= -\sigma_{23} \tag{2.18}$$

위와 같은 계산을 모든 σ_{ij}'와 ε_{ij}'에 대하여 수행하면

$$\sigma_{11}' = \sigma_{11},\ \sigma_{22}' = \sigma_{22},\ \sigma_{33}' = \sigma_{33},\ \sigma_{12}' = \sigma_{12} \tag{2.19}$$

$$\varepsilon_{11}' = \varepsilon_{11},\ \varepsilon_{22}' = \varepsilon_{22},\ \varepsilon_{33}' = \varepsilon_{33},\ \varepsilon_{12}' = \varepsilon_{12} \tag{2.20}$$

$$\sigma_{23}' = -\sigma_{23},\ \sigma_{13}' = -\sigma_{13}, \tag{2.21}$$

$$\varepsilon_{23}' = -\varepsilon_{23},\ \varepsilon_{13}' = -\varepsilon_{13}, \tag{2.22}$$

가 된다.

일반적인 Hooke의 법칙을 공학적인 표시법을 사용하여 x_1', x_2', x_3' 좌표축에 대하여 나타내면

$$\sigma_1'(=\sigma_{11}') = C_{11}\varepsilon_1' + C_{12}\varepsilon_2' + C_{13}\varepsilon_3' + C_{14}\varepsilon_4' + C_{15}\varepsilon_5' + C_{16}\varepsilon_6' \tag{2.23}$$

식 (2.23)을 식 (2.19)에서 식 (2.22)의 결과를 사용하여 정리하면

$$\sigma_1 = C_{11}\varepsilon_1 + C_{12}\varepsilon_2 + C_{13}\varepsilon_3 - C_{14}\varepsilon_4 - C_{15}\varepsilon_5 + C_{16}\varepsilon_6 \tag{2.24}$$

식 (2.23)과 식 (2.24)가 형태가 같은 모양이 되기 위해서는

$$C_{14} = C_{15} = 0 \tag{2.25}$$

을 만족하여야만 한다.

마찬가지 방법으로 σ_2', σ_3', σ_4', σ_5', σ_6'에 대하여 똑같은 계산을 반복하면, 탄성 행렬 중의 다음 요소

$$C_{24},\ C_{25},\ C_{34},\ C_{35},\ C_{64},\ C_{65},\ C_{41},$$

C_{42}, C_{43}, C_{46}, C_{51}, C_{52}, C_{53}, C_{56}

가 0이 된다. 위의 결과를 표로 나타내면 표 2.3과 같이 되며, 모노클리닉 재료의 0이 아닌 서로 다른 탄성계수는 13개가 된다.

2.3.2 직교이방성 물질(Orthotropic Material)

모노클리닉 재료에서, 서로 수직관계를 갖는 대칭면이 한개 더 존재하면, 자동적으로 대칭면의 개수는 세 개가 되며, 이 세 개의 대칭면은 서로 수직하게 된다. 직교이방성이라는 용어를 영어로 나타내면 Orthotropic이 되며, 이것은 Orthogonally Anisotropic의 합성어이다.

만약, x_2, x_3 평면을 대칭면이라고 가정하고 그림 2.3과 같이 x_1'축을 x_1축의 반대 방향으로 취하면, 방향 코사인 l_{ij}는 표 2.4와 같다.

모노클리닉 재료에서와 같은 계산을 수행하면, 식 (2.19)에서 식 (2.22)의 결과 외에 다음과 같은 결과를 얻는다.

$$\sigma_{12}' = -\sigma_{12} \tag{2.26}$$

$$\varepsilon_{12}' = -\varepsilon_{12} \tag{2.27}$$

표 2.3의 결과에서

$$\sigma_1' = C_{11}\varepsilon_1' + C_{12}\varepsilon_2' + C_{13}\varepsilon_3' + C_{16}\varepsilon_6' \tag{2.28}$$

이고, 식 (2.19) ~ (2.22) 및 식 (2.26)과 식 (2.27)의 결과에서, 식 (2.28)은

$$\sigma_1 = C_{11}\varepsilon_1 + C_{12}\varepsilon_2 + C_{13}\varepsilon_3 - C_{16}\varepsilon_6 \tag{2.29}$$

표 2.3 | 모노클리닉(Monoclinic) 재료의 탄성계수($x_3 = 0$가 대칭면일 때)

	ε_1	ε_2	ε_3	ε_4	ε_5	ε_6
σ_1	C_{11}	C_{12}	C_{13}	0	0	C_{16}
σ_2	C_{21}	C_{22}	C_{23}	0	0	C_{26}
σ_3	C_{31}	C_{32}	C_{33}	0	0	C_{36}
σ_4	0	0	0	C_{44}	C_{45}	0
σ_5	0	0	0	C_{54}	C_{55}	0
σ_6	C_{61}	C_{62}	C_{63}	0	0	C_{66}

*13개의 서로 다른 탄성계수

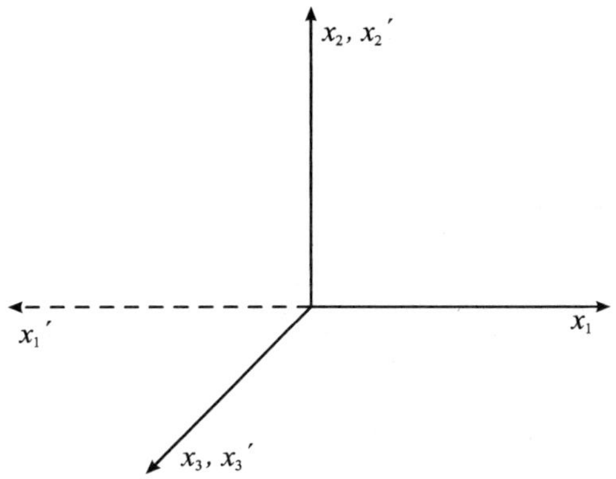

그림 2.3

x_2, x_3면이 대칭면인 직교이방성 물질(Orthotropic Material), x_1, x_2면은 그림 2.2에서 이미 대칭면이었다.

이 된다. 식 (2.28)과 식 (2.29)의 형태가 같기 위해서는

$$C_{16} = 0 \tag{2.30}$$

가 되어야만 한다. σ_2', σ_3', σ_4', σ_5', σ_6'에 대하여 같은 계산을 수행하면, C_{16}, C_{26}, C_{36}, C_{45}가 0이 된다. 표 2.5는 직교이방성 물질의 탄성계수를 보여 준다. 직교이방성 물질의 0이 아닌 서로 다른 탄성계수는 9개가 된다.

표 2.5에서 알 수 있는 바와 같이 직교이방성 물질의 인장(압축)과 전단을 연결하는 커플링(Coupling) 항이 모두 0이 되었으므로, 직교이방성 물질은 인장 혹은 전단(Shear) 변형률이 전단 혹은 인장응력을 발생시키지 않으며, 또한 인장 혹은 전단응력은 전단 혹은 인장 변형률을 발생시키지 않는다. 또한 한 평면의 전단이 다른 평면의 전단을 발생시키지 않는다. 직교이방성 물질의 예는 일방향의 프리프레그로 복합재료를 제조하였을 때, 섬유의 길이 방향과 이에 수직한 방향으로 좌표축을 정하면, 복합재료는 직교이방성이 되고, 이때 좌표축을 주축(Principal Axis), 물질 축(Material Axis), 혹은 플라이 축(Ply Axis)이라고 부른다. 그림 2.4는 주축을 보여 준다.

표 2.4 | x_i와 x_j'가 이루는 방향 코사인 l_{ij}

l_{ij}	x_1	x_2	x_3
x_1'	−1	0	0
x_2'	0	1	0
x_3'	0	0	1

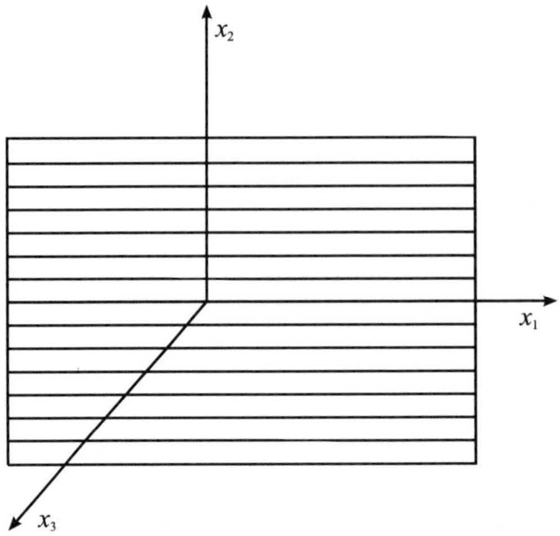

그림 2.4
주축(Principal Axis)

2.3.3 가로 등방성 물질(Transversely Isotropic Material)

재료의 성질이 어떤 한 대칭면 내에서 등방성일 때, 우리는 이러한 재료를 가로 등방성 물질이라고 부른다. 만약, x_1, x_2 평면이 등방성 평면이면, 탄성계수의 아래첨자 1과 2를 바꾸어 쓸 수 있으며, x_3축에 대하여, 90° 회전을 시켜도 성질이 변화하지 않으므로 전절에서와 같은 계산을 수행하면

$$C_{11} = C_{22},\ C_{13} = C_{23},\ C_{44} = C_{55},\ C_{66} = \frac{C_{11} - C_{12}}{2} \tag{2.31}$$

의 결과를 얻는다. 이 결과를 표로 나타내면 표 2.6과 같다. 횡방향 등방성 물질의 0이 아닌 서로 다른 탄성계수는 5개가 된다.

표 2.5 | 직교이방성(Orthotropic) 물질의 탄성계수

	ε_1	ε_2	ε_3	ε_4	ε_5	ε_6
σ_1	C_{11}	C_{12}	C_{13}	0	0	0
σ_2	C_{21}	C_{22}	C_{23}	0	0	0
σ_3	C_{31}	C_{32}	C_{33}	0	0	0
σ_4	0	0	0	C_{44}	0	0
σ_5	0	0	0	0	C_{55}	0
σ_6	0	0	0	0	0	C_{66}

*9개의 서로 다른 탄성계수

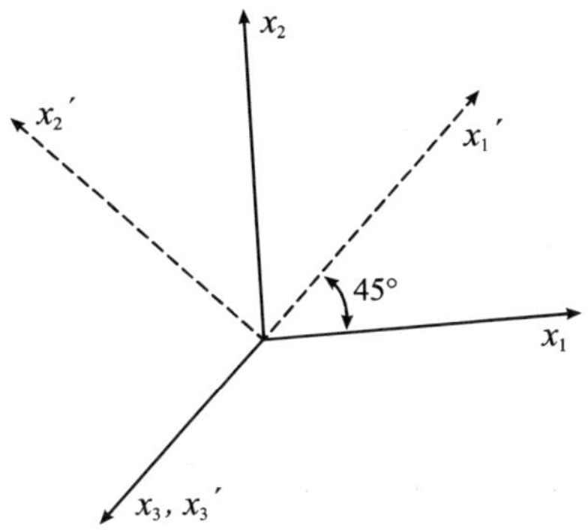

그림 2.5

x_1, x_2, x_3 좌표축을 x_3 축 주위로 45°만큼 회전시킨 x_1', x_2', x_3' 좌표축

2.3.4 등방성 물질(Isotropic Material)

등방성 물질(Isotropic Material)의 경우는 x_1, x_2, x_3 좌표축의 x_1축을 회전축으로 하여 90도 회전시켜서 만든 x_1', x_2', x_3'축에 대하여도, 일반적인 Hooke의 법칙이 같은 형태로 성립하여야만 한다. 새로운 좌표축으로 변화된 응력 σ_1'를 전절에서와 같이 고려하면

$$C_{12} = C_{13},\ C_{31} = C_{21},\ C_{32} = C_{23},\ C_{33} = C_{22},\ C_{66} = C_{55} \tag{2.32}$$

을 얻는다.

유사한 방법으로 x_3축에 대하여 90도 회전시킨 경우를 고려하면

$$C_{21} = C_{12},\ C_{22} = C_{11},\ C_{23} = C_{13},\ C_{31} = C_{32},\ C_{55} = C_{44} \tag{2.33}$$

을 얻는다. 그림 2.5와 같이 x_3축 주위로 45도 만큼 x_1', x_2', x_3'좌표축을 고려하면 방향 코사인 l_{ij}는 표 2.7의 값을 갖는다.

새로운 좌표축으로 변화된 응력 σ_{12}'을 고려하면

표 2.6 | 가로 등방성(Transversely Isotropic)물질의 탄성계수(x_1, x_2 평면이 등방성 평면)

	ε_1	ε_2	ε_3	ε_4	ε_5	ε_6
σ_1	C_{11}	C_{12}	C_{13}	0	0	0
σ_2	C_{12}	C_{11}	C_{13}	0	0	0
σ_3	C_{13}	C_{13}	C_{33}	0	0	0
σ_4	0	0	0	C_{44}	0	0
σ_5	0	0	0	0	C_{44}	0
σ_6	0	0	0	0	0	$\frac{C_{11}-C_{12}}{2}$

*5개의 서로 다른 탄성계수

$$\begin{aligned}\sigma_{12}'(=\sigma_6') &= l_{1'i}l_{2'j}\sigma_{ij} \\ &= l_{1'1}l_{2'1}\sigma_{11} + l_{1'1}l_{2'2}\sigma_{12} + l_{1'1}l_{2'3}\sigma_{13} \\ &\quad + l_{1'2}l_{2'1}\sigma_{21} + l_{1'2}l_{2'2}\sigma_{22} + l_{1'2}l_{2'13}\sigma_{23} \\ &\quad + l_{1'3}l_{2'1}\sigma_{31} + l_{1'3}l_{2'2}\sigma_{32} + l_{1'3}l_{2'3}\sigma_{33} \\ &= -\frac{1}{2}\sigma_{11} + \frac{1}{2}\sigma_{22} = -\frac{1}{2}\sigma_1 + \frac{1}{2}\sigma_2\end{aligned} \tag{2.34}$$

마찬가지 방법으로, 변형율에 대하여 같은 계산을 수행하면

$$\varepsilon_6' = -\varepsilon_1 + \varepsilon_2 \tag{2.35}$$

가 된다.

표 2.5 및 식 (2.32), (2.33)의 결과에서

$$\sigma_6 = C_{66}\varepsilon_6 = C_{44}\varepsilon_6 \tag{2.36}$$

이므로, 새로운 좌표계에서 식 (2.36)은

$$\sigma_6' = C_{44}\varepsilon_6' \tag{2.37}$$

가 된다.

식 (2.37)은 식 (2.34), (2.35)의 결과에서

$$-\frac{1}{2}\sigma_1 + \frac{1}{2}\sigma_2 = C_{44}(-\varepsilon_1 + \varepsilon_2)$$

이므로, 표 2.5의 결과에서

$$-\frac{1}{2}(C_{11}\varepsilon_1 + C_{12}\varepsilon_2 + C_{13}\varepsilon_3) + \frac{1}{2}(C_{21}\varepsilon_1 + C_{22}\varepsilon_2 - C_{23}\varepsilon_3) = C_{44}(-\varepsilon_1 + \varepsilon_2)$$

이고, 위 식을 정리하면

표 2.7 | x_i'와 x_j가 이루는 방향 코사인 l_{ij}

l_{ij}	x_1	x_2	x_3
x_1'	$\frac{1}{\sqrt{2}}$	$\frac{1}{\sqrt{2}}$	0
x_2'	$-\frac{1}{\sqrt{2}}$	$\frac{1}{\sqrt{2}}$	0
x_3'	0	0	1

표 2.8 | 등방성(Isotropic)물질의 탄성계수

	ε_1	ε_2	ε_3	ε_4	ε_5	ε_6
σ_1	C_{11}	C_{12}	C_{12}	0	0	0
σ_2	C_{12}	C_{11}	C_{12}	0	0	0
σ_3	C_{12}	C_{12}	C_{11}	0	0	0
σ_4	0	0	0	$\frac{C_{11}-C_{12}}{2}$	0	0
σ_5	0	0	0	0	$\frac{C_{11}-C_{12}}{2}$	0
σ_6	0	0	0	0	0	$\frac{C_{11}-C_{12}}{2}$

*5개의 서로 다른 탄성계수

표 2.9 | 3차원 이방성 재료의 대칭면에 대한 요소의 개수

대칭종류	독립 요소의 개수	주축에 대한 0이 아닌 요소의 개수	주축에 대하여 한 축만 회전한 경우의 0이 아닌 요소의 개수	일반적인 축에 대하여 회전한 경우의 0이 아닌 요소의 개수
트리클리닉(Triclinic)	21	36	36	36
모노클리닉(Monoclinic)	13	20	36	36
직교이방성 (Orthotropic)	9	12	20	36
횡방향 등방성 (Transversely Isotropic)	5	12	20	36
등방성(Isotropic)	2	12	12	12

$$\left(-\frac{1}{2}C_{11}+\frac{1}{2}C_{21}+C_{44}\right)\varepsilon_1+\left(-\frac{1}{2}C_{12}+\frac{1}{2}C_{22}-C_{44}\right)\varepsilon_2+\left(-\frac{1}{2}C_{13}+\frac{1}{2}C_{23}\right)\varepsilon_3=0 \quad \textbf{(2.38)}$$

식 (2.38)은 모든 ε_1, ε_2, ε_3에 대하여 성립하여야 하므로, 계수는 0이 되어야만 한다. 따라서

$$C_{44}=\frac{1}{2}(C_{11}-C_{12}),\ C_{11}=C_{22},\ C_{13}=C_{23} \quad \textbf{(2.39)}$$

가 성립하여야만 한다. 이상의 결과를 표로 나타내면 표 2.8과 같이 되며, 등방성 물질의 경우에 0이 아닌 서로 다른 탄성계수는 2개가 된다.

2.3.5 이방성 물질의 요약

직교이방성(Orthotropic) 물질의 경우에 좌표축을 주축으로 취하면, 탄성 행렬 $[C_{ij}]$

의 0이 아닌 요소의 개수는 12개나 되나, 주축 중의 한 축에 대하여 어느 각도만큼 회전한 좌표축에 대해서 0이 아닌 요소의 개수는 20개가 된다. 또한 주축이 아닌 임의의 축에 대하여 회전한 좌표축에 대해서 0이 아닌 요소의 개수는 36개가 된다. 그러나 이 경우에도 서로 독립인 요소는 9개가 된다. 따라서 직교이방성 물질은 다음 절에서 배우는 탄성행렬의 변환 공식에 의해서, 주축이 아닌 경우에도 서로 독립인 9개의 요소를 알면, 탄성행렬의 요소를 구할 수 있다. 따라서, 직교이방성 물질은 일반적인 이방성 재료보다 해를 구하기가 편리하다. 이러한 결과를 모든 재료에 대하여 요약하면 표 2.9와 같다[2,3].

2.4 직교이방성 물질의 평면응력

두께가 길이나 폭에 비하여 매우 작은 직교이방성 물질이 하중을 받을 때, 이 물질은 평면응력 상태에 있다고 가정할 수 있으며, 평면 내의 좌표축 x_1과 x_2평면에 수직한 방향의 좌표축을 x_3로 취하면,

$$\sigma_3,\ \sigma_4(\sigma_{23}),\ \sigma_5(\sigma_{13}) \ll \sigma_1,\ \sigma_2,\ \sigma_6(\sigma_{12}) \tag{2.40}$$

이 된다. 그러므로 평면응력 상태의 0이 아닌 응력성분은 σ_1, σ_2, σ_6가 된다.

이 경우에 일반적인 Hooke의 법칙을 공학적인 표기법으로 나타내면

$$\sigma_1 = C_{11}\varepsilon_1 + C_{12}\varepsilon_2 + C_{13}\varepsilon_3 \tag{2.41}$$

$$\sigma_2 = C_{12}\varepsilon_1 + C_{22}\varepsilon_2 + C_{23}\varepsilon_3 \tag{2.42}$$

$$\sigma_3 = C_{13}\varepsilon_1 + C_{23}\varepsilon_2 + C_{33}\varepsilon_3 = 0 \tag{2.43}$$

$$\sigma_4 = C_{44}\varepsilon_4 = 0 \tag{2.44}$$

$$\sigma_5 = C_{55}\varepsilon_5 = 0 \tag{2.45}$$

$$\sigma_6 = C_{66}\varepsilon_6 \tag{2.46}$$

이 된다.

식 (2.44)과 식 (2.45)에서 ε_4와 ε_5는 0이 되며, 식 (2.43)에서

$$\varepsilon_3 = -\frac{C_{13}}{C_{33}}\varepsilon_1 - \frac{C_{23}}{C_{33}}\varepsilon_2 \tag{2.47}$$

가 되며, 식 (2.47)을 식 (2.41)과 식 (2.42)에 대입하면

$$\sigma_1 = \left(C_{11} - \frac{{C_{13}}^2}{C_{33}}\right)\varepsilon_1 + \left(C_{12} - \frac{C_{13}C_{23}}{C_{33}}\right)\varepsilon_2 \tag{2.48}$$

$$\sigma_2 = \left(C_{12} - \frac{C_{13}C_{23}}{C_{33}}\right)\varepsilon_1 + \left(C_{22} - \frac{{C_{23}}^2}{C_{33}}\right)\varepsilon_2 \tag{2.49}$$

가 된다.

여기서 2차원 문제의 해석을 간단히 하기 위하여

$$Q_{11} = C_{11} - \frac{{C_{13}}^2}{C_{33}} \tag{2.50}$$

$$Q_{12} = C_{12} - \frac{C_{13}C_{23}}{C_{33}} \tag{2.51}$$

$$Q_{22} = C_{22} - \frac{{C_{23}}^2}{C_{33}} \tag{2.52}$$

$$Q_{66} = Q_{66} \tag{2.53}$$

로 정의하면 식 (2.50)~(2.53)은

$$Q_{ij} = C_{ij} - C_{i3}C_{j3}/C_{33} \ \ (i,\ j = 1,\ 2,\ 6) \tag{2.54}$$

으로 표시할 수도 있으며, 축소 강성(Reduced Stiffness)이라고 부른다. 따라서 식 (2.48), (2.49) 및 (2.46)은 다음과 같이 표시된다.

$$\sigma_1 = Q_{11}\varepsilon_1 + Q_{12}\varepsilon_2 \tag{2.55}$$

$$\sigma_2 = Q_{12}\varepsilon_1 + Q_{22}\varepsilon_2 \tag{2.56}$$

$$\sigma_6 = Q_{66}\varepsilon_6 \tag{2.57}$$

식 (2.55), (2.56) 및 (2.57)은 Q_{16} 및 Q_{26}가 0일 때,

$$\sigma_i = Q_{ij}\varepsilon_j \ (i,\ j = 1,\ 2,\ 6) \tag{2.58}$$

와 같이 한 개의 식으로 표시할 수 있다.

2.5 직교이방성 물질의 평면 변형률

직교이방성 물질이 깊이 방향(x_3방향)으로 매우 크거나, 길이방향으로 늘어나거나 줄어들 수 없는 제한조건을 갖는 상태일 때, 이 물질은 평면 변형률 상태에 있게 되며,

$$\varepsilon_3 = \varepsilon_4 = \varepsilon_5 = 0 \tag{2.59}$$

이 된다. 이 경우에 0이 아닌 변형률의 성분은 ε_1, ε_2와 ε_6이며,

$$\varepsilon_1 = R_{11}\sigma_1 + R_{12}\sigma_2 \tag{2.60}$$

$$\varepsilon_2 = R_{12}\sigma_1 + R_{22}\sigma_2 \tag{2.61}$$

$$\varepsilon_6 = R_{66}\sigma_6 \tag{2.62}$$

이며,

$$R_{11} = S_{11} - \frac{S_{13}{}^2}{S_{33}} \tag{2.63}$$

$$R_{12} = S_{12} - \frac{S_{13}S_{23}}{S_{33}} \tag{2.64}$$

$$R_{22} = S_{22} - \frac{S_{23}{}^2}{S_{33}} \tag{2.65}$$

$$R_{66} = S_{66} \tag{2.66}$$

이 된다. 식 (2.63) ~ (2.66)은

$$R_{ij} = S_{ij} - S_{i3}S_{j3} \,/\, S_{33} \ (i,\ j = 1,\ 2,\ 6) \tag{2.67}$$

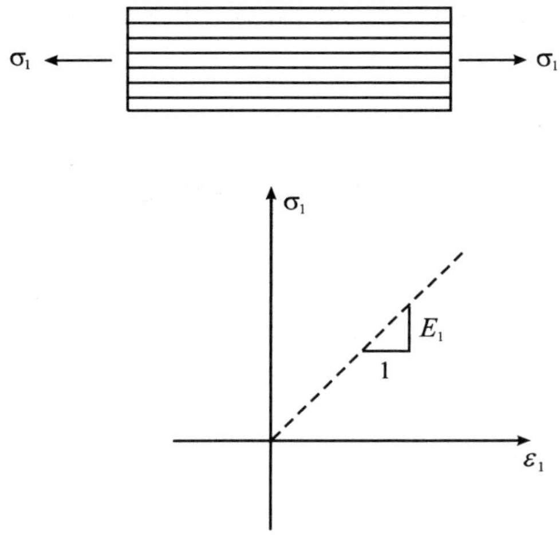

그림 2.6
섬유방향으로의 인장실험

와 같이 표시할 수가 있으며, R_{ij}는 축소 컴플라이언스(Reduced Compliance)라고 부른다.

2.6 일방향 플라이의 탄성계수 결정

2.6.1 일방향 플라이의 섬유방향 인장실험

일방향 섬유(Unidirectional Fiber)로 구성되어 있는 한 개의 플라이(Ply)를 그림 2.6과 같이 인장응력을 주어 당기면 섬유 방향으로는 팽창하고, 섬유에 수직되는 방향으로는 축소된다.

섬유로 강화된 복합재료에 길이 방향으로 인장을 가하면 파괴가 생길 때까지 거의 선형적으로 변화하며, 이때의 기울기 E_1

$$E_1 = \frac{\sigma_1}{\varepsilon_1} \tag{2.68}$$

을 측정하여, 종 탄성계수(Longitudinal Modulus)로 정의한다. 또한 주 포아송비(Major Poisson's Ratio) ν_{12}를

$$\nu_{12} = -\frac{\varepsilon_2}{\varepsilon_1} \tag{2.69}$$

로 정의한다. 포아송비는 변형률이 증가하면 일정한 값을 갖지 않고 변화하므로 일

반적으로 초기값을 사용한다. 따라서 대변형(Large Deformation) 문제를 취급할 때는 이 점을 고려하여야만 한다.

2.6.2 일방향 플라이의 섬유에 수직한 방향 인장실험

일방향 섬유(Unidirectional Fiber)로 구성되어 있는 한 개의 플라이를 그림 2.7과 같이 섬유에 수직한 방향으로 인장응력을 가하면, 섬유에 수직한 방향으로는 팽창하고, 섬유방향으로는 축소된다.

섬유로 강화된 복합재료에 섬유에 수직한 방향으로 인장을 가하면 응력과 변형률과의 관계는 일반적으로 일정한 값을 갖지 않고 변화하므로 초기치를 사용한다. 이때 초기 기울기 E_2

$$E_2 = \frac{\sigma_2}{\varepsilon_2} \tag{2.70}$$

을 측정하여, 횡 탄성계수(Transverse Modulus)로 정의한다. 또한 부 포아송비(Minor Poisson's Ratio) ν_{21}을

$$\nu_{21} = -\frac{\varepsilon_1}{\varepsilon_2} \tag{2.71}$$

로 정의한다. 부 포아송비는 횡 포아송비(Transverse Poisson's Ratio)라는 용어를 사용하기도 한다.

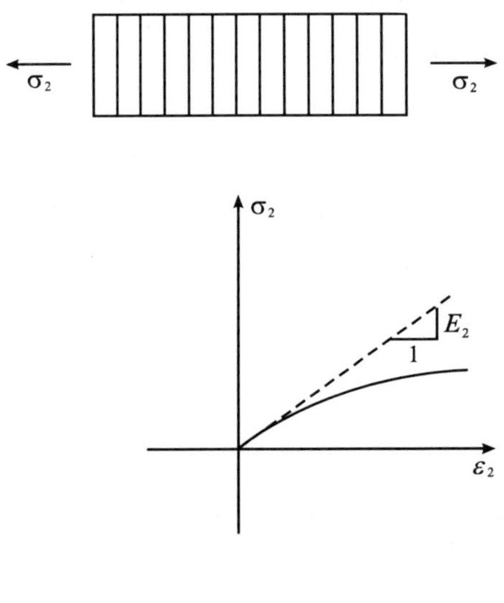

그림 2.7
섬유에 수직한 방향으로의 인장실험

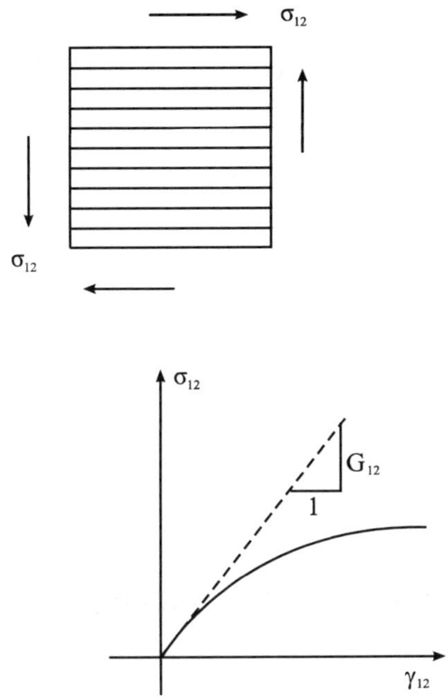

그림 2.8
전단실험

2.6.3 일방향 플라이의 전단실험

일방향 섬유(Unidirectional Fiber)로 구성되어 있는 한 개의 플라이(Ply)를 그림 2.8과 같이 전단응력을 가하면, 전단변형률이 발생한다.

섬유로 강화된 복합재료에 전단응력을 가하면 응력과 변형률의 관계는 일반적으로 일정한 값을 갖지 않으므로 초기치를 사용한다. 이때 초기 기울기 G_{12}

$$G_{12} \frac{\sigma_{12}}{\gamma_{12}} = \frac{\sigma_6}{\varepsilon_6} \tag{2.72}$$

을 측정하여, 종횡 전단 탄성계수(Longitudinal-transverse Shear Modulus)라고 부르며, G_S라고 표시하기도 한다. 종횡 전단 탄성계수는 간단히 종 탄성계수(Longitudinal Shear Modulus)라고 부르기도 한다.

2.6.4 축소 강성(Reduced Stiffness)의 실험적 결정

그림 2.6의 일방향 플라이에 섬유방향으로 인장응력을 가할 경우에, 일반적인 Hooke의 법칙은 식 (2.55), (2.56), (2.57)에서

$$\sigma_1 = Q_{11}\varepsilon_1 + Q_{12}\varepsilon_2 \tag{2.73}$$

$$\sigma_2 = Q_{12}\varepsilon_1 + Q_{22}\varepsilon_2 = 0 \tag{2.74}$$

$$\sigma_6 = Q_{66}\varepsilon_6 = 0 \tag{2.75}$$

가 된다. 식 (2.75)에서

$$\varepsilon_6 = 0 \tag{2.76}$$

이며, 식 (2.74)에서

$$\nu_{12} = -\frac{\varepsilon_2}{\varepsilon_1} = \frac{Q_{12}}{Q_{22}} \tag{2.77}$$

이 되며, 식 (2.77)에서 ε_2를 구하여 식 (2.73)에 대입하면

$$\frac{\sigma_1}{\varepsilon_1} = Q_{11} - \frac{Q_{12}^{\ 2}}{Q_{22}} = E_1 \tag{2.78}$$

가 된다.

그림 2.7의 일방향 플라이에 섬유에 수직한 방향으로 인장응력을 가할 경우에, 일반적인 Hooke의 법칙은

$$\sigma_1 = Q_{11}\varepsilon_1 + Q_{12}\varepsilon_2 = 0 \tag{2.79}$$

$$\sigma_2 = Q_{12}\varepsilon_1 + Q_{22}\varepsilon_2 \tag{2.80}$$

$$\sigma_6 = Q_{66}\varepsilon_6 = 0 \tag{2.81}$$

가 된다. 식 (2.81)에서

$$\varepsilon_6 = 0 \tag{2.82}$$

이며, 식 (9.79)에서

$$\nu_{21} = -\frac{\varepsilon_1}{\varepsilon_2} = \frac{Q_{12}}{Q_{11}} \tag{2.83}$$

이 되며, 식 (2.83)에서 ε_1을 구하여 식 (2.80)에 대입하면

표 2.10 | Q_{ij}와 공학적인 물질의 성질과의 관계

$$E_1 = Q_{11} - \frac{Q_{12}^2}{Q_{22}}$$

$$E_2 = Q_{22} - \frac{Q_{12}^2}{Q_{11}}$$

$$G_{12} = Q_{66}$$

$$\nu_{12} = \frac{Q_{12}}{Q_{22}}$$

$$\nu_{21} = \frac{Q_{12}}{Q_{11}}$$

표 2.11 | 공학적인 물질의 성질과 Q_{ij}의 관계

$$Q_{11} = \frac{E_1}{1-\nu_{12}\nu_{21}}$$

$$Q_{22} = \frac{E_2}{1-\nu_{12}\nu_{21}}$$

$$Q_{12} = Q_{21} = \frac{\nu_{12}E_2}{1-\nu_{12}\nu_{21}} = \frac{\nu_{21}E_1}{1-\nu_{12}\nu_{21}}$$

$$Q_{66} = G_{12}$$

$$[Q_{ij}] = \begin{bmatrix} \frac{E_1}{1-\nu_{12}\nu_{21}} & \frac{\nu_{12}E_2}{1-\nu_{12}\nu_{21}} & 0 \\ \frac{\nu_{21}E_1}{1-\nu_{12}\nu_{21}} & \frac{E_2}{1-\nu_{12}\nu_{21}} & 0 \\ 0 & 0 & G_{12} \end{bmatrix}$$

$$\frac{\sigma_2}{\varepsilon_2} = Q_{22} - \frac{Q_{12}^2}{Q_{11}} = E_2 \tag{2.84}$$

가 된다. 또한 그림 2.8의 일방향 플라이에 전단응력을 가할 경우, 일반적인 Hooke의 법칙은

$$\sigma_1 = Q_{11}\varepsilon_1 + Q_{12}\varepsilon_2 = 0 \tag{2.85}$$

$$\sigma_2 = Q_{12}\varepsilon_1 + Q_{22}\varepsilon_2 = 0 \tag{2.86}$$

$$\sigma_6 = Q_{66}\varepsilon_6 \tag{2.87}$$

가 된다.

식 (2.85), 식 (2.86)에서

$$\varepsilon_1 = \varepsilon_2 = 0 \tag{2.88}$$

이며, 식 (2.87)에서

$$Q_{66} = G_{12} \tag{2.89}$$

가 된다.

위의 결과를 다시 요약하면 표 2.10과 같다.

표 2.10의 결과를 Q_{ij}에 대하여 풀어서 표로 나타내면 표 2.11과 같으며, 다음과 같은 관계식이 성립함을 증명할 수 있다.

$$\frac{\nu_{ij}}{E_i} = \frac{\nu_{ji}}{E_j} \tag{2.90}$$

표 2.11에서 알 수 있는 바와 같이 Q_{ij}를 구하기 위해서는 복합재료의 네 가지 상수(예를 들면, E_1, E_2, ν_{12} 및 G_{12})를 알고 있어야만 한다.

2.7 3차원 직교이방성 물질

3차원 직교이방성 물질에 대한 일반적인 Hooke의 법칙은 식 (2.12)를 전개하면

$$\begin{Bmatrix} \varepsilon_1 \\ \varepsilon_2 \\ \varepsilon_3 \\ \varepsilon_4 \\ \varepsilon_5 \\ \varepsilon_6 \end{Bmatrix} = \begin{vmatrix} S_{11} & S_{12} & S_{13} & 0 & 0 & 0 \\ S_{12} & S_{22} & S_{23} & 0 & 0 & 0 \\ S_{13} & S_{23} & S_{33} & 0 & 0 & 0 \\ 0 & 0 & 0 & S_{44} & 0 & 0 \\ 0 & 0 & 0 & 0 & S_{55} & 0 \\ 0 & 0 & 0 & 0 & 0 & S_{66} \end{vmatrix} \begin{Bmatrix} \sigma_1 \\ \sigma_2 \\ \sigma_3 \\ \sigma_4 \\ \sigma_5 \\ \sigma_6 \end{Bmatrix} \tag{2.91}$$

와 같이 된다. 식 (2.91)에 한 개의 응력만을 작용시킬 때 나타나는 변형률은 컴플라이언스(Compliance) 행렬의 대각선 요소(Diagonal Element)에 의해 결정된다. 직교이방성 물질은 인장응력을 가하면 인장변형률이 나타나고, 양의 전단응력을 가하면 양의 전단 변형률이 나타나므로,

$$S_{11},\ S_{22},\ S_{33},\ S_{44},\ S_{55},\ S_{66} > 0 \tag{2.92}$$

을 만족하여야만 한다. 컴플라이언스 행렬의 요소들은 공학적인 물질의 상수값으로 나타내면,

$$[S_{ij}] = \begin{vmatrix} \frac{1}{E_1} & \frac{-\nu_{21}}{E_2} & \frac{-\nu_{31}}{E_3} & 0 & 0 & 0 \\ \frac{-\nu_{12}}{E_1} & \frac{1}{E_2} & \frac{-\nu_{32}}{E_3} & 0 & 0 & 0 \\ \frac{-\nu_{13}}{E_1} & \frac{-\nu_{23}}{E_2} & \frac{1}{E_3} & 0 & 0 & 0 \\ 0 & 0 & 0 & \frac{1}{G_{23}} & 0 & 0 \\ 0 & 0 & 0 & 0 & \frac{1}{G_{31}} & 0 \\ 0 & 0 & 0 & 0 & 0 & \frac{1}{G_{12}} \end{vmatrix} \tag{2.93}$$

이 된다. 식 (2.92)의 결과에서

$$E_1,\ E_2,\ E_3,\ G_{23},\ G_{13},\ G_{12} > 0 \tag{2.94}$$

이 된다. 비슷한 추론에 의하여

$$C_{11},\ C_{22},\ C_{33},\ C_{44},\ C_{55},\ C_{66} > 0 \tag{2.95}$$

이 된다. 강성행렬 $[C_{ij}]$와 컴플라이언스 행렬 $[S_{ij}]$는 서로 역(Inverse) 행렬이므로,

식 (2.93)의 역을 구하면 다음과 같다.

$$c_{11} = \frac{1-\nu_{23}\nu_{32}}{E_2E_3\Delta} \tag{2.96}$$

$$c_{12} = \frac{\nu_{21}+\nu_{31}\nu_{23}}{E_2E_3\Delta} = \frac{\nu_{12}+\nu_{32}\nu_{13}}{E_1E_3\Delta} \tag{2.97}$$

$$c_{13} = \frac{\nu_{31}+\nu_{21}\nu_{32}}{E_2E_3\Delta} = \frac{\nu_{13}+\nu_{12}\nu_{23}}{E_1E_3\Delta} \tag{2.98}$$

$$c_{22} = \frac{1-\nu_{13}\nu_{31}}{E_1E_3\Delta} \tag{2.99}$$

$$c_{23} = \frac{\nu_{32}+\nu_{12}\nu_{31}}{E_1E_3\Delta} = \frac{\nu_{23}+\nu_{21}\nu_{13}}{E_1E_2\Delta} \tag{2.100}$$

$$c_{33} = \frac{1-\nu_{12}\nu_{21}}{E_1E_2\Delta} \tag{2.101}$$

$$c_{44} = G_{23} \tag{2.102}$$

$$c_{55} = G_{31} \tag{2.103}$$

$$c_{66} = G_{12} \tag{2.104}$$

여기서

$$\Delta = \frac{1-\nu_{12}\nu_{21}-\nu_{23}\nu_{32}-\nu_{31}\nu_{13}-2\nu_{21}\nu_{32}\nu_{13}}{E_1E_2E_3} \tag{2.105}$$

참고문헌

[1] S. W. Tasi and H. Thomas Hahn, Introduction to Composite Materials, McGraw-Hill Book Co., Chapter 43, 1980.

[2] R. M. Jones, Mechanics of Composite Materials, Mcgraw-Hill Book Co., Chapter 2, 1975.

[3] S. W. Tsai, Composites Design, 4th Edition, THINK COMPOSITES, Section 5, 1986.

3 CHAPTER 응력, 변형률 및 강성의 변환

3.1 입문

지금까지는 주축(Principal Axis)을 기준으로 응력, 변형률 및 강성을 표현하였다. 그러나 일반적인 복합재료는 여러 개의 플라이(Ply)로 이루어졌으며, 각 플라이의 적층 각도(Stacking Angle)는 모두 다르다. 따라서 각 플라이의 주축 또한 서로 다르기 때문에, 어떤 특정한 좌표축을 기준하여 이들 값들을 정의하여야 할 필요가 있다. 이렇게 정의한 좌표축을 적층판 축(Laminate Axis)이라고 부르며, 일반적으로 적층판 축은 복합재료를 해석하기 편리하도록 정의된다.

주축은 적층판 축과는 달리 각 플라이의 섬유 방향과 섬유에 수직인 방향으로 좌표축을 취하며, 플라이 축(Ply Axis)이라고도 부른다. 따라서 일반적인 복합재료를 취급하기 위해서는 플라이 축에 대해서 정의된 응력, 변형률 및 강성의 값을 적층판 축으로 변환하는 법칙이 필요하며, 이 장에서는 이 법칙에 대하여 다룬다.

3.2 축 변환

그림 3.1에서와 같이 임의의 방향의 응력과 주축의 응력의 관계는 다음과 같다.

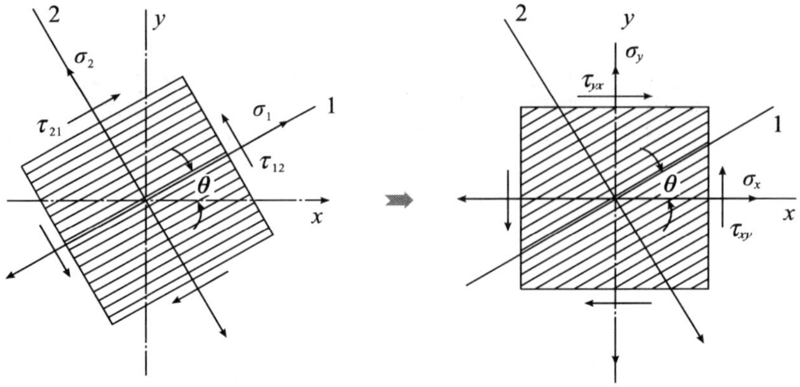

그림 3.1
응력(Stress)의 변환

$$\begin{aligned} \sigma_x &= \sigma_1 \cos^2\theta + \sigma_2 \sin^2\theta - 2\tau_{12}\cos\theta\sin\theta \\ \sigma_y &= \sigma_1 \sin^2\theta + \sigma_2 \cos^2\theta + 2\tau_{12}\cos\theta\sin\theta \\ \tau_{xy} &= (\sigma_1 - \sigma_2)\cos\theta\sin\theta + \tau_{12}(\cos^2\theta - \sin^2\theta) \end{aligned} \tag{3.1}$$

이것을 행렬 형태로 나타내면

$$\begin{Bmatrix} \sigma_x \\ \sigma_y \\ \tau_{xy} \end{Bmatrix} = \begin{bmatrix} m^2 & n^2 & -2mn \\ n^2 & m^2 & 2mn \\ mn & -mn & m^2 - n^2 \end{bmatrix} \begin{Bmatrix} \sigma_1 \\ \sigma_2 \\ \tau_{12} \end{Bmatrix} \tag{3.2}$$

여기서 $m = \cos\theta$, $n = \sin\theta$을 나타낸다.
식 (3.2)의 역은

$$\begin{Bmatrix} \sigma_1 \\ \sigma_2 \\ \tau_{12} \end{Bmatrix} = [J_1] \begin{Bmatrix} \sigma_x \\ \sigma_y \\ \tau_{xy} \end{Bmatrix}, \text{ 여기서 } [J_1] = \begin{bmatrix} m^2 & n^2 & 2mn \\ n^2 & m^2 & -2mn \\ -mn & mn & m^2 - n^2 \end{bmatrix} \tag{3.3}$$

이 되고, 식 (3.3)은 응력의 Mohr 원(Mohr's Circle)을 나타내는 식이 된다. 2차원 응력 변환에서 주축 (1, 2축)에서 x, y축으로 응력변환을 한 이유는 (즉, Mohr 원과 반대 방향으로), 재료의 성질이 주축 1, 2에 대하여 정의되므로 이렇게 정의된 값을 적층판 축으로 변환하기 위한 것이다.

변형률 또한 주축에서 임의의 x, y축으로 변환할 수 있다. 다만, 전단변형률의 경우 반으로 나누는 것이 Mohr 원에서 구하는 방법이 되므로, 식 (3.3)에서 사용된 행렬을 이용하여 다음과 같이 나타낼 수 있다.

$$\begin{Bmatrix} \varepsilon_x \\ \varepsilon_y \\ \gamma_{xy}/2 \end{Bmatrix} = \begin{bmatrix} m^2 & n^2 & -2mn \\ n^2 & m^2 & 2mn \\ mn & -mn & m^2-n^2 \end{bmatrix} \begin{Bmatrix} \varepsilon_1 \\ \varepsilon_2 \\ \gamma_{12}/2 \end{Bmatrix} \tag{3.4a}$$

혹은

$$\begin{Bmatrix} \varepsilon_x \\ \varepsilon_y \\ \gamma_{xy} \end{Bmatrix} = \begin{bmatrix} m^2 & n^2 & -mn \\ n^2 & m^2 & mn \\ 2mn & -2mn & m^2-n^2 \end{bmatrix} \begin{Bmatrix} \varepsilon_1 \\ \varepsilon_2 \\ \gamma_{12} \end{Bmatrix} \tag{3.4b}$$

식 (3.4b)의 역은 다음과 같다.

$$\begin{Bmatrix} \varepsilon_1 \\ \varepsilon_2 \\ \gamma_{12} \end{Bmatrix} = [J_2] \begin{Bmatrix} \varepsilon_x \\ \varepsilon_y \\ \gamma_{xy} \end{Bmatrix}, \text{ 여기서 } \quad [J_2] = \begin{bmatrix} m^2 & n^2 & mn \\ n^2 & m^2 & -mn \\ -2mn & 2mn & m^2-n^2 \end{bmatrix} \tag{3.4c}$$

3.3 강성의 변환

일반적인 Hooke의 법칙(Generalized Hooke's Law)으로부터 주축방향으로 응력과 변형률의 관계는 다음과 같다.

$$\begin{Bmatrix} \sigma_1 \\ \sigma_2 \\ \tau_{12} \end{Bmatrix} = \begin{bmatrix} Q_{11} & Q_{12} & 0 \\ Q_{12} & Q_{22} & 0 \\ 0 & 0 & Q_{66} \end{bmatrix} \begin{Bmatrix} \varepsilon_1 \\ \varepsilon_2 \\ \gamma_{12} \end{Bmatrix} \tag{3.5}$$

식 (3.4c)와 (3.5)를 (3.2)에 대입하면

$$\begin{Bmatrix} \sigma_x \\ \sigma_y \\ \tau_{xy} \end{Bmatrix} = \begin{bmatrix} m^2 & n^2 & -2mn \\ n^2 & m^2 & 2mn \\ mn & -mn & m^2-n^2 \end{bmatrix} \begin{bmatrix} Q_{11} & Q_{12} & 0 \\ Q_{12} & Q_{22} & 0 \\ 0 & 0 & Q_{66} \end{bmatrix} \begin{bmatrix} m^2 & n^2 & mn \\ n^2 & m^2 & -mn \\ -2mn & 2mn & m^2-n^2 \end{bmatrix} \begin{Bmatrix} \varepsilon_x \\ \varepsilon_y \\ \gamma_{xy} \end{Bmatrix} \tag{3.6}$$

식 (3.6)을 (3.5)와 비슷한 형식으로 표현하게 되면,

$$\begin{Bmatrix} \sigma_x \\ \sigma_y \\ \tau_{xy} \end{Bmatrix} = \begin{bmatrix} \overline{Q}_{11} & \overline{Q}_{12} & \overline{Q}_{16} \\ \overline{Q}_{12} & \overline{Q}_{22} & \overline{Q}_{26} \\ \overline{Q}_{16} & \overline{Q}_{26} & \overline{Q}_{66} \end{bmatrix} \begin{Bmatrix} \varepsilon_x \\ \varepsilon_y \\ \gamma_{xy} \end{Bmatrix} \tag{3.7}$$

가 되고 여기서,

$$\begin{aligned} \overline{Q}_{11} &= Q_{11}\cos^4\theta + Q_{22}\sin^4\theta + 2(Q_{12}+2Q_{66})\cos^2\theta\sin^2\theta \\ \overline{Q}_{22} &= Q_{11}\sin^4\theta + Q_{22}\cos^4\theta + 2(Q_{12}+2Q_{66})\cos^2\theta\sin^2\theta \\ \overline{Q}_{66} &= (Q_{11}+Q_{22}-2Q_{12}-2Q_{66})\cos^2\theta\sin^2\theta + Q_{66}(\cos^4\theta+\sin^4\theta) \\ \overline{Q}_{12} &= (Q_{11}+Q_{22}-4Q_{66})\cos^2\theta\sin^2\theta + Q_{12}(\cos^4\theta+\sin^4\theta) \\ \overline{Q}_{16} &= (Q_{11}-Q_{22}-2Q_{66})\cos^3\theta\sin\theta - (Q_{22}-Q_{12}-2Q_{66})\cos\theta\sin^3\theta \\ \overline{Q}_{26} &= (Q_{11}-Q_{22}-2Q_{66})\cos\theta\sin^3\theta - (Q_{22}-Q_{12}-2Q_{66})\cos^3\theta\sin\theta \end{aligned} \tag{3.8}$$

가 된다.

여기서 θ는 그림 3.2의 플라이 각도(Ply Angle)를 나타내며, 식 (3.8)은 적층각도(Stacking Angle)가 θ인 플라이(Ply)의 강성(Stiffness Coefficients)을 적층판 축(Laminate Axis) x, y에 대하여 나타낸 것이다.

다음과 같은 불변량(Invariants) I_1, I_2, R_1, R_2를 정의하여 식 (3.7) 및 (3.8)을 간단하게 표시할 수가 있다.

$$\begin{aligned} I_1 &= \frac{1}{4}(Q_{11}+Q_{22}+2Q_{12}) \\ I_2 &= \frac{1}{8}(Q_{11}+Q_{22}-2Q_{12}+4Q_{66}) \\ R_1 &= \frac{1}{2}(Q_{11}-Q_{22}) \\ R_2 &= \frac{1}{8}(Q_{11}+Q_{22}-2Q_{12}-4Q_{66}) \end{aligned} \tag{3.9}$$

식 (3.9)를 사용하여 식 (3.8)을 표시하면

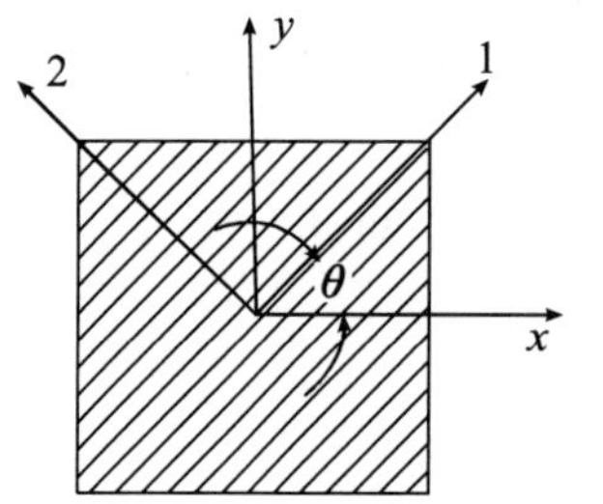

그림 3.2
플라이 각도(Ply Angle)

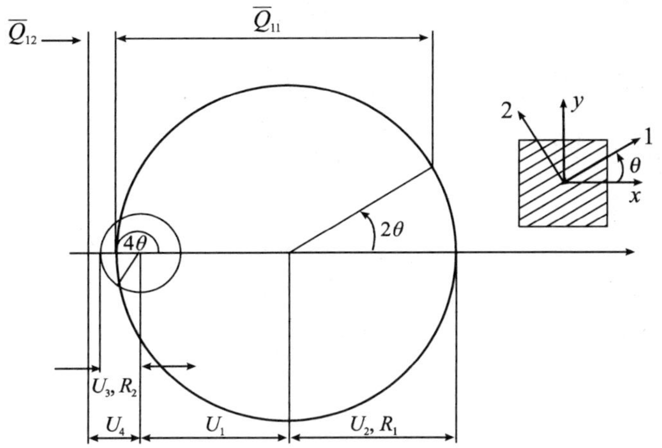

그림 3.3
강성 Mohr 원

$$
\begin{aligned}
\overline{Q}_{11} &= I_1 + I_2 + R_1 \cos 2\theta + R_2 \cos 4\theta \\
\overline{Q}_{22} &= I_1 + I_2 - R_1 \cos 2\theta + R_2 \cos 4\theta \\
\overline{Q}_{66} &= I_2 - R_2 \cos 4\theta \\
\overline{Q}_{12} &= I_1 - I_2 - R_2 \cos 4\theta \\
\overline{Q}_{16} &= \frac{1}{2} R_1 \sin 2\theta + R_2 \sin 4\theta \\
\overline{Q}_{26} &= \frac{1}{2} R_1 \sin 2\theta - R_2 \sin 4\theta
\end{aligned}
\tag{3.10}
$$

여기서 불변량 $2I_1$은 그림 3.3의 강성 Mohr 원에서 큰 원의 중심거리를 나타내고, $I_1 + I_2$는 큰 원과 작은 원과의 중심거리를 나타낸다.

식 (3.10)의 결과는 다음과 같은 다른 불변량(Invariants) U_1, U_2, U_3, U_4, U_5를 정의하여 간단하게 표시할 수도 있다.

$$
\begin{aligned}
U_1 &= I_1 + I_2 = \frac{1}{8}(3Q_{11} + 3Q_{22} + 2Q_{12} + 4Q_{66}) \\
U_2 &= R_1 = \frac{Q_{11} - Q_{22}}{2} \\
U_3 &= R_2 = \frac{1}{8}(Q_{11} + Q_{22} - 2Q_{12} - 4Q_{66}) \\
U_4 &= I_1 - I_2 = \frac{1}{8}(Q_{11} + Q_{22} + 6Q_{12} - 4Q_{66}) \\
U_5 &= I_2 = \frac{1}{8}(Q_{11} + Q_{22} - 2Q_{12} + 4Q_{66})
\end{aligned}
\tag{3.11}
$$

식 (3.11)의 결과를 사용하면

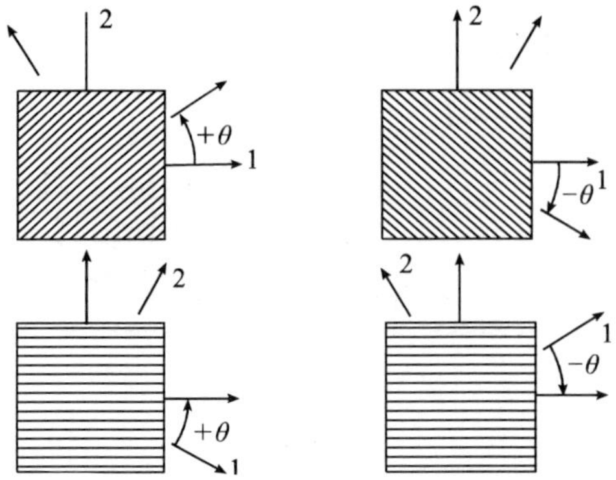

그림 3.4
양과 음의 플라이 각도 (Ply Angle)

(a) 양의 플라이 각도 (b) 음의 플라이 각도

$$
\begin{aligned}
\overline{Q}_{11} &= U_1 + U_2\cos 2\theta + U_3\cos 4\theta \\
\overline{Q}_{22} &= U_1 - U_2\cos 2\theta + U_3\cos 4\theta \\
\overline{Q}_{66} &= U_5 - U_3\cos 4\theta \\
\overline{Q}_{12} &= U_4 - U_3\cos 4\theta \\
\overline{Q}_{16} &= \frac{1}{2}U_2\sin 2\theta + U_3\sin 4\theta \\
\overline{Q}_{26} &= \frac{1}{2}U_2\sin 2\theta - U_3\sin 4\theta
\end{aligned}
\tag{3.12}
$$

과 같다.

식 (3.9)와 (3.11)에서 Q_{ij}의 값은 플라이 축(Ply Axis)에 대한 강성 계수의 값이고, 그림 3.4는 양의 플라이 각도와 음의 플라이 각도를 보여 준다.

3.4 컴플라이언스(Compliance)의 변환

주축에 대한 응력과 변형률 간의 관계는 강성행렬뿐 아니라, 강성행렬의 역행렬 격인 컴플라이언스에 의해서도 식 (3.13)과 같이 정의될 수 있다.

$$
\begin{Bmatrix} \varepsilon_1 \\ \varepsilon_2 \\ \gamma_{12} \end{Bmatrix} = \begin{bmatrix} S_{11} & S_{12} & 0 \\ S_{12} & S_{22} & 0 \\ 0 & 0 & S_{66} \end{bmatrix} \begin{Bmatrix} \sigma_1 \\ \sigma_2 \\ \tau_{12} \end{Bmatrix}
\tag{3.13}
$$

컴플라이언스의 축 변환은 강성(Stiffness)의 변환 결과와 같은 방법을 사용한다.

즉, 식 (3.3)과 (3.13)을 (3.4b)에 대입하면,

$$\begin{Bmatrix} \varepsilon_x \\ \varepsilon_y \\ \gamma_{xy} \end{Bmatrix} = \begin{bmatrix} m^2 & n^2 & -mn \\ n^2 & m^2 & mn \\ 2mn & -2mn & m^2-n^2 \end{bmatrix} \begin{bmatrix} S_{11} & S_{12} & 0 \\ S_{12} & S_{22} & 0 \\ 0 & 0 & S_{66} \end{bmatrix} \begin{bmatrix} m^2 & n^2 & 2mn \\ n^2 & m^2 & -2mn \\ -mn & mn & m^2-n^2 \end{bmatrix} \begin{Bmatrix} \sigma_x \\ \sigma_y \\ \tau_{xy} \end{Bmatrix} \quad \textbf{(3.14)}$$

마찬가지로, 식 (3.14)를 (3.13)과 비슷한 형식으로 표현하게 되면,

$$\begin{Bmatrix} \varepsilon_x \\ \varepsilon_y \\ \gamma_{xy} \end{Bmatrix} = \begin{bmatrix} \bar{S}_{11} & \bar{S}_{12} & \bar{S}_{16} \\ \bar{S}_{12} & \bar{S}_{22} & \bar{S}_{26} \\ \bar{S}_{16} & \bar{S}_{26} & \bar{S}_{66} \end{bmatrix} \begin{Bmatrix} \sigma_x \\ \sigma_y \\ \tau_{xy} \end{Bmatrix} \quad \textbf{(3.15)}$$

여기서

$$\begin{aligned}
\bar{S}_{11} &= S_{11}\cos^4\theta + S_{22}\sin^4\theta + (2S_{12}+S_{66})\cos^2\theta\sin^2\theta \\
\bar{S}_{22} &= S_{11}\sin^4\theta + S_{22}\cos^4\theta + (2S_{12}+S_{66})\cos^2\theta\sin^2\theta \\
\bar{S}_{66} &= 4(S_{11}+S_{22}-2S_{12})\cos^2\theta\sin^2\theta + S_{66}(\cos^2\theta-\sin^2\theta)^2 \\
\bar{S}_{12} &= (S_{11}+S_{22}-S_{66})\cos^2\theta\sin^2\theta + S_{12}(\cos^4\theta+\sin^4\theta) \\
\bar{S}_{16} &= 2(S_{11}-S_{22})\cos^3\theta\sin\theta + (2S_{12}+S_{66})(\cos\theta\sin^3\theta-\cos^3\theta\sin\theta) \\
\bar{S}_{26} &= 2(S_{11}-S_{22})\cos\theta\sin^3\theta + (2S_{12}+S_{66})(\cos^3\theta\sin\theta-\cos\theta\sin^3\theta)
\end{aligned} \quad \textbf{(3.16)}$$

3.5 일반적인 플라이의 공학적인 상수

한 개의 직교이방성 플라이(Orthotropic Ply)가 주축(Principal Axis)에 대하여 플라이 각(Ply Angle)이 θ 인 상태에 있을 때의 공학적인 상수 값(Engineering Constants)은 다음과 같이 구해진다.

$$\bar{E}_1 = \frac{1}{\bar{S}_{11}} = \frac{1}{\dfrac{\cos^4\theta}{E_1} + \dfrac{\sin^4\theta}{E_2} + 2\left(-\dfrac{\nu_{12}}{E_1} + \dfrac{1}{G_{12}}\right)\cos^2\theta\sin^2\theta}$$

$$\bar{E}_2 = \frac{1}{\bar{S}_{22}} = \frac{1}{\dfrac{\sin^4\theta}{E_1} + \dfrac{\cos^4\theta}{E_2} + 2\left(-\dfrac{\nu_{12}}{E_1} + \dfrac{1}{G_{12}}\right)\cos^2\theta\sin^2\theta}$$

$$\bar{\nu}_{12} = -\frac{\bar{S}_{12}}{\bar{S}_{11}} = -\frac{\left(1+\frac{E_1}{E_2}-\frac{E_1}{G_{12}}\right)\cos^2\theta\sin^2\theta - \nu_{12}(\cos^4\theta+\sin^4\theta)}{\cos^4\theta+\frac{E_1}{E_2}\sin^4\theta+2\left(-\nu_{12}+\frac{E_1}{G_{12}}\right)\cos^2\theta\sin^2\theta}$$

$$\bar{G}_{12} = \frac{1}{\bar{S}_{66}} = \frac{1}{4\left(\frac{1}{E_1}+\frac{1}{E_2}-\frac{2\nu_{12}}{E_1}\right)\cos^2\theta\sin^2\theta+\frac{1}{G_{12}}(\cos^2\theta-\sin^2\theta)^2} \tag{3.17}$$

$$\bar{\eta}_{12,1} = \frac{\bar{S}_{16}}{\bar{S}_{11}} = \frac{2\left(1-\frac{E_1}{E_2}\right)\cos^3\theta\sin\theta+\left(-2\nu_{12}+\frac{E_1}{G_{12}}\right)(\cos\theta\sin^3\theta-\cos^3\theta\sin\theta)}{\cos^4\theta+\frac{E_1}{E_2}\sin^4\theta+2\left(-\nu_{12}+\frac{E_1}{G_{12}}\right)\cos^2\theta\sin^2\theta}$$

$$\bar{\eta}_{12,2} = \frac{\bar{S}_{26}}{\bar{S}_{22}} = \frac{2\left(1-\frac{E_1}{E_2}\right)\cos\theta\sin^3\theta+\left(-2\nu_{12}+\frac{E_1}{G_{12}}\right)(\cos^3\theta\sin\theta-\cos\theta\sin^3\theta)}{\sin^4\theta+\frac{E_1}{E_2}\cos^4\theta+2\left(-\nu_{12}+\frac{E_1}{G_{12}}\right)\cos^2\theta\sin^2\theta}$$

여기서 $\bar{\eta}_{12,1}$은 제1차 상호작용계수(Coefficient of Mutual Influence of the First Kind)로 정의된 상수이고, 12평면 내의 전단응력에 의해 발생하는 1방향 인장변형률의 정도를 나타낸다.

식 (3.17)은 플라이 각도가 θ인 플라이 한 개의 탄성계수(Modulus)를 적층판 축(Laminate Axis)으로 표현한 것이므로, 적층각도가 서로 다른 여러 개의 플라이가 적층된 적층판에는 사용하지 않아야 한다.

여러 개의 플라이가 적층된 적층판은 플라이가 서로 상호작용하므로 다음 장에서 다루는 고전 적층판이론(Classical Laminated Plate Theory 혹은 Classical Lamination Theory)을 사용하여 계산해야만 한다.

그림 3.5는 E_1/E_2 = 3.0, G G_{12}/E_2 = 0.5, ν_{12} = 0.25인 유리섬유 에폭시(Glass Fiber Epoxy) 복합재료의 공학적인 상수들이 θ에 관하여 변화하는 경향을 보여준다. $\bar{E}_1$는 θ = 0일 때 가장 큰 값을 가지며, $\bar{G}_{12}$는 θ = 45°일 때 가장 큰 값을 갖는다. $\bar{\nu}_{12}$와 $-\bar{\eta}_{12,1}$는 0°와 90° 사이의 중간값에서 최대값을 갖는다.

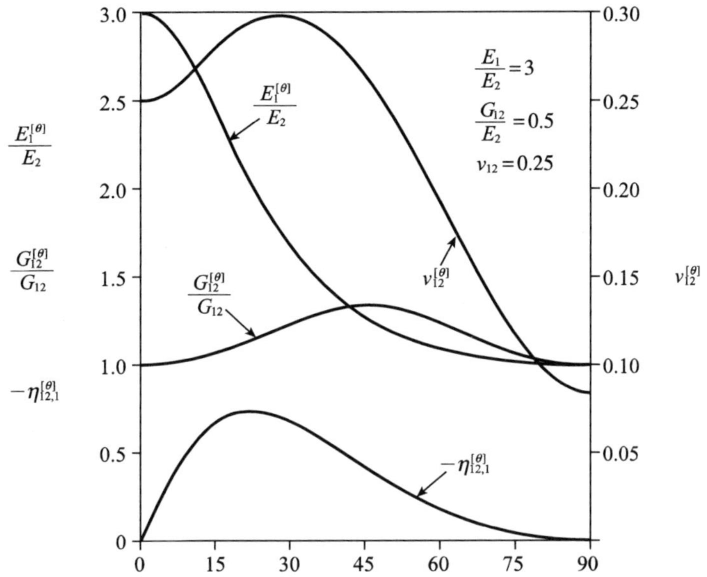

그림 3.5

강성 값의 θ에 대한 변화곡선

Exercises

1 다음은 일방향 ASI/3501-6 Graphite/Epoxy의 성질을 나타낸다.

$E_1 = 130$ GPa

$E_2 = 10.5$ GPa

$\nu_{12} = 0.28$

$G_{12} = 6.0$ GPa

(a) Q_{ij}를 계산하라.

(b) 불변량 U_1, U_2, U_3, U_4, U_5를 계산하라.

CHAPTER 4

적층판의 평면 내의 강성

4.1 입문

전 장까지는 복합재료의 플라이(Ply) 한 개만을 취급하였으나, 본 장에서는 여러 개의 서로 다른 플라이나 혹은 플라이의 그룹(Group)으로 이루어진 복합 적층판(Composite Laminate)에 대하여 다룬다. 제 3장까지의 내용은 플라이 한 개만에 대한 응력, 변형률 및 강성에 대한 결과였으므로, 플라이와 플라이의 상호작용이 발생하지 않았다. 그러나, 이 장에서 다룰 복합 적층판은 서로 다른 플라이와 플라이가 기지 (Matrix)에 의하여 결합되어 있는 상태로, 플라이와 플라이는 상호작용하게 된다. 따라서 여러 플라이로 이루어진 복합 적층판의 공학적인 상수(Engineering Constants)를 구하기 위하여, 상호작용이 없다는 가정 하에 구한 각 구성 플라이의 성질을 단순히 더하는 오류를 범해서는 안 된다.

4.2 복합 적층판의 간단한 코드

복합 적층판이 같은 종류이면서 같은 두께의 플라이로 이루어져 있을 경우에, 적층 순서는 간단히 표시될 수 있다. 예를 들면 $[\pm\theta/0]_s$은 그림 4.1과 같은 복합 적층판을 나타낸다.

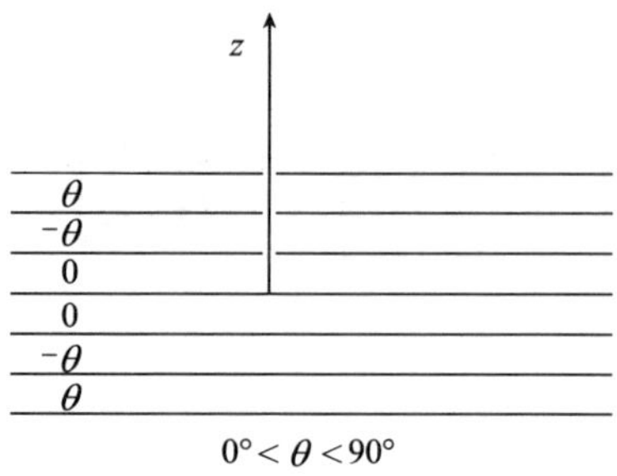

그림 4.1

$[\pm\theta/0]_s$ 로 적층된 복합적층판

$[\pm\theta/0]_S$의 코드는 맨 위에 있는 플라이 각도가 $+\theta$인 플라이가 있고 그 아래에 $-\theta$, 그리고 0° 플라이가 있으며, 이와 같은 세 개의 플라이가 중심면에 대하여 대칭으로 아랫면에도 존재한다는 표시로 S(Symmetry의 약자)를 첨자로 표시하였다. 또 다른 예는 $[\pm45/0]_T$로, 여기서 T는 Total을 나타내며 맨 위로부터 45°, −45°, 0°인 플라이로 이루어진 복합 적층판을 나타낸다. $[0/\pm45/0/\pm45]_S$와 같은 적층판은 $[0/\pm45]_{2S}$처럼 간단히 표시할 수 있으며, [0/90/0]는 $[0/\overline{90}]_S$처럼 표시할 수 있다.

내부가 허니컴(Honeycomb)으로 되어 있는 샌드위치(Sandwich) 평판의 코어(Core)는 C로 표시하며 $\{[0_3/90_2/45/-45_3]_2/C_3\}_S$와 같은 복합 적층판은 코어의 두께가 다른 플라이의 두께의 3배(C_3)임을 표시한다. 위의 코드는 중심면에 대하여 대칭이므로 전체 두께가 42플라이의 두께와 같은 샌드위치 평판을 나타낸다.

4.3 고전 적층판 이론

복합 적층판의 문제를 재료역학(Mechanics of Materials)의 관점에서 (탄성학의 방법이 아닌) 간단하게 해석하기 위해서는 다음과 같은 세 가지의 가정을 필요로 한다[1, 2, 3].

(1) 복합 적층판이 인장이나 압축 및 전단만을 받는 경우에는 (굽힘(Bending)을 받지 않을 경우), 적층판의 두께 방향으로 변형률(Strain)이 일정하다. 즉,

$$\begin{aligned} \varepsilon_1(z) &= \varepsilon_1{}^\circ \\ \varepsilon_2(z) &= \varepsilon_2{}^\circ \\ \varepsilon_6(z) &= \varepsilon_6{}^\circ \end{aligned} \tag{4.1}$$

(2) 각 플라이 (Ply)의 변형률이 같으며, 또한 적층판의 변형률(Laminate Strain)과 같다.

(3) 탄성계수는 각 플라이마다 서로 다르며, 따라서 응력은 각 플라이마다 다른 값을 갖는다.

즉, 평면응력상태의 경우에 k 번째 플라이의 응력 ($\sigma_\alpha^{[k]}$)을 적층판 축으로 나타내면

$$\sigma_\alpha{}^{[k]} = \overline{Q}_{\alpha\beta}^{[k]} \varepsilon_\beta{}^{[k]}$$

혹은

$$\begin{Bmatrix} \sigma_x \\ \sigma_y \\ \tau_{xy} \end{Bmatrix}^{[k]} = [\overline{Q}_{\alpha\beta}]^{[k]} \begin{Bmatrix} \varepsilon_x \\ \varepsilon_y \\ \gamma_{xy} \end{Bmatrix}^{[k]} \quad \textbf{(4.2)}$$

로 표시된다. 여기서 $\sigma_\alpha{}^{[k]}$는 적층판 축(Laminate Axis) x, y에 관하여 표시된 k 번째 플라이의 응력 성분을 나타내며, $\varepsilon_\beta{}^{[k]}$는 적층판 축 (Laminate Axis) x, y에 관하여 표시된 k 번째 플라이의 변형률 성분을 나타낸다. 식 (4.2)를 도식적으로 나타내면 그림 4.2와 같다.

이상과 같은 가정 하에서 복합 적층판의 문제를 해석하는 방법을 고전 적층판 이론(CLPT : Classical Laminate Plate Theory 혹은 CLT : Classical Lamination Theory)이라고 부른다.

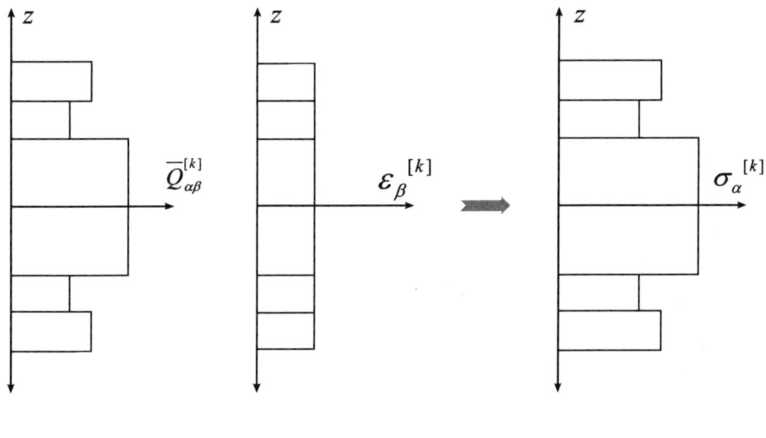

그림 4.2

$\sigma_\alpha{}^{[k]} = \overline{Q}_{\alpha\beta}^{[k]} \varepsilon_\beta{}^{[k]}$를 도식적으로 나타내는 그림

4.4 복합 적층판의 응력합

복합 적층판에 작용하는 응력의 합은, 적층판의 두께 방향으로 각 응력의 성분을 적분하여 계산할 수 있다. 즉, 두께가 h인 적층판의 경우에 응력합 N_α 는

$$N_\alpha = \int_{-\frac{h}{2}}^{\frac{h}{2}} \sigma_\alpha^{[k]} dz \qquad \text{혹은} \qquad \begin{Bmatrix} N_x \\ N_y \\ N_{xy} \end{Bmatrix} = \int_{-\frac{h}{2}}^{\frac{h}{2}} \begin{Bmatrix} \sigma_x \\ \sigma_y \\ \tau_{xy} \end{Bmatrix}^{[k]} dz \tag{4.3}$$

이 되며, 식 (4.3)은 플라이의 성질을 이용하여, 다음과 같이 표시할 수 있다.

$$N_\alpha = \sum_{k=1}^{n} t_{ply}{}^{[k]} \sigma_\alpha^{[k]} \tag{4.4}$$

여기서 $t_{ply}{}^{[k]}$는 k 번째 플라이의 두께이며, n은 플라이의 개수이다. 본 교재에서는 맨 위에 있는 플라이로부터 시작하여 1번부터, 맨 아래에 있는 플라이가 n번째의 플라이가 되도록 플라이의 번호를 할당하기로 약속한다.

식 (4.4)를 전개하여 나타내면,

$$\begin{aligned} N_x &= \sum_{k=1}^{n} t_{ply}{}^{[k]} \sigma_x{}^{[k]} \\ N_y &= \sum_{k=1}^{n} t_{ply}{}^{[k]} \sigma_y{}^{[k]} \\ N_{xy} &= \sum_{k=1}^{n} t_{ply}{}^{[k]} \tau_{xy}{}^{[k]} \end{aligned} \tag{4.5}$$

이 된다. 평판 내의 응력의 평균값 $\bar{\sigma}_\alpha$ 를

$$\bar{\sigma}_\alpha = \frac{1}{h} \int_{-\frac{h}{2}}^{\frac{h}{2}} \sigma_\alpha^{[k]} dz = \frac{1}{h} N_\alpha \tag{4.6}$$

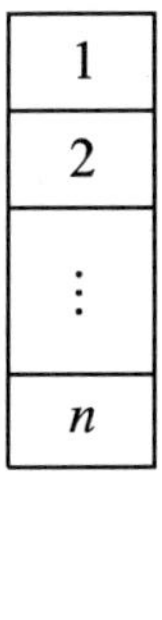

그림 4.3
플라이의 번호 규약

같이 정의하면,

$$\overline{\sigma}_\alpha = \frac{1}{h}\sum_{k=1}^{n} t_{ply}{}^{[k]}\sigma_\alpha^{[k]} \tag{4.7}$$

와 같이 표현된다.

$$(\varepsilon_\alpha)_{\text{Laminate}} = (\varepsilon_\alpha)_{\text{Ply}} \tag{4.8}$$

이고, ε_α 는 z(두께 방향)에 의하여 변화하지 않으므로 Hooke의 법칙은

$$\sigma_\alpha{}^{[k]} = \overline{Q}_{\alpha\beta}{}^{[k]}\varepsilon_\beta{}^{[k]} \quad \text{혹은} \quad \begin{Bmatrix}\sigma_x\\ \sigma_y\\ \tau_{xy}\end{Bmatrix}^{[k]} = [\overline{Q}_{\alpha\beta}]^{[k]}\begin{Bmatrix}\varepsilon_x\\ \varepsilon_y\\ \gamma_{xy}\end{Bmatrix}^{[k]} \tag{4.9}$$

이 된다.

식 (4.9)를 식 (4.4)에 대입하면

$$N_\alpha = \sum_{k=1}^{n} t_{ply}{}^{[k]}\overline{Q}_{\alpha\beta}^{[k]}\varepsilon_\beta^{[k]} \quad \text{혹은} \quad \begin{Bmatrix}N_x\\ N_y\\ N_{xy}\end{Bmatrix} = \sum_{k=1}^{n} t_{ply}^{[k]}[\overline{Q}_{\alpha\beta}]^{[k]}\begin{Bmatrix}\varepsilon_x\\ \varepsilon_y\\ \gamma_{xy}\end{Bmatrix}^{[k]} \tag{4.10}$$

와 같이 표시된다.

4.5 복합 적층판의 면강성

복합 적층판의 면강성(Extensional Stiffness) $A_{\alpha\beta}$ 를 다음과 같은 관계식을 만족하는 항으로 정의한다.

$$\{N\} = [A]\{\varepsilon\} \tag{4.11}$$

N_α 는 두께 방향으로 적분한 양이므로, 적층판의 폭 방향으로의 단위 길이당의 힘[Force/Length]이 된다. 식 (4.10)과 (4.11)을 비교하면

$$A_{\alpha\beta} = \sum_{k=1}^{n} t_{ply}{}^{[k]}\overline{Q}_{\alpha\beta}^{[k]} \tag{4.12}$$

와 같이 표시되고, $\overline{Q}_{\alpha\beta}^{[k]}$ 와 $t_{ply}{}^{[k]}$ 가 z의 함수인 경우는

$$A_{\alpha\beta} = \int_{-\frac{h}{2}}^{\frac{h}{2}} \overline{Q}_{\alpha\beta}{}^{[k]} dz \tag{4.13}$$

와 같이 표시된다.

식 (4.11)을 전개하면 다음과 같다.

$$\begin{aligned} N_x &= A_{11}\varepsilon_x + A_{12}\varepsilon_y + A_{16}\gamma_{xy} \\ N_y &= A_{12}\varepsilon_x + A_{22}\varepsilon_y + A_{26}\gamma_{xy} \\ N_{xy} &= A_{16}\varepsilon_x + A_{26}\varepsilon_y + A_{66}\gamma_{xy} \end{aligned} \tag{4.14}$$

식 (4.14)를 행렬 형태로 나타내면,

$$\{N\} = [A]\{\varepsilon\} \tag{4.15}$$

$$\{N\} = \begin{Bmatrix} N_x \\ N_y \\ N_{xy} \end{Bmatrix} \tag{4.16}$$

$$[A] = \begin{bmatrix} A_{11} & A_{12} & A_{16} \\ A_{12} & A_{22} & A_{26} \\ A_{16} & A_{26} & A_{66} \end{bmatrix} \tag{4.17}$$

$$\{\varepsilon\} = \begin{Bmatrix} \varepsilon_x \\ \varepsilon_y \\ \gamma_{xy} \end{Bmatrix} \tag{4.18}$$

와 같이 표시된다.

4.6 복합 적층판의 공학적인 상수

식 (4.11)에서

$$N_\alpha = A_{\alpha\beta}\varepsilon_\beta \quad \text{혹은} \quad \{N\} = [A]\{\varepsilon\}$$

이고, 이 식은

$$\varepsilon_\alpha = a_{\alpha\beta} N_\beta \quad \text{혹은} \quad \{\varepsilon\} = [a]\{N\} \tag{4.19}$$

와 같이 표시할 수 있다. 여기서 $A_{\alpha\beta}$ 와 $a_{\alpha\beta}$ 는 서로 역행렬의 관계이므로 다음과 같은 관계식이 성립한다.

$$\begin{aligned}
&[a] = [A]^{-1} \\
&a_{11} = (A_{22}A_{66} - A_{26}^{\ 2}) / |A| \\
&a_{22} = (A_{11}A_{66} - A_{16}^{\ 2}) / |A| \\
&a_{12} = (A_{16}A_{26} - A_{12}A_{66}) / |A| \\
&a_{66} = (A_{11}A_{22} - A_{12}^{\ 2}) / |A| \\
&a_{16} = (A_{12}A_{26} - A_{22}A_{16}) / |A| \\
&a_{26} = (A_{12}A_{16} - A_{11}A_{26}) / |A| \\
&|A| = (A_{11}A_{22} - A_{12}^{\ 2})A_{66} + 2A_{12}A_{26}A_{16} - A_{11}A_{26}^{\ 2} - A_{22}A_{16}^{\ 2}
\end{aligned} \tag{4.20}$$

식 (4.19)는 적층판의 두께 h로 N_β 를 나누어서 다음과 같이 나타낼 수 있다.

$$\begin{aligned}
\varepsilon_\alpha &= (ha_{\alpha\beta})(\frac{1}{h}N_\beta) \\
&= (ha_{\alpha\beta})\overline{\sigma}_\beta
\end{aligned} \tag{4.21}$$

식 (4.21)에서 복합 적층판의 평균 공학적인 상수는

$$\begin{aligned}
&E_L = \frac{1}{ha_{11}} = \frac{|A|}{h(A_{22}A_{66} - A_{26}^{\ 2})} \\
&E_T = \frac{1}{ha_{22}} = \frac{|A|}{h(A_{11}A_{66} - A_{16}^{\ 2})} \\
&\nu_{LT} = -\frac{a_{12}}{a_{11}} = -\frac{A_{16}A_{26} - A_{12}A_{66}}{A_{22}A_{66} - A_{26}^{\ 2}} \\
&\nu_{TL} = -\frac{a_{12}}{a_{22}} = -\frac{A_{16}A_{26} - A_{12}A_{66}}{A_{11}A_{66} - A_{16}^{\ 2}} \\
&G_{LT} = \frac{1}{ha_{66}} = \frac{|A|}{h(A_{11}A_{22} - A_{12}^{\ 2})} \\
&E_L\nu_{TL} = E_T\nu_{LT}
\end{aligned} \tag{4.22}$$

와 같이 표시된다. 여기서 아래첨자 L과 T는 각각 복합 적층판의 종(Longitudinal) 및 횡 (Transverse) 방향을 나타낸다.

4.7 밸런스된 복합 적층판

복합 적층판을 구성하는 플라이 중에서 90° 와 0° 를 제외한 플라이의 경우에, $+\theta$ 와 $-\theta$ 플라이가 적층판에서 동시에 존재하면, 식 (3.12)에서 알 수 있는 바와 같이

$$\overline{Q}_{16}{}^{[k]} = -\overline{Q}_{16}{}^{[k]} \tag{4.23}$$

$$\overline{Q}_{26}{}^{[k]} = -\overline{Q}_{26}{}^{[k]} \tag{4.24}$$

이고, 0° 와 90° 플라이는

$$\overline{Q}_{16}{}^{[0°]} = \overline{Q}_{26}{}^{[0°]} = \overline{Q}_{16}{}^{[90°]} = \overline{Q}_{26}{}^{[90°]} = 0 \tag{4.25}$$

이므로

$$A_{16} = A_{26} = 0 \tag{4.26}$$

가 된다. 이와 같이 복합 적층판의 플라이들이 0° 와 90° 를 제외한 플라이의 경우에 $+\theta$ 와 $-\theta$ 의 플라이가 동시에 존재하면, 이러한 적층판을 밸런스된 복합 적층판이라고 부른다. 이 경우에 식 (4.20) 및 (4.22)는 다음과 같이 간단히 표시된다.

$$\begin{aligned} a_{11} &= \frac{A_{22}}{A_{11}A_{22} - A_{12}{}^2} \\ a_{22} &= \frac{A_{11}}{A_{11}A_{22} - A_{12}{}^2} \\ a_{12} &= -\frac{A_{12}}{A_{11}A_{22} - A_{12}{}^2} \\ a_{66} &= \frac{1}{A_{66}} \\ a_{16} &= a_{26} = 0 \end{aligned} \tag{4.27}$$

$$\begin{aligned} E_L &= \frac{1}{h}\left\{A_{11} - \frac{(A_{12})^2}{A_{22}}\right\} \\ E_T &= \frac{1}{h}\left\{A_{22} - \frac{(A_{12})^2}{A_{11}}\right\} \\ \nu_{LT} &= \frac{A_{12}}{A_{22}} \end{aligned}$$

$$\nu_{TL} = \frac{A_{12}}{A_{11}} \tag{4.28}$$
$$G_{LT} = \frac{1}{h}A_{66}$$
$$E_L \nu_{TL} = E_T \nu_{LT}$$

따라서 밸런스된 복합 적층판에서 Hooke의 법칙은

$$\begin{Bmatrix} \varepsilon_x \\ \varepsilon_y \\ \gamma_{xy} \end{Bmatrix} = \begin{bmatrix} a_{11} & a_{12} & 0 \\ a_{12} & a_{22} & 0 \\ 0 & 0 & a_{66} \end{bmatrix} \begin{Bmatrix} N_x \\ N_y \\ N_{xy} \end{Bmatrix} \tag{4.29}$$

와 같이 간단히 표시된다.

Example 4.1

$[0/\pm45]_S$인 Graphite/Epoxy 적층판에 $N_x = 10{,}000N/m$, $N_y = N_{xy} = 0$인 하중을 가할 경우에 이 복합 적층판의 변형률을 계산하라. 이 재료의 섬유방향 및 섬유에 수직인 방향의 공학적인 상수(Unidirectional Engineering Constants)는 다음과 같다.

$$E_1 = 130GPa$$
$$E_2 = 10.5GPa$$
$$\nu_{12} = 0.28$$
$$G_{12} = 6.0GPa$$
$$t_{ply} = 0.135mm$$

풀이 표 2.11을 이용하여 $Q_{\alpha\beta}$를 계산하면

$$Q_{11} = 130.8GPa$$
$$Q_{22} = 10.6GPa$$
$$Q_{12} = 2.96GPa$$
$$Q_{66} = 6.0GPa$$

이고, 식 (3.11)에서

$$U_1 = 56.77GPa$$
$$U_2 = 60.10GPa$$
$$U_3 = 13.94GPa$$
$$U_4 = 16.89GPa$$

$$U_5 = 19.94GPa$$

이 된다. 식 (3.12)에서

$$\begin{aligned}
\overline{Q}_{11} &= U_1 + U_2 \cos 2\theta + U_3 \cos 4\theta \\
\overline{Q}_{22} &= U_1 - U_2 \cos 2\theta + U_3 \cos 4\theta \\
\overline{Q}_{12} &= U_4 - U_3 \cos 4\theta \\
\overline{Q}_{66} &= U_5 - U_3 \cos 4\theta \\
\overline{Q}_{16} &= \frac{1}{2} U_2 \sin 2\theta + U_3 \sin 4\theta \\
\overline{Q}_{26} &= \frac{1}{2} U_2 \sin 2\theta - U_3 \sin 4\theta
\end{aligned}$$

이므로, $\overline{Q}_{\alpha\beta}^{[k]}$를 표로 나타내면

표 4.1 | $\overline{Q}_{\alpha\beta}^{[k]}$

GPa	0°	45°	-45°
$\overline{Q}_{11}^{[k]}$	130.80	42.83	42.83
$\overline{Q}_{22}^{[k]}$	10.60	42.83	42.83
$\overline{Q}_{12}^{[k]}$	2.96	30.83	30.83
$\overline{Q}_{66}^{[k]}$	6.00	33.87	33.87
$\overline{Q}_{16}^{[k]}$	0.00	30.07	-30.07
$\overline{Q}_{26}^{[k]}$	0.00	30.07	-30.07

이 된다.

$$A_{\alpha\beta} = \sum_{k=1}^{6} t_{ply}{}^{[k]} \overline{Q}_{\alpha\beta}^{[k]}$$

를 계산하면

$$\begin{aligned}
A_{11} &= 58.45MN/m \\
A_{22} &= 25.98MN/m \\
A_{66} &= 19.91MN/m \\
A_{12} &= 17.45MN/m \\
A_{16} &= A_{26} = 0 \text{ (밸런스)}
\end{aligned}$$

식 (4.27)을 이용하여 $A_{\alpha\beta}$ 에서 $a_{\alpha\beta}$ 를 계산하면

$$
\begin{aligned}
a_{11} &= 21.40 \times 10^{-9} m/N \\
a_{22} &= 48.15 \times 10^{-9} m/N \\
a_{66} &= 50.23 \times 10^{-9} m/N \\
a_{12} &= -14.37 \times 10^{-9} m/N \\
a_{16} &= a_{26} = 0
\end{aligned}
$$

따라서

$$
\begin{aligned}
\varepsilon_x &= a_{11}N_x + a_{12}N_y \\
&= 21.40 \times 10^{-9} m/N \times 10^4 N/m \\
&= 214 \times 10^{-6} m/m \\
&= 214 \mu S
\end{aligned}
$$

$$
\begin{aligned}
\varepsilon_y &= a_{12}N_x + a_{22}N_y \\
&= -14.37 \times 10^{-9} m/N \times 10^4 N/m \\
&= -144 \mu S
\end{aligned}
$$

$$
\begin{aligned}
\gamma_{xy} &= a_{66}N_{xy} \\
&= 0
\end{aligned}
$$

단위 두께당의 적층판(Laminate Plate)에 작용하는 하중 N_α 가 주어지면, 우리는 적층판 축(Laminate Axis)에 관하여 표시된 k 번째 플라이의 응력 $\sigma_\alpha{}^{[k]}$ 를 구할 수 있다. 이렇게 응력이 구해지면 식 (4.4)

$$
N_\alpha = \sum_{k=1}^{n} t_{ply}{}^{[k]} \sigma_\alpha{}^{[k]} \tag{4.4}
$$

를 이용하여, 구해진 응력이 맞는지 혹은 틀리는지를 검증할 수 있다.

Example 4.2

예제 4.1에서 [0/±45]s인 Graphite/Epoxy 적층판에 $N_x = 10{,}000 N/m$, $N_y = N_{xy} = 0$ 인 하중을 가할 경우에, 우리는

$$\varepsilon_x = 214\mu S$$
$$\varepsilon_y = -144\mu S$$
$$\gamma_{xy} = 0$$

인 결과를 얻었다. 이 경우에 $N_x = 10{,}000 N/m$, $N_x = N_{xy} = 0$ 이 다시 되는지를 확인하라.

풀이 식 (4.2)에서

$$\sigma_\alpha^{[k]} = \overline{Q}_{\alpha\beta}^{[k]} \varepsilon_\beta^{[k]} \tag{4.2}$$

표 4.1 | $\overline{Q}_{\alpha\beta}^{[k]}$

GPa	0°	45°	-45°
$\overline{Q}_{11}^{[k]}$	130.80	42.83	42.83
$\overline{Q}_{22}^{[k]}$	10.60	42.83	42.83
$\overline{Q}_{12}^{[k]}$	2.96	30.83	30.83
$\overline{Q}_{66}^{[k]}$	6.00	33.87	33.87
$\overline{Q}_{16}^{[k]}$	0.00	30.07	-30.07
$\overline{Q}_{26}^{[k]}$	0.00	30.07	-30.07

예제 4.1에서 $\overline{Q}_{\alpha\beta}^{[k]}$ 는 표 4.1과 같다.

따라서 $k=1$ 인 플라이 $(\theta = 0°)$ 에 작용하는 적층판 축 응력$(\sigma_x^{[0°]})$ 을 계산하면 다음과 같다.

$$\begin{aligned}\sigma_x^{[0°]} &= \overline{Q}_{11}^{[0°]}\varepsilon_x + \overline{Q}_{12}^{[0°]}\varepsilon_y + \overline{Q}_{16}^{[0°]}\gamma_{xy} \\ &= (130.08 \times 10^9 N/m^2) \times (214 \times 10^{-6}) + (2.96 \times 10^9 N/m^2) \\ &\quad \times (-144 \times 10^{-6}) + 0 \\ &= 27.6 MPa\end{aligned}$$

같은 방법으로, 모든 응력을 구하면 표 4.2와 같다.

표 4.2 | $\sigma_\alpha^{[k]}$

MPa	0°	45°	-45°
$\sigma_x^{[k]}$	27.60	4.73	4.73
$\sigma_y^{[k]}$	-0.89	0.43	0.43
$\tau_{xy}^{[k]}$	0.00	2.10	-2.10

표 4.2에서 주목할 것은, [0/±45]s 복합 적층판에 인장력인 $N_x = 10{,}000 N/m$를 가한 경우에, ±45° 플라이에는 전단응력(Shear Stress)이 발생한다는 것이다.

식 (4.4)를 이용하여 N_α를 구하면

$$N_\alpha = 2t_{ply}\sum_{k=1}^{3}\sigma_\alpha^{[k]}$$

이므로,

$$\begin{aligned}
N_x &= 2t_{ply}\{\sigma_x^{[0°]} + \sigma_x^{[45°]} + \sigma_x^{[-45°]}\} \\
&= 2\times(0.135\times10^{-3}m)(27.6+4.73+4.73)\times10^6\ N/m^2 \\
&= 10{,}000 N/m \\
N_y &= 2\times(0.135\times10^{-3}m)(-0.89+0.43+0.43)\times10^6\ N/m^2 \\
&= -8.1 N/m \approx 0 \\
N_{xy} &= 2\times(0.135\times10^{-3}m)(0+2.10-2.10)\times10^6\ N/m^2 = 0
\end{aligned}$$

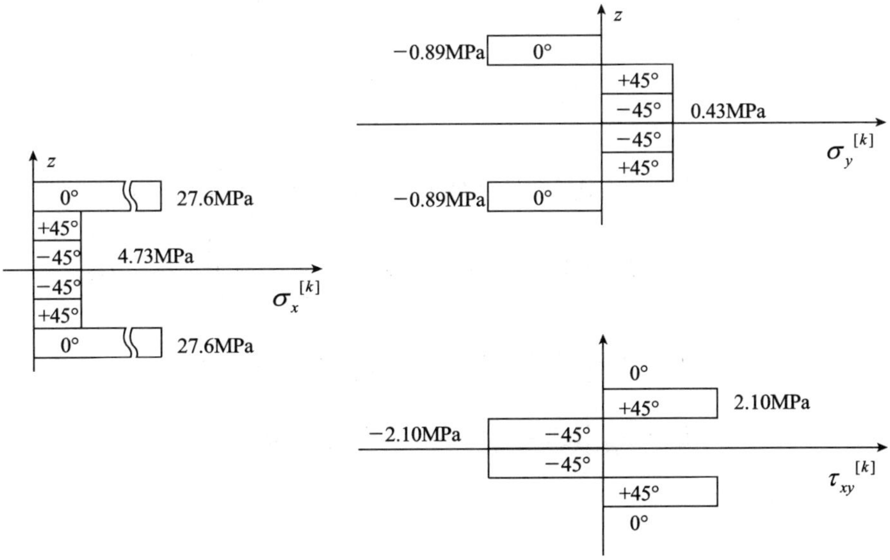

그림 4.4
표 4.2의 응력(Stress) 분포도(크기는 확대 및 축소하였음)

따라서 예제 4.1에서 구한 변형률이 옳다는 것이 증명되었다.

표 4.2의 응력분포를 그림으로 나타내면 그림 4.4와 같다.

4.8 준 등방성 복합 적층판

준 등방성(Quasi-isotropic) 복합 적층판은 모든 방향에 대하여 면강성 (Extensional Stiffness)의 값이 같은 복합재료를 말한다. 준 등방성 복합재료의 가장 간단한 예는 $[-60/0/60]_T$이다. 이러한 복합 적층판은 준 등방성 복합 적층판이라고 불리지만, 등방성 물질과는 성질이 다르다. 예를 들면, $[0/\pm60]_S$ 복합 적층판의 $\overline{Q}_{\alpha\beta}$는 식 (3.12)에서

i) $k=1\ (\theta=0°)$

$$\overline{Q}_{11}=U_1+U_2+U_3$$
$$\overline{Q}_{22}=U_1-U_2+U_3$$
$$\overline{Q}_{12}=U_4-U_3$$
$$\overline{Q}_{66}=U_5-U_3$$
$$\overline{Q}_{16}=\overline{Q}_{26}=0$$

ii) $k=2\ (\theta=60°)$

$$\overline{Q}_{11}=U_1-\frac{U_2}{2}-\frac{U_3}{2}$$
$$\overline{Q}_{22}=U_1+\frac{U_2}{2}-\frac{U_3}{2}$$
$$\overline{Q}_{12}=U_4+\frac{U_3}{2}$$
$$\overline{Q}_{66}=U_5+\frac{U_3}{2}$$
$$\overline{Q}_{16}=-\frac{U_2}{4}-\frac{U_3}{2}$$
$$\overline{Q}_{26}=-\frac{U_2}{4}+\frac{U_3}{2}$$

iii) $k=3\ (\theta=-60°)$

$$\overline{Q}_{11}=U_1-\frac{U_2}{2}-\frac{U_3}{2}$$
$$\overline{Q}_{22}=U_1+\frac{U_2}{2}-\frac{U_3}{2}$$
$$\overline{Q}_{12}=U_4+\frac{U_3}{2}$$
$$\overline{Q}_{66}=U_5+\frac{U_3}{2}$$
$$\overline{Q}_{16}=\frac{U_2}{4}+\frac{U_3}{2}$$
$$\overline{Q}_{26}=\frac{U_2}{4}-\frac{U_3}{2}$$

이므로

$$A_{11}=2t_{ply}\left\{\left(U_1+U_2+U_3\right)+2\left(U_1-\frac{U_2}{2}-\frac{U_3}{2}\right)\right\}=6t_{ply}\cdot U_1$$

$$A_{22}=2t_{ply}\left\{\left(U_1-U_2+U_3\right)+2\left(U_1+\frac{U_2}{2}-\frac{U_3}{2}\right)\right\}=6t_{ply}\cdot U_1$$

$$A_{12}=2t_{ply}\left\{\left(U_4-U_3\right)+2\left(U_4+\frac{U_3}{2}\right)\right\}=6t_{ply}\cdot U_4$$

$$A_{66}=2t_{ply}\left\{\left(U_5-U_3\right)+2\left(U_5+\frac{U_3}{2}\right)\right\}=6t_{ply}\cdot U_5$$

이상과 같은 결과로부터 준 등방성 복합 적층판의 공학적 상수들은 다음과 같은 관계를 가지게 된다.

$$E_L = E_T$$
$$\nu_{LT} = \nu_{TL}$$

이 된다.

MIT의 Curt Rogers는 1978년도에 [±60/0]s 형태의 복합 적층판에 4점 굽힘 실험 (4 Point Bending Test)을 수행하여 다양한 준 등방성 복합 적층판의 공학 상수와 물질 특성의 결과를 다음과 같이 얻었다.

복합재료 적층 순서	인장 $E_L(GPa)$	압축 $E_T(GPa)$	파괴 응력(MPa)
[±60/0]s	54.4	49.6	536
[−15/+45/−75]s	54.9	50.9	333
[90/−30/30]s	55.2	52.7	322
[45/−15/−75]s	53.7	51.6	340
[−60/0/60]s	55.2	52.9	580
[−45/15/75]s	55.2	53.9	327
[−30/30/90]s	53.9	53.8	324

이상과 같은 결과에서, 준 등방성 복합 적층판에 대하여 다음과 같은 결론을 내릴 수 있다.

(a) 인장방향의 탄성계수는 모두 같다.
(b) Poisson비는 약 0.3이다.
(c) 압축방향의 탄성계수는 모두 같다.
(a)~(c): (준 등방성 물질)
(d) 압축방향의 탄성계수는 인장방향의 탄성계수보다 약간 작다.
(e) 복합 적층판의 강도는 적층방법에 따라 변한다. 즉, 강도(Strength)는 준 등방성이 아니다.

같은 계산을 [0/−45/45/90]T인 복합 적층판에 대하여 수행하면, 회전된 축소 강성 $[\overline{Q}_{\alpha\beta}]$와 회전된 축소 컴플라이언스 $[\overline{S}_{\alpha\beta}]$는

$$[\overline{Q}_{\alpha\beta}] = \begin{bmatrix} U_1 & U_4 & 0 \\ U_4 & U_1 & 0 \\ 0 & 0 & U_5 \end{bmatrix} = [A_{\alpha\beta} / \text{두께}]$$

$$[\overline{S}_{\alpha\beta}] = \begin{bmatrix} U_1/D & -U_4/D & 0 \\ -U_4/D & U_1/D & 0 \\ 0 & 0 & 1/U_5 \end{bmatrix}$$

$$D = U_1^2 - U_4^2$$

이 된다. 이 경우 적층판의 공학적인 상수는 다음과 같다.

$$E_L = E_T = D/U_1 = U_1[1-(\nu_{LT})^2]$$
$$\nu_{LT} = \nu_{TL} = U_4/U_1$$
$$G_{LT} = U_5$$

준 등방성 복합재료 적층판의 강도와 강성은 복합재료 적층판 중에서 가장 낮은 값을 나타낸다. 따라서 준 등방성 복합재료 적층판은 주어진 하중에 대하여, 복합 적층판의 각도가 어떻게 변화하더라도, 적층판의 성능이 이것보다는 높거나 같게 되는 기준치를 제공하게 된다.

참고문헌

[1] R. M. John, Mechanics of Composite Materials, McGraw-Hill Book Company, Chapter 4, 1975.

[2] S. W. Tsai and H. T. Hahn, Introduction to Composite Materials, Technomic Publishing Co., Inc., Chapter 4, 1980.

[3] S. W. Tsai, Composites Design, 4th Edition, THINK COMPOSITES, Section 7, 1986.

Exercises

복합 적층판(Composite Laminate)이 ASI/3501-6 Graphite/Epoxy로 이루어져 있다. 플라이 한 장의 두께는 0.135mm이고 적층순서(Stacking Sequence)는 $[\pm 35/0]_s$이다. 재료의 일방향성질은

$E_1 = 130\,GPa$
$E_2 = 10.5\,GPa$
$\nu_{12} = 0.28$
$G_{12} = 6.0\,GPa$

일 때,

1 이 적층판의 면강성 (Extensional Stiffness) $A_{\alpha\beta}$를 구하라.

2 이 적층판의 공학적인 상수 E_L, E_T, ν_{LT}, ν_{TL} 및 G_{LT}를 구하라.

3 다음과 같은 하중상태에 있을 때의 적층판의 변형률을 구하라.

(a) $N_x = 15{,}000\ N/m$
(b) $N_y = 10{,}000\ N/m$
(c) $N_{xy} = 5{,}000\ N/m$

4 만약에

(a) 플라이의 두께가 두 배로 되면 결과들은 어떻게 변화하는가?
(b) 적층순서가 [0/±35]s로 변화하면 결과들은 어떻게 변화하는가?

5 CHAPTER 플라이 응력

5.1 입문

제 4장에서는 각 플라이의 응력과 변형률을 적층판 축(Laminate Axis)에 관하여 구하였다. 주어진 하중이나, 온도변화에 대하여 플라이가 안전한지를 알기 위해서는 적층판 축에 관하여 표시된 응력과 변형률을 플라이 축(Ply Axis)으로 변환하는 것이 필요하다. 왜냐하면, 복합재료의 인장강도, 압축강도와 전단강도는 일방향(Unidirectional)의 복합재료 시편을 사용하여 실험적으로 구하기 때문에(즉, 플라이 축에 관하여 구하기 때문에), 플라이 축으로 응력과 변형률을 구하여 실험치와 비교하여야만 한다.

이 장에서는 적층판 축에 관하여 표시된 응력과 변형률을 플라이 축으로 변환하는 방법에 대하여 공부한다[1, 2, 3].

5.2 플라이 축

그림 5.1과 같은 한 개의 플라이가 있을 때 x, y축을 적층판 축(Laminate Axis), 1, 2축을 플라이 축(Ply Axis)이라고 부른다. 플라이 축으로 표시된 응력과 변형률을 표시하기 위하여 다음과 같은 표기법을 약속한다.

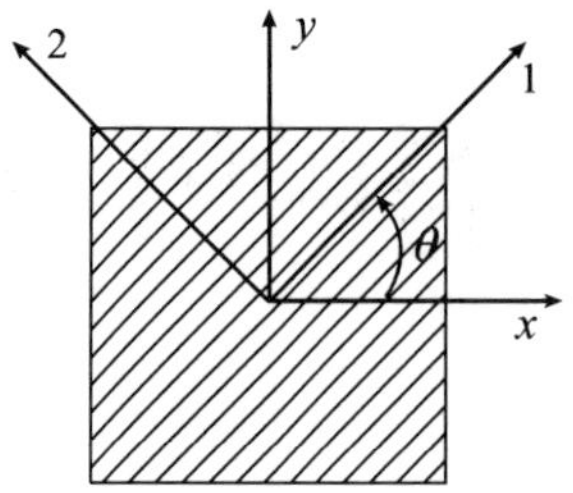

그림 5.1

플라이 축(Ply Axis)과 적층판 축(Laminate Axis)

x, y : 적층판 축 (Laminate Axis)

1, 2 : 플라이 축 (Ply Axis)

σ_i: 플라이 각도(Ply Angle)가 θ 인 플라이의 응력을 플라이 축(Ply Axis)으로 표시하였을 때의 응력의 i 성분 ($i=1, 2, 6$)

ε_i: 플라이 각도(Ply Angle)가 θ 인 플라이의 변형률을 플라이 축(Ply Axis)으로 표시하였을 때의 변형률의 i 성분 ($i=1, 2, 6$)

따라서 σ_1은 섬유방향의 응력성분을 나타낸다. 플라이 각도가 θ 인 플라이의 응력을 적층판 축으로부터 플라이 축으로 변환하면 그림 5.2와 같다.

두 장 이상의 플라이로 구성된 적층판에 적층판 축 응력이 가해질 경우 적층판을 구성하는 각 플라이에 발생하는 플라이 축 응력을 계산하기 위해서는 3장에서 다뤘던 공학적 표기법으로 정의된 평면 응력 상태의 응력변환형렬 $[J_1]$과 변형률변환행렬 $[J_2]$를 이용할 수 있다. 참고로, 적층판 축으로 표시된 k번째 플라이의 적층판 축 응력과 적층판 축 변형률의 관계는 4장에서 다음의 식 (4.2)로 제시된 바 있다.

$$\begin{Bmatrix} \sigma_x \\ \sigma_y \\ \gamma_{xy} \end{Bmatrix}^{[k]} = [\overline{Q}_{\alpha\beta}]^{[k]} \begin{Bmatrix} \varepsilon_x \\ \varepsilon_y \\ \gamma_{xy} \end{Bmatrix}^{[k]} \tag{4.2}$$

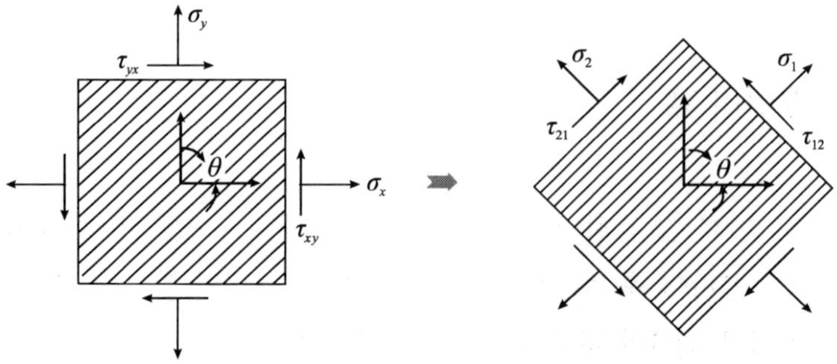

그림 5.2

플라이의 각도가 θ 인 플라이의 응력을 적층판 축(Laminate Axis)으로부터 플라이 축(Ply Axis)으로 변환하는 과정

3장의 식 (3.3)에서 제시된 바와 같이 공학적 표기법으로 적층판 축 응력 $(\sigma_x, \sigma_y, \tau_{xy})$을 플라이 축 응력 $(\sigma_1, \sigma_1, \sigma_6)$으로 변환하기 위해 평면응력상태의 응력변환행렬 $[J_1]$을 이용하여 표시하면 다음과 같다.

$$\begin{Bmatrix} \sigma_1 \\ \sigma_2 \\ \sigma_6 \end{Bmatrix} = [J_1] \begin{Bmatrix} \sigma_x \\ \sigma_y \\ \tau_{xy} \end{Bmatrix} \tag{5.1}$$

평면응력상태의 응력변환행렬 $[J_1]$은 다음과 같이 표시된다.

$$[J_1] = \begin{bmatrix} m^2 & n^2 & 2mn \\ n^2 & m^2 & -2mn \\ -mn & mn & m^2 - n^2 \end{bmatrix} \tag{5.2}$$

여기서 $m = \cos\theta$, $n = \sin\theta$이다.

유사한 방법으로, 3장의 식 (3.4c)에서 제시된 바와 같이 적층판 축으로 표시된 변형률 $(\varepsilon_x, \varepsilon_y, \gamma_{xy})$을 플라이 축으로 표시된 변형률 $(\varepsilon_1, \varepsilon_2, \varepsilon_6)$로 변환하기 위해 평면응력상태의 변형률변환행렬 $[J_2]$를 이용하여 표시하면 다음과 같다.

$$\begin{Bmatrix} \varepsilon_1 \\ \varepsilon_2 \\ \varepsilon_6 \end{Bmatrix} = [J_2] \begin{Bmatrix} \varepsilon_x \\ \varepsilon_y \\ \gamma_{xy} \end{Bmatrix} \tag{5.3}$$

평면응력상태의 변형률변환행렬 $[J_2]$는 다음과 같이 표시된다.

$$[J_2] = \begin{bmatrix} m^2 & n^2 & mn \\ n^2 & m^2 & -mn \\ -2mn & 2mn & m^2 - n^2 \end{bmatrix} \tag{5.4}$$

여기서 $m = \cos\theta$, $n = \sin\theta$이다.

Example 5.1

예제 4.1의 [0/±45]$_S$ Graphite/Epoxy가 $N_1 = 10{,}000\,N/m$ 의 힘을 받을 경우에 45° 플라이의 플라이 응력을 구하라.

풀이 전 장의 결과에서 45° 플라이의 적층판 축 응력은

$$\sigma_x = 4.73\,MPa$$
$$\sigma_y = 0.43\,MPa$$
$$\tau_{xy} = 2.10\,MPa$$

이었다. 식 (5.1)과 식 (5.2)를 이용하여 전개하면

$$\sigma_1 = \left(\frac{\sqrt{2}}{2}\right)^2 \sigma_x + \left(\frac{\sqrt{2}}{2}\right)^2 \sigma_y + 2\left(\frac{\sqrt{2}}{2}\right)\left(\frac{\sqrt{2}}{2}\right)\tau_{xy}$$
$$= 4.68\,MPa$$

같은 방법으로

$$\sigma_2 = 0.47\,MPa$$
$$\sigma_6 = -2.14\,MPa$$

이 된다.

이 과정을 도식적으로 나타내면 그림 5.3과 같다.
모든 플라이에 대하여 같은 계산을 수행하여 표로 만들면 표 5.1과 같다.
표 5.1과 표 4.2의 결과에서 0° 플라이의 경우

$$\sigma_\alpha = \sigma_i \quad (\alpha = x,\ y,\ xy \text{ 그리고 } i = 1,\ 2,\ 6)$$

임을 주목하라.

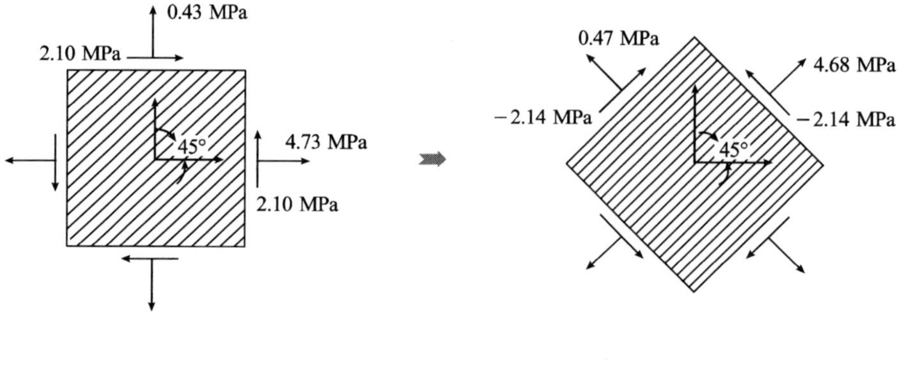

표 5.1 | 플라이 응력(Ply Stress)

MPa	0°	45°	-45°
$\sigma_1^{[k]}$	27.6	4.68	4.68
$\sigma_2^{[k]}$	-0.89	0.47	0.47
$\sigma_6^{[k]}$	0.00	-2.14	2.14

Example 5.2

예제 5.1의 [0/±45]s Graphite/Epoxy가 $N_x = 10{,}000\,N/m$ 의 힘을 받을 경우에 45° 플라이의 축방향 플라이 변형률 (ε_1)을 구하라.

풀이 예제 4.2에서

$$\varepsilon_x = 214\mu S$$
$$\varepsilon_y = -144\mu S$$
$$\gamma_{xy} = 0$$

이므로, 식 (5.3)과 식 (5.4)를 이용하여 전개하면

$$\varepsilon_1 = \left(\frac{\sqrt{2}}{2}\right)^2 (214\mu S) + \left(\frac{\sqrt{2}}{2}\right)^2 (-144\mu S) + 2\left(\frac{\sqrt{2}}{2}\right)\left(\frac{\sqrt{2}}{2}\right)(0\mu S) = 35\mu S$$

이 된다.

5.3 원형 구멍 주위의 응력 분포

복합재료는 다른 재료에 체결을 하는 것이 요구될 때가 많으며, 이 경우에 접착제(Adhesive)를 이용하여 접합하는 방법과, 복합재료에 구멍(Hole)을 낸 후에 볼트 등을 사용하여 기계적인 결합을 하는 방법이 있다. 이렇게 복합재료에 구멍이 있을 경우에 구멍 주위의 응력 분포를 구하는 것이 필요하며, 또한 복합재료 내부에 구멍과 비슷한 결함이 존재할 때에도 복합재료의 허용 손상 응력을 구하기 위하여 응력 분포를 구하는 것이 필요하다. 따라서 본 절에서는 복합재료에 원형의 구멍이 존재할 경우의 응력 분포를 구하기로 한다.

그림 5.3
적층판 축 응력(Laminate Stress)을 플라이 응력(Ply Stress)으로 변환

5.3.1 등방성 물질인 경우

(1) 평면 응력(Plane Stress)

등방성(Isotropic) 물질이 평면 응력(Plane Stress) 상태에 있을 경우에 평형 방정식(Equilibrium Equation)은 다음과 같이 표시된다[4].

$$\frac{\partial \sigma_x}{\partial x} + \frac{\partial \sigma_{xy}}{\partial y} + F_x = 0 \tag{5.5}$$

$$\frac{\partial \sigma_{xy}}{\partial x} + \frac{\partial \sigma_y}{\partial y} + F_y = 0 \tag{5.6}$$

여기서 아래첨자 x와 y는 평면 내의 좌표축 x, y를 나타내며, F_x , F_y 는 단위 부피당의 체적힘(Body Force)을 나타낸다.

x와 y 방향의 변위(Displacement)를 각각 u 와 υ 로 표시하면, 변형률은 다음과 같이 표시된다.

$$\varepsilon_x = \frac{\partial u}{\partial x} \tag{5.7}$$

$$\varepsilon_y = \frac{\partial \upsilon}{\partial y} \tag{5.8}$$

$$\gamma_{xy} = \frac{\partial u}{\partial y} + \frac{\partial \upsilon}{\partial x} \tag{5.9}$$

여기서 γ_{xy} 는 공학적인 전단 변형률(Engineering Shear Strain : ε_6)을 나타낸다. 식 (5.7), (5.8)과 (5.9)는 독립변수가 u 와 υ 두 개이므로 서로 독립일 수가 없으므로, 다음과 같은 한 개의 구속조건을 필요로 한다.

$$\frac{\partial^2 \varepsilon_x}{\partial y^2} + \frac{\partial^2 \varepsilon_y}{\partial x^2} = \frac{\partial^2 \gamma_{xy}}{\partial x \partial y} \tag{5.10}$$

식 (5.10)은 기하학적인 적합성(Geometric Compatibility)을 나타내는 수식이고, 2차원 평면 응력 상태에 있는 등방성 물질이 반드시 만족하여야만 하는 필요조건이다.

평면 응력 상태에 있는 등방성 물질의 Hooke의 법칙은

$$\varepsilon_x = \frac{1}{E}\left(\sigma_x - \nu \sigma_y\right) \tag{5.11}$$

$$\varepsilon_y = \frac{1}{E}\left(\sigma_y - \nu\sigma_x\right) \tag{5.12}$$

$$\gamma_{xy} = \frac{1}{G}\sigma_{xy} = \frac{2(1+\nu)}{E}\sigma_{xy} \tag{5.13}$$

이므로, 식 (5.10)에서

$$\frac{\partial^2}{\partial y^2}\left(\sigma_x - \nu\sigma_y\right) + \frac{\partial^2}{\partial x^2}\left(\sigma_y - \nu\sigma_x\right) = 2(1+\nu)\frac{\partial^2\sigma_{xy}}{\partial x\partial y} \tag{5.14}$$

가 된다. 식 (5.5)를 x로 미분하고, 식 (5.6)을 y로 미분하면

$$\frac{\partial^2\sigma_x}{\partial x^2} + \frac{\partial^2\sigma_{xy}}{\partial x\partial y} + \frac{\partial F_x}{\partial x} = 0 \tag{5.15}$$

$$\frac{\partial^2\sigma_{xy}}{\partial x\partial y} + \frac{\partial^2\sigma_y}{\partial y^2} + \frac{\partial F_y}{\partial y} = 0 \tag{5.16}$$

이 되고, 위의 두 식에서

$$2\frac{\partial^2\sigma_{xy}}{\partial x\partial y} = -\frac{\partial^2\sigma_x}{\partial x^2} - \frac{\partial^2\sigma_y}{\partial y^2} - \frac{\partial F_x}{\partial x} - \frac{\partial F_y}{\partial y} \tag{5.17}$$

가 된다. 식 (5.17)을 식 (5.14)에 대입하면

$$\begin{aligned}&\frac{\partial^2}{\partial y^2}\left(\sigma_x - \nu\sigma_y\right) + \frac{\partial^2}{\partial x^2}\left(\sigma_y - \nu\sigma_x\right)\\&+(1+\nu)\left(\frac{\partial^2\sigma_x}{\partial x^2} + \frac{\partial^2\sigma_y}{\partial y^2} + \frac{\partial F_x}{\partial x} + \frac{\partial F_y}{\partial y}\right) = 0\end{aligned}$$

혹은

$$\left(\frac{\partial^2}{\partial x^2} + \frac{\partial^2}{\partial y^2}\right)(\sigma_x + \sigma_y) = -(1+\nu)\left(\frac{\partial F_x}{\partial x} + \frac{\partial F_y}{\partial y}\right) \tag{5.18}$$

식 (5.18)은 기하학적인 적합성을 응력의 형태로 나타낸 것이다.

등방성 물질의 평면 응력 상태의 문제를 탄성학적으로 해석하려면, 식 (5.5), (5.6) 및 (5.18)을 동시에 풀면 된다. 체적힘이 보존력(Conservative Force)인 경우에는, 다음과 같은 포텐셜 함수(Potential Function) V가 존재한다.

$$F_x = -\frac{\partial V}{\partial x} \tag{5.19}$$

$$F_y = -\frac{\partial V}{\partial y} \tag{5.20}$$

이 경우에 식 (5.5) 및 (5.6)은 다음과 같이 표시된다.

$$\frac{\partial}{\partial x}(\sigma_x - V) + \frac{\partial \sigma_{xy}}{\partial y} = 0 \tag{5.21}$$

$$\frac{\partial}{\partial y}(\sigma_y - V) + \frac{\partial \sigma_{xy}}{\partial x} = 0 \tag{5.22}$$

식 (5.21)과 (5.22)는 다음과 같은 Airy 응력 함수(Airy Stress Function) ϕ를 정의함으로써 만족될 수 있다.

$$\sigma_x - V = \frac{\partial^2 \phi}{\partial y^2} \tag{5.23}$$

$$\sigma_y - V = \frac{\partial^2 \phi}{\partial x^2} \tag{5.24}$$

$$\sigma_{xy} = -\frac{\partial^2 \phi}{\partial x \partial y} \tag{5.25}$$

식 (5.23)과 (5.24)를 기하학적인 적합성 식 (5.18)에 대입하면

$$\frac{\partial^4 \phi}{\partial x^4} + 2\frac{\partial^4 \phi}{\partial x^2 \partial y^2} + \frac{\partial^4 \phi}{\partial y^4} = \nabla^4 \phi = -(1-\nu)\left(\frac{\partial^2 V}{\partial x^2} + \frac{\partial^2 V}{\partial y^2}\right) \tag{5.26}$$

과 같이 표시된다. 만약 체적힘이 일정하거나, 존재하지 않을 경우에 식 (5.26)은

$$\nabla^4 \phi = \frac{\partial^4 \phi}{\partial x^4} + 2\frac{\partial^4 \phi}{\partial x^2 \partial y^2} + \frac{\partial^4 \phi}{\partial y^4} = 0 \tag{5.27}$$

과 같이 된다. 이제 평면 응력 문제를 탄성학적으로 풀기 위해서는 식 (5.27)을 만족하면서, 경계 조건(Boundary Condition)을 만족하는 ϕ를 구하는 문제로 변환되었다. 이렇게 구하여진 ϕ는 평형 방정식을 자동적으로 만족한다.

(2) 평면 변형률(Plane Strain) 상태

z축 방향의 변형률이 0이라고 가정하면, 3차원 Hooke의 법칙에서

$$\varepsilon_z = \frac{1}{E}\{\sigma_z - \nu(\sigma_x + \sigma_y)\} = 0$$

에서

$$\sigma_z = \nu(\sigma_x + \sigma_y) \tag{5.28}$$

가 된다. 식 (5.17)을 Hooke의 법칙에 대입하면

$$\begin{aligned}\varepsilon_x &= \frac{1}{E}\{\sigma_x - \nu(\sigma_y + \sigma_z)\} \\ &= \frac{1}{E}\{(1-\nu^2)\sigma_x - \nu(1+\nu)\sigma_y\}\end{aligned} \tag{5.29}$$

$$\begin{aligned}\varepsilon_y &= \frac{1}{E}\{\sigma_y - \nu(\sigma_x + \sigma_z)\} \\ &= \frac{1}{E}\{(1-\nu^2)\sigma_y - \nu(1+\nu)\sigma_x\}\end{aligned} \tag{5.30}$$

$$\gamma_{xy} = \frac{1}{G}\sigma_{xy} = \frac{2(1+\nu)}{E}\sigma_{xy} \tag{5.31}$$

이 된다. 식 (5.10)은 평면 응력(Plane Stress)과 평면 변형률(Plane Strain)의 모든 경우에 성립하는 기하학적인 적합성이므로 식 (5.29), (5.30)과 (5.31)을 식 (5.10)에 대입하면

$$\begin{aligned}&\frac{\partial^2}{\partial y^2}\{(1-\nu^2)\sigma_x - \nu(1+\nu)\sigma_y\} + \frac{\partial^2}{\partial x^2}\{(1-\nu^2)\sigma_y - \nu(1+\nu)\sigma_x\} \\ &+ (1+\nu)\left(\frac{\partial^2\sigma_x}{\partial x^2} + \frac{\partial^2\sigma_y}{\partial y^2} + \frac{\partial F_x}{\partial x} + \frac{\partial F_y}{\partial y}\right) = 0\end{aligned}$$

혹은

$$\left(\frac{\partial^2}{\partial x^2} + \frac{\partial^2}{\partial y^2}\right)(\sigma_x + \sigma_y) = -\frac{1}{1-\nu}\left(\frac{\partial F_x}{\partial x} + \frac{\partial F_y}{\partial y}\right) \tag{5.32}$$

와 같이 된다. 식 (5.32)는 평면 변형률 상태의 기하학적인 적합성을 응력의 항으로 나타낸 것이다.

(3) 극좌표에서의 2차원 문제

극좌표(Polar Coordinate) r, θ상에서 평형 방정식을 나타내면 다음과 같다.

$$\frac{\partial \sigma_r}{\partial r}+\frac{1}{r}\frac{\partial \sigma_{r\theta}}{\partial \theta}+\frac{\sigma_r-\sigma_\theta}{r}+F_r=0 \tag{5.33}$$

$$\frac{\partial \sigma_{r\theta}}{\partial r}+\frac{1}{r}\frac{\partial \sigma_\theta}{\partial \theta}+\frac{2\sigma_{r\theta}}{r}+F_\theta=0 \tag{5.34}$$

여기서 F_r과 F_θ는 r 및 θ방향의 단위 부피당의 체적힘을 나타내며, F_r과 F_θ가 존재하지 않을 경우에, 응력 포텐셜(Stress Potential) 함수 ϕ로 응력을 표시하면 다음과 같다.

$$\sigma_r=\frac{1}{r}\frac{\partial \phi}{\partial r}+\frac{1}{r^2}\frac{\partial^2 \phi}{\partial \theta^2} \tag{5.35}$$

$$\sigma_\theta=\frac{\partial^2 \phi}{\partial r^2} \tag{5.36}$$

$$\sigma_{r\theta}=\frac{1}{r^2}\frac{\partial \phi}{\partial \theta}-\frac{1}{r}\frac{\partial^2 \phi}{\partial r \partial \theta}=-\frac{1}{\partial r}\left(\frac{1}{r}\frac{\partial \phi}{\partial \theta}\right) \tag{5.37}$$

또한 기하학적 적합성을 나타내는 식 (5.27)은 다음과 같이 된다.

$$\left(\frac{\partial^2}{\partial r^2}+\frac{1}{r}\frac{\partial}{\partial r}+\frac{1}{r^2}\frac{\partial^2}{\partial \theta^2}\right)\left(\frac{\partial^2 \phi}{\partial r^2}+\frac{1}{r}\frac{\partial \phi}{\partial r}+\frac{1}{r^2}\frac{\partial^2 \phi}{\partial \theta^2}\right)=0 \tag{5.38}$$

(4) 무한 평판 내에 원형 구멍이 있는 경우

그림 5.4와 같은 무한 평판 내에 반경이 a인 원형의 구멍이 존재하는 경우를 생각한다. 이 무한 평판이 구멍에서 먼 곳에서 응력 σ_0를 한 방향으로 받을 경우에, b

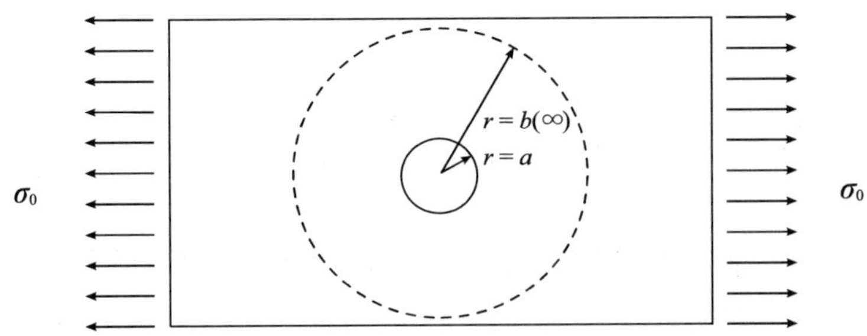

그림 5.4
반경이 a인 원형의 구멍이 존재하는 무한 평판이 한 방향으로 응력 σ_0를 받을 경우의 응력 분포

를 a 보다 매우 큰 값으로 가정하면, $r=b$ 일 경우에

$$(\sigma_r)_{r=b}=\sigma_0\cos^2\theta=\frac{1}{2}\sigma_0(1+\cos2\theta) \tag{5.39}$$

$$(\sigma_\theta)_{r=b}=\sigma_0\sin^2\theta=\frac{1}{2}\sigma_0(1-\cos2\theta) \tag{5.40}$$

$$(\sigma_{r\theta})_{r=b}=-\frac{1}{2}\sigma_0\sin2\theta \tag{5.41}$$

$r=a$ 인 원형의 구멍이 존재하는 무한 평판에 외부의 먼 곳에서 일정한 인장력 (Uniform Tension) $\sigma_r=\sigma_0/2$ 가 작용할 경우에 응력 분포는 다음과 같이 표시된다.

$$\sigma_r=\frac{\sigma_0}{2}\left(1-\frac{a^2}{r^2}\right) \tag{5.42}$$

$$\sigma_\theta=\frac{\sigma_0}{2}\left(1+\frac{a^2}{r^2}\right) \tag{5.43}$$

$$\sigma_{r\theta}=0 \tag{5.44}$$

따라서, 식 (5.39), (5.40) 및 (5.41)에 의해서 표현되는 응력 분포는 외부의 먼 곳 ($r=\infty$)에서 일정한 인장력 $\sigma_r=\sigma_0/2$ 및 $r=b(\infty)$ 에서 다음과 같은 응력 분포를 주는 성분으로 나눌 수가 있다.

$$(\sigma_r)_{r=b}=\frac{1}{2}\sigma_0\cos2\theta \tag{5.45}$$

$$(\sigma_\theta)_{r=b}=-\frac{1}{2}\sigma_0\cos2\theta \tag{5.46}$$

$$(\sigma_{r\theta})_{r=b}=-\frac{1}{2}\sigma_0\sin2\theta \tag{5.47}$$

식 (5.45), (5.46) 및 (5.47)을 주는 응력 분포를 구하기 위하여, 응력 포텐셜 ϕ 를 다음과 같이 정의한다.

$$\phi=f(r)\cos2\theta \tag{5.48}$$

여기서 $f(r)$ 은 r 의 임의의 함수를 나타낸다.

식 (5.48)을 식 (5.38)에 대입하면, 기하학적인 적합성은

$$\left(\frac{d^2}{dr^2}+\frac{1}{r}\frac{d}{dr}-\frac{4}{r^2}\right)\left(\frac{d^2 f}{dr^2}+\frac{1}{r}\frac{df}{dr}-\frac{4f}{r^2}\right)=0 \tag{5.49}$$

식 (5.49)를 만족시키는 $f(r)$은

$$f(r)=Ar^2+Br^4+\frac{C}{r^2}+D \tag{5.50}$$

처럼 되고, A, B, C 및 D는 상수이다. 따라서

$$\phi=\left(Ar^2+Br^4+\frac{C}{r^2}+D\right)\cos 2\theta \tag{5.51}$$

가 되고,

$$\sigma_r=\frac{1}{r}\frac{\partial\phi}{\partial r}+\frac{1}{r^2}\frac{\partial^2\phi}{\partial\theta^2}=-\left(2A+\frac{6C}{r^4}+\frac{4D}{r^2}\right)\cos 2\theta \tag{5.52}$$

$$\sigma_\theta=\frac{\partial^2\phi}{\partial r^2}=\left(2A+12Br^2+\frac{6C}{r^4}\right)\cos 2\theta \tag{5.53}$$

$$\sigma_{r\theta}=-\frac{\partial}{\partial r}\left(\frac{1}{r}\frac{\partial\phi}{\partial\theta}\right)=\left(2A+6Br^2-\frac{6C}{r^4}-\frac{2D}{r^2}\right)\sin 2\theta \tag{5.54}$$

이 된다. $r=\infty$일 때, (5.45), (5.46), (5.47)과 식 (5.52), (5.53), (5.54)를 비교하면

$$A=-\frac{\sigma_0}{4},\ B=0 \tag{5.55}$$

임을 알 수가 있다. 또한 $r=a$일 때, $\sigma_r=\sigma_{r\theta}=0$이므로

$$2A+\frac{6C}{a^4}+\frac{4D}{a^2}=0 \tag{5.56}$$

$$2A-\frac{6C}{a^4}-\frac{2D}{a^2}=0 \tag{5.57}$$

식 (5.56) 및 (5.57)에서

$$C=-\frac{a^4}{4}\sigma_0,\quad D=\frac{a^2}{2}\sigma_0 \tag{5.58}$$

따라서, 일정한 인장력 $\sigma_0/2$에 의한 영향을 나타내는 식 (5.42), (5.43)과 지금까지의 결과를 고려하면,

$$\sigma_r = \frac{\sigma_0}{2}\left(1-\frac{a^2}{r^2}\right)+\frac{\sigma_0}{2}\left(1+\frac{3a^4}{r^4}-\frac{4a^2}{r^2}\right)\cos 2\theta \tag{5.59}$$

$$\sigma_\theta = \frac{\sigma_0}{2}\left(1+\frac{a^2}{r^2}\right)-\frac{\sigma_0}{2}\left(1+\frac{3a^4}{r^4}\right)\cos 2\theta \tag{5.60}$$

$$\sigma_{r\theta} = -\frac{\sigma_0}{2}\left(1-\frac{3a^4}{r^4}+\frac{2a^2}{r^2}\right)\sin 2\theta \tag{5.61}$$

가 된다. $r=a$ 이고, $\theta=\pm\frac{\pi}{2}$ 일 때, 식 (5.60)에서

$$\sigma_\theta = 3\sigma_0 \tag{5.62}$$

가 된다. 이때 응력집중계수 (Stress Concentration Factor) K_T는

$$K_T = \frac{\sigma_\theta}{\sigma_0} = 3 \tag{5.63}$$

이 된다. $r=a$, 즉 구멍 주위에서의 응력 분포는

$$\sigma_r = 0 \tag{5.64}$$

$$\sigma_\theta = \sigma_0(1-2\cos 2\theta) \tag{5.65}$$

$$\sigma_{r\theta} = 0 \tag{5.66}$$

처럼 된다.

(5) 직교이방성(Orthotropic) 물질 내에 구멍이 있는 경우

직교이방성 물질로 이루어진 복합재료 내부에 원형의 구멍(Cylindrical Hole)이 있는 경우에 응력 집중 계수를 구하는 것은 매우 복잡하다. 본 절에서는 복합 적층판의 두께 방향의 평균 응력 $\overline{\sigma}_\alpha$를 σ_0로 나누어 복합 적층판의 평균 응력집중계수라고 정의한다.

Lekhniskii는 구멍 주위에서의 θ방향 평균 응력 σ_θ를 다음과 같이 유도하였다 [5].

$$K_T = \frac{\sigma_\theta}{\sigma_0} = \frac{-K\cos^2\theta + (1+n)\sin^2\theta}{\sin^4\theta - m\sin^2\theta\cos^2\theta + K^2\cos^4\theta} \tag{5.67}$$

여기서

$$K = \left(\frac{E_L}{E_T}\right)^{1/2} \tag{5.68}$$

$$m = 2\nu_{LT} - \frac{E_L}{G_{LT}} \tag{5.69}$$

$$n = (2K - m)^{1/2} \tag{5.70}$$

등방성 물질의 경우에

$$\frac{E}{G} = 2(1+\nu) \tag{5.71}$$

이므로

$$m = -2, \quad n = 2$$

가 되어

$$\frac{\sigma_\theta}{\sigma_0} = 1 - 2\cos 2\theta$$

가 되므로, 식 (5.65)가 되어 식 (5.67)은 등방성 물질에도 성립됨을 알 수가 있다.

밸런스가 된 복합 적층판의 응력집중계수 K_T는 식 (5.67)에서, $\theta = 90°$ 일 때

$$\begin{aligned} K_T &= 1 + n \\ &= 1 + (2K - m)^{1/2} \\ &= 1 + \left\{2\left(\frac{E_L}{E_T}\right)^{1/2} - 2\nu_{LT} + \frac{E_L}{G_{LT}}\right\}^{1/2} \end{aligned} \tag{5.72}$$

이 된다.

식 (4.28)의 결과에서

표 5.2 | $[\pm\theta/0]_S$ 형태의 복합 적층판의 응력 집중 계수

θ	$E_L(GPa)$	ν_{LT}	$E_T(GPa)$	$G_{LT}(GPa)$	K	m	n	K_T
0°	130.0	0.28	10.5	6.0	3.52	−21.11	5.31	6.31
15°	116.0	0.67	10.8	10.6	3.28	−9.60	4.02	5.02
30°	79.7	1.01	13.7	19.9	2.41	−1.99	2.61	3.61
45°	57.7	0.672	25.6	24.6	1.50	−1.00	2.00	3.00
60°	51.7	0.298	51.7	19.9	1.00	−2.00	2.00	3.00
75°	50.7	0.094	79.6	10.6	0.798	−4.60	2.49	3.49
90°	50.6	0.036	90.6	6.0	0.747	−8.37	3.14	4.14

$$\frac{E_L}{E_T} = (A_{11} - A_{12}{}^2 / A_{22}) / (A_{22} - A_{12}{}^2 / A_{11})$$

$$\frac{E_L}{G_{LT}} = (A_{11} - A_{12}{}^2 / A_{22}) / A_{66}$$

이 되므로,

$$K_T = 1 + \left[\frac{2}{A_{22}} \left\{ (A_{11}A_{22})^{1/2} - A_{12} + \left(A_{11}A_{22} - A_{12}{}^2\right) / (2A_{66}) \right\} \right]^{1/2} \tag{5.73}$$

과 같이 된다. 다음과 같은 공학적인 상수를 갖는 복합 적층판을 $[\pm\theta/0]_S$ 로 제조하였을 경우의 응력 집중 계수가 표 5.2에 계산되어 있다. 재료의 직교이방성 물성이 다음과 같다면,

$$E_1 = 130\ GPa$$
$$E_2 = 10.5\ GPa$$
$$\nu_{12} = 0.28$$
$$G_{12} = 6.0\ GPa$$

$[\pm 45/0]_S$인 경우를 검사해 보면, 예제 4.1의 결과에서

$$E_L = \frac{\sigma_x}{\varepsilon_x} = \frac{1}{h}\frac{N_x}{\varepsilon_x} = \frac{1}{h}\frac{1}{a_{11}}$$
$$= \frac{1}{21.40 \times 10^{-9} \times 6 \times 0.135 \times 10^{-3}} = 57.7\ GPa$$

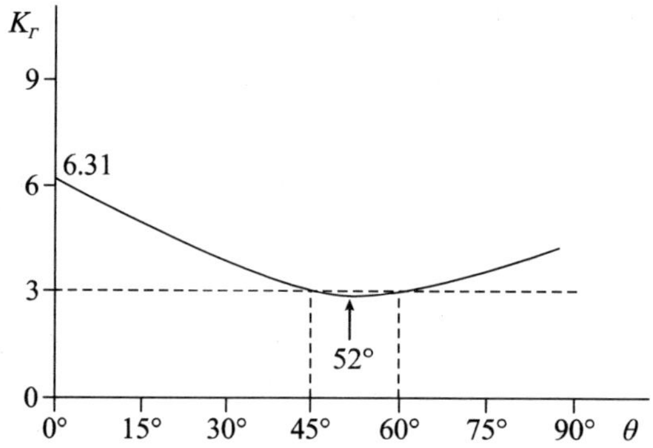

그림 5.5
K_T값의 θ에 대한 변화

$$E_T = \frac{\sigma_y}{\varepsilon_y} = \frac{1}{h}\frac{N_y}{\varepsilon_y} = \frac{1}{h}\frac{1}{a_{22}}$$
$$= \frac{1}{48.15\times10^{-9}\times6\times0.135\times10^{-3}} = 25.6\ GPa$$

이 되고, K_T = 3.0이 되며, 이 두 가지 경우는 등방성 물질과 같은 K_T의 값을 갖는다. 이 중에서 $[\pm60/0]_S$ 은 준등방성(Quasi-isotropic) 물질이라고 불린다.

표 5.2의 결과를 그래프로 나타내면 그림 5.5처럼 되고, $\theta = 52°$ 일 때 최소의 K_T 값을 가지게 된다.

복합 적층판의 섬유에 평행인 방향과 수직인 방향에 응력이 동시에 작용할 경우에는, 섬유에 평행인 방향으로 좌표축의 1방향을 택한 후에, 각각의 응력에 대한 복합 적층판의 응력 분포를 구하여 더하면 된다. 이들 응력 외에 전단 응력이 작용할 경우에는 Green과 Taylor의 논문 [6]을 참조하면 된다. 이와 같이 하여, 복합 적층판에 원형의 구멍이 있을 경우에 구멍 주위에서의 평균 응력 σ_θ 를 구하였으므로, 이것을 이용하여 다음과 같은 순서에 의해 플라이 응력을 구할 수가 있다.

1) 그림 5.6에서 평균 적층판 응력을 구한다.

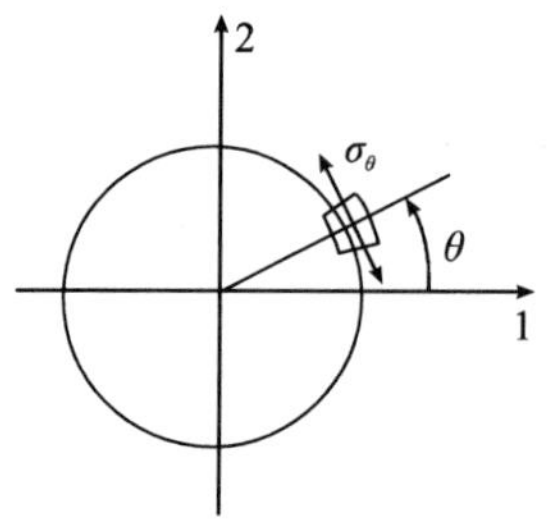

그림 5.6
플라이 축에서 적층판 축으로의 응력 변화

$$\overline{\sigma}_x = \sin^2\theta\sigma_\theta \tag{5.74}$$

$$\overline{\sigma}_y = \cos^2\theta\sigma_\theta \tag{5.75}$$

$$\overline{\tau}_{xy} = \overline{\sigma}_6 = -\sin\theta\cos\theta\sigma_\theta \tag{5.76}$$

식 (5.74), (5.75)와 (5.76)을 이용하여, 적층판 변형률을 구한다. 즉,

$$\varepsilon_\alpha = a_{\alpha\beta}N_\beta = a_{\alpha\beta}h\overline{\sigma}_\beta \tag{5.77}$$

2) 식 (5.77)의 ε_α 를 이용하여, 각 플라이의 응력을 적층판 축에 관하여 구한다.

$$\sigma_\alpha^{[k]} = \overline{Q}_{\alpha\beta}^{[k]}\varepsilon_\beta^{[k]} \tag{5.78}$$

3) 식 (5.78)의 결과를 이용하여, 각 플라이의 응력을 플라이 축에 관하여 구한다.

$$\{\sigma_i\} = [J_1]\{\sigma_\alpha\} \tag{5.79}$$

4) 식 (5.77)의 결과를 이용하여, 각 플라이의 변형률을 플라이 축에 관하여 구한다.

$$\{\varepsilon_i\} = [J_2]\{\varepsilon_\alpha\} \tag{5.80}$$

참고문헌

[1] R. M. John, Mechanics of Composite Materials, McGraw-Hill Book Company, Chapter 4, 1975.

[2] S. W. Tsai and H. T. Hahn, Introduction to Composite Materials, Technomic Publishing Co., Inc, Chapter 4, 1980.

[3] S. W. Tsai, Composites Design, 4th Edition, THINK COMPOSITES, Section 7, 1986.

[4] S. P. Timoshenko and J. N. Goodier, Theory of Elasticity, Third Edition, McGraw-Hill Book Company, Section 35, 1970.

[5] S. G. Lekhnitskii, Theory of Elasticity of an Anisotropic Elastic Body,

Holden–Day, Inc. p. 169, 1963.

[6] A. E. Green and G. I. Taylor, "Stress Analysis in Aeolotropic Plates," Proceedings of the Royal Society, Vol. 1–7, 1939–1945.

Exercises

1 ASI/3501-6 Graphite/Epoxy 복합 적층판의 적층 순서가 $[\pm 35/0]_S$ 일 경우에, 아래와 같은 하중 상태에 있다.

$$N_x = 15{,}000 \ \ N/m$$
$$N_y = 10{,}000 \ \ N/m$$
$$N_{xy} = 5{,}000 \ \ N/m$$

플라이 한 장의 두께가 0.135mm이고, 재료의 일방향 성질이

$$E_1 = 130 \ GPa$$
$$E_2 = 10.5 \ GPa$$
$$\nu_{12} = 0.28$$
$$G_{12} = 6.0 \ GPa$$

일 때에,

(a) 위의 하중 상태에서 적층판 축에 대한 적층판 축 변형률(Laminate Strain)을 구하라.

(b) 적층판 축에 대한 플라이 응력(Ply Stress)을 구하라.

(c) 플라이 응력을 스케치하고, 이들의 합이 가해진 하중과 같음을 보여라.

(d) 플라이 축(Ply Axis)에 대한 플라이 응력(Ply Stress)을 구하라.

(e) 변환(Transformation) 방법으로, 플라이 축에 대한 플라이 변형률(Ply Strain)을 구하라.

(f) 컴플라이언스(Compliance)를 사용하여, (e)에서 $\varepsilon_\alpha^{[k]}$ 가 잘 구하여졌는지 보여라.

2 복합재료 적층판이 두 종류의 Graphite/Epoxy로 이루어져 있다. 한 종류는 ASI/3501-6 일방향(Unidirectional) 테이프(Tape) 프리프레그(Prepreg)이고, 다른 종류는 A370-5H/3501-6 직조 프리프레그(Fabric Prepreg)이다. 적층 순서는 아래 그림과 같다.

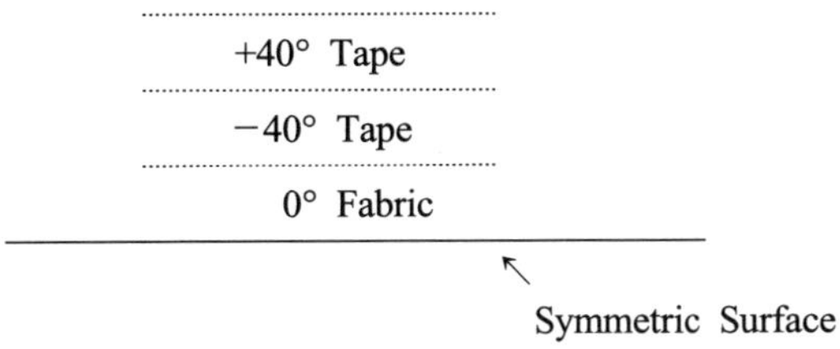

이 두 물질의 플라이 성질은 아래와 같다.

여기서 직조 프리프레그의 0° 방향은 날실(Warp) 방향이 적층판 축의 종방향 축(Laminate Longitudinal Axis)과 일치하고, 씨실(Fill) 방향이 적층판 축의 횡방향 축(Laminate Transverse Axis)과 일치함을 의미한다. 아래 그림과 같이 적층판 축의 내부에 구멍을 만들었을 경우에, $\xi = 40°$ 이고 $\eta = a$ 에서의 다음 질문에 답하라.

물성 \ 종류	ASI/3501-6	A370-5H/3501-6
E_1	130 GPa	72.5 GPa
E_2	10.5 GPa	72.6 GPa
ν_{12}	0.28	0.059
G_{12}	6.0 GPa	4.5 GPa
t_{ply}	0.135 mm	0.35 mm

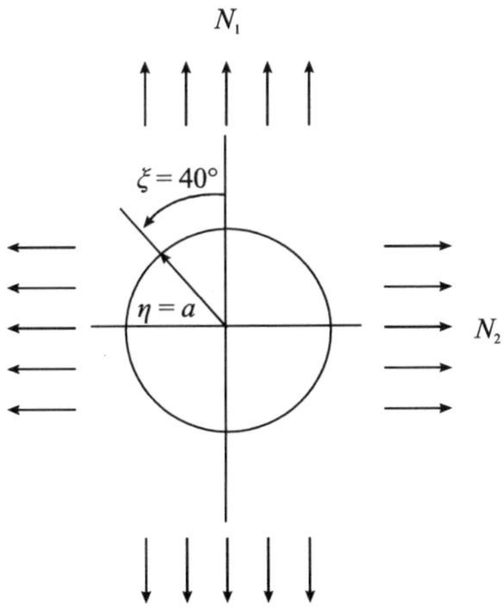

하중 상태는 $N_1 = 25{,}000\ N/m$, $N_2 = 15{,}000\ N/m$ 이다.

(a) 적층판 축 변형률(Laminate Strains)

(b) 적층판 축으로 표시된 플라이 응력(Ply Stresses in Laminate Axis)

(c) 플라이 축으로 표시된 플라이 응력(Ply Stresses in Ply Axis)

(d) 플라이 축으로 표시된 플라이 변형률(Ply Strains in Ply Axis)

CHAPTER 6

굽힘

6.1 입 문

제 5장까지는 굽힘(Bending)이나 비틀림(Torsion)을 받지 않는 복합재료 평판의 평판 내에서의 하중에 의한 변형률 및 응력분포를 고려하였다. 본 장에서는 복합재료가 굽힘이나 비틀림만을 받는 경우를 생각한다. 복합재료의 성질이 선형적이라고 가정하면, 평면 내에서의 하중 외에도 굽힘이나 비틀림을 동시에 받는 경우에는 두 경우를 따로 계산하여 결과를 더하면 된다. 이렇게 하여 구한 응력이나 변형률로 제 7장의 파손 이론에 의하여 파손 여부를 판정할 수 있다. 제 8장에서는 열변형(Thermal Deformation)에 의한 응력 및 변형률을 다루는데, 열변형이 동시에 존재하는 경우에도 복합재료의 성질이 선형적이라고 가정하면, 구한 결과를 모두 합하여 제 7장의 파손 이론을 적용할 수 있다.

6.2 굽힘만을 받는 경우의 변형률과 변위관계식

복합재료의 굽힘 문제를 다루기 위해서는 다음과 같은 가정을 하는 것이 편리하다. 일반적으로 복합재료는 그림 6.1과 같이 평면 내에서의 길이 a와 b가 두께 h에 비하여 매우 큰 경우가 일반적이므로 다음과 같은 가정을 할 수 있다[1~4].

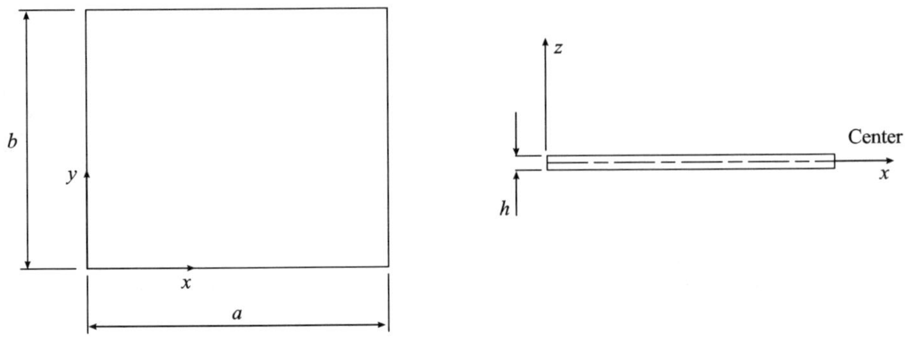

그림 6.1

복합재료로 된 평면 (a, b ≫ h)

[가정 1] 복합재료가 그림 6.2와 같은 하중상태에 있을 경우에, 평면 xy 밖으로 작용하는 응력 σ_3는 다른 응력 σ_1, σ_2, σ_4, σ_5 및 σ_6에 비하여 작고 무시할 만하다. 즉,

$$\sigma_3 \cong 0 \tag{6.1}$$

[가정 2] 원래 중심면(Midplane)에 수직인 평면 단면은, 굽힘 변형 후에도 평면으로 남아 있고, 또한 중심면에 수직이 된다. 이와 같은 가정을 평판인 경우에는 Kirchhoff 가정이라고 부르며, 쉘(Shell)인 경우에는 Kirchhoff-Love 가정이라고 부른다.

이와 같은 가정의 결과에서

$$\varepsilon_4 \cong 0 \tag{6.2}$$

$$\varepsilon_5 \cong 0 \tag{6.3}$$

이 된다.

[가정 3] 변형의 크기는 작으며, 따라서 선형이론(Linear Theory)이 적용된다. 그림 6.3에서 복합재료 평면 내의 점 P가 변형 전에 중심으로부터 z인 위치에

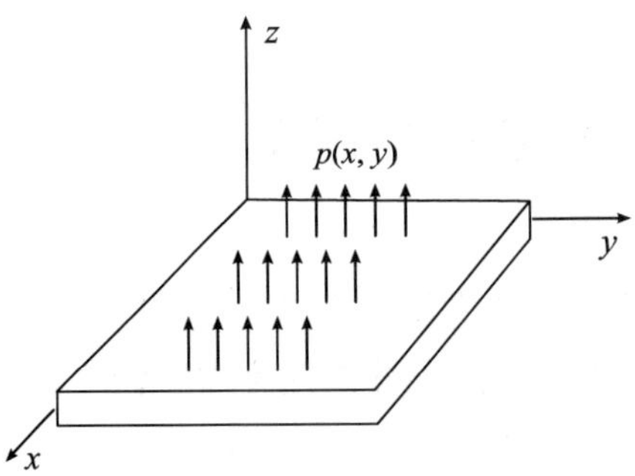

그림 6.2

복합재료 평판의 하중 상태

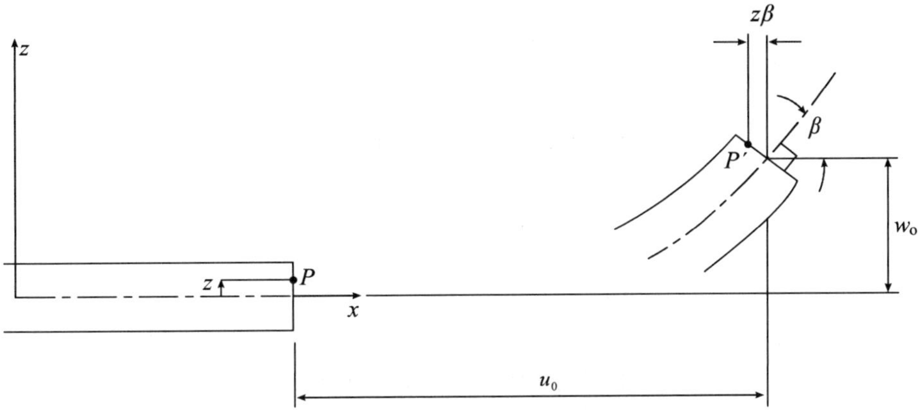

그림 6.3
평판의 변형

있다가 변형 후에 점 P'이 되었다고 가정한다. 이 평판의 변형이 작다고 가정하면

$$\cos\beta \cong 1 \qquad \sin\beta \cong \beta \tag{6.4}$$

이므로, 점 P의 x 방향의 변위 u는

$$u = u_o - z\beta = u_o - z\frac{\partial w_o}{\partial x} \tag{6.5}$$

여기서 u_o는 중심축의 끝점이 x 방향으로 이동한 변위이다. 같은 방법에 의해서 y 방향의 변위 υ는

$$\upsilon = \upsilon_o - z\frac{\partial w_o}{\partial y} \tag{6.6}$$

가 된다. 또한 중심축의 끝점의 변위 w_o는 x, y의 함수이다. 즉,

$$w_o = w_o(x,\ y) \tag{6.7}$$

변형률-변위(Strain-Displacement) 관계식에서

$$\varepsilon_x = \frac{\partial u}{\partial x} = \frac{\partial u_o}{\partial x} - z\frac{\partial^2 w_o}{\partial x^2} \tag{6.8}$$

$$\varepsilon_y = \frac{\partial \upsilon}{\partial y} = \frac{\partial \upsilon_o}{\partial y} - z\frac{\partial^2 w_o}{\partial y^2} \tag{6.9}$$

$$\gamma_{xy} = \frac{\partial u}{\partial y} + \frac{\partial \upsilon}{\partial x} = \frac{\partial u_o}{\partial y} + \frac{\partial \upsilon_o}{\partial x} - z\frac{\partial^2 w_o}{\partial x \partial y} \tag{6.10}$$

식 (6.8), (6.9) 및 (6.10)은

$$\begin{Bmatrix} \varepsilon_x \\ \varepsilon_y \\ \gamma_{xy} \end{Bmatrix} = \begin{Bmatrix} \varepsilon_x^o \\ \varepsilon_y^o \\ \gamma_{xy}^o \end{Bmatrix} + z\begin{Bmatrix} k_x \\ k_y \\ k_{xy} \end{Bmatrix} \tag{6.11}$$

과 같이 나타낼 수 있으며, 여기서

$$\begin{Bmatrix} \varepsilon_x^o \\ \varepsilon_y^o \\ \gamma_{xy}^o \end{Bmatrix} = \begin{Bmatrix} \dfrac{\partial u_o}{\partial x} \\ \dfrac{\partial \upsilon_o}{\partial y} \\ \dfrac{\partial u_o}{\partial y} + \dfrac{\partial \upsilon_o}{\partial x} \end{Bmatrix} \tag{6.12}$$

$$\begin{Bmatrix} k_x \\ k_y \\ k_{xy} \end{Bmatrix} = -\begin{Bmatrix} \dfrac{\partial^2 w_o}{\partial x^2} \\ \dfrac{\partial^2 w_o}{\partial y^2} \\ 2\dfrac{\partial^2 w_o}{\partial x \partial y} \end{Bmatrix} \tag{6.13}$$

이 된다. 식 (6.13)의 k_x, k_y, k_{xy} 를 중심면(Middle Surface)의 곡률(Curvature)이라고 부른다.

6.3 굽힘에서의 동등량

그림 6.4와 같은 복합재료의 미소요소에 작용하는 모멘트(Moment) 및 전단력(Shear Force)은 다음과 같이 정의된다.

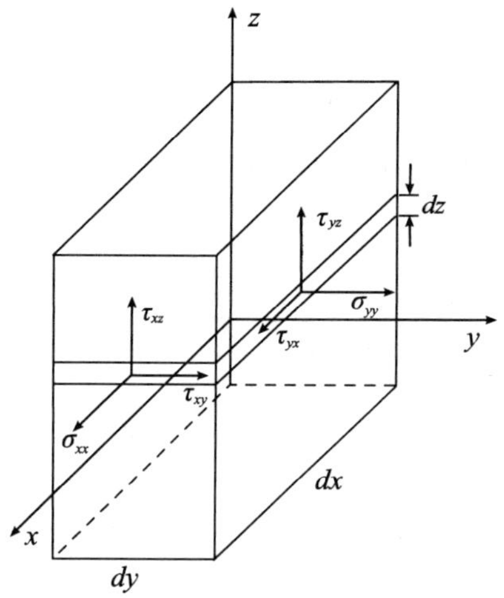

그림 6.4
복합재료 미소요소

$$M_x = M_{xx} = \int_{-\frac{h}{2}}^{\frac{h}{2}} \sigma_{xx} z dz \tag{6.14}$$

$$Q_x = \int_{-\frac{h}{2}}^{\frac{h}{2}} \tau_{xz} dz \tag{6.15}$$

$$M_{xy} = \int_{-\frac{h}{2}}^{\frac{h}{2}} \tau_{xy} z dz = M_{yx} = \int_{-\frac{h}{2}}^{\frac{h}{2}} \tau_{yx} z dz \tag{6.16}$$

$$M_y = M_{yy} = \int_{-\frac{h}{2}}^{\frac{h}{2}} \sigma_{yy} z dz \tag{6.17}$$

$$Q_y = \int_{-\frac{h}{2}}^{\frac{h}{2}} \tau_{yz} dz \tag{6.18}$$

M 과 Q 의 차원은 각각[Moment/Length], [Force/Length]가 된다.

6.4 평형 방정식

그림 6.5와 같은 복합재료 요소의 평형방정식을 구하면 다음과 같다.
y 축 주위의 모멘트 평형을 구하면

$$\left(M_x + \frac{\partial M_x}{\partial x} dx\right) dy - M_x dy + \left(M_{xy} + \frac{\partial M_{xy}}{\partial y} dy\right) dx - M_{xy} dx - \left(Q_x + \frac{\partial Q_x}{\partial x} dx\right) dy \cdot dx = 0$$

혹은

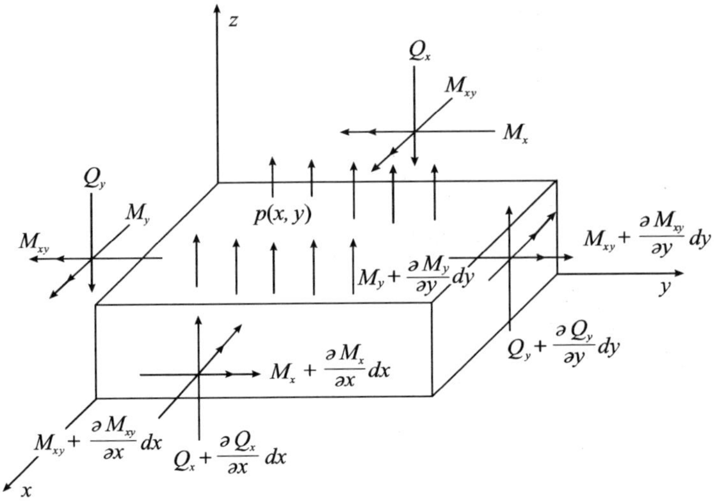

그림 6.5
복합재료 요소($dx \times dy \times 1$)의 평형방정식

$$\frac{\partial M_x}{\partial x} + \frac{\partial M_{xy}}{\partial y} - Q_x = 0 \tag{6.19}$$

같은 방법으로 x축 주위의 모멘트 평형을 구하면

$$\frac{\partial M_{xy}}{\partial x} + \frac{\partial M_y}{\partial y} - Q_y = 0 \tag{6.20}$$

z축 방향의 힘의 평형을 구하면

$$\left(Q_x + \frac{\partial Q_x}{\partial x} dx\right) dy - Q_x dy + \left(Q_y + \frac{\partial Q_y}{\partial y} dy\right) dx - Q_y dx + p dx dy = 0$$

혹은

$$\frac{\partial Q_x}{\partial x} + \frac{\partial Q_y}{\partial y} + p = 0 \tag{6.21}$$

여기서 $p(x, y)$는 복합재료판에 작용하는 단위 면적당의 힘이다. 복합재료 적층판의 굽힘 진동(Bending Vibration)이나 좌굴(Buckling)현상 등을 해석하기 위해서는 식 (6.19), (6.20) 및 식 (6.21)을 풀어야만 한다.

6.5 복합 적층판의 굽힘

복합 적층판의 굽힘 문제를 해석하기 위하여 그림 6.6과 같은 기호를 약속하기로 한다.

복합재료 적층판이 평면응력 상태에 있을 때, 응력과 변형률의 관계식은 식 (4.2)에서

$$\sigma_\alpha^{[k]} = \overline{Q}_{\alpha\beta}^{[k]}\varepsilon_\beta \qquad \text{혹은} \qquad \begin{Bmatrix}\sigma_x\\ \sigma_y\\ \tau_{xy}\end{Bmatrix}^{[k]} = [\overline{Q}_{\alpha\beta}]^{[k]}\begin{Bmatrix}\varepsilon_x\\ \varepsilon_y\\ \gamma_{xy}\end{Bmatrix}$$

이고, 변형률은 식 (6.11)에 의해서

$$\varepsilon_\beta = \varepsilon_\beta^{\text{o}} + zk_\beta \qquad \text{혹은} \qquad \begin{Bmatrix}\varepsilon_x\\ \varepsilon_y\\ \gamma_{xy}\end{Bmatrix} = \begin{Bmatrix}\varepsilon_x^{\text{o}}\\ \varepsilon_y^{\text{o}}\\ \gamma_{xy}^{\text{o}}\end{Bmatrix} + z\begin{Bmatrix}k_x\\ k_y\\ k_{xy}\end{Bmatrix}$$

이므로,

$$\sigma_\alpha^{[k]} = \overline{Q}_{\alpha\beta}^{[k]}\varepsilon_\beta^{\text{o}} + z\overline{Q}_{\alpha\beta}^{[k]}k_\beta$$

혹은

$$\begin{Bmatrix}\sigma_x\\ \sigma_y\\ \tau_{xy}\end{Bmatrix} = [\overline{Q}_{\alpha\beta}]^{[k]}\begin{Bmatrix}\varepsilon_x^{\text{o}}\\ \varepsilon_y^{\text{o}}\\ \gamma_{xy}^{\text{o}}\end{Bmatrix} + z[\overline{Q}_{\alpha\beta}]^{[k]}\begin{Bmatrix}k_x\\ k_y\\ k_{xy}\end{Bmatrix} \tag{6.22}$$

가 된다. 식 (6.22)에서 우변의 첫 번째 항은 순수한 연신(Pure Stretching)을 나타내고, 두 번째 항은 순수한 굽힘(Pure Bending)을 나타낸다. 순수한 굽힘만을 받는

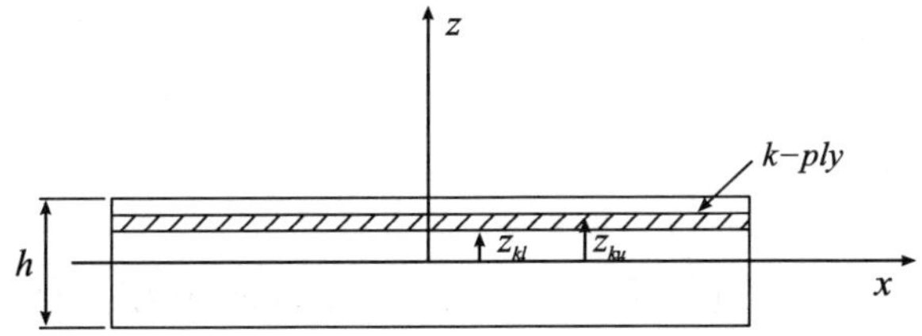

그림 6.6
복합 적층판의 기호 ($z_{kl} = k$ 번째 플라이의 중심으로부터 밑면까지의 z 좌표, $z_{ku} = k$ 번째 플라이의 중심으로부터 윗면까지의 z 좌표)

경우에

$$M_\alpha = \int_{-\frac{h}{2}}^{\frac{h}{2}} \overline{Q}_{\alpha\beta}^{[k]} k_\beta z^2 dz$$

로 표시되며, 행렬식으로 나타내면

$$\begin{Bmatrix} M_x \\ M_y \\ M_{xy} \end{Bmatrix} = \int_{-\frac{h}{2}}^{\frac{h}{2}} [\overline{Q}_{\alpha\beta}]^{[k]} z^2 dz \begin{Bmatrix} k_x \\ k_y \\ k_{xy} \end{Bmatrix}$$

이고, k_β 는 복합 적층판의 두께 방향에 대해서는 일정하므로

$$M_\alpha = k_\beta \int_{-\frac{h}{2}}^{\frac{h}{2}} \overline{Q}_{\alpha\beta}^{[k]} z^2 dz \qquad \text{혹은} \qquad \begin{Bmatrix} M_x \\ M_y \\ M_{xy} \end{Bmatrix} = [D] \begin{Bmatrix} k_x \\ k_y \\ k_{xy} \end{Bmatrix} \tag{6.23}$$

로 표시될 수 있다. 식 (6.23)에서 굽힘강성(Bending Stiffness) $D_{\alpha\beta}$ 를 다음과 같이 정의한다.

$$D_{\alpha\beta} = \int_{-\frac{h}{2}}^{\frac{h}{2}} \overline{Q}_{\alpha\beta}^{[k]} z^2 dz \tag{6.24}$$

$D_{\alpha\beta}$ 의 차원은 [Force × Length]가 되며, 플라이의 두께를 t_{ply} 라고 하면

$$z_{ku} = z_{kl} + t_{ply} \tag{6.25}$$

이 되므로,

$$D_{\alpha\beta} = \sum_{k=1}^{n} \overline{Q}_{\alpha\beta}^{[k]} \left(\frac{z_{ku}^{\ 3} - z_{kl}^{\ 3}}{3} \right) \tag{6.26}$$

가 된다. 여기서 n은 적층판의 플라이 개수이다.

위의 결과를 요약하면, 순수한 굽힘만을 받는 복합적층판의 모멘트-곡률 관계식은 다음과 같다.

$$M_\alpha = D_{\alpha\beta} k_\beta \tag{6.27}$$

여기서, M_α 의 차원은 [Force × Length / Length]이고 $D_{\alpha\beta}$ 의 차원은 [Force ×

Length], k_β 의 차원은 [1 / Length] 이다. 식 (6.27)을 전개하여 나타내면

$$\begin{aligned} M_x &= D_{11}k_x + D_{12}k_y + D_{16}k_{xy} \\ M_y &= D_{12}k_x + D_{22}k_y + D_{26}k_{xy} \\ M_{xy} &= D_{16}k_x + D_{26}k_y + D_{66}k_{xy} \end{aligned} \tag{6.28}$$

가 되고, 식 (6.28)을 행렬의 형태로 나타내면

$$\{M\} = [D]\{k\} \tag{6.29}$$

가 되고

$$\{M\} = \begin{Bmatrix} M_x \\ M_y \\ M_{xy} \end{Bmatrix} \tag{6.30}$$

$$[D] = \begin{bmatrix} D_{11} & D_{12} & D_{16} \\ D_{12} & D_{22} & D_{26} \\ D_{16} & D_{26} & D_{66} \end{bmatrix} \tag{6.31}$$

$$\{k\} = \begin{Bmatrix} k_x \\ k_y \\ k_{xy} \end{Bmatrix} \tag{6.32}$$

가 된다.

외부에서 굽힘 모멘트를 가하였을 경우에, 식 (6.29)에서 곡률 $\{k\}$는

$$\{k\} = [d]\{M\} \tag{6.33}$$

와 같이 표현되고, 전개하면

$$\begin{Bmatrix} k_x \\ k_y \\ k_{xy} \end{Bmatrix} = \begin{bmatrix} d_{11} & d_{12} & d_{16} \\ d_{12} & d_{22} & d_{26} \\ d_{16} & d_{26} & d_{66} \end{bmatrix} \begin{Bmatrix} M_x \\ M_y \\ M_{xy} \end{Bmatrix} \tag{6.34}$$

와 같이 된다. $d_{\alpha\beta}$ 의 값을 계산하면

$$
\begin{aligned}
d_{11} &= \frac{D_{22}D_{66} - D_{26}{}^{2}}{\Delta} \\
d_{12} &= -\frac{D_{12}D_{66} - D_{16}D_{26}}{\Delta} \\
d_{22} &= \frac{D_{11}D_{66} - D_{16}{}^{2}}{\Delta} \\
d_{66} &= \frac{D_{11}D_{22} - D_{12}{}^{2}}{\Delta} \\
d_{16} &= \frac{D_{12}D_{26} - D_{22}D_{16}}{\Delta} \\
d_{26} &= -\frac{D_{11}D_{26} - D_{12}D_{16}}{\Delta}
\end{aligned} \tag{6.35}
$$

여기서

$$\Delta = D_{11}D_{22}D_{66} + 2D_{12}D_{26}D_{16} - (D_{22}D_{16}{}^{2} + D_{11}D_{26}{}^{2} + D_{66}D_{12}{}^{2}) \tag{6.36}$$

이다.

Example 6.1

예제 4.1의 적층판에 $M_x = 100 N \cdot m/m$, $M_y = M_{xy} = 0$을 가하였을 경우의 곡률반경 (Radius of Curvature) R_x를 구하여라. 적층판은 [0/±45]s이며, $\overline{Q}_{\alpha\beta}^{[k]}$의 값은 다음과 같다.

[GPa]	0°	45°	-45°
$\overline{Q}_{11}^{[k]}$	130.80	42.83	42.83
$\overline{Q}_{22}^{[k]}$	10.60	42.83	42.83
$\overline{Q}_{12}^{[k]}$	2.96	30.83	30.83
$\overline{Q}_{66}^{[k]}$	6.00	33.87	33.87
$\overline{Q}_{16}^{[k]}$	0.00	30.07	-30.07
$\overline{Q}_{26}^{[k]}$	0.00	30.07	-30.07

풀이 $t_{ply} =$ 0.135mm이므로,

적층판의 높이는 그림 6.7과 같다.

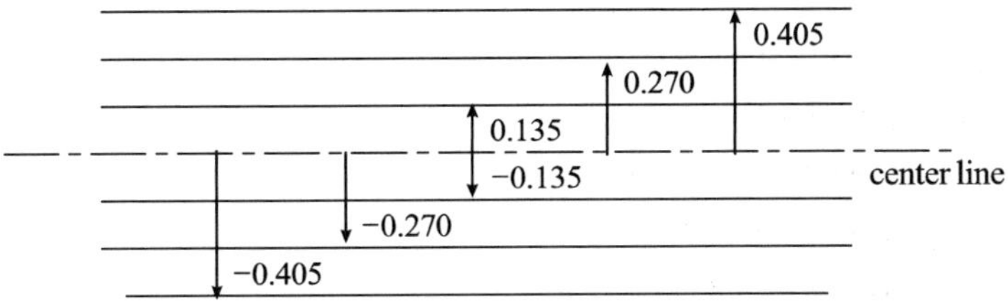

그림 6.7
적층판 $[0/\pm45]_S$의 각 플라이의 상대 위치

그림 6.7의 치수를 사용하여 $\frac{z_{ku}^3 - z_{kl}^3}{3}$ 의 값을 구하여 표로 나타내면 다음과 같다.

플라이 NO.	θ	$z_{ku}[mm]$	$z_{kl}[mm]$	$z_{ku}^3 - z_{kl}^3/3\,[mm^3]$
1	0°	0.405	0.270	0.0156
2	45°	0.270	0.135	0.0057
3	−45°	0.135	0.000	0.0008
4	−45°	0.000	−0.135	0.0008
5	45°	−0.135	−0.270	0.0057
6	0°	−0.270	−0.405	0.0156

위의 표에서

$$z_{kl} = z_{(k+1)u} \tag{6.37}$$

이고, 중심에 대하여 대칭인 복합 적층판의 경우에는 $\frac{z_{ku}^3 - z_{kl}^3}{3}$ 의 값도 대칭인 것을 알 수 있다. 식 (6.26)에서

$$D_{\alpha\beta} = \sum_{k=1}^{n} \overline{Q}_{\alpha\beta}^{[k]} \left(\frac{z_{ku}^3 - z_{kl}^3}{3} \right)$$

$$D_{11} = 4.640\ N \cdot m$$
$$D_{22} = 0.891\ N \cdot m$$
$$D_{12} = 0.497\ N \cdot m$$
$$D_{66} = 0.631\ N \cdot m$$
$$D_{16} = 0.295\ N \cdot m$$
$$D_{26} = 0.295\, N \cdot m$$

식 (6.35)을 이용하여 $d_{\alpha\beta}$ 를 구하면

$$
\begin{aligned}
d_{11} &= 0.230 \quad 1/(N \cdot m) \\
d_{22} &= 1.38 \quad 1/(N \cdot m) \\
d_{12} &= -0.109 \quad 1/(N \cdot m) \\
d_{66} &= 1.89 \quad 1/(N \cdot m) \\
d_{16} &= -0.0567 \quad 1/(N \cdot m) \\
d_{26} &= -0.596 \quad 1/(N \cdot m)
\end{aligned}
$$

$M_x = 100 N \cdot m/m$, $M_y = M_{xy} = 0$ 을 가하면

$$
\begin{aligned}
k_x &= d_{11}M_x = (0.230 \quad 1/N \cdot m)(100 \quad N \cdot m/m) = 23.0 \quad 1/m \\
k_y &= d_{12}M_x = (-0.109 \quad 1/N \cdot m)(100 \quad N \cdot m/m) = -10.9 \quad 1/m \\
k_{xy} &= d_{16}M_x = (-0.0567 \quad 1/N \cdot m)(100 \quad N \cdot m/m) = -5.67 \quad 1/m
\end{aligned}
$$

따라서 곡률반경은

$$R_x = \frac{1}{k_x} = \frac{1}{23.0} \quad 1/m = 0.04m$$

가 된다.

6.6 굽힘에서의 플라이의 응력과 변형률

굽힘만을 받는 복합 적층판의 변형률을 적층판 축에 관하여 표시하면, 식 (6.11)에 의하여 다음과 같이 표시된다.

$$\varepsilon_\alpha^{[k]} = z^{[k]}k_\alpha \tag{6.38}$$

따라서 플라이 각도가 θ 인 k 번째 플라이의 응력은

$$\sigma_\alpha^{[k]} = \overline{Q}_{\alpha\beta}^{[k]}k_\beta z^{[k]} \qquad \text{혹은} \qquad \begin{Bmatrix} \sigma_x \\ \sigma_y \\ \tau_{xy} \end{Bmatrix}^{[k]} = [\overline{Q}_{\alpha\beta}]^{[k]} z^{[k]} \begin{Bmatrix} k_x \\ k_y \\ k_{xy} \end{Bmatrix} \tag{6.39}$$

와 같이 표현된다.

식 (6.39)를 전개하면

$$\sigma_x^{[k]} = z^{[k]}\left\{\overline{Q}_{11}^{[k]}k_x + \overline{Q}_{12}^{[k]}k_y + \overline{Q}_{16}^{[k]}k_{xy}\right\}$$
$$\sigma_y^{[k]} = z^{[k]}\left\{\overline{Q}_{12}^{[k]}k_x + \overline{Q}_{22}^{[k]}k_y + \overline{Q}_{26}^{[k]}k_{xy}\right\}$$
$$\tau_{xy}^{[k]} = z^{[k]}\left\{\overline{Q}_{16}^{[k]}k_x + \overline{Q}_{26}^{[k]}k_y + \overline{Q}_{66}^{[k]}k_{xy}\right\}$$

혹은

$$\begin{Bmatrix} \sigma_x \\ \sigma_y \\ \tau_{xy} \end{Bmatrix}^{[k]} = z^{[k]} \begin{bmatrix} \overline{Q}_{11} & \overline{Q}_{12} & \overline{Q}_{16} \\ \overline{Q}_{12} & \overline{Q}_{22} & \overline{Q}_{26} \\ \overline{Q}_{16} & \overline{Q}_{26} & \overline{Q}_{66} \end{bmatrix}^{[k]} \begin{Bmatrix} k_x \\ k_y \\ k_{xy} \end{Bmatrix} \tag{6.40}$$

식 (6.39)의 결과에서, 모멘트 M_α 는 다음과 같이 표현된다.

$$\begin{aligned} M_\alpha &= \int_{-\frac{h}{2}}^{\frac{h}{2}} \sigma_\alpha^{[k]} z^{[k]} dz = \int_{-\frac{h}{2}}^{\frac{h}{2}} \overline{Q}_{\alpha\beta}^{[k]} k_\beta (z^{[k]})^2 dz \\ &= \sum_{k=1}^{n} \overline{Q}_{\alpha\beta}^{[k]} k_\beta \left(\frac{z_{ku}^{\ 3} - z_{kl}^{\ 3}}{3} \right) \end{aligned} \tag{6.41}$$

Example 6.2

예제 6.1의 복합 적층판에 발생하는 응력을 구하라.

풀이 예제 6.1에서, 곡률이

$$k_x = 23.0 \ \ 1/m$$
$$k_y = -10.9 \ \ 1/m$$
$$k_{xy} = -5.67 \ \ 1/m$$

이므로

$\theta = 0°$일 때 $(k=1)$

$$\begin{aligned} \sigma_x^{[k]} &= z^{[k]}\left\{ \overline{Q}_{11}^{[k]}k_x + \overline{Q}_{12}^{[k]}k_y + \overline{Q}_{16}^{[k]}k_{xy}\right\} \\ &= z\{(130.8\times10^9 \ \ N/m^2)(23.0 \ \ 1/m) + (2.96\times10^9 \ \ N/m^2) \\ &\quad \times(-10.9 \ \ 1/m) + 0\times(-5.67 \ \ 1/m)\} \\ &= 2{,}976\times10^9 z \ N/m^3 \end{aligned}$$

$$\sigma_y^{[k]} = z^{[k]}\left\{ \overline{Q}_{12}^{[k]} k_x + \overline{Q}_{22}^{[k]} k_y + \overline{Q}_{26}^{[k]} k_{xy} \right\}$$

$$= z\{(2.96\times10^9 \quad N/m^2)(23.0 \quad 1/m) + (10.6\times10^9 \quad N/m^2)$$
$$\times(-10.9 \quad 1/m) + 0\times(-5.67 \quad 1/m)\}$$
$$= -47.5\times10^9 z \ N/m^3$$

$$\tau_{xy}^{[k]} = z^{[k]}\left\{ \overline{Q}_{16}^{[k]} k_x + \overline{Q}_{26}^{[k]} k_y + \overline{Q}_{66}^{[k]} k_{xy} \right\}$$

$$= z\{(6\times10^9 \quad N/m^2)(-5.67 \quad 1/m) = 34\times10^9 z \quad N/m^3$$

위의 결과를 표로 나타내면 다음과 같다.

$$(\overline{Q}_{\alpha\beta}^{[k]} k_\beta) z$$

$10^9 N/m^3$	0°	45°	-45°
$\sigma_x^{[k]}$	2,976z	479z	820z
$\sigma_y^{[k]}$	-47.5z	71.7z	413z
$\tau_{xy}^{[k]}$	-34z	193z	-556z

위에서 구한 응력이 맞았는지를 확인하여 보자.

$\dfrac{z_{ku}^3 - z_{kl}^3}{3}$ 의 값은 다음과 같다.

Ply No.	θ	$\dfrac{z_{ku}^3 - z_{kl}^3}{3} [mm^3]$
1	0°	0.0156
2	45°	0.0057
3	-45°	0.0008
4	-45°	0.0008
5	45°	0.0057
6	0°	0.0156

식 (6.41)에서

$$M_\alpha = \sum_{k=1}^{n} \overline{Q}_{\alpha\beta}^{[k]} k_\beta \left(\frac{z_{ku}^3 - z_{kl}^3}{3} \right)$$

이므로

$$M_x = 2\{(2{,}976)(0.0156) + (479)(0.0057) + (820)(0.0008)\}\ N \cdot m / m$$
$$= 99.6\, N \cdot m / m$$
$$M_y = 2\{(-47.5)(0.0156) + (71.7)(0.0057) + (413)(0.0008)\}\ N \cdot m / m$$
$$= -3.82 \times 10^{-3}\ N \cdot m / m \cong 0$$
$$M_{xy} = 2\{(-34)(0.0156) + (193)(0.0057) + (-556)(0.0008)\}\ N \cdot m / m$$
$$= 0.25\ N \cdot m / \cong 0$$

응력분포를 그래프로 나타내면 다음과 같다.

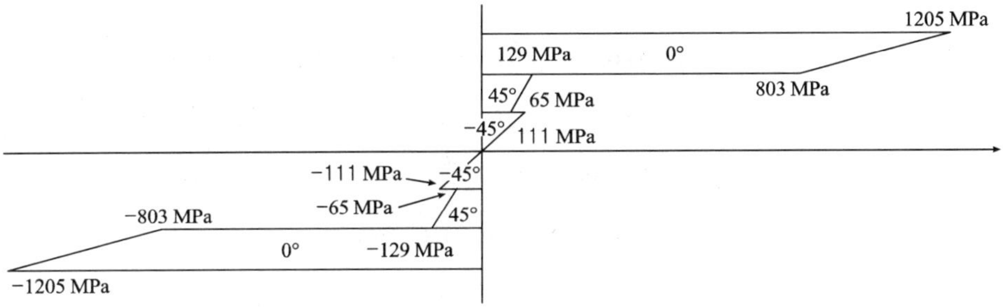

그림 6.8
복합 적층판 [0/±45]s의 $\sigma_x^{[k]}$ 분포

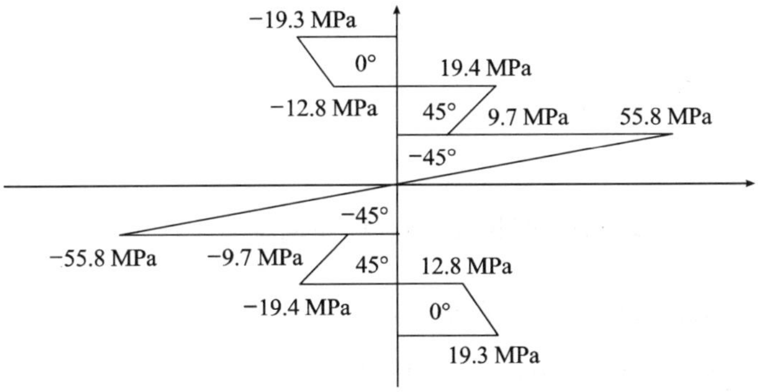

그림 6.9
복합 적층판 [0/±45]s의 $\sigma_y^{[k]}$ 분포

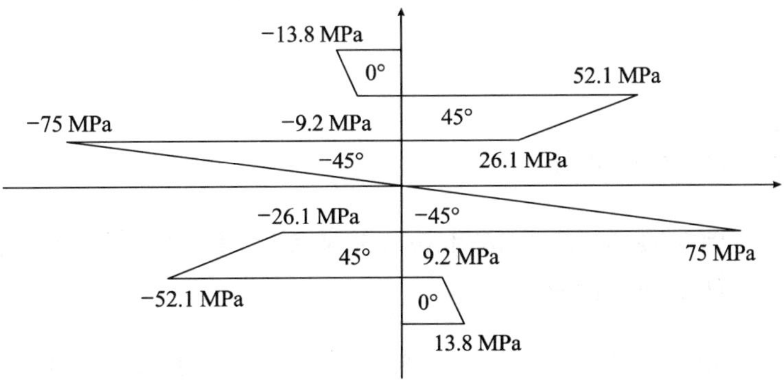

그림 6.10
복합 적층판 [0/±45]s의 $\tau_{xy}^{[k]}$ 분포

6.7 굽힘에서의 플라이 축으로 표시된 플라이 응력

제 5장의 결과와 식 (6.39)을 이용하여, 적층판 축으로 표시된 플라이의 응력을 플라이 축으로 변환하면

$$\begin{Bmatrix} \sigma_1 \\ \sigma_2 \\ \sigma_6 \end{Bmatrix}^{[k]} = z[J_1][\overline{Q}_{\alpha\beta}]^{[k]} \begin{Bmatrix} k_x \\ k_y \\ k_{xy} \end{Bmatrix}$$

이며, 이 행렬식을 전개하면

$$\begin{aligned} \sigma_1^{[k]} &= z(\cos^2\theta\ \overline{Q}_{1\beta}^{[k]}k_\beta + \sin^2\theta\ \overline{Q}_{2\beta}^{[k]}k_\beta + 2\sin\theta\cos\theta\ \overline{Q}_{6\beta}^{[k]}k_\beta) \\ \sigma_2^{[k]} &= z(\sin^2\theta\ \overline{Q}_{1\beta}^{[k]}k_\beta + \cos^2\theta\ \overline{Q}_{2\beta}^{[k]}k_\beta - 2\sin\theta\cos\theta\ \overline{Q}_{6\beta}^{[k]}k_\beta) \\ \sigma_6^{[k]} &= z\{-\sin\theta\cos\theta\ \overline{Q}_{1\beta}^{[k]}k_\beta + \sin\theta\cos\theta\ \overline{Q}_{2\beta}^{[k]}k_\beta \\ &\quad + (\cos^2\theta - \sin^2\theta)\ \overline{Q}_{6\beta}^{[k]}k_\beta\} \end{aligned} \tag{6.42}$$

같은 방법으로 적층판 축으로 표시된 플라이의 변형률을 플라이 축으로 변환하면

$$\begin{Bmatrix} \varepsilon_1 \\ \varepsilon_2 \\ \varepsilon_6 \end{Bmatrix}^{[k]} = z[J_2] \begin{Bmatrix} k_x \\ k_y \\ k_{xy} \end{Bmatrix}$$

이 되며, 이 행렬식을 전개하면 다음과 같다.

$$\begin{aligned} \varepsilon_1^{[k]} &= z(\cos^2\theta\ k_x + \sin^2\theta\ k_y + \sin\theta\cos\theta\ k_{xy}) \\ \varepsilon_2^{[k]} &= z(\sin^2\theta k_x + \cos^2\theta\ k_y - \sin\theta\cos\theta\ k_{xy}) \\ \varepsilon_6^{[k]} &= z\{-2\sin\theta\cos\theta\ k_x + 2\sin\theta\cos\theta\ k_y + (\cos^2\theta - \sin^2\theta)\ k_{xy}\} \end{aligned} \tag{6.43}$$

Example 6.3

예제 6.2 결과를 이용하여 $[0/\pm45]_S$ 적층판의 플라이 응력과 플라이 변형률을 플라이 축에 관하여 구하라.

풀이 예제 6.2에서 45°로 적층된 플라이($k=2$) 에 발생하는 적층판 축 응력은

$$\sigma_x^{[k]} = 479 \times 10^9 z \ \ N/m^3$$
$$\sigma_y^{[k]} = 71.7 \times 10^9 z \ \ N/m^3$$
$$\tau_{xy}^{[k]} = 193 \times 10^9 z \ \ N/m^3$$

이므로, 45° 플라이($k=2$) 의 응력 $\sigma_1^{[45°]}$ 를 구하면

$$\sigma_1^{[45°]} = z\{(0.5)(479) + (0.5)(71.7) + 2 \times 0.5(193)\}10^9 \ \ N/m^3$$
$$= 468 \times 10^9 z \ \ N/m^3$$

이 된다. 같은 방법으로 모든 응력을 구하면 다음과 같다.

$10^9 N/m^3$	0°	45°	-45°
$\sigma_1^{[k]}$	2,976z	468z	1,173z
$\sigma_2^{[k]}$	-47.5z	103z	60z
$\sigma_6^{[k]}$	-34z	-204z	204z

마찬가지 방법으로 변형률을 계산하면 다음과 같다.

$1/m$	0°	45°	-45°
$\varepsilon_1^{[k]}$	23.1z	3.24z	8.96z
$\varepsilon_2^{[k]}$	-10.9z	8.96z	3.24z
$\varepsilon_6^{[k]}$	-5.72z	-34z	34z

6.8 굽힘과 연신을 받는 복합 적층판

굽힘과 연신을 동시에 받는 복합 적층판의 변형률은

$$\varepsilon_\alpha = \varepsilon_\alpha^o + zk_\alpha \qquad \text{혹은} \qquad \begin{Bmatrix} \varepsilon_x \\ \varepsilon_y \\ \gamma_{xy} \end{Bmatrix} = \begin{Bmatrix} \varepsilon_x^o \\ \varepsilon_y^o \\ \gamma_{xy}^o \end{Bmatrix} + z \begin{Bmatrix} k_x \\ k_y \\ k_{xy} \end{Bmatrix} \tag{6.44}$$

이고

$$\sigma_\alpha{}^{[k]} = \overline{Q}_{\alpha\beta}^{[k]}\varepsilon_\beta = \overline{Q}_{\alpha\beta}^{[k]}(\varepsilon_\beta^{\mathrm{o}} + z^{[k]}k_\beta)$$

혹은

$$\begin{Bmatrix} \sigma_x \\ \sigma_y \\ \tau_{xy} \end{Bmatrix}^{[k]} = [\overline{Q}_{\alpha\beta}]^{[k]} \begin{Bmatrix} \varepsilon_x^{\mathrm{o}} \\ \varepsilon_y^{\mathrm{o}} \\ \gamma_{xy}^{\mathrm{o}} \end{Bmatrix} + [\overline{Q}_{\alpha\beta}]^{[k]} z^{[k]} \begin{Bmatrix} k_x \\ k_y \\ k_{xy} \end{Bmatrix} \tag{6.45}$$

이다. 따라서

$$\begin{aligned} N_\alpha &= \int_{-\frac{h}{2}}^{\frac{h}{2}} \sigma_\alpha{}^{[k]} dz \\ &= \varepsilon_\beta^{\mathrm{o}} \int_{-\frac{h}{2}}^{\frac{h}{2}} \overline{Q}_{\alpha\beta}^{[k]} dz + k_\beta \int_{-\frac{h}{2}}^{\frac{h}{2}} \overline{Q}_{\alpha\beta}^{[k]} z dz \end{aligned}$$

혹은

$$\begin{Bmatrix} N_x \\ N_y \\ N_{xy} \end{Bmatrix} = \int_{-\frac{h}{2}}^{\frac{h}{2}} \begin{Bmatrix} \sigma_x \\ \sigma_y \\ \tau_{xy} \end{Bmatrix}^{[k]} dz = \begin{Bmatrix} \varepsilon_x^{\mathrm{o}} \\ \varepsilon_y^{\mathrm{o}} \\ \gamma_{xy}^{\mathrm{o}} \end{Bmatrix} \int_{-\frac{h}{2}}^{\frac{h}{2}} [\overline{Q}_{\alpha\beta}]^{[k]} dz + \begin{Bmatrix} k_x \\ k_y \\ k_{xy} \end{Bmatrix} \int_{-\frac{h}{2}}^{\frac{h}{2}} [\overline{Q}_{\alpha\beta}]^{[k]} z dz \tag{6.46}$$

$$\begin{aligned} M_\alpha &= \int_{-\frac{h}{2}}^{\frac{h}{2}} \sigma_\alpha{}^{[k]} z dz \\ &= \varepsilon_\beta^{\mathrm{o}} \int_{-\frac{h}{2}}^{\frac{h}{2}} \overline{Q}_{\alpha\beta}^{[k]} z dz + k_\beta \int_{-\frac{h}{2}}^{\frac{h}{2}} \overline{Q}_{\alpha\beta}^{[k]} z^2 dz \end{aligned}$$

혹은

$$\begin{Bmatrix} M_x \\ M_y \\ M_{xy} \end{Bmatrix} = \int_{-\frac{h}{2}}^{\frac{h}{2}} \begin{Bmatrix} \sigma_x \\ \sigma_y \\ \tau_{xy} \end{Bmatrix}^{[k]} z dz = \begin{Bmatrix} \varepsilon_x^{\mathrm{o}} \\ \varepsilon_y^{\mathrm{o}} \\ \gamma_{xy}^{\mathrm{o}} \end{Bmatrix} \int_{-\frac{h}{2}}^{\frac{h}{2}} [\overline{Q}_{\alpha\beta}]^{[k]} z dz + \begin{Bmatrix} k_x \\ k_y \\ k_{xy} \end{Bmatrix} \int_{-\frac{h}{2}}^{\frac{h}{2}} [\overline{Q}_{\alpha\beta}]^{[k]} z^2 dz \tag{6.47}$$

여기서

$$B_{\alpha\beta} = \int_{-\frac{h}{2}}^{\frac{h}{2}} \overline{Q}_{\alpha\beta}^{[k]} z dz = \sum_{k=1}^{n} \overline{Q}_{\alpha\beta}^{[k]} \left(\frac{z_{ku}^2 - z_{kl}^2}{2} \right) \tag{6.48}$$

또는

$$[B] = \int_{-\frac{h}{2}}^{\frac{h}{2}} [\overline{Q}_{\alpha\beta}]^{[k]} z dz$$

로 정의하면, 식 (6.46)과 식 (6.47)은 다음과 같이 표시된다.

$$N_\alpha = A_{\alpha\beta}\varepsilon_\beta^{o} + B_{\alpha\beta}k_\beta$$

혹은

$$\begin{Bmatrix} N_x \\ N_y \\ N_{xy} \end{Bmatrix} = [A]\begin{Bmatrix} \varepsilon_x^{o} \\ \varepsilon_y^{o} \\ \gamma_{xy}^{o} \end{Bmatrix} + [B]\begin{Bmatrix} k_x \\ k_y \\ k_{xy} \end{Bmatrix} \tag{6.49}$$

$$M_\alpha = B_{\alpha\beta}\varepsilon_\beta^{o} + D_{\alpha\beta}k_\beta$$

혹은

$$\begin{Bmatrix} M_x \\ M_y \\ M_{xy} \end{Bmatrix} = [B]\begin{Bmatrix} \varepsilon_x^{o} \\ \varepsilon_y^{o} \\ \gamma_{xy}^{o} \end{Bmatrix} + [D]\begin{Bmatrix} k_x \\ k_y \\ k_{xy} \end{Bmatrix} \tag{6.50}$$

식 (6.49)와 (6.50)에서 알 수 있는 바와 같이 $B_{\alpha\beta}$는 굽힘과 연신(Bending-Stretching)의 커플링(Coupling)을 나타내는 커플링 강성이다. 식 (6.49)와 식 (6.50)을 전개하면

$$\begin{aligned}
N_x &= A_{11}\varepsilon_x^{o} + A_{12}\varepsilon_y^{o} + A_{16}\gamma_{xy}^{o} + B_{11}k_x + B_{12}k_y + B_{16}k_{xy} \\
N_y &= A_{21}\varepsilon_x^{o} + A_{22}\varepsilon_y^{o} + A_{26}\gamma_{xy}^{o} + B_{21}k_x + B_{22}k_y + B_{26}k_{xy} \\
N_{xy} &= A_{61}\varepsilon_x^{o} + A_{62}\varepsilon_y^{o} + A_{66}\gamma_{xy}^{o} + B_{61}k_x + B_{62}k_y + B_{66}k_{xy} \\
M_x &= B_{11}\varepsilon_x^{o} + B_{12}\varepsilon_y^{o} + B_{16}\gamma_{xy}^{o} + D_{11}k_x + D_{12}k_y + D_{16}k_{xy} \\
M_y &= B_{21}\varepsilon_x^{o} + B_{22}\varepsilon_y^{o} + B_{26}\gamma_{xy}^{o} + D_{21}k_x + D_{22}k_y + D_{26}k_{xy} \\
M_{xy} &= B_{61}\varepsilon_x^{o} + B_{62}\varepsilon_y^{o} + B_{66}\gamma_{xy}^{o} + D_{61}k_x + D_{62}k_y + D_{66}k_{xy}
\end{aligned} \tag{6.51}$$

복합 적층판이 중심면에 대하여 대칭인 경우는 $B_{\alpha\beta}$가 0이 되므로 식 (6.49)와 (6.50)은 서로 독립적인 식이 되어 각각 구할 수 있다.

Example 6.4

예제 6.3과 같은 재료인 ASI/3501-6 Graphite/Epoxy의 적층순서가 $[90/0]_{2T}$일 때, $\varepsilon_x{}^\circ = 1{,}000\mu S$ 을 발생시키기 위한 N_α 와 M_α 를 구하라.

풀이 0°와 90° 플라이의 $\overline{Q}_{\alpha\beta}^{[k]}$ 를 구하면 다음과 같다.

GPa	0°	90°
$\overline{Q}_{11}^{[k]}$	130.8	10.6
$\overline{Q}_{22}^{[k]}$	10.6	130.8
$\overline{Q}_{12}^{[k]}$	2.96	2.96
$\overline{Q}_{66}^{[k]}$	6.0	6.0
$\overline{Q}_{16}^{[k]}$	0.0	0.0
$\overline{Q}_{26}^{[k]}$	0.0	0.0

플라이#	θ	$z_{ku}[mm]$	$z_{kl}[mm]$	$z_{ku}-z_{kl}[mm]$	$\frac{z_{ku}{}^2-z_{kl}{}^2[mm^2]}{2}$	$\frac{z_{ku}{}^3-z_{kl}{}^3[mm^3]}{3}$
1	90°	0.270	0.135	0.135	0.0273	0.0057
2	0°	0.135	0.000	0.135	0.0091	0.0008
3	90°	0.000	−0.135	0.135	−0.0091	0.0008
4	0°	−0.135	−0.270	0.135	−0.0273	0.0057

위의 결과를 이용하여 $A_{\alpha\beta}$, $B_{\alpha\beta}$ 및 $D_{\alpha\beta}$ 를 구하면 다음과 같다.

$$
\begin{array}{lll}
A_{11} = 38.18\ MN/m & B_{11} = -2{,}188\ N & D_{11} = 0.919\ N \cdot M \\
A_{22} = 38.18\ MN/m & B_{22} = 2{,}188\ N & D_{22} = 0.919\ N \cdot M \\
A_{12} = 1.598\ MN/m & B_{12} = 0 & D_{12} = 0.038\ N \cdot M \\
A_{66} = 3.24\ MN/m & B_{66} = 0\ N & D_{66} = 0.078\ N \cdot M \\
A_{16} = A_{26} = 0 & B_{16} = B_{26} = 0 & D_{16} = D_{26} = 0
\end{array}
$$

모든 플라이가 0°와 90°로 이루어진 크로스 플라이(Cross Ply)인 경우에 A_{16}, A_{26}, B_{16}, B_{26}, D_{16} 및 D_{26}은 0이 된다.

$$
\begin{aligned}
N_x &= A_{11}\varepsilon_x^\circ + A_{12}\varepsilon_y^\circ + A_{16}\gamma_{xy}^\circ + B_{11}k_x + B_{12}k_y + B_{16}k_{xy} \\
&= A_{11}\varepsilon_x^\circ = 38{,}180\ N/m
\end{aligned}
$$

$$N_y = A_{12}\varepsilon_x^\circ = 1{,}598\ N/m$$
$$N_{xy} = 0$$

$$\begin{aligned} M_x &= B_{11}\varepsilon_x^\circ + B_{12}\varepsilon_y^\circ + B_{16}\gamma_{xy}^\circ + D_{11}k_x + D_{12}k_y + D_{16}k_{xy} \\ &= -218{,}800\ N \cdot m/m \end{aligned}$$

$$M_y = M_{xy} = 0$$

6.9 굽힘과 연신을 받는 복합 적층판의 일반해

복합 적층판이 굽힘과 연신을 동시에 받는 경우에는 다음과 같은 커플된 방정식(Coupled Equations)을 풀어야만 된다.

$$\{N\} = [A]\{\varepsilon^\circ\} + [B]\{k\} \tag{6.52}$$

$$\{M\} = [B]\{\varepsilon^\circ\} + [D]\{k\} \tag{6.53}$$

주어진 $\{\varepsilon^\circ\}$, $\{k\}$ 에 대하여, 요구되는 $\{N\}$ 과 $\{M\}$ 을 구하는 일은 식 (6.52)와 식 (6.53)에 $\{\varepsilon^\circ\}$ 와 $\{k\}$ 를 대입하여 구할 수가 있다. 그러나 주어진 $\{N\}$ 과 $\{M\}$ 에 대하여 발생하는 $\{\varepsilon^\circ\}$ 와 $\{k\}$ 를 구하는 일은 다음과 같은 과정을 필요로 한다. 식 (6.53)에서

$$\begin{aligned} \{k\} &= [D]^{-1}(\{M\} - [B]\{\varepsilon^\circ\}) \\ &= [D]^{-1}\{M\} - [D]^{-1}[B]\{\varepsilon^\circ\} \end{aligned} \tag{6.54}$$

식 (6.54)를 식 (6.52)에 대입하면

$$\{N\} = [A]\{\varepsilon^\circ\} + [B][D]^{-1}\{M\} - [B][D]^{-1}[B]\{\varepsilon^\circ\}$$

혹은

$$\{\varepsilon^\circ\} = ([A] - [B][D]^{-1}[B])^{-1}(\{N\} - [B][D]^{-1}\{M\}) \tag{6.55}$$

식 (6.55)를 식 (6.54)에 대입하면

$$\{k\} = [D]^{-1}\{M\} - [D]^{-1}[B]([A] - [B][D]^{-1}[B])^{-1}(\{N\} - [B][D]^{-1}\{M\}) \tag{6.56}$$

와 같이 된다. 즉, 주어진 $\{N\}$과 $\{M\}$에 대하여 식 (6.55)와 (6.56)을 풀면 $\{\varepsilon^o\}$와 $\{k\}$를 구할 수 있다.

참고문헌

[1] R. M. Jones, Mechanics of Composite Materials, McGraw-Hill Book Company, Chapter 4, 1975.

[2] J. M. Whitney, Structural Analysis of Laminated Anisotropic Plates, Technomic Publishing Co., Inc., Chapter 2, 1987.

[3] S. W. Tsai and H. T. Hahn, Introduction to Composite Material, Technomic Publishing Co., Inc., Chapter 5, 1987.

[4] S. W. Tsai, Composites Design, 4th Edition, THINK COMPOSITES, Section 8, 1986.

Exercises

1 대칭 적층판(Symmetric Laminate)의 경우에, 굽힘 강성(Bending Stiffness)은 절반 두께만 계산하여, 2를 곱하는 것으로 계산할 수 있음을 보여라. 즉,

$$\sum_{k=1}^{n}\overline{Q}_{\alpha\beta}^{[k]}\left(\frac{z_{ku}{}^{3}-z_{kl}{}^{3}}{3}\right)=2\sum_{k=1}^{n/2}\overline{Q}_{\alpha\beta}^{[k]}\left(\frac{z_{ku}{}^{3}-z_{kl}{}^{3}}{3}\right)$$

2 ASI/3501-6 Graphite/Epoxy로 이루어진, [±35/0]s 적층판에 대하여 다음에 답하라. 재료의 성질은 다음과 같다.

$$E_1 = 130\ GPa$$
$$E_2 = 10.8\ GPa$$
$$\nu_{12} = 0.28$$
$$G_{12} = 6.0\ GPa$$
$$t_{ply} = 0.135\ mm$$

(a) $D_{\alpha\beta}$를 구하라.

(b) $M_x = 0,\ M_y = 100N \cdot m/m,\ M_y = 0$일 경우에 곡률(Curvature)을 구하라.

(c) 만약에 t_{ply}가 두 배가 되면 (a)와 (b)의 결과는 어떻게 변하는가?

(d) 적층순서가 $[0/\pm35]_S$로 변하면 (a)의 결과는 어떻게 변하는가? 이것은 굽힘을 받는 구조를 설계할 때 어떤 점이 중요함을 의미하는가?

(e) 적층판 축에 대하여 플라이 응력을 구하라(Ply Stresses in Laminate Axes).

(f) (e)의 플라이 응력을 스케치하고, 이들의 합이 가해진 모멘트와 같게 됨을 보여라.

(g) 커플링 항(Coupling Terms)의 중요성을 체크하기 위하여 다음과 같은 가정을 하라. 즉 커플링이 존재하지 않는다고 가정하고 $(D_{16} = D_{26} = 0)$, 앞에서 구한 곡률 k_x, k_y, k_{xy}을 이용하여 이러한 형상을 유지하기 위한 모멘트를 구하라. 이 경우에 구한 모멘트와 실제로 가한 모멘트를 비교하여, 굽힘-비틀림(Bending-Torsion) 커플링이 존재할 경우의 복합재료 적층판의 굽힘에 관하여 어떤 점을 이야기할 수 있는가?

3 ASI/3501-6 Graphite/Epoxy 프리프레그가 비대칭 적층순서인 $[\pm35/0]_{2T}$로 적층되었다. 문제를 간단히 하기 위하여 적층판은 상온에서 평편하다고 가정하고, 열응력(Thermal Stress)은 무시하라. 이 평판에

$$N_x = 5{,}000\ N/m, \quad M_x = 0$$
$$N_y = 5{,}000\ N/m, \quad M_y = 0$$
$$N_{xy} = 5{,}000\ N/m, \quad M_{xy} = 0$$

가 가해졌을 때 다음에 대하여 답하라.

(a) A, B, D 행렬을 구하라.

(b) 판의 중심면의 변형률과 곡률을 구하라.

(c) 적층판 축(Laminate Axes)에 관하여 플라이 응력(Ply Stress)을 구하라.

(d) 이렇게 구한 응력을 합하면 가한 하중과 같아짐을 보여라.

CHAPTER 7

파손 이론

7.1 입문

구조물이나 기계요소를 설계하기 위해서는 가해진 힘, 모멘트 혹은 열변형에 의하여 발생하는 응력(Stress)이나 변형률(Strain)을 재료의 허용 응력이나 허용 변형률과 비교해야만 한다.

응력장(Stress Field)이 이축(Biaxial) 혹은 다축(Multiaxial) 응력상태에 있을 경우에는, 이러한 비교를 하기 위하여 적당한 파손 이론(Failure Theory)이 필요하게 된다.

연강(Mild Steel)이나 알루미늄 합금처럼 항복(Yielding) 현상을 보이는 등방성 물질의 항복설계 판정은 최대전단 응력이론(Maximum Shear Stress Theory, 혹은 Tresca Criterion)이나 변형 에너지 이론(Distorsional Energy Theory, 혹은 Von Mises Yield Criterion) 등이 자주 이용된다. 섬유강화 복합재료는 등방성 물질이 아닐 뿐만 아니라, 항복현상도 잘 나타내지 않으므로, 금속이나 다른 등방성 물질에 사용하기 위하여 개발된 파손 이론들이 잘 적용되지 않는다. 따라서 많은 파손 이론들이 섬유강화 복합재료에 사용될 수 있도록 제안되었으며, 이 장에서는 이들 이론들에 대하여 설명한다[1 ~ 4].

7.2 일방향 플라이의 파손 이론

직교이방성 일방향 플라이(Orthotropic Unidirectional Ply)가 평면응력(Plane Stress) 상태에 있을 때, 강성에 관련된 서로 독립인 네 개의 성질은 E_1, E_2, G_{12} 및 ν_{12} 이다. 그러나 강도 특성(Strength Property)은 섬유로 강화된 복합재료인 경우에 인장인 경우와 압축인 경우가 서로 다르므로, 다음과 같은 다섯 개의 독립된 특성이 존재한다.

X^t = 일방향 플라이의 섬유 길이 방향의 인장강도
(Uniaxial Longitudinal Tensile Strength)
X^c = 일방향 플라이의 섬유 길이 방향의 압축강도
(Uniaxial Longitudinal Compressive Strength)
Y^t = 일방향 플라이의 섬유 길이에 수직인 방향의 인장강도
(Uniaxial Transverse Tensile Strength)
Y^c = 일방향 플라이의 섬유 길이에 수직인 방향의 압축강도
(Uniaxial Transverse Compressive Strength)
S = 일방향 플라이의 전단강도
(Unidirectional Shear Strength)

여기서 전단강도 S는 그림 7.1에서 보는 바와 같이 양과 음의 경우에 차이가 없으므로, 양의 값을 취하여 한 개만을 사용한다.

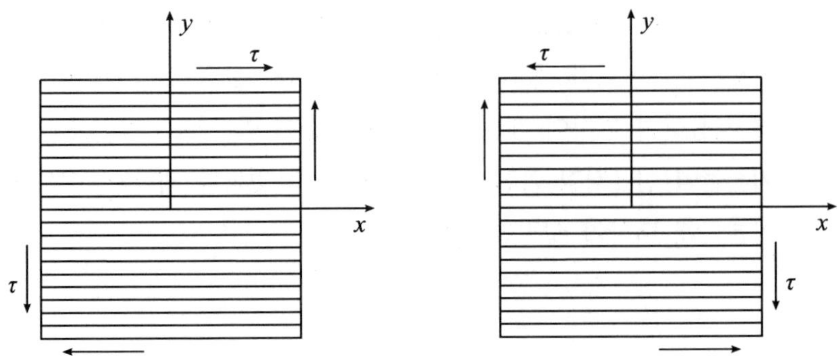

그림 7.1
일방향 플라이가 양과 음의 전단응력을 받을 경우에 두 경우는 같은 응력 상태이다.

7.2.1 최대 응력 이론

최대 응력 이론은 플라이(Ply)의 응력을 플라이 축(Ply Axis)에 나타냈을 때, 다음과 같은 범위 내에서만 적층판의 플라이가 안전하다는 이론이다.

$$
\begin{aligned}
& X^c < \sigma_1^{[k]} < X^t \\
& Y^c < \sigma_2^{[k]} < Y^t \\
& Z^c < \sigma_3^{[k]} < Z^t
\end{aligned}
\tag{7.1}
$$

일방향 플라이의 섬유의 방향이 그림 7.2와 같이 적층판 축(Laminate Axis) x에 대하여 θ 만큼 기울어져 있을 경우에 (즉, 플라이 각도가 θ 일 때), x 방향으로 σ_x 를 가한 경우에 플라이 응력(Ply Stress)은 다음과 같이 표시된다.

$$
\begin{aligned}
& \sigma_1^{[\theta]} = \sigma_x \cos^2\theta \\
& \sigma_2^{[\theta]} = \sigma_x \sin^2\theta \\
& \sigma_6^{[\theta]} = \tau_{12}^{[\theta]} = -\sigma_x \sin\theta\cos\theta
\end{aligned}
\tag{7.2}
$$

식 (7.2)를 (7.1)에 대입하면

$$
\begin{aligned}
& \frac{X^c}{\cos^2\theta} < \sigma_x < \frac{X^t}{\cos^2\theta} \\
& \frac{Y^c}{\sin^2\theta} < \sigma_x < \frac{Y^t}{\sin^2\theta} \\
& -\frac{S}{\sin\theta\cos\theta} < \sigma_x < \frac{S}{\sin\theta\cos\theta}
\end{aligned}
\tag{7.3}
$$

다음과 같은 각 방향으로의 강도를 가지는 Glass/Epoxy의 경우 식 (7.3)의 결과는 그림 7.3처럼 나타낼 수 있다.

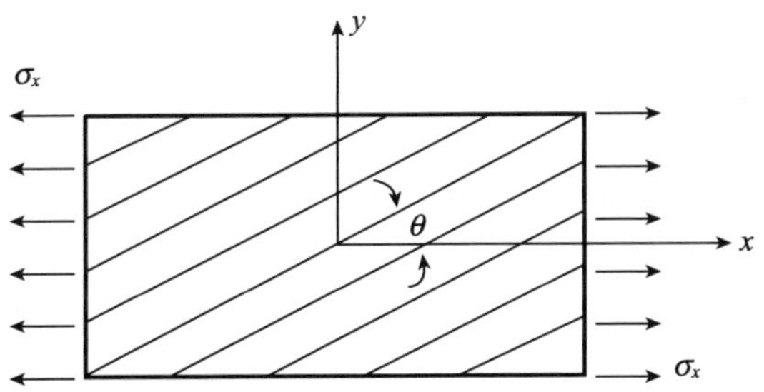

그림 7.2

x-방향으로 인장응력 σ_x 를 받고 있는 Off-axis 인장 시편

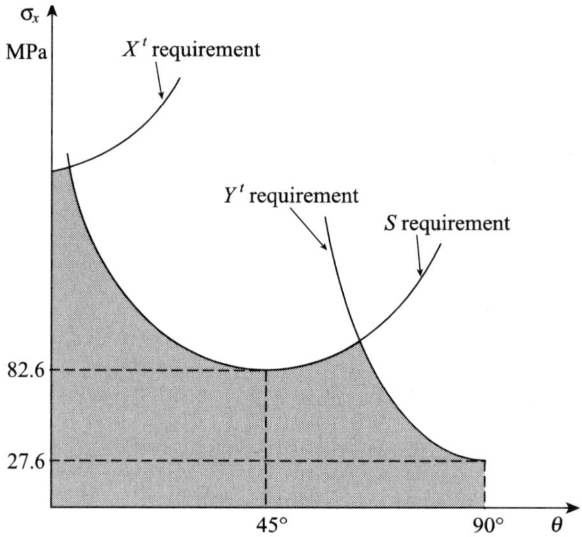

그림 7.3
인장을 받는 유리섬유 복합재료의 최대 응력 이론에 의한 파손 경계 (y축의 σ_x는 정확한 눈금이 아님).

$$X^t = 1030 \text{ MPa}$$
$$X^c = -1030 \text{ MPa}$$
$$Y^t = 27.6 \text{ MPa}$$
$$Y^c = -138 \text{ MPa}$$
$$S = 41.3 \text{ MPa}$$

Example 7.1

제 5장의 예제에서 AS1/3501-6 Graphite/Epoxy 적층판 $[0/\pm45]_S$ 이 $N_x = 10{,}000$ N/m, $N_y = N_{xy} = 0$ 인 하중상태에 있을 때의 플라이 응력 $\sigma_i^{[k]}$를 구하였다. 이 재료의 강도가 다음과 같을 때 최대 응력 이론에 의한 적층판의 안정성을 판정하라.

$$X^t = 1661 \text{ MPa}$$
$$X^c = -1698 \text{ MPa}$$
$$Y^t = 53.9 \text{ MPa}$$
$$Y^c = -221 \text{ MPa}$$
$$S = 105 \text{ MPa}$$

풀이 제 5장의 결과에서, 플라이 응력(Ply Stress)이 다음과 같으므로

MPa	0°	45°	-45°
$\sigma_1^{[k]}$	27.6	4.68	4.68
$\sigma_2^{[k]}$	-0.89	0.47	0.47
$\sigma_6^{[k]}$	0	-2.14	2.14

모든 플라이에 대하여

$$-1698 < \sigma_1^{[k]} < 1661$$
$$-221 < \sigma_2^{[k]} < 53.9$$
$$-105 < \sigma_6^{[k]} < 105$$

이므로, 이 적층판은 안전하다.

Example 7.2

예제 7.1의 적층판에서 N_x 을 증가시켰을 때, 적층판의 파괴가 발생하는 N_x 의 값을 구하여라.

풀이 예제 4.1의 결과에서

$$a_{11} = 21.40\times10^{-9}\ \text{m/N}$$
$$a_{22} = 48.15\times10^{-9}\ \text{m/N}$$
$$a_{12} = -14.37\times10^{-9}\ \text{m/N}$$
$$a_{66} = 50.23\times10^{-9}\ \text{m/N}$$
$$a_{16} = a_{26} = 0$$

이고, $N_x(=h\overline{\sigma}_x)$ 을 가하였을 경우에 (h=0.81mm)

$$\varepsilon_x^0 = a_{11}N_x = a_{11}(h\overline{\sigma}_x) = 0.81\ \text{mm}\times21.40\times10^{-9}\ \text{m/N}\times\overline{\sigma}_x = 17.33\times10^{-6}\times\overline{\sigma}_x\,/\,\text{MPa}$$
$$\varepsilon_y^0 = a_{12}N_x = a_{12}(h\overline{\sigma}_x) = 0.81\ \text{mm}\times(-14.37)\times10^{-9}\ \text{m/N}\times\overline{\sigma}_x = -11.64\times10^{-6}\times\overline{\sigma}_x\,/\,\text{MPa}$$
$$\gamma_{xy}^0 = a_{16}N_x = a_{16}(h\overline{\sigma}_x) = 0.81\ \text{mm}\times0\ \text{m/N}\times\overline{\sigma}_x = 0$$

이 된다. $[\overline{Q}_{ij}]$ 의 값이 다음과 같으므로,

GPa	0°	45°	-45°
$\overline{Q}_{11}$	130.8	42.83	42.83
$\overline{Q}_{22}$	10.6	42.83	42.83
$\overline{Q}_{12}$	2.96	30.83	30.83
$\overline{Q}_{66}$	6.0	33.87	33.87
$\overline{Q}_{16}$	0	30.07	-30.07
$\overline{Q}_{26}$	0	30.07	-30.07

0° 플라이의 적층판 축(Laminate Axis)에 대한 응력은

$$\sigma_x^{[0]} = [\overline{Q}_{ij}]^{[0]} \begin{Bmatrix} \varepsilon_x^0 \\ \varepsilon_y^0 \\ \gamma_{xy}^0 \end{Bmatrix} = \overline{Q}_{11}^{[0]}\varepsilon_x^0 + \overline{Q}_{12}^{[0]}\varepsilon_y^0 + \overline{Q}_{16}^{[0]}\gamma_{xy}^0$$

$$= [130.8 \times 17.33 + 2.96 \times (-11.64)] \times 10^3 \times \overline{\sigma}_x = 2.23 \times 10^6 \overline{\sigma}_x$$

다른 각도를 가지는 플라이의 적층판 축 응력을 계산하면,

MPa	0°	45°	–45°
$\sigma_x^{[k]}$	$2.23\overline{\sigma}_x$	$0.383\overline{\sigma}_x$	$0.383\overline{\sigma}_x$
$\sigma_y^{[k]}$	$-0.072\overline{\sigma}_x$	$0.036\overline{\sigma}_x$	$0.036\overline{\sigma}_x$
$\tau_{xy}^{[k]}$	0	$0.171\overline{\sigma}_x$	$-0.171\overline{\sigma}_x$

적층판 축에 대한 응력을 주축방향에 대한 플라이 응력으로 변환하면,

MPa	0°	45°	–45°
$\sigma_1^{[k]}$	$2.23\overline{\sigma}_x$	$0.381\overline{\sigma}_x$	$0.381\overline{\sigma}_x$
$\sigma_2^{[k]}$	$-0.072\overline{\sigma}_x$	$0.039\overline{\sigma}_x$	$0.039\overline{\sigma}_x$
$\sigma_6^{[k]}$	0	$0.174\overline{\sigma}_x$	$-0.174\overline{\sigma}_x$

최대 응력 이론을 이용한 파손 조건은 다음의 관계식에서 구하여진다.

X^t 조건: $\sigma_1^{[k]} = 1661$ MPa

X^c 조건: $\sigma_1^{[k]} = -1698$ MPa

Y^t 조건: $\sigma_2^{[k]} = 53.9$ MPa

Y^c 조건: $\sigma_2^{[k]} = -221$ MPa

S 조건: $\left|\tau_{12}^{[k]}\right| = 105$ MPa

위의 관계식에서, 파손을 일으키는 임계(Critical) 응력 $\overline{\sigma}_x$을 표로 나타내면 다음과 같다.

Failure condition	0°	45°	−45°
X^t	745	4360	4360
X^c	−761	−4457	−4457
Y^t	−749	1382	1382
Y^c	3069	−5667	−5667
S	∞	± 603	± 603

위의 표에서 가장 작은 $\overline{\sigma}_x$의 값은 603MPa이고, 이때 ±45°플라이는 전단응력에 의하여 파손된다.
이때 N_x의 값은

$$N_x = h\overline{\sigma}_x = 603 \text{ MPa} \times 0.81 \text{ mm} = 4.88 \times 10^5 \text{ N/m}$$

이다.

N_x의 값이 488,000 N/m에 도달하면 ±45°플라이는 전단에 의해서 파괴되지만, 0°플라이는 아직 파손이 발생하지 않은 상태이다. 이 경우를 첫 번째 플라이 파손(First Ply Failure)이라고 부른다. 첫 번째 플라이가 파손되었을 때, 나머지 플라이가 어떻게 될 것인지는, 파손이 일어난 플라이의 $\overline{Q}_{ij}^{[45^\circ]} = 0$으로 취한 후, 다른 플라이가 받는 응력을 위와 같은 순서에 의하여 다시 계산한 후, 파손 기준에 의하여 판정해야만 한다.

7.2.2 최대 변형률 이론

최대 변형률 이론은, 플라이(Ply)의 변형률(Strain)을 플라이 축(Ply Axis)에 나타냈을 경우, 다음과 같은 범위 내에서만 적층판의 플라이가 안전하다는 이론이다.

$$
\begin{aligned}
&\varepsilon_1^c < \varepsilon_1^{[k]} < \varepsilon_1^t \\
&\varepsilon_2^c < \varepsilon_2^{[k]} < \varepsilon_2^t \\
&-\Gamma_{12} < \gamma_{12}^{[k]} < \Gamma_{12}
\end{aligned}
\tag{7.4}
$$

여기서 ε_i^c와 ε_i^t는 일방향 플라이의 허용 압축 및 인장 변형률을 나타내고, Γ_{12}는 일방향 플라이의 허용 전단 변형률을 나타낸다.

그림 6.2와 같은 직교이방성 일방향 플라이의 플라이 각도가 θ일 때, 이 플라이가 σ_x의 인장응력을 받고 있으면, 이 플라이는 2차원 평면 응력 상태이고, 주축에 대한 플라이 변형률은 식 (2.93)으로부터 다음과 같이 표시된다.

$$
\begin{aligned}
&\varepsilon_1^{[k]} = \frac{1}{E_1}\sigma_1^{[k]} - \frac{\nu_{21}}{E_2}\sigma_2^{[k]} = \frac{1}{E_1}\left(\sigma_1^{[k]} - \nu_{12}\sigma_2^{[k]}\right) \\
&\varepsilon_2^{[k]} = -\frac{\nu_{12}}{E_1}\sigma_1^{[k]} + \frac{1}{E_2}\sigma_2^{[k]} = \frac{1}{E_2}\left(-\nu_{21}\sigma_1^{[k]} + \sigma_2^{[k]}\right) \\
&\varepsilon_6^{[k]} = \gamma_{12}^{[k]} = \frac{1}{G_{12}}\sigma_6^{[k]} = \frac{1}{G_{12}}\tau_{12}^{[k]}
\end{aligned}
\tag{7.5}
$$

식 (7.2)를 (7.5)에 대입하면

$$
\begin{aligned}
&\varepsilon_1^{[\theta]} = \frac{1}{E_1}\left(\cos^2\theta - \nu_{12}\sin^2\theta\right)\sigma_x \\
&\varepsilon_2^{[\theta]} = \frac{1}{E_2}\left(-\nu_{21}\cos^2\theta + \sin^2\theta\right)\sigma_x \\
&\varepsilon_6^{[\theta]} = -\frac{1}{G_{12}}\left(\sin\theta\cos\theta\right)\sigma_x
\end{aligned}
\tag{7.6}
$$

식 (7.6)을 식 (7.4)의 첫 번째 식에 대입하면

$$
\frac{E_1\varepsilon_1^c}{\cos^2\theta - \nu_{12}\sin^2\theta} < \sigma_x < \frac{E_1\varepsilon_1^t}{\cos^2\theta - \nu_{12}\sin^2\theta}
\tag{7.7}
$$

이 된다.

복합재료는 파손될 때까지 선형적인 거동을 한다고 가정할 수 있으므로,

$$
\begin{aligned}
&E_1\varepsilon_1^c = X^c \\
&E_1\varepsilon_1^t = X^t
\end{aligned}
\tag{7.8}
$$

식 (7.7)은 다음과 같이 표시될 수 있다.

$$\frac{X^c}{\cos^2\theta - \nu_{12}\sin^2\theta} < \sigma_x < \frac{X^t}{\cos^2\theta - \nu_{12}\sin^2\theta} \tag{7.9}$$

두 번째와 세 번째 식도 마찬가지 방법으로 정리하면,

$$\frac{Y^c}{\sin^2\theta - \nu_{21}\cos^2\theta} < \sigma_x < \frac{Y^t}{\sin^2\theta - \nu_{21}\cos^2\theta} \tag{7.10}$$

$$-\frac{S}{\sin\theta\cos\theta} < \sigma_x < \frac{S}{\sin\theta\cos\theta} \tag{7.11}$$

와 같이 표시된다. 식 (7.9) ~ (7.11)의 결과도 그림 7.3과 비슷한 모양이 된다.

식 (7.9) ~ (7.11)에서 알 수 있듯이, 최대 변형률 이론은 최대 응력 이론과는 달리 포아송비에 의한 응력 성분간의 상호작용을 허용하고 있다. 섬유 강화 복합재료는 일반적으로 취성이 강하기 때문에 포아송비 효과를 고려한 최대 변형률 이론이 최대 응력 이론보다 복합재료의 파손을 잘 예측할 수 있다. 최대 변형률 이론이 다른 파손 이론보다 취성이 강한 복합재료의 파손을 잘 예측한다고 알려져 있기 때문에[5], 많은 대형 항공기 제작사들은 복합재료 비행기 부품을 설계하기 위하여 최대 변형률 이론을 채택하고 있다.

7.2.3 Tsai-Hill 파손 이론

최대 응력 이론이나 최대 변형률 이론은 응력의 성분간에 서로 큰 영향을 미치지 않는다는 가정하에서 전개한 이론이다. 그러나 응력간에는 실제 서로 영향을 미치며, 이러한 응력간의 영향을 고려하려면, 파손 이론 식에 응력의 2차 항 이상을 포함해야 한다.

이방성(Anisotropic) 물질의 파손 이론을 위하여 Hill은 다음과 같은 식을 제안하였다.

$$F(\sigma_2-\sigma_3)^2 + G(\sigma_3-\sigma_1)^2 + H(\sigma_1-\sigma_2)^2 + 2L\sigma_4{}^2 + 2M\sigma_5{}^2 + 2N\sigma_6{}^2 = 1 \tag{7.12}$$

이 파손 이론은 이방성 물질 내의 응력분포가 식 (7.12)를 만족하면 파손이 발생한다는 이론이다. Hill의 이론은 Von Mises의 등방성 항복기준(Isotropic Yield Criterion)을 확장한 것이다. Von Mises의 항복기준에서는 물질의 부피를 변화시키기 위한 에너지와 변형을 시키기 위하여 필요한 에너지 중 변형을 시키기 위하여 필요한 에너지만을 사용한다. 그러나, 이방성 물질의 경우에, 부피를 변화하기 위한 에너지와 변형을 시키기 위하여 필요한 에너지는 분리시킬 수 없으므로, Tsai-Hill 파손 이론은 그 물리적인 의미가 Von Mises의 항복기준과 정확히 일치하지는 않는다.

식 (7.12)에서 23-방향, 31-방향 및 12-방향으로 순수 전단을 가한다고 가정하면,

$$2L = \frac{1}{Q^2} \qquad 2M = \frac{1}{R^2} \qquad 2N = \frac{1}{S^2} \tag{7.13}$$

여기서 Q, R, S는 각각 23-방향, 31-방향 및 12-방향으로의 최대 전단강도이다. 1-방향으로의 최대 인장강도 $\sigma_1 = X^t$ 만 적용하면 (다른 응력 성분은 0임),

$$G + H = \frac{1}{(X^t)^2} \tag{7.14}$$

2-방향으로의 최대 인장강도 $\sigma_2 = Y^t$ 만 적용하면 (다른 응력 성분은 0임),

$$F + H = \frac{1}{(Y^t)^2} \tag{7.15}$$

3-방향으로의 최대 인장강도 $\sigma_3 = Z^t$ 만 적용하면 (다른 응력 성분은 0임),

$$F + G = \frac{1}{(Z^t)^2} \tag{7.16}$$

식 (7.14)에서 (7.16)까지를 정리하면,

$$\begin{aligned} 2H &= \frac{1}{(X^t)^2} + \frac{1}{(Y^t)^2} - \frac{1}{(Z^t)^2} \\ 2G &= \frac{1}{(X^t)^2} + \frac{1}{(Z^t)^2} - \frac{1}{(Y^t)^2} \\ 2F &= \frac{1}{(Y^t)^2} + \frac{1}{(Z^t)^2} - \frac{1}{(X^t)^2} \end{aligned} \tag{7.17}$$

평면응력(Plane Stress, $\sigma_3 = \sigma_4 = \sigma_5 = 0$) 상태를 가정하고, 일방향 플라이가 그

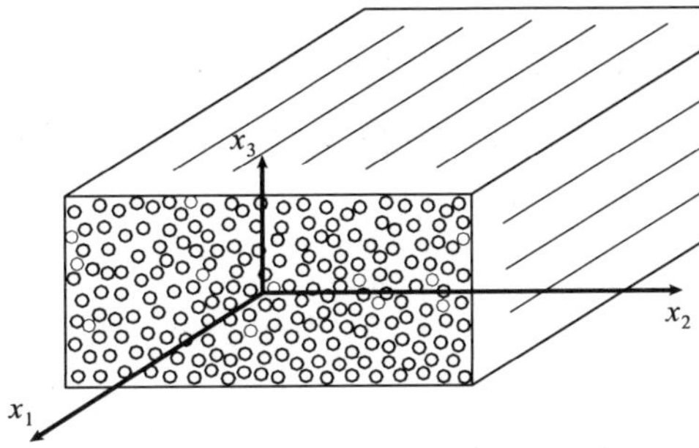

그림 7.4
횡방향 등방성 (Transversely Isotropic) 물질

림 7.4와 같이 횡방향 등방성(Transversely Isotropy) 2–3 평면을 가진다고 하면, $Y^t = Z^t$ 이므로 Tsai–Hill 파손 기준 식 (7.12)는 다음과 같이 간단하게 표시될 수 있다.

$$\frac{{\sigma_1}^2}{(X^t)^2} - \frac{\sigma_1\sigma_2}{(X^t)^2} + \frac{{\sigma_2}^2}{(Y^t)^2} + \frac{{\sigma_6}^2}{S^2} = 1 \tag{7.18}$$

평면 응력 상태의 일방향 플라이에서 Tsai–Hill 파손 기준은 식 (7.18)의 좌변이 1보다 작으면 파손이 발생하지 않는 것이고, 좌변이 1과 같거나 크면 파손이 발생한다고 판단한다. 인장강도와 압축강도가 서로 다른 경우에는 각 응력에 해당하는 강도 값을 사용하면 된다. 예를 들어 σ_1 이 인장응력이고 σ_2 가 압축응력이면, 식 (7.18)에 X^t 와 Y^c 를 사용하면 된다. Tsai–Hill 파손 기준은 복합재료의 파손을 예측하는 데 있어서 응용 범위가 넓다. 식 (7.18)의 문제점은 $\sigma_1\sigma_2$ 항의 분모가 X^t 만의 항으로 표현되어 있다는 것이다.

참고로, 그림 7.2의 off–axis 플라이인 경우, Tsai–Hill 파손 기준은 다음과 같은 형태를 가진다.

$$\frac{\cos^4\theta}{X^2} + \left(\frac{1}{S^2} - \frac{1}{X^2}\right)\sin^2\theta\cos^2\theta + \frac{\sin^4\theta}{Y^2} = \frac{1}{{\sigma_x}^2} \tag{7.19}$$

7.2.4 Tsai–Wu 파손 이론

Tsai와 Wu는 응력장(Stress Space) 내에서 파손면(Failure Surface)이 다음과 같은 형태로 존재한다고 가정하였다.

$$F_i\sigma_i + F_{ij}\sigma_i\sigma_j = 1, \quad (i,\ j = 1, \cdots, 6) \tag{7.20}$$

여기서 F_i 와 F_{ij} 는 2차(Second Rank)와 4차(Fourth Rank)의 강도 텐서(Strength Tensor)이고 $\sigma_4 = \tau_{23}$, $\sigma_5 = \tau_{31}$, $\sigma_6 = \tau_{12}$ 를 각각 나타낸다. 식 (7.20)을 평면응력(Plane Stress)인 경우에 대하여 나타내면

$$F_1\sigma_1 + F_2\sigma_2 + F_6\sigma_6 + F_{11}\sigma_1{}^2 + F_{22}\sigma_2{}^2 + F_{66}\sigma_6{}^2 + 2F_{12}\sigma_1\sigma_2 = 1 \tag{7.21}$$

이 된다. 여기서 응력(Stress)의 1차 항은 인장과 압축(혹은 양과 음의 전단) 강도가 서로 다른 경우를 나타내며, 2차 항은 응력공간(Stress Space) 내에서 타원체(Ellipsoid)를 나타내는 항들이다. 또한 F_{12} 항은 1 및 2 방향의 응력의 상호작용을 나타내는 항이다. 식 (7.21)의 좌변은 가끔씩 파손지수(Failure Index)라고 불리며, 좌변이 1과 같거나 큰 경우 파손이 발생한다고 판단한다.
인장응력 $\sigma_1 = X^t$ 만을 가한 경우에, 식 (7.21)은

$$F_1X^t + F_{11}(X^t)^2 = 1 \tag{7.22}$$

압축응력 $\sigma_1 = X^c$ 만을 가한 경우에, 식 (7.21)은

$$F_1X^c + F_{11}(X^c)^2 = 1 \tag{7.23}$$

이 되고, 식 (7.22)와 (7.23)을 풀면

$$F_1 = \frac{1}{X^t} + \frac{1}{X^c} \tag{7.24}$$

$$F_{11} = -\frac{1}{X^tX^c} \tag{7.25}$$

이 된다. 마찬가지 방법으로

$$F_2 = \frac{1}{Y^t} + \frac{1}{Y^c} \tag{7.26}$$

$$F_{22} = -\frac{1}{Y^tY^c} \tag{7.27}$$

가 된다. 일방향 플라이(Unidirectional Ply)의 경우에 플라이 축(Ply Axis)에 대한 전단응력의 양과 음은 같은 결과를 주므로

$$F_6 = 0 \tag{7.28}$$

$$F_{66} = \frac{1}{S^2} \tag{7.29}$$

이 된다. 그러나 F_{12}는 어떠한 일축실험(Uniaxial Test)에 의해서도 구해질 수 없으므로, 이축실험(Biaxial Test)을 해야지만 구해진다. 이것은 식 (7.21)에서 F_{12}는 $\sigma_1\sigma_2$의 계수를 나타낸다는 사실로부터 당연히 알 수 있다. 식 (7.21)에 $\sigma_1 = \sigma_2 = \sigma$인 이축인장(Biaxial Tension)을 가하고, 다른 응력들은 모두 0으로 놓으면,

$$(F_1 + F_2)\sigma + (F_{11} + F_{22} + 2F_{12})\sigma^2 = 1 \tag{7.30}$$

이 되므로, 식 (7.24) ~ (7.27)의 결과에서

$$F_{12} = \frac{1}{2\sigma^2} - \frac{1}{2\sigma}\left(\frac{1}{X^t} + \frac{1}{X^c} + \frac{1}{Y^t} + \frac{1}{Y^c}\right) + \frac{1}{2}\left(\frac{1}{X^t X^c} + \frac{1}{Y^t Y^c}\right) \tag{7.31}$$

가 된다. Tsai-Hill 파손 기준에서는 $\sigma_1\sigma_2$의 계수가 X^t만의 함수로 표현되었으나, Tsai-Wu의 파손 기준에서는 $\sigma_1\sigma_2$의 계수인 F_{12}는 X^t, X^c, Y^t, Y^c 및 이축파손응력 σ의 함수로 표현되므로 좀 더 일반적인 경우를 나타낸다. 신뢰성 있는 이축실험(Biaxial Test)을 수행하는 것이 항상 쉽지는 않기 때문에, F_{12}값의 대략적인 범위는 다음과 같이 추천된다.

$$-\frac{1}{2}(F_{11}F_{22})^{1/2} \le F_{12} \le 0 \tag{7.32}$$

실험적인 데이터가 없는 경우에는, 식 (7.32)의 아래 범위가 F_{12}를 구하기 위하여 일반적으로 사용되며, $X^t = -X^c$이고 $Y^t = -Y^c$이면 식 (7.21)은 다음과 같이 정리된다.

$$\frac{\sigma_1^{\ 2}}{(X^t)^2} - \frac{\sigma_1\sigma_2}{X^t Y^t} + \frac{\sigma_2^{\ 2}}{(Y^t)^2} + \frac{\sigma_6^{\ 2}}{S^2} = 1 \tag{7.33}$$

참고로 σ_x가 작용하고 있는 그림 7.2의 off-axis 플라이인 경우, $F_{12} = 0$을 가정했을 때 Tsai-Wu 파손 기준은 다음과 같은 형태를 가진다.

$$\begin{aligned}&\left(-\frac{1}{X^t X^c}\cos^4\theta - \frac{1}{Y^t Y^c}\sin^4\theta + \frac{1}{S^2}\cos^2\theta\sin^2\theta\right)\sigma_x^{\ 2} \\ &+\left[\left(\frac{1}{X^t} + \frac{1}{X^c}\right)\cos^2\theta + \left(\frac{1}{Y^t} + \frac{1}{Y^c}\right)\sin^2\theta\right]\sigma_x - 1 = 0\end{aligned} \tag{7.34}$$

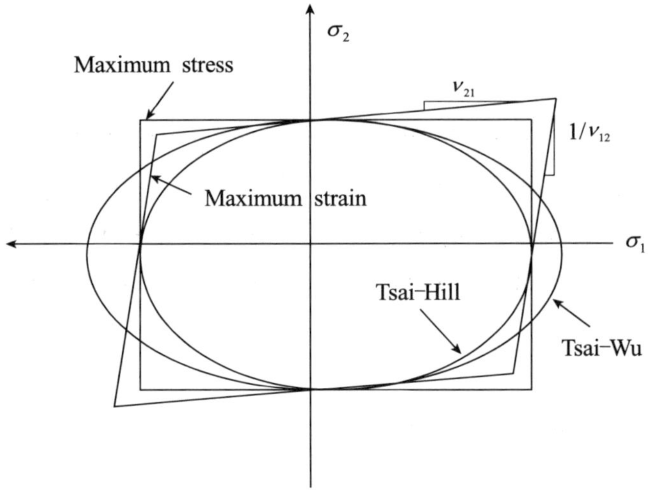

그림 7.5
각 파손 이론에 대한 파손면(Failure Envelope)

7.2.5 파손 이론의 적용

어떤 파손 이론을 사용할 것인가는 사용한 재료와 하중조건과 관계되어 있는 파손 모드에 따라 달라진다. 파손면의 1 사분면 ($\sigma_1 > 0$, $\sigma_2 > 0$)에서 파손이 주로 발생하는 취성 거동이 지배적인 경우에는 최대 응력 이론과 변형률 이론이 좀 더 효과적이고, 전단이나 압축 하중하의 연성 거동이 지배적인 경우에는 Tsai-Hill이나 Tsai-Wu 파손이론이 좀 더 효과적이다. 하중조건에 따라 취성과 연성 거동의 중간 정도의 거동을 나타내는 복합재료의 파손은 1 사분면에서는 최대 변형률 이론을 적용하고, 나머지 사분면에서는 Tsai-Hill이나 Tsai-Wu 파손 이론을 적용하는 혼합 파손 이론을 통하여 잘 설명될 수 있다.

재료의 거동이나 파손모드를 알 수 없고 보수적인 접근(Conservative Approach)이 요구되는 경우, 각 파손 이론을 모두 적용하고 각 사분면에서 가장 보수적인 파손 이론을 사용하면 된다. 그림 7.5에 전단응력이 무시된 평면 응력 상태의 경우 각 파손 이론에 대한 파손면을 나타내었다.

7.3 층간 응력에 의한 파손

지금까지의 고전 적층판 이론(Classical Lamination Theory)에서는 그림 7.6에 나타난 층간 응력성분 σ_z, τ_{zy} 및 τ_{zx}는 고려하지 않고, 평면 응력 상태만을 고려하여, σ_x, σ_y 및 τ_{xy} 와 같은 면 내의 응력만을 다루었다. 결과적으로, 고전 적층판 이론은 복합재료의 층간 파손에 실제 작용하는 응력의 예측을 불가능하게 하였다. 층간 응력(Interlaminar Stresses)은 복합재료의 파손에 매우 중요한 역할을 하며, 복합재료 적층판이 하중을 받을 때 주로 나타난다. 이 밖에도 고전 적층판 이론은 적층판의 가장자리에 존재하지 않은 응력 τ_{xy} 를 나타나게 하는 문제점이 있다[1, 6].

그림 7.6과 같이 밸런스된 대칭 적층판(Balanced Symmetric Laminate)이 축방향 하중 N_x 를 받고 있다고 가정하자. 밸런스된 대칭 적층판은 굽힘과 인장 사이의 커플링(Coupling)이 존재하지 않으므로, 축방향 하중을 가하면 굽힘 변형은 발생하지 않고, x축 방향으로는 늘어나며 y와 z축 방향으로는 줄어든다.

적층판 중심면에서의 변형률은 4장의 결과로부터,

$$\varepsilon_x^0 = \frac{A_{22}}{A_{11}A_{22} - A_{12}^2} N_x$$

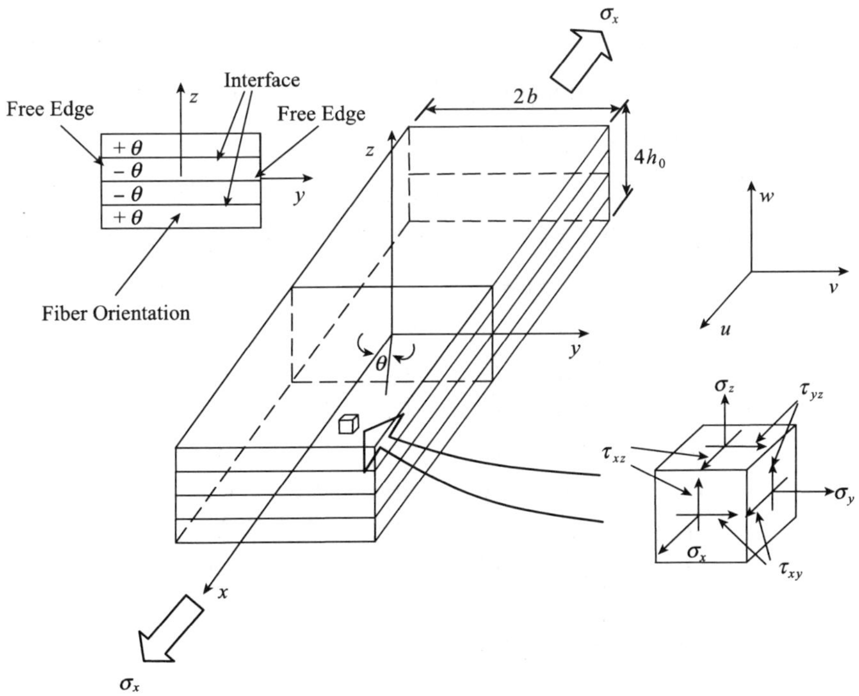

그림 7.6
축방향 하중이 작용하는 적층판 및 내부 응력상태

$$\varepsilon_y^0 = -\frac{A_{12}}{A_{11}A_{22} - A_{12}^2} N_x \quad (7.35)$$

$$\gamma_{xy}^0 = 0$$

와 같이 표시된다. 각 플라이에서 적층판 축에 대한 응력은 다음과 같다.

$$\begin{Bmatrix} \sigma_x \\ \sigma_y \\ \tau_{xy} \end{Bmatrix}^{[k]} = \begin{bmatrix} \overline{Q}_{11} & \overline{Q}_{12} & \overline{Q}_{16} \\ \overline{Q}_{12} & \overline{Q}_{22} & \overline{Q}_{26} \\ \overline{Q}_{16} & \overline{Q}_{26} & \overline{Q}_{66} \end{bmatrix}^{[k]} \begin{Bmatrix} \varepsilon_x^0 \\ \varepsilon_y^0 \\ 0 \end{Bmatrix} \quad (7.36)$$

적층판 중심면의 전단 변형률 γ_{xy}^0 은 존재하지 않으나, $\overline{Q}_{16}$ 와 $\overline{Q}_{26}$ 가 일반적으로 0이 아니기 때문에 전단응력 τ_{xy} 가 존재하게 된다. 하지만, 그림 7.6의 끝단($y = \pm b$)은 힘이 작용하지 않는 자유면이기 때문에, 끝단에서는 이와 같은 전단응력이 존재할 수 없다. 이와 같은 모순은 고전 적층판 이론이 층간 전단응력을 무시하기 때문에 발생하게 된다.

그림 7.7의 자유 물체도(Free Body Diagram)가 적층판의 각 플라이 사이의 전단응력을 설명하기 위하여 사용된다[6]. 자유면(Free Edge) 상에서 전단응력 τ_{xy} 이 0이 되어야 하기 때문에, 자유면이 아닌 다른 면에 작용하는 τ_{xy} 에 의하여 모멘트가 발생하게 된다. 이 모멘트를 상쇄시킬 수 있는 유일한 방법은 아랫면의 플라이가 전단응력 τ_{xz} 를 위 플라이에 z축 주위로 가하는 것이다. 따라서, 비록 적층판에 축방향 하중이 작용하고 있지만, 적층판의 끝단으로 갈수록 층간 전단응력 τ_{xz} 이 발생하게 되는 것이다.

평면 응력을 가정하는 대신에 3차원 응력 상태를 탄성학적으로 해석할 수도 있다[6]. 각 직교 이방성 플라이의 응력-변형률 관계식을 적층판 축에 대하여 나타내면 다음과 같이 된다.

$$\begin{Bmatrix} \sigma_x \\ \sigma_y \\ \sigma_z \\ \tau_{yz} \\ \tau_{zx} \\ \tau_{xy} \end{Bmatrix}^{[k]} = \begin{bmatrix} \overline{C}_{11} & \overline{C}_{12} & \overline{C}_{13} & 0 & 0 & \overline{C}_{16} \\ \overline{C}_{12} & \overline{C}_{22} & \overline{C}_{23} & 0 & 0 & \overline{C}_{26} \\ \overline{C}_{13} & \overline{C}_{23} & \overline{C}_{33} & 0 & 0 & \overline{C}_{36} \\ 0 & 0 & 0 & \overline{C}_{44} & \overline{C}_{45} & 0 \\ 0 & 0 & 0 & \overline{C}_{45} & \overline{C}_{55} & 0 \\ \overline{C}_{16} & \overline{C}_{26} & \overline{C}_{36} & 0 & 0 & \overline{C}_{66} \end{bmatrix}^{[k]} \begin{Bmatrix} \varepsilon_x \\ \varepsilon_y \\ \varepsilon_z \\ \gamma_{yz} \\ \gamma_{zx} \\ \gamma_{xy} \end{Bmatrix} \quad (7.37)$$

변형률-변위 관계식은 다음과 같다.

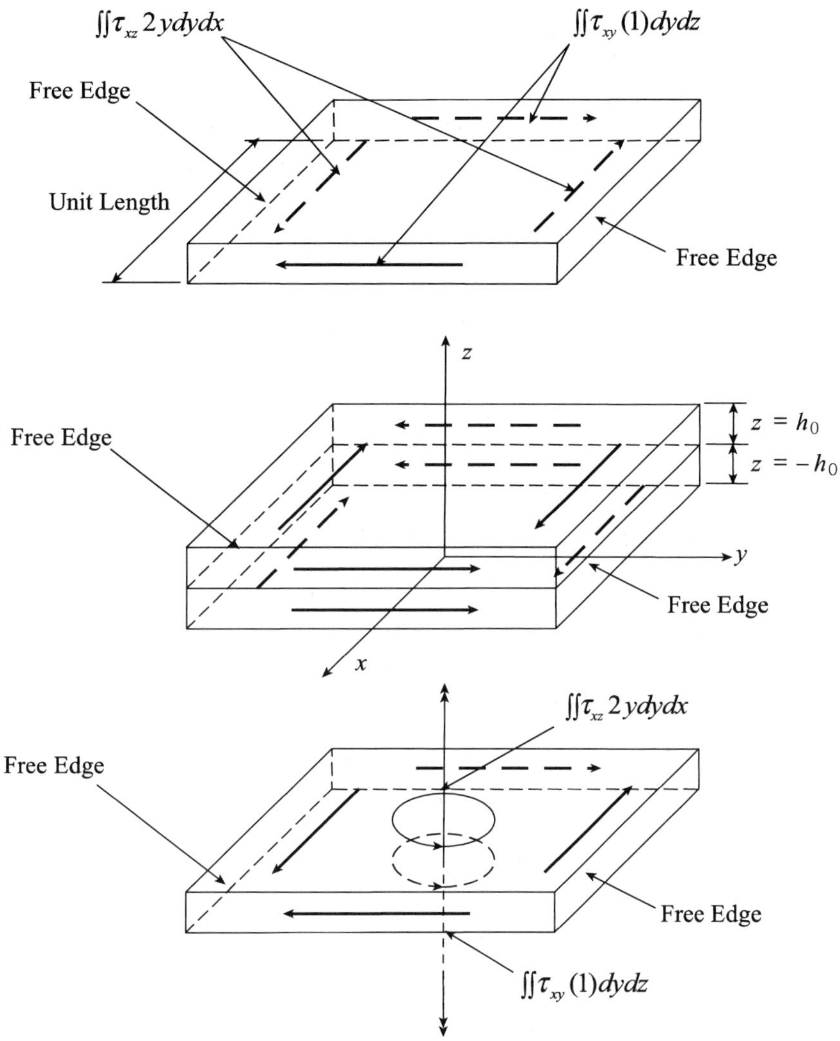

그림 7.7
층간전단 응력의 전달 방법

$$\varepsilon_x = \frac{\partial u}{\partial x}, \quad \varepsilon_y = \frac{\partial v}{\partial y}, \quad \varepsilon_z = \frac{\partial w}{\partial z}$$
$$\gamma_{yz} = \frac{\partial v}{\partial z} + \frac{\partial w}{\partial y}, \quad \gamma_{zx} = \frac{\partial w}{\partial x} + \frac{\partial u}{\partial z}, \quad \gamma_{xy} = \frac{\partial u}{\partial y} + \frac{\partial v}{\partial x} \tag{7.38}$$

적층판이 x 방향으로 인장을 받기 때문에 x 방향으로는 응력이 변화하지 않는다. 따라서 응력의 평형방정식을 다음과 같이 표시할 수 있다.

$$\frac{\partial \tau_{xy}}{\partial y} + \frac{\partial \tau_{zx}}{\partial z} = 0$$
$$\frac{\partial \sigma_y}{\partial y} + \frac{\partial \tau_{yz}}{\partial z} = 0 \tag{7.39}$$

$$\frac{\partial \tau_{yz}}{\partial y} + \frac{\partial \sigma_z}{\partial z} = 0$$

모든 응력성분이 x축에 대하여 독립적이기 때문에 응력-변위 관계식을 적분하면 각 플라이의 내부의 변위는 다음과 같은 함수 형태를 가진다[7].

$$\begin{aligned} u &= -(C_1 z + C_2)y + (C_3 y + C_4 z + C_5)x + U(y,z) \\ v &= (C_1 z + C_2)x - \frac{1}{2}C_3 x^2 + V(y,z) \\ w &= -C_1 xy + C_6 x - \frac{1}{2}C_4 x^2 + C_7 + W(y,z) \end{aligned} \tag{7.40}$$

인장하중을 받는 대칭 적층판이 고려 대상이기 때문에 xy 평면과 xz 평면에 대하여 변위의 대칭 조건을 적용할 수 있다.

(a) xy 평면에 대한 대칭 조건

$$\begin{aligned} u(x,y,z) &= u(x,y,-z) \\ v(x,y,z) &= v(x,y,-z) \\ w(x,y,z) &= -w(x,y,-z) \end{aligned} \tag{7.41}$$

(b) xz 평면에 대한 대칭 조건

$$\begin{aligned} u(x,y,z) &= -u(x,-y,z) \\ v(x,y,z) &= -v(x,-y,z) \\ w(x,y,z) &= w(x,-y,z) \end{aligned} \tag{7.42}$$

식 (7.41)과 (7.42)를 경계면에서 변위의 연속성 조건과 함께 사용하면, 각 플라이에서

$$C_1 = C_2 = C_3 = C_4 = C_6 = C_7 = 0 \tag{7.43}$$

C_5는 각 플라이에서 같은 값은 가진다. 따라서, 변위장(Displacement Field)의 일반적인 형태는 다음과 같이 주어진다.

$$\begin{aligned} u &= C_5 x + U(y,z) \\ v &= V(y,z) \\ w &= W(y,z) \end{aligned} \tag{7.44}$$

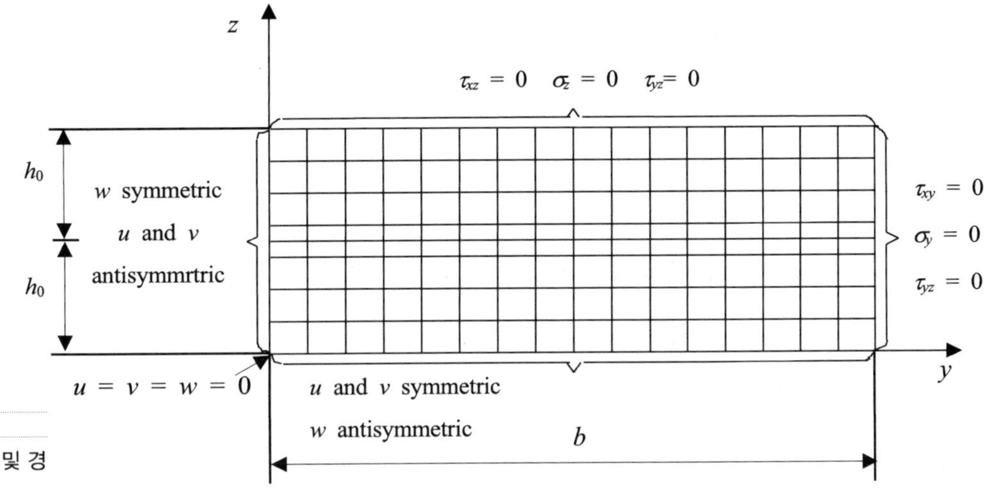

그림 7.8
유한차분 1/4 모델 및 경계조건

위와 같은 변위장에서 $\varepsilon_x = C_5$ (상수) 값을 가짐을 주목하라. 식 (7.44)를 식 (7.38)에 대입한 결과를 식 (7.37)에 대입하여 각 플라이의 응력-변위 관계식을 얻은 후, 식 (7.39)에 대입하면 다음의 지배 방정식을 얻는다.

$$\begin{aligned}
&\overline{C}_{66}\frac{\partial^2 U}{\partial y^2}+\overline{C}_{55}\frac{\partial^2 U}{\partial z^2}+\overline{C}_{26}\frac{\partial^2 V}{\partial y^2}+\overline{C}_{45}\frac{\partial^2 V}{\partial z^2}+(\overline{C}_{36}+\overline{C}_{45})\frac{\partial^2 W}{\partial y\partial z}=0\\
&\overline{C}_{26}\frac{\partial^2 U}{\partial y^2}+\overline{C}_{45}\frac{\partial^2 U}{\partial z^2}+\overline{C}_{22}\frac{\partial^2 V}{\partial y^2}+\overline{C}_{44}\frac{\partial^2 V}{\partial z^2}+(\overline{C}_{23}+\overline{C}_{44})\frac{\partial^2 W}{\partial y\partial z}=0\\
&(\overline{C}_{36}+\overline{C}_{45})\frac{\partial^2 U}{\partial y\partial z}+(\overline{C}_{23}+\overline{C}_{44})\frac{\partial^2 V}{\partial y\partial z}+\overline{C}_{44}\frac{\partial^2 W}{\partial y^2}+\overline{C}_{33}\frac{\partial^2 W}{\partial z^2}=0
\end{aligned} \tag{7.45}$$

식 (7.45)는 2차의 연립 편미분 방정식으로 폐형식의 해(Closed Form Solution)를 주지 않으므로, 유한 차분법(Finite Difference Method) 등으로 풀어야 한다. 적층판의 대칭성을 이용하면 그림 7.8과 같이 전체의 1/4만을 해석해도 된다.
윗면에서의 경계조건은

$$\tau_{yz}=\sigma_z=\tau_{xz}=0 \tag{7.46}$$

옆면에서 경계조건은

$$\tau_{xy}=\sigma_y=\tau_{yz}=0 \tag{7.47}$$

중심면 (z=0)에서, U 와 V 는 대칭이고 W 는 역대칭(Anti-symmetric)이므로,

$$\frac{\partial U(y,0)}{\partial z}=0$$
$$\frac{\partial V(y,0)}{\partial z}=0 \tag{7.48}$$
$$W(y,0)=0$$

중심면 (y=0)에서, U 와 V 는 역대칭이고 W 는 대칭이므로

$$U(0,z)=0$$
$$V(0,z)=0$$
$$\frac{\partial W(0,z)}{\partial y}=0 \tag{7.49}$$

가장자리 $(b,\ 2h_0)$ 에서는 다섯 개의 응력조건이 존재하나, 실제로는 세 개의 조건만이 필요하다. 따라서 나머지 두 개의 응력조건은 수치해석 결과가 맞았는지를 점검하는 데 사용될 수 있다. 수치해석 결과 어떤 세 개의 응력조건을 만족시켜도, 나머지 두 개의 응력조건이 만족함을 알 수 있었다.

예를 들어, 폭이 두께의 4배인 $(b=8h_0)$ $[\pm45]_S$ Carbon/Epoxy 적층판 경우에 대한 결과를 그림 7.9에 나타내었다. 고려된 Carbon/Epoxy의 물성은 다음과 같다.

$$E_1 = 138\ \text{GPa},\ G_{12} = G_{23} = G_{31} = 5.86\ \text{GPa}$$
$$E_2 = E_3 = 14.5\ \text{GPa},\ \nu_{12} = \nu_{23} = \nu_{31} = 0.21$$

이 경우에 $(z=h_0)$ 인 층간에서의 σ_x, τ_{xy} 및 τ_{xz} 의 분포는 그림 7.9와 같다. 고전 적층판 이론에 의하여 계산한 값이 그림 7.9의 내부에 나타나 있다. 그림에서 알 수 있는 바와 같이 적층판의 중심으로 가면 고전 적층판 이론이 잘 성립하고, 가장자리인 경계면(Boundary Layer)으로 가면 잘 성립하지 않는다. 즉, 경계면으로 가면 σ_x 는 감소하고, τ_{xy} 는 0이 되며, τ_{xz} 는 0으로부터 무한히 큰 값으로 증가한다.

다른 여러 기하학적 형상에 대하여도 같은 계산을 수행한 결과에 의하면 고전 적층판 이론은 재료의 두께($=4h_0$) 만한 가장자리 폭에서는 성립하지 않음이 밝혀졌다.

층간 전단응력 τ_{xz}의 중심으로부터 두께 방향의 응력분포는 그림 7.10과 같다. 그림 7.10의 응력분포에서 점선으로 나타난 부분은 수치해석의 결과를 외삽(Extrapolation)한 결과이다. 맨 윗면($z=2h_0$)과 가운데 면($z=0$)에서 τ_{xz}는 0이 되고, 최대 τ_{xz}의 값은 y의 모든 값에서 플라이의 경계면($z=h_0$)에서 발생한다.

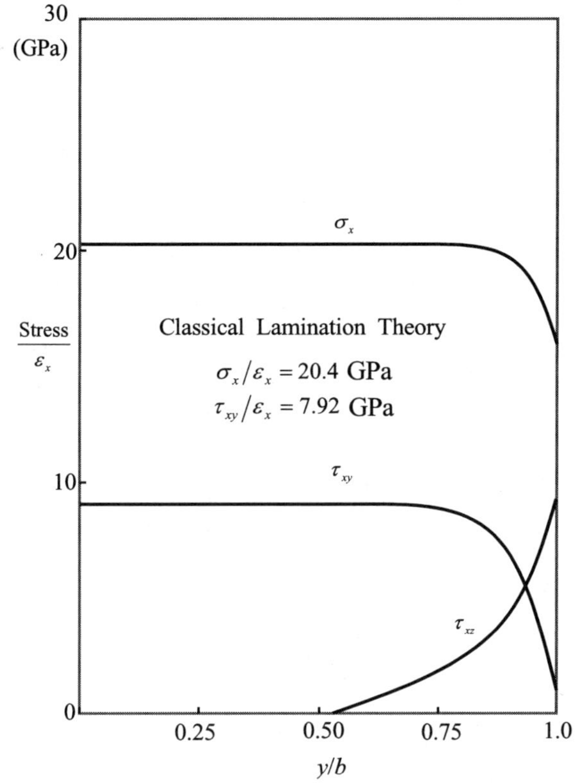

그림 7.9
적층판 계면에서의 응력 분포

층간 응력이 존재하면 복합재료 적층판은 면의 가장자리, 구멍 근처 혹은 튜브의 끝에서 층간분리(Delamination)가 발생할 수 있다. 이 층간 응력은 적층 순서에 의하여 좌우된다. 즉, [±45/±15]s와 [±15/±45]s의 적층 순서는 서로 다른 층간 응력을

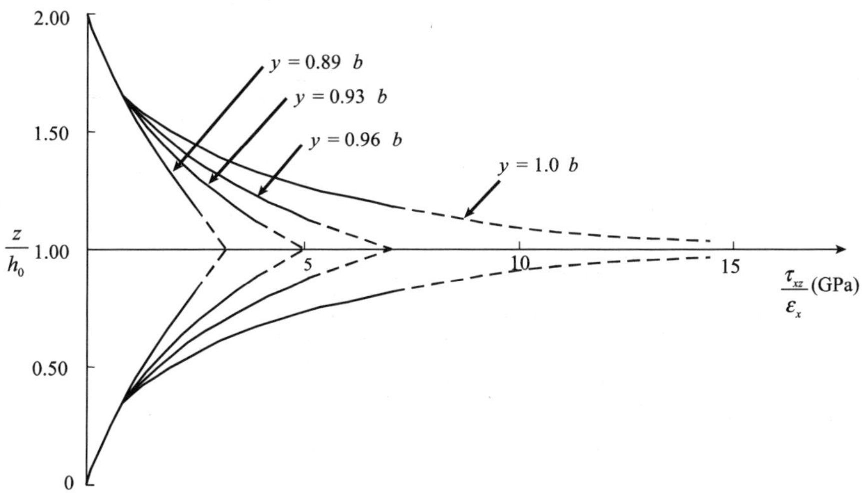

그림 7.10
적층판 두께방향으로의 층간 전단응력 τ_{xz} 분포

발생시킨다. Pagano와 Pipes[6]는, 위의 두 적층판의 피로 강도(Fatigue Strength)가 170 MPa이나 차이가 나는 것은 층간 수직응력 σ_z 가 존재하기 때문임을 다음과 같이 설명하였다.

그림 7.11과 같이 적층 순서가 $[\pm15/\pm45]_S$인 8개의 플라이로 이루어진 적층판에 x축 방향으로 하중을 가한 후, 응력 분포를 고전 적층판 이론으로 구하면, +15°및 −15°플라이에는 양의 σ_y 가, +45°및 −45°플라이에는 음의 σ_y 가 발생한다. 그런데, 그림 7.11의 맨 윗면의 자유물체도는 층간 전단응력에 의하여 발생하는 모멘트 평형을 만족해야 한다. 즉, τ_{xy} 는 가장자리에서 0이고, 내부에서는 유한한 값을 가지므로, τ_{xy} 에 의하여 발생하는 모멘트는 층간 전단응력 τ_{xz} 에 의하여 발생하는 모멘트에 의하여 상쇄되어야만 한다. 또한 σ_y 에 의하여 발생하는 모멘트는 σ_z 에 의하여 발생하는 모멘트에 의하여 상쇄되어야만 한다. 이와 같은 관점으로 보면, 중심에서는 σ_z 값이 고전 적층판 이론으로 구하여지는 응력 0으로 수렴하고, 자유면이 있는 끝단쪽으로 갈수록 무한히 큰 값을 가지며, 또한 z 방향으로의 외력이 없기 때문에 σ_z 를 y축 방향으로 적분한 값은 0이 되어야 한다. 그림 7.11에서 σ_y 가 양이면, σ_z 는 가장자리에서 양이어야만 한다.

만약 45°플라이가 적층판의 바깥에 존재하면, σ_y 가 음의 값을 가지게 되고, 이에 따라 적층판의 가장자리에서 σ_z 의 값은 음이 되어 층간분리가 발생하지 않는다. $[15/-15/45/-45]_S$와 $[15/45/-45/-15]_S$에 대하여 층간 수직응력 σ_z 분포를 계산하면 그림 7.12와 같이 된다. 앞에 설명한 이유로 인하여 후자의 적층 순서를 가지는 적층판이 전자보다 더 높은 피로강도를 가진다. 같은 이유로 인하여 $[\pm45/\pm15]_S$의 적층판은 음의 σ_z 를 가지게 되고 양의 σ_z 를 가지는 $[\pm15/\pm45]_S$보다 더 높은 피로강도를 가지게 된다.

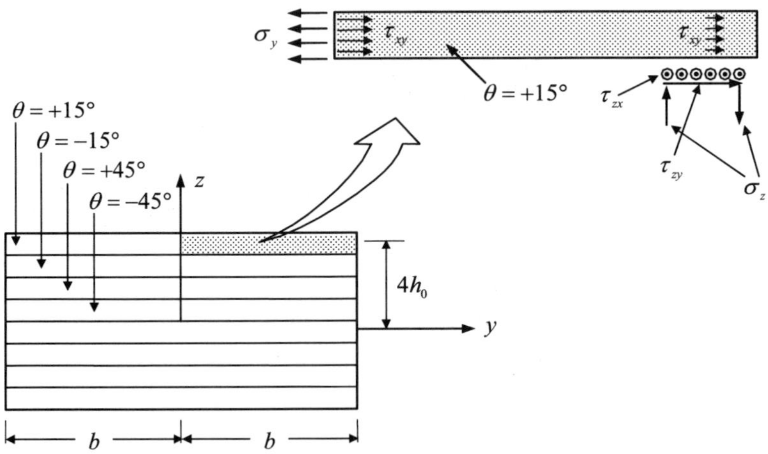

그림 7.11
$[\pm15/\pm45]_S$ 적층판의 맨 위 플라이에서의 층간응력 분포

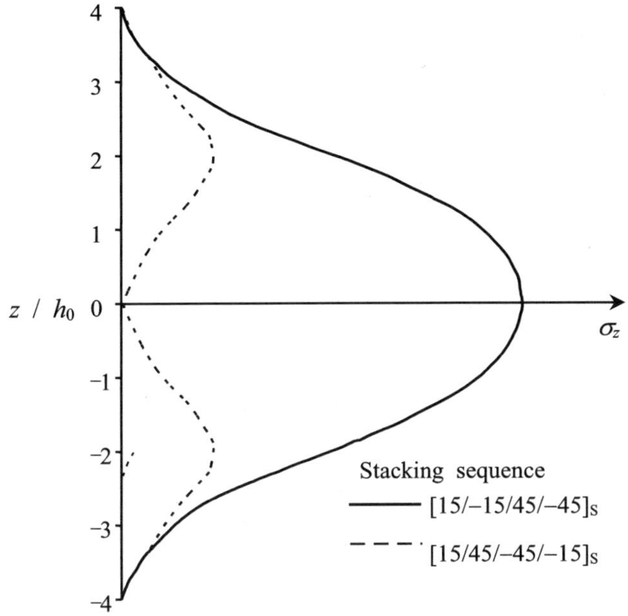

그림 7.12
경계층 내의 층간 수직 응력 σ_z 의 분포

7.4 복합재료 적층판의 설계기준

복합재료 적층판의 일반적인 설계기준들을 열거하면 다음과 같다[8].

① Symmetrical Balanced 적층판으로 구성할 것.
- Symmetric ([θ]s) : B_{ij} =0 (인장과 굽힘하중의 Coupling 방지)
- Balanced (θ/−θ) : A_{16}=A_{26}=0 (인장과 전단하중의 Coupling 방지)

② 적층판의 총 적층수가 16장 이상일 때 Ply 간 적층각을 60° 이상 변화시키지 말 것.
- 층간응력(Interlaminar Stress)이 증가됨.
- Uni-tape 소재가 Fabric 소재보다 Edge effect에 의한 층간응력에 더 민감함.

③ 90° 층을 연속해서 적층하지 말 것.

④ 같은 각도로 5장 이상 연속 적층하지 말 것: 층간응력이 증가됨.

⑤ 맨 바깥쪽 Ply는 연속적이어야 하고 주 하중 방향에 대하여 45° 또는 −45°의 적층각을 가질 것.

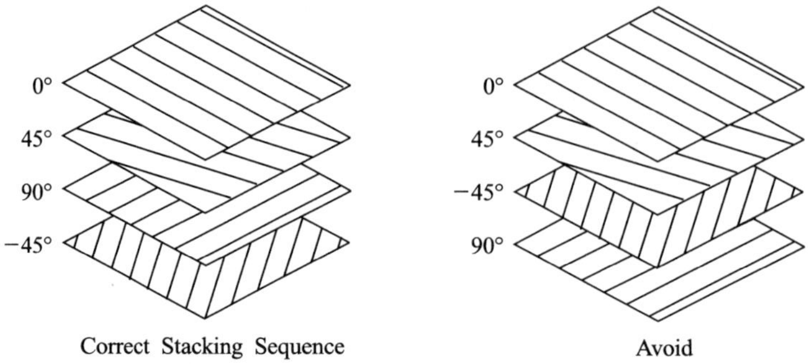

그림 7.13
적층순서의 선정기준

⑥ 적층판의 표면층에 [45/90/−45]의 적층 그룹을 최소 한 번 이상 사용할 것.

- 손상 허용 특성 및 기계가공 특성 개선

⑦ 두세 가지 이상의 재료로 된 Hybrid laminate는 열변형에 주의할 것.

⑧ 네 가지 기본 적층각(0, 45, −45, 90)중 한 적층각을 최소한 10% 이상씩은 배치할 것.

⑨ 층간분리(Delamination)이 발생하기 쉬운 응력집중부를 피할 것.

⑩ 적층 순서가 좌굴 안정성에 미치는 영향 :

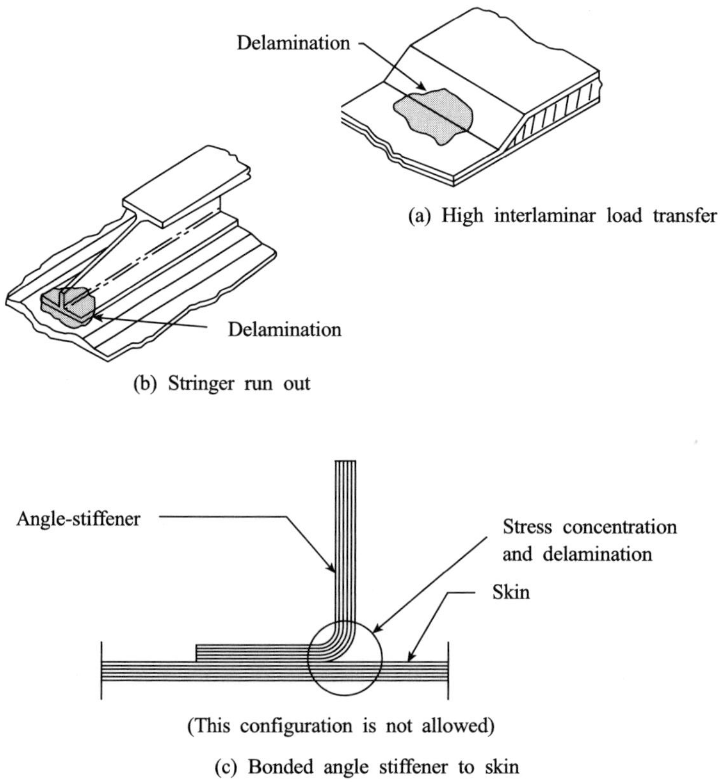

그림 7.14
Delamination이 발생하기 쉬운 영역

- 압축좌굴(Column buckling)이 발생하는 구역은 0° 층을 맨 바깥쪽으로 배치할 것.
- 전단좌굴(Shear buckling)이 발생하는 구역은 ±45° 층을 맨 바깥쪽으로 배치할 것(압축방향과 평행한 방향으로 섬유를 배치해야 함. 그림 7.15 참조).

⑪ Add or Drop-off Ply(ADP)에 대한 설계기준:

- Step간 최소간격 : 0.15 – 0.2 inch
- 최대 경사각 : 10° 이하
- Ply 두께가 0.127mm 이내인 소재는 6~8장 이상의 두께변화를 피할 것. (Ply 두께가 두꺼운 소재의 경우에는 2~3장 이상의 두께변화를 피할 것.)
- 맨 바깥층 Ply는 Peeling을 피할 수 있도록 연속된 Ply를 사용할 것.

⑫ 이음 요구조건(Splice Requirement) :

- Unidirectional Tape의 맞대기 이음 간격은 0.762mm(0.03inch) 이내일 것.
- 섬유가 단절된 채 잇지 말 것.
- Fabric 소재의 Overlap 길이는 1.0 –1.5 inch 이상일 것.
- Internal overlap 이음 형태가 될 것(Delamination 방지).

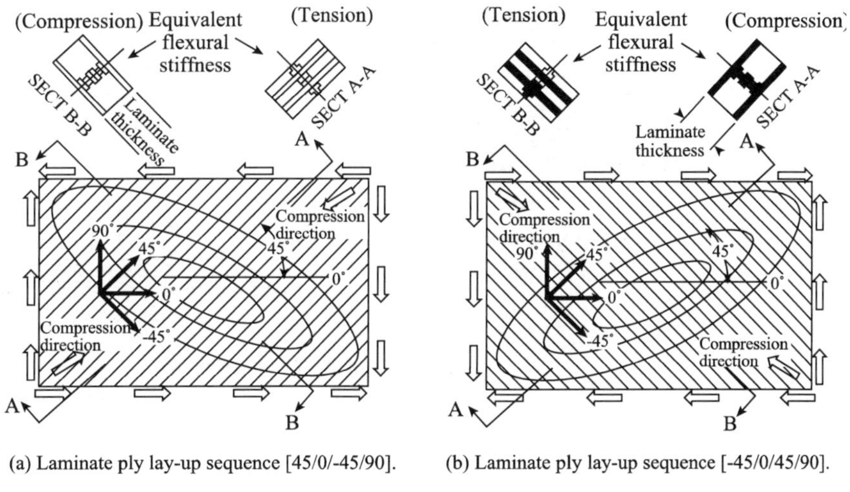

그림 7.15
전단좌굴이 발생하는 구역의 맨 바깥층 적층 구조

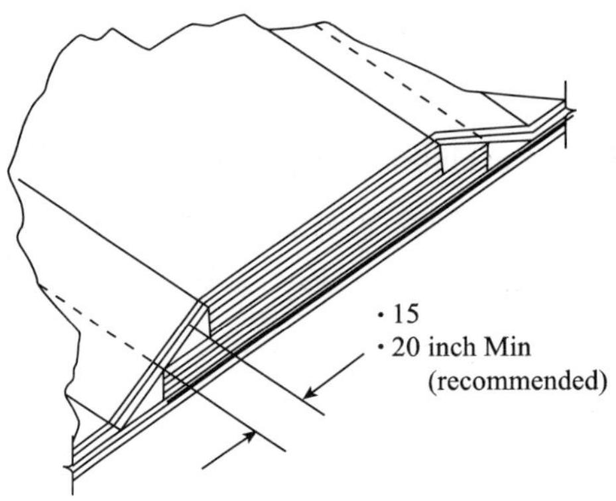

(a) Local pad up

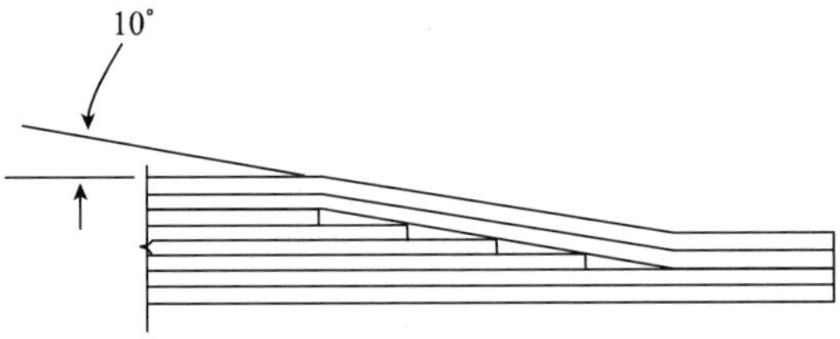

(b) Ply drop-off slope

그림 7.16
ADP(Add or Drop-off Ply) 적층 기준

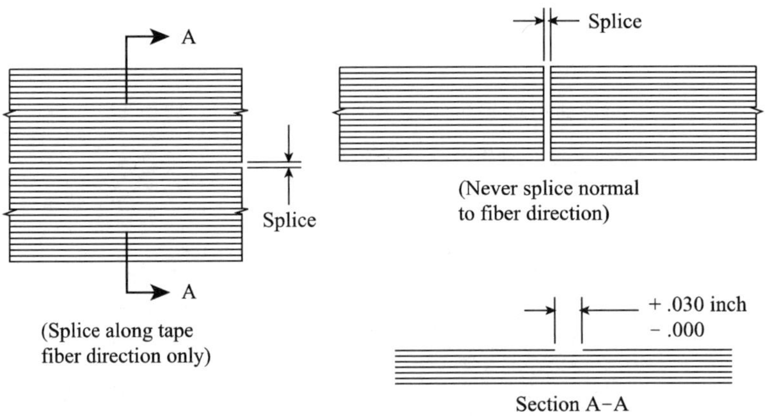

(a) Butt splice of unidirectional tape

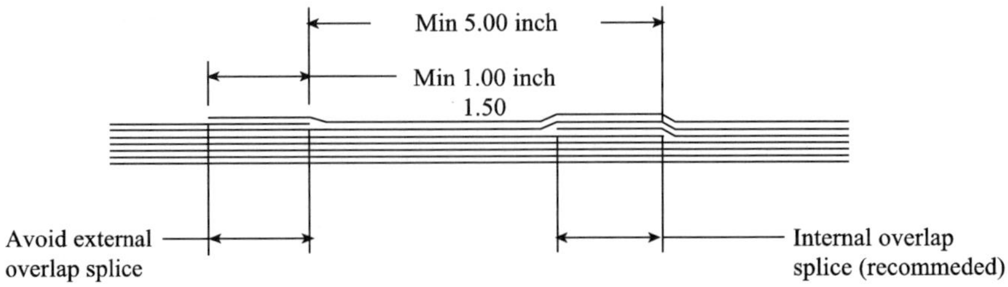

(b) Overlap splice of fabric

그림 7.17
이음매의 적층 기준

⑬ Sharp contour 구간은 Fabric 소재를 사용할 것.

⑭ I-빔과 같이 기공(Junction Void)이 발생할 수 있는 구간은 Roving 또는 Rolled Uni-Tape을 사용하여 채울 것.

⑮ 일반적인 I-beam의 적층각 배열:

- Flange부는 축하중에 견딜 수 있도록 0°로 구성
  (Flange부의 윗부분은 ±45°로 배열)
- Web부는 전단하중을 견디도록 ±45°로 구성

⑯ 기계적 조인트를 가진 복합재는 베어링 강도를 향상시키기 위하여 ±45°의 적층각을 40% 이상 사용할 것.

- 원공주위의 응력집중계수(Uni-directional Tape):
  - 0°만으로 된 복합재: 약 7.0
  - ±45°만으로 된 복합재: 약 2.0

⑰ 접착조인트에서 접착면 근처의 적층각은 하중방향과 평행하거나 ±45°가 될 것 (하중방향에 대해 적층각이 수직이면 접착강도는 최소가 됨).

⑱ 90° Ply에 인접한 0° Ply를 없애지(Drop-off) 말 것.

⑲ 접착 보강재가 있으면 포아송비(Poisson's ratio)가 줄어들도록 설계할 것.

- 0° Ply수를 줄이고 90° Ply 사용을 증가시킬 것.

⑳ Honeycomb core의 Cell size는 경화중에 가해지는 압력으로 인해 Dimpling이 생기지 않도록 충분히 작은 것을 사용할 것.

㉑ Aluminum core는 탄소섬유와 부식이 발생될 수 있으며, Lightning strikes가 발생하는 곳에서는 사용하지 말 것.

㉒ Honeycomb panel의 접착지지 끝부분은 Debonding을 피하기 위해 굽힘강성을 낮게 할 것.

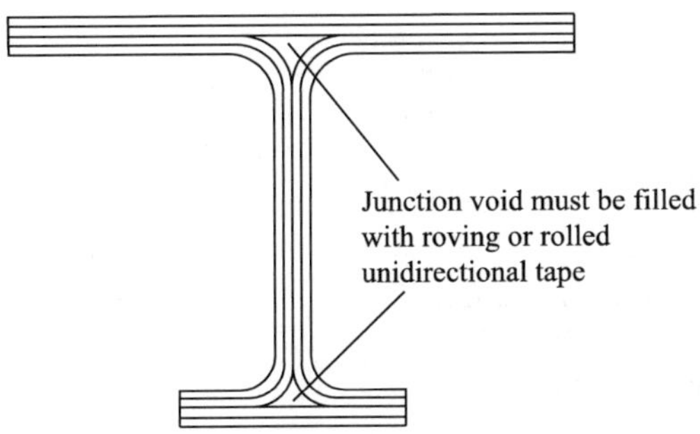

그림 7.18
Junction Void의 한 예

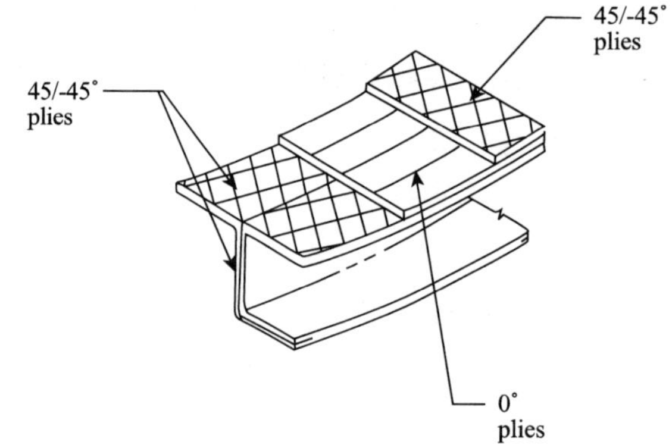

그림 7.19
I-beam의 적층 구조

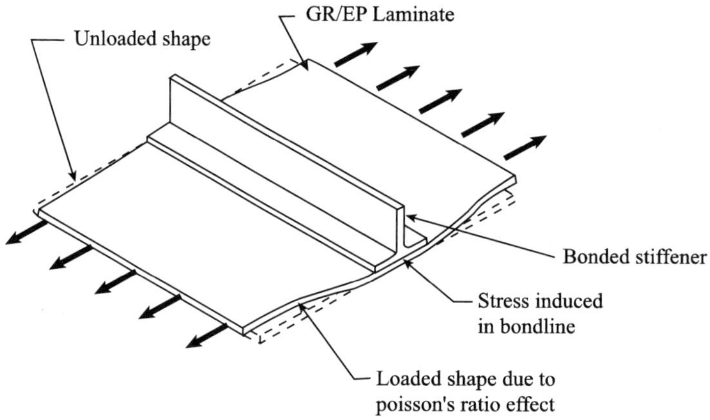

(a) Stress induced in bondline

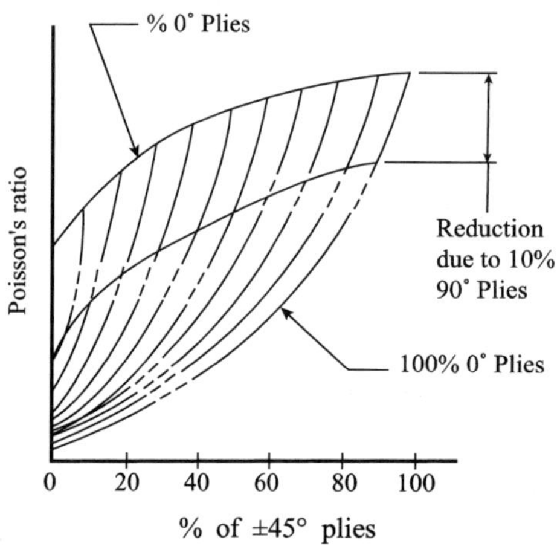

(b) Poisson's ratio versus % of ±45° plies

그림 7.20
적층각의 비율에 따른 포아송비의 변화 및 보강재 주위의 변형

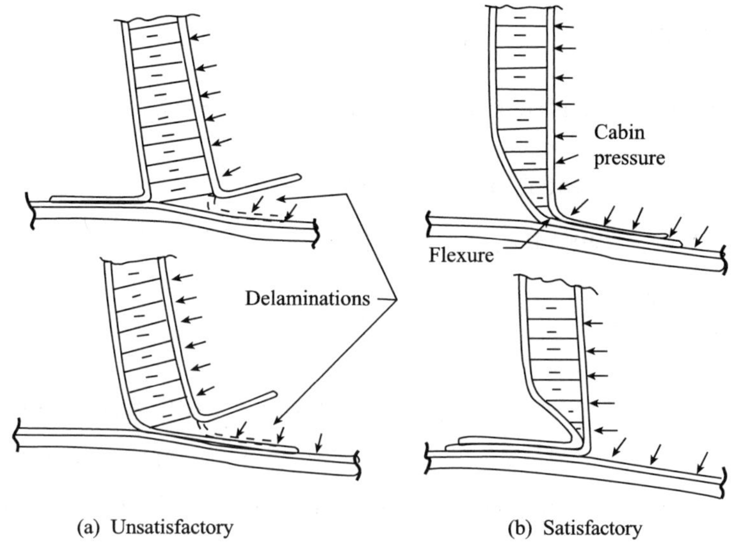

그림 7.21
Honeycomb 격벽구조

참고문헌

[1] R. M. Jones, *Mechanics of Composite Materials*, McGraw-Hill Book Company, Chapter 2 & 4. 1975.

[2] S.W. Tsai and H.T. Hahn, *Introduction to Composite Materials*, Technomic Publishing Co., Inc., Chapter 7, 1980.

[3] P. K. Mallick, *Fiber Reinforced Composites*, Marcel Dekker, Inc., Chapter 6, 1988.

[4] J. R. Vinson and R.L. Sierakowski, *The Behavior of Structures Composed of Composite Materials*, Martinus Nijhoff Publishers, Chapter 7, 1987.

[5] Swanson, R. S., *Introduction to Design and Analysis with Advanced Composite Materials*, Prentice-Hall, New Jersey, 1997.

[6] N. J. Pagano (Eds.), *Interlaminar Response of Composite Materials*, Elsevier, 1989.

[7] Timoshenko, S. P., and Goodier, J. N., *Theory of Elasticity*, 3rd edition, McGraw-Hill, New York, 1970.

[8] Michael C. Y. Niu, Composite Airframe structures, Hong Kong Conmilit Press Ltd., Hong Kong, 1992.

Exercises

AS1/3501-6 Carbon/Epoxy의 강도특성은 다음과 같다.

$X^t = 1{,}661$ MPa, $Y^t = 53.9$ MPa

$X^c = -1{,}698$ MPa, $Y^c = -221$ MPa

$S = 105$ MPa

1 AS1/3501-6 Carbon/Epoxy로 이루어진 한 개의 플라이(Ply)가 인장을 받고 있다. 플라이 각도를 0°에서 90°까지 변화시킬 때의 파손응력(Failure Stress)을 최대 응력이론(Maximum Stress Theory)을 사용하여 계산하고, 그래프로 나타내라.

2 위의 복합재료의 적층 순서(Stacking Sequence)가 [±35/0]s일 때에 아래와 같은 하중을 받고 있다.

$$N_1 = N_1$$
$$N_2 = \frac{1}{3}N_1$$

각 플라이의 응력을 계산하고(Ply-by-Ply Analysis), 최대 응력이론을 사용하여 어떤 N_1의 값에서 파손이 발생하는지 계산하라. 또한 $N_2 = 3N_1$일 경우에, 어떤 N_1의 값에서 파손이 발생하는지 계산하라.

3 그림 7.9의 [±45]s 적층판의 응력분포를 고전 적층판 이론으로 구하여

$$\frac{\sigma_x}{\varepsilon_x} = 20.4\ \text{GPa}, \qquad \frac{|\tau_{xy}|}{\varepsilon_x} = 7.92\ \text{GPa}$$

임을 증명하라. σ_y 의 값은 얼마인가?

8

CHAPTER

흡습열 응력 및 변형률

8.1 입문

섬유로 강화된 복합재료는 강화섬유와 기지(Matrix) 사이의 열팽창계수의 값이 매우 다르기 때문에, 온도에 의하여 열응력(Thermal Stress)이 발생하게 된다. 표 8.1은 여러 가지 재료의 열팽창계수(CTE: Coefficient of Thermal Expansion) 값을 보

표 8.1 | 여러 가지 적층판(Laminate) 및 재료의 열팽창계수(CTE)

재 료	열팽창계수 $10^{-6} m/m \cdot °C$ $(10^{-6} in/in \cdot °F)$		
	일 방 향		준 등방성 (Quasi-isotropic)
	종 (Longitudinal)	횡 (Transverse)	
S-glass/epoxy	6.3(3.5)	19.8(11)	10.8(6)
Kevlar 49/epoxy	-3.6(-2)	54(30)	-0.9 ~ 0.9(-0.5 ~ 0.5)
High modulus carbon/epoxy	-0.9(-0.5)	27(15)	0 ~ 0.9(0 ~ 0.5)
Ultra-high modulus carbon/epoxy	-1.44(-0.8)	30.6(17)	-0.9 ~ 0.9(-0.5 ~ 0.5)
Boron/epoxy	4.5(2.5)	14.4(8)	3.6 ~ 5.4(2 ~ 3)
Aluminum	21.6 ~ 25.2(12 ~ 14)		
Steel	10.8 ~ 18(6 ~ 10)		
Epoxy	54 ~ 90(30 ~ 50)		

* 모든 복합재료의 섬유부피분율은 60% 이다.

여 준다[1-2].

열응력의 발생은 크게 세 가지 관점에서 볼 수가 있다.

첫 번째 미시역학(Micromechanics)적 기준에서 볼 때 복합재료 내의 강화섬유와 기지 사이에 완전한 결합이 이루어진 경우로 두 재료의 열팽창계수가 다르면, 온도변화에 의하여 복합재료 내부에서 열응력이 발생하게 된다. 두 번째 거시역학(Macromechanics)적 기준에서 볼 때, 적층판은 여러 개의 서로 다른 성질과 각도를 갖는 플라이(Ply)로 이루어져 있으므로, 온도변화에 의하여 플라이 사이에서 열응력이 발생하게 된다. 세 번째 복합재료를 제조하는 온도와 사용하는 온도가 서로 다른 경우에 열응력이 발생하게 된다. 이 제조 열응력(Fabrication Stress)은 온도가 아주 낮은 극지나 우주 공간에서 복합재료가 사용될 때, 혹은 제조온도가 높은 열 가소성(Thermoplastic) 기지를 사용하는 복합재료인 경우에 늘 고려해 주어야만 한다. 예를 들면, ASI/3501-6 복합재료는 176.7°C (350°F)에서 경화(Cure)를 시켜야 하므로 21.1°C (70°F)에서 사용할 경우에 온도차 ΔT = −155.6°C (−280°F)를 나타내게 되며, 상온에서 이에 상응하는 열변형 및 응력이 발생하게 된다.

이 외에도 복합재료의 기지가 고분자물질인 경우에는 수분을 흡수하여 팽창하므로 응력이 발생하게 된다. 수분흡수에 의한 응력 및 변형률은 열팽창에 의한 응력 및 변형률을 계산하는 것과 거의 같은 방법으로 계산할 수 있으므로, 먼저 열팽창에 의한 응력 및 변형률을 계산하는 방법을 설명한다.

8.2 열응력 및 변형률

열 변형률(Thermal Strain)이 온도 변화에 의하여 1차원적으로 변화한다고 가정하면, 온도변화 ΔT와 열 변형률 ε^T 와의 관계식은 다음과 같이 표현될 수 있다.

$$\varepsilon^T = \alpha \Delta T \tag{8.1}$$

여기서 α 는 열팽창계수(Coefficient of Thermal Expansion)로 정의된 상수이고, 열팽창계수는 응력에 의해서는 거의 변화하지 않으나, 온도에 의해서는 상당히 변화하는 값이며, 차원은 [1/degree]가 된다.

2차원 평면응력 상태에서 일방향 플라이(Unidirectional Ply)에 대하여 주축으로 표시된 열 변형률 $\{\varepsilon^T\}$은 다음과 같이 표시된다.

$$\left\{\varepsilon^T\right\} = \begin{Bmatrix} \varepsilon_1^T \\ \varepsilon_2^T \\ \varepsilon_6^T \end{Bmatrix} = \begin{Bmatrix} \alpha_1 \Delta T \\ \alpha_2 \Delta T \\ 0 \end{Bmatrix} \tag{8.2}$$

여기서 α_1과 α_2는 각각 일방향 플라이의 종방향과 횡방향에 대한 열팽창계수이다. 섬유로 강화된 직교이방성 복합재료인 경우, 일반적으로 섬유방향의 열팽창계수 α_1의 절대값은 섬유에 수직한 방향의 열팽창계수 α_2의 절대값보다 작으며, $\alpha_6 = 0$이 된다. $\alpha_6 = 0$는 직교이방성인 일방향 플라이의 경우 온도변화에 의하여 전단변형이 발생하지 않는다는 것, 즉 전단 커플링(Shear Coupling)이 발생하지 않는다는 것을 의미한다.

재료의 전체 변형률 $\{\varepsilon\}$은 기계적 응력에 의한 변형률 $\left\{\varepsilon^M\right\}$과 열에 의한(온도변화에 의한) 변형률 $\left\{\varepsilon^T\right\}$를 합해야 하므로,

$$\{\varepsilon\} = \left\{\varepsilon^M\right\} + \left\{\varepsilon^T\right\} \tag{8.3}$$

처럼 표시된다. 따라서 열에 의한 변형률을 고려한 직교이방성 일방향 플라이의 전체 변형률은 다음과 같이 된다.

$$\begin{Bmatrix} \varepsilon_1 \\ \varepsilon_2 \\ \varepsilon_6 \end{Bmatrix} = \left[S_{ij}\right] \begin{Bmatrix} \sigma_1 \\ \sigma_2 \\ \sigma_6 \end{Bmatrix} + \begin{Bmatrix} \alpha_1 \Delta T \\ \alpha_2 \Delta T \\ 0 \end{Bmatrix} \tag{8.4}$$

위 식 (8.4)로부터 주축으로 표시된 직교이방성 일방향 플라이의 응력과 변형률의 관계는

$$\begin{Bmatrix} \sigma_1 \\ \sigma_2 \\ \sigma_6 \end{Bmatrix} = \left[Q_{ij}\right] \begin{Bmatrix} \varepsilon_1 \\ \varepsilon_2 \\ \varepsilon_6 \end{Bmatrix} - \left[Q_{ij}\right] \begin{Bmatrix} \alpha_1 \Delta T \\ \alpha_2 \Delta T \\ 0 \end{Bmatrix} \tag{8.5}$$

가 된다. 그림 8.1과 같이 식 (8.5)를 적층판 축으로(Laminate Axis) 변환된 응력으로 나타내면

$$[J_1]' \begin{Bmatrix} \sigma_x \\ \sigma_y \\ \tau_{xy} \end{Bmatrix} = [Q_{ij}][J_2]' \begin{Bmatrix} \varepsilon_x \\ \varepsilon_y \\ \gamma_{xy} \end{Bmatrix} - [Q_{ij}][J_2]' \begin{Bmatrix} \alpha_x \Delta T \\ \alpha_y \Delta T \\ \alpha_{xy} \Delta T \end{Bmatrix} \tag{8.6}$$

가 되고, 위 식의 양변에 $[J_1]^{-1}$ 를 곱하고 강성행렬의 변환공식을 사용하여 정리하면,

$$\begin{Bmatrix} \sigma_x \\ \sigma_y \\ \tau_{xy} \end{Bmatrix} = [\overline{Q}_{ij}] \left(\begin{Bmatrix} \varepsilon_x \\ \varepsilon_y \\ \gamma_{xy} \end{Bmatrix} - \begin{Bmatrix} \alpha_x \Delta T \\ \alpha_y \Delta T \\ \alpha_{xy} \Delta T \end{Bmatrix} \right) \tag{8.7}$$

가 된다. 여기서 α_{xy} 는 γ_{xy} 와 같이 텐서 성분이 아니라 공학적으로 표시된 열팽창계수의 전단성분이며, 적층판 축에 대한 열팽창계수를 주축에서의 열팽창계수를 사용하여 나타내면 다음과 같다.

$$\begin{Bmatrix} \alpha_x \\ \alpha_y \\ \alpha_{xy} \end{Bmatrix} = [J_2]^{-1} \begin{Bmatrix} \alpha_1 \\ \alpha_2 \\ \alpha_6 \end{Bmatrix} \text{ i.e. } \begin{Bmatrix} \alpha_x \\ \alpha_y \\ \alpha_{xy} \end{Bmatrix} = \begin{Bmatrix} m^2\alpha_1 + n^2\alpha_2 - mn\alpha_6 \\ n^2\alpha_1 + m^2\alpha_2 + mn\alpha_6 \\ 2mn\alpha_1 - 2mn\alpha_2 + (m^2 - n^2)\alpha_6 \end{Bmatrix} \tag{8.8}$$

인장과 굽힘을 포함하는 경우에 전체 변형률은

$$\{\varepsilon\} = \{\varepsilon^0\} + z\{\kappa\} \quad \text{i.e.} \quad \begin{Bmatrix} \varepsilon_x \\ \varepsilon_y \\ \gamma_{xy} \end{Bmatrix} = \begin{Bmatrix} \varepsilon_x^0 \\ \varepsilon_y^0 \\ \gamma_{xy}^0 \end{Bmatrix} + z \begin{Bmatrix} \kappa_x \\ \kappa_y \\ \kappa_{xy} \end{Bmatrix} \tag{8.9}$$

로 표시되며, $\{\varepsilon^0\}$는 적층판 중심면의 변형률이고, $\{\kappa\}$는 적층판 중심면의 곡률을 나타낸다. 지금까지의 식은 적층판이 아닌 각 플라이에 적용되는 식임을 유의하라. 식 (8.9)를 사용했을 때 k 번째 플라이에 발생하는 응력은

$$\{\sigma\}^{[k]} = \begin{Bmatrix} \sigma_x \\ \sigma_y \\ \tau_{xy} \end{Bmatrix}^{[k]} = [\overline{Q}_{ij}]^{[k]} \begin{Bmatrix} \varepsilon_x^0 \\ \varepsilon_y^0 \\ \gamma_{xy}^0 \end{Bmatrix} + [\overline{Q}_{ij}]^{[k]} z \begin{Bmatrix} \kappa_x \\ \kappa_y \\ \kappa_{xy} \end{Bmatrix} - [\overline{Q}_{ij}]^{[k]} \begin{Bmatrix} \alpha_x \Delta T \\ \alpha_y \Delta T \\ \alpha_{xy} \Delta T \end{Bmatrix}^{[k]} \tag{8.10}$$

이며, 적층판에 대한 힘의 합 $\{N\}$과 모멘트의 합 $\{M\}$은 다음과 같이 표시된다.

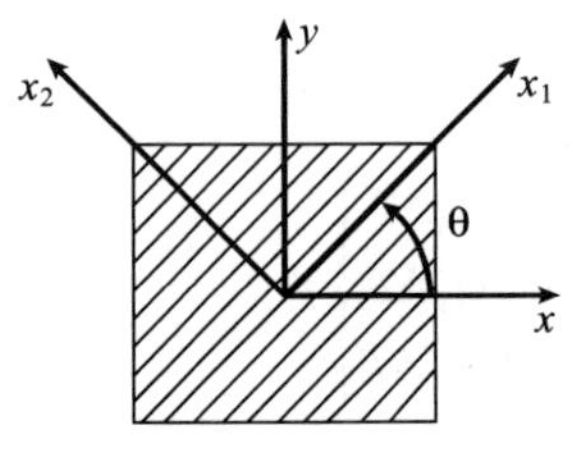

그림 8.1
주축에서 적층판 축으로의 좌표 변환

$$\{N\} = \int_{-\frac{h}{2}}^{\frac{h}{2}} \{\sigma\}^{[k]} dz \qquad \text{i.e.}$$

$$\begin{Bmatrix} N_x \\ N_y \\ N_{xy} \end{Bmatrix} = \int_{-\frac{h}{2}}^{\frac{h}{2}} \left[\overline{Q}_{ij}\right]^{[k]} dz \begin{Bmatrix} \varepsilon_x^0 \\ \varepsilon_y^0 \\ \gamma_{xy}^0 \end{Bmatrix} + \int_{-\frac{h}{2}}^{\frac{h}{2}} \left[\overline{Q}_{ij}\right]^{[k]} z\, dz \begin{Bmatrix} \kappa_x \\ \kappa_y \\ \kappa_{xy} \end{Bmatrix} - \int_{-\frac{h}{2}}^{\frac{h}{2}} \left[\overline{Q}_{ij}\right]^{[k]} \begin{Bmatrix} \alpha_x \Delta T \\ \alpha_y \Delta T \\ \alpha_{xy} \Delta T \end{Bmatrix}^{[k]} dz \tag{8.11}$$

$$\{M\} = \int_{-\frac{h}{2}}^{\frac{h}{2}} \{\sigma\}^{[k]} z dz \qquad \text{i.e.}$$

$$\begin{Bmatrix} M_x \\ M_y \\ M_{xy} \end{Bmatrix} = \int_{-\frac{h}{2}}^{\frac{h}{2}} \left[\overline{Q}_{ij}\right]^{[k]} z dz \begin{Bmatrix} \varepsilon_x^0 \\ \varepsilon_y^0 \\ \gamma_{xy}^0 \end{Bmatrix} + \int_{-\frac{h}{2}}^{\frac{h}{2}} \left[\overline{Q}_{ij}\right]^{[k]} z^2 dz \begin{Bmatrix} \kappa_x \\ \kappa_y \\ \kappa_{xy} \end{Bmatrix} - \int_{-\frac{h}{2}}^{\frac{h}{2}} \left[\overline{Q}_{ij}\right]^{[k]} \begin{Bmatrix} \alpha_x \Delta T \\ \alpha_y \Delta T \\ \alpha_{xy} \Delta T \end{Bmatrix}^{[k]} z dz \tag{8.12}$$

얇은 적층판인 경우, ΔT가 판의 두께에 따라 변화하지 않고 일정하다고 가정할 수 있는데, 이 경우에 식 (8.11)과 (8.12)의 ΔT는 적분기호 밖으로 나올 수 있으며, 식 (8.11)과 (8.12)는 다음과 같이 정리되어 나타낼 수 있다.

$$\begin{Bmatrix} N_x \\ N_y \\ N_{xy} \end{Bmatrix} = [A] \begin{Bmatrix} \varepsilon_x^0 \\ \varepsilon_y^0 \\ \varepsilon_{xy}^0 \end{Bmatrix} + [B] \begin{Bmatrix} \kappa_x \\ \kappa_y \\ \kappa_{xy} \end{Bmatrix} - \Delta T \int_{-\frac{h}{2}}^{\frac{h}{2}} \left[\overline{Q}_{ij}\right]^{[k]} \begin{Bmatrix} \alpha_x \\ \alpha_y \\ \alpha_{xy} \end{Bmatrix}^{[k]} dz \tag{8.13}$$

$$\begin{Bmatrix} M_x \\ M_y \\ M_{xy} \end{Bmatrix} = [B] \begin{Bmatrix} \varepsilon_x^0 \\ \varepsilon_y^0 \\ \varepsilon_{xy}^0 \end{Bmatrix} + [D] \begin{Bmatrix} \kappa_x \\ \kappa_y \\ \kappa_{xy} \end{Bmatrix} - \Delta T \int_{-\frac{h}{2}}^{\frac{h}{2}} \left[\overline{Q}_{ij}\right]^{[k]} \begin{Bmatrix} \alpha_x \\ \alpha_y \\ \alpha_{xy} \end{Bmatrix}^{[k]} z dz \tag{8.14}$$

여기서 $\{\Gamma^T\}$를 다음과 같이 평면에서의 적층판 열영향계수 행렬(Laminate Thermal In-plane Influence Coefficient Matrix)라 정의하고, $\{\Lambda^T\}$를 굽힘에서의 적층판 열영향계수 행렬(Laminate Thermal Bending Influence Coefficient Matrix)이라 정의하면,

$$\left\{\Gamma^T\right\}=\begin{Bmatrix}\Gamma_x{}^T\\\Gamma_y{}^T\\\Gamma_{xy}{}^T\end{Bmatrix}=\int_{-\frac{h}{2}}^{\frac{h}{2}}\left[\overline{Q}_{ij}\right]^{[k]}\begin{Bmatrix}\alpha_x\\\alpha_y\\\alpha_{xy}\end{Bmatrix}^{[k]}dz=\sum_{k=1}^{n}\left[\overline{Q}_{ij}\right]^{[k]}\begin{Bmatrix}\alpha_x\\\alpha_y\\\alpha_{xy}\end{Bmatrix}^{[k]}\left(z_k-z_{k-1}\right) \tag{8.15}$$

$$\left\{\Lambda^T\right\}=\begin{Bmatrix}\Lambda_x^T\\\Lambda_y^T\\\Lambda_{xy}^T\end{Bmatrix}=\int_{-\frac{h}{2}}^{\frac{h}{2}}\left[\overline{Q}_{ij}\right]^{[k]}\begin{Bmatrix}\alpha_x\\\alpha_y\\\alpha_{xy}\end{Bmatrix}^{[k]}zdz=\frac{1}{2}\sum_{k=1}^{n}\left[\overline{Q}_{ij}\right]^{[k]}\begin{Bmatrix}\alpha_x\\\alpha_y\\\alpha_{xy}\end{Bmatrix}^{[k]}\left(z_k^2-z_{k-1}^2\right) \tag{8.16}$$

식 (8.13)과 (8.14)는 다음과 같이 표시된다.

$$\{N\}+\{N^T\}=[A]\{\varepsilon^0\}+[B]\{\kappa\}\ \text{i.e.}\ \begin{Bmatrix}N_x\\N_y\\N_{xy}\end{Bmatrix}=[A]\begin{Bmatrix}\varepsilon_x^0\\\varepsilon_y^0\\\varepsilon_{xy}^0\end{Bmatrix}+[B]\begin{Bmatrix}\kappa_x\\\kappa_y\\\kappa_{xy}\end{Bmatrix}-\begin{Bmatrix}\Gamma_x^T\\\Gamma_y^T\\\Gamma_{xy}^T\end{Bmatrix}\Delta T \tag{8.17}$$

$$\{M\}+\{M^T\}=[B]\{\varepsilon^0\}+[D]\{\kappa\}\ \text{i.e.}\ \begin{Bmatrix}M_x\\M_y\\M_{xy}\end{Bmatrix}=[B]\begin{Bmatrix}\varepsilon_x^0\\\varepsilon_y^0\\\varepsilon_{xy}^0\end{Bmatrix}+[D]\begin{Bmatrix}\kappa_x\\\kappa_y\\\kappa_{xy}\end{Bmatrix}-\begin{Bmatrix}\Lambda_x^T\\\Lambda_y^T\\\Lambda_{xy}^T\end{Bmatrix}\Delta T \tag{8.18}$$

여기서

$$\{N^T\}=\begin{Bmatrix}N_x^T\\N_y^T\\N_{xy}^T\end{Bmatrix}=\begin{Bmatrix}\Gamma_x^T\\\Gamma_y^T\\\Gamma_{xy}^T\end{Bmatrix}\Delta T \tag{8.19}$$

$$\{M^T\}=\begin{Bmatrix}M_x^T\\M_y^T\\M_{xy}^T\end{Bmatrix}=\begin{Bmatrix}\Lambda_x^T\\\Lambda_y^T\\\Lambda_{xy}^T\end{Bmatrix}\Delta T \tag{8.20}$$

일반적인 적층판인 경우에 $B_{ij}\neq 0$ 이기 때문에, 주어진 $\{N\}$, $\{M\}$ 및 ΔT에 대하여 식 (8.17), (8.18)은 커플된(Coupled) 방정식으로, 연립하여 풀어야만 한다. 식 (8.17)에서

$$\begin{aligned}\{\varepsilon^0\}&=[A]^{-1}\{N\}-[A]^{-1}[B]\{\kappa\}+[A]^{-1}\{\Gamma^T\}\Delta T\\&=[A^*]\{N\}+[B^*]\{\kappa\}+\{\Gamma^{*T}\}\Delta T\end{aligned} \tag{8.21}$$

여기서

$$\left[A^*\right]=\left[A\right]^{-1} \tag{8.22}$$

$$\left[B^*\right]=-\left[A\right]^{-1}\left[B\right] \tag{8.23}$$

$$\left\{\Gamma^{*T}\right\}=\left[A\right]^{-1}\left\{\Gamma^T\right\} \tag{8.24}$$

식 (8.21)을 (8.18)에 대입하면,

$$\{M\}=\left[C^*\right]\{N\}+\left[D^*\right]\{\kappa\}+\left\{[B]\left\{\Gamma^{*T}\right\}-\left\{\Lambda^T\right\}\right\}\Delta T \tag{8.25}$$

여기서

$$\left[C^*\right]=[B][A]^{-1} \tag{8.26}$$

$$\left[D^*\right]=[D]-[B][A]^{-1}[B] \tag{8.27}$$

따라서, 중심면 곡률 행렬 $\{\kappa\}$는 다음과 같이 계산된다.

$$\{\kappa\}=\left[D^*\right]^{-1}\left\{\{M\}-\left[C^*\right]\{N\}\right\}-\left[D^*\right]^{-1}\left\{[B]\left\{\Gamma^{*T}\right\}-\left\{\Lambda^T\right\}\right\}\Delta T \tag{8.28}$$

식 (8.28)을 (8.21)에 대입하면 중심면 변형률 행렬 $\left\{\varepsilon^0\right\}$를 얻을 수 있다.

$$\begin{aligned}\left\{\varepsilon^0\right\}=&\left\{\left[A^*\right]-\left[B^*\right]\left[D^*\right]^{-1}\left[C^*\right]\right\}\{N\}+\left[B^*\right]\left[D^*\right]^{-1}\{M\}\\&-\left[B^*\right]\left[D^*\right]^{-1}\left\{[B]\left\{\Gamma^{*T}\right\}-\left\{\Lambda^T\right\}\right\}\Delta T+\left\{\Gamma^{*T}\right\}\Delta T\end{aligned} \tag{8.29}$$

그러나, 중심면에 대하여 대칭인 적층판(Symmetric Laminate)인 경우 $[B]$와 $\left\{\Lambda^T\right\}$는 0 이 되고, 식 (8.17)과 (8.18)은 커플되지 않기 때문에 다음과 같이 간단하게 나타낼 수 있다.

$$\left\{\varepsilon^0\right\}=[A]^{-1}\left(\{N\}+\left\{N^T\right\}\right)=[a]\left(\{N\}+\left\{N^T\right\}\right) \tag{8.30}$$

$$\{\kappa\}=[D]^{-1}\left(\{M\}+\left\{M^T\right\}\right)=[d]\left(\{M\}+\left\{M^T\right\}\right)=[d]\{M\}\ \left(here\ \left\{M^T\right\}=0\right) \tag{8.31}$$

적층판의 유효 열팽창계수(Effective Coefficient of Thermal Expansion) $\{\alpha\}^L$ 은 식 (8.21)에서 $\{N\}=\{\kappa\}=0$ 이라 두면, 다음과 같이 계산된다.

$$\{\alpha\}^L = \begin{Bmatrix} \alpha_x \\ \alpha_y \\ \alpha_{xy} \end{Bmatrix}^L = \frac{1}{\Delta T}\{\varepsilon^0\} = \{\Gamma^{*T}\} = [A]^{-1}\{\Gamma^T\} = [a]\{\Gamma^T\}$$

$$= [a]\int_{-\frac{h}{2}}^{\frac{h}{2}} [\overline{Q}_{ij}]^{[k]} \begin{Bmatrix} \alpha_x \\ \alpha_y \\ \alpha_{xy} \end{Bmatrix}^{[k]} dz = [a]\sum_{k=1}^{n} [\overline{Q}_{ij}]^{[k]} \begin{Bmatrix} \alpha_x \\ \alpha_y \\ \alpha_{xy} \end{Bmatrix}^{[k]} (z_k - z_{k-1}) \tag{8.32}$$

각 플라이에서 적층판 축에 대한 응력은

$$\begin{Bmatrix} \sigma_x \\ \sigma_y \\ \tau_{xy} \end{Bmatrix}^{[k]} = [\overline{Q}_{ij}]^{[k]} \begin{Bmatrix} \varepsilon_x^0 \\ \varepsilon_y^0 \\ \gamma_{xy}^0 \end{Bmatrix} + [\overline{Q}_{ij}]^{[k]} z \begin{Bmatrix} \kappa_x \\ \kappa_y \\ \kappa_{xy} \end{Bmatrix} - [\overline{Q}_{ij}]^{[k]} \begin{Bmatrix} \alpha_x \Delta T \\ \alpha_y \Delta T \\ \alpha_{xy} \Delta T \end{Bmatrix}^{[k]} \tag{8.33}$$

로 구해진다. 적층판 축에 대하여 계산된 응력은 좌표변환을 통하여 플라이 축에 대한 응력으로 변화될 수 있다.

외부에서 가해지는 하중 $\{N\}$과 모멘트 $\{M\}$이 존재하지 않고($\{N\}=\{M\}=0$), 온도변화 ΔT 만 가해지는 경우, 온도변화에 의한 잔류 변형률은 식 (8.28)과 (8.29)로부터 다음과 같이 구해진다.

$$\{\kappa\} = -[D^*]^{-1}\{[B]\{\Gamma^{*T}\} - \{\Lambda^T\}\}\Delta T \tag{8.34}$$

$$\{\varepsilon^0\} = -[B^*][D^*]^{-1}\{[B]\{\Gamma^{*T}\} - \{\Lambda^T\}\}\Delta T + \{\Gamma^{*T}\}\Delta T \tag{8.35}$$

대칭 적층판(Symmetric Laminate)인 경우에는 $[B]=\{\Lambda^T\}=0$ 이므로 $\{\kappa\}=0$ 이 되어 온도변화에 의한 곡률변화가 나타나지 않지만, 비대칭 적층판인 경우에는 온도변화에 의하여 굽혀지거나(Bending), 비틀어짐(Twisting)이 발생하게 된다. 외부 하중이 없고 온도변화만 가해지는 경우 적층판 내부의 잔류 열응력은 식 (8.34)와 (8.35)를 식 (8.33)에 대입하여 구할 수 있다.

Example 8.1

$[0/\pm 45]_S$ 의 적층 순서를 가지는 Carbon/Epoxy 복합재료의 경화 중 온도변화를 $\Delta T = -155.6$ ℃(=−280 °F)라 하자. 외부에서 가해지는 하중이나 모멘트가 없다고 할 때 각 플라이에서 제조 열응력(Fabrication Thermal Stress)을 구하라. 이 재료의 플라이 축(Ply Axis)에 대한 열팽창계수는 다음과 같다.

$$\alpha_1 = -0.36\times10^{-6}\ \ 1/°\mathrm{C}\left(=-0.20\times10^{-6}\ \ 1/°\mathrm{F}\right)$$
$$\alpha_2 = 28.80\times10^{-6}\ \ 1/°\mathrm{C}\left(=16.0\times10^{-6}\ \ 1/°\mathrm{F}\right)$$
$$\alpha_{12} = 0$$
$$t_{Ply} = 0.135mm$$

풀이 식 (8.8)로부터

$$\begin{Bmatrix}\alpha_x\\ \alpha_y\\ \alpha_{xy}\end{Bmatrix}^k = \begin{Bmatrix} m^2\alpha_1 + n^2\alpha_2 - mn\alpha_6 \\ n^2\alpha_1 + m^2\alpha_2 + mn\alpha_6 \\ 2mn\alpha_1 - 2mn\alpha_2 + (m^2-n^2)\alpha_6\end{Bmatrix}^k$$

위의 식에 α_1, α_2, α_6 및 각도를 대입하여 적층판 축(Laminate Axis)으로 표시된 각 플라이에서의 열팽창계수를 계산하고 표로 나타내면 다음과 같다.

10^{-6}/℃	0°	+45°	−45°
$\alpha_x^{[k]}$	−0.36	14.22	14.22
$\alpha_y^{[k]}$	28.80	14.22	14.22
$\alpha_{xy}^{[k]}$	0	−29.16	29.16

앞의 예제로부터 각 플라이의 강성 $\overline{Q}_{ij}$ 는

GPa	0°	+45°	−45°
$\overline{Q}_{11}$	130.8	42.83	42.83
$\overline{Q}_{22}$	10.6	42.83	42.83
$\overline{Q}_{12}$	2.96	30.83	30.83
$\overline{Q}_{66}$	6.0	33.87	33.87
$\overline{Q}_{16}$	0	30.07	−30.07
$\overline{Q}_{26}$	0	30.07	−30.07

적층판 열영향계수 행렬 $\{\Gamma^T\}$는 식 (8.15)로부터

$$\{\Gamma^T\}=\begin{Bmatrix}\Gamma_x{}^T\\ \Gamma_y{}^T\\ \Gamma_{xy}{}^T\end{Bmatrix}=\int_{-\frac{h}{2}}^{\frac{h}{2}}\left[\overline{Q}_{ij}\right]^{[k]}\begin{Bmatrix}\alpha_x\\ \alpha_y\\ \alpha_{xy}\end{Bmatrix}^{[k]}dz=\sum_{k=1}^{n}\left[\overline{Q}_{ij}\right]^{[k]}\begin{Bmatrix}\alpha_x\\ \alpha_y\\ \alpha_{xy}\end{Bmatrix}^{[k]}(z_k-z_{k-1})$$

여기서 $\{\xi\}^{[k]}=\left[\overline{Q}_{ij}\right]^{[k]}\begin{Bmatrix}\alpha_x\\ \alpha_y\\ \alpha_{xy}\end{Bmatrix}^{[k]}$ 라 두면,

$$\{\Gamma^T\}=\sum_{k=1}^{n}\{\xi\}^{[k]}(z_k-z_{k-1})=\sum_{k=1}^{n}\{\xi\}^{[k]}t_{ply}^{[k]}$$

예를 들어

$$\xi_x^{[0]}=\overline{Q}_{11}^{[0]}\alpha_x^{[0]}+\overline{Q}_{12}^{[0]}\alpha_y^{[0]}+\overline{Q}_{16}^{[0]}\alpha_{xy}^{[0]}=\left(130.8\times10^9\ \mathrm{N/m^2}\right)\times\left(-0.36\times10^{-6}\ /^\circ\mathrm{C}\right)$$
$$+\left(2.96\times10^9\ \mathrm{N/m^2}\right)\times\left(28.80\times10^{-6}\ /^\circ\mathrm{C}\right)+0=38.16\times10^3\ \left(\mathrm{N/m^2{}^\circ C}\right)$$

이와 같이 $\{\xi\}^{[k]}$를 계산하여 표로 나타내면,

$10^3\mathrm{N/m^2{}^\circ C}$	0°	+45°	-45°
$\xi_x^{[k]}$	38.16	170.6	170.6
$\xi_y^{[k]}$	304.2	170.6	170.6
$\xi_{xy}^{\{k\}}$	0	-132.5	132.5

따라서,

$$\Gamma_x^T=2\times\left(38.16\times10^3+170.6\times10^3+170.6\times10^3\right)\mathrm{N/m^2{}^\circ C}\times\left(0.135\times10^{-3}\right)\mathrm{m}$$
$$=102.4\ \mathrm{N/m^\circ C}$$

마찬가지로 계산하면,

$$\Gamma_y^T=174.2\ \mathrm{N/m^\circ C}$$

$$\Gamma_{xy}^T=0$$

앞의 예제로부터 행렬 $[a]$의 성분은

$$a_{11} = 21.40 \times 10^{-9} \text{ m/N}$$

$$a_{22} = 48.15 \times 10^{-9} \text{ m/N}$$

$$a_{66} = 50.23 \times 10^{-9} \text{ m/N}$$

$$a_{12} = -14.37 \times 10^{-9} \text{ m/N}$$

$$a_{16} = a_{26} = 0$$

그러므로, 식 (8.32)로부터 적층판 유효 열팽창계수는

$$\{\alpha\}^L = [a]\int_{-\frac{h}{2}}^{\frac{h}{2}} \left[\overline{Q}_{ij}\right]^{[k]} \begin{Bmatrix} \alpha_x \\ \alpha_y \\ \alpha_{xy} \end{Bmatrix}^{[k]} dz = [a]\sum_{k=1}^{n} \xi^{[k]} t_{\text{ply}}^{[k]} = [a]\{\Gamma^T\}$$

$$\begin{aligned} \alpha_x^L &= a_{11}\Gamma_x^T + a_{12}\Gamma_y^T + a_{16}\Gamma_{xy}^T \\ &= (21.40 \times 10^{-9} \text{ m/N}) \times (102.4 \text{ N/m°C}) - (14.37 \times 10^{-9} \text{ m/N}) \times (174.2 \text{ N/m°C}) \\ &= -0.312 \times 10^{-6} \text{ (1/°C)} \end{aligned}$$

마찬가지로

$$\alpha_y^L = 6.921 \times 10^{-6} \text{ (1/°C)}$$

$$\alpha_{xy}^L = 0$$

대칭 적층판이고 외부 하중이 없기 때문에 $[B] = \{\Lambda^T\} = \{\kappa\} = 0$ 이므로 식 (8.30)으로부터

$$\{\varepsilon^0\} = [a]\{N^T\} = [a]\{\Gamma^T\}\Delta T = \{\alpha\}^L \Delta T$$

즉,

$$\varepsilon_x^0 = (-0.312 \times 10^{-6} \text{ /°C}) \times (-155.6 \text{ °C}) = 48.6 \times 10^{-6} \text{ m/m} = 48.6\ \mu S$$

$$\varepsilon_y^0 = (6.921 \times 10^{-6} \text{ /°C}) \times (-155.6 \text{ °C}) = -1{,}077 \times 10^{-6} \text{ m/m} = -1077\ \mu S$$

$$\gamma_{xy}^0 = 0$$

적층판의 변형률을 구하였으므로, 식 (8.33)으로부터 적층판 축에 대한 각 플라이의 응력을 구할 수 있다. 예를 들어 0° 플라이의 x-방향

으로의 응력은

$$\sigma_x^{[0]} = \left(130.8\times10^9\ \mathrm{N/m^2}\right)\times\left(48.6\times10^{-6}\right)+\left(2.96\times10^9\ \mathrm{N/m^2}\right)\times\left(-1077\times10^{-6}\right)$$
$$\left(-38.16\times10^3\ \mathrm{N/m^2{}^\circ C}\right)\times\left(-155.6^\circ\mathrm{C}\right)=9.12\times10^6\ \mathrm{N/m^2}=9.12\ \mathrm{MPa}$$

여기서 위첨자 [0]은 0도 플라이에서의 응력임을 나타낸다. 이와 마찬가지로, 각 플라이에서 적층판 축에 대한 각 성분의 열응력을 계산하여 표로 나타내면 다음과 같다.

MPa	0°	+45°	-45°
$\sigma_x^{[k]}$	9.12	-4.56	-4.56
$\sigma_y^{[k]}$	36.0	-18.0	-18.0
$\tau_{xy}^{[k]}$	0.0	-51.5	51.5

Example 8.2

$[0/\pm45]_S$ 의 적층순서를 가지는 Carbon/Epoxy 복합재료의 경화 중 온도변화를 $\Delta T=-155.6$ ℃$(=-280$ °F)라 하자. 이 재료의 플라이 축(Ply Axis)에 대한 열팽창계수와 플라이 두께는 다음과 같다.

$$\alpha_1=-0.36\times10^{-6}\ 1/^\circ\mathrm{C}\ \left(=-0.20\times10^{-6}\ 1/^\circ\mathrm{F}\right)$$
$$\alpha_2=28.80\times10^{-6}\ 1/^\circ\mathrm{C}\ \left(=16.0\times10^{-6}\ 1/^\circ\mathrm{F}\right)$$
$$\alpha_{12}=0$$
$$t_{Ply}=0.135mm$$

외부에서 가해지는 하중이나 모멘트가 없다고 할 때 경화 후 발생하는 곡률 및 적층판 중심면의 변형률을 구하라.

풀이 앞의 예제로부터 강성 행렬 $[A]$, $[B]$, $[D]$를 구하면 다음과 같다.

ij	A_{ij} (MN/m)	B_{ij} (N)	D_{ij} (Nm)
11	19.09	−1094	0.1131
22	19.09	+1094	0.1131
12	0.799	0	0.0047
66	1.62	0	0.0096
16	0	0	0
26	0	0	0

예제 8.1과 같이 $\{\xi\}^{[k]}$를 계산하여 표로 나타내면,

10^3N/m^2℃	0°	90°
$\xi_x^{[k]}$	38.16	304.2
$\xi_y^{[k]}$	304.2	38.16
$\xi_{xy}^{[k]}$	0	0

적층판 열영향 계수는

$$\Gamma_x^T = 46.26 \text{ N/m°C}$$

$$\Gamma_y^T = 46.26 \text{ N/m°C}$$

$$\Gamma_{xy}^T = 0$$

식 (8.16)으로부터 굽힘에서의 적층판 열영향계수 행렬 $\{\Lambda^T\}$를 구하면,

$$\{\Lambda^T\} = \int_{-\frac{h}{2}}^{\frac{h}{2}} \left[\overline{Q}_{ij}\right]^{[k]} \begin{Bmatrix} \alpha_x \\ \alpha_y \\ \alpha_{xy} \end{Bmatrix}^{[k]} z\,dz = \frac{1}{2}\sum_{k=1}^{n} \{\xi\}^{[k]} \left(z_k^2 - z_{k-1}^2\right)$$

$$\Lambda_x^T = \left(38.16\times10^3\right)\times\left(-0.0091\times10^{-6}\right) + \left(304.2\times10^3\right)\times\left(0.0091\times10^{-6}\right)$$

$$= 2.421\times10^{-3} \text{ N/°C}$$

$$\Lambda_y^T = -2.421\times10^{-3} \text{ N/°C}$$

$$\Lambda_{xy}^T = 0$$

외부에서 작용하는 하중이 없으므로, 식 (8.17)과 (8.18)로부터

$$\{N\}=[A]\{\varepsilon^0\}+[B]\{\kappa\}-\{\Gamma^T\}\Delta T=0$$
$$\{M\}=[B]\{\varepsilon^0\}+[D]\{\kappa\}-\{\Lambda^T\}\Delta T=0$$

위 식을 연립하여 풀면(식 (8.28)과 (8.29) 참조),

$$\{\kappa\}=-\left[D^*\right]^{-1}\left([B]\{\Gamma^{*T}\}-\{\Lambda^T\}\right)\Delta T$$
$$\{\varepsilon^0\}=-\left[B^*\right]\left[D^*\right]^{-1}\left\{[B]\{\Gamma^{*T}\}-\{\Lambda^T\}\right\}\Delta T+\{\Gamma^{*T}\}\Delta T$$

따라서,

$$\kappa_x=-15.2\,(1/\mathrm{m})$$
$$\kappa_y=15.2\,(1/\mathrm{m})$$
$$\kappa_{xy}=0$$
$$\varepsilon_x^0=-1200\ \mu S$$
$$\varepsilon_y^0=-1200\ \mu S$$
$$\gamma_{xy}^0=0$$

Example 8.3

$[\pm\theta]_S$ 의 적층순서를 가지는 Carbon/Epoxy 복합재료 적층판의 물성이 다음과 같이 주어져 있다.

$$E_1=128\ \mathrm{GPa},\ E_2=10\ \mathrm{GPa}$$
$$G_{12}=4.5\ \mathrm{GPa},\ \nu_{12}=0.28$$
$$\alpha_1=-0.5\times10^{-6}\ \ 1/°\mathrm{C}$$
$$\alpha_2=27\times10^{-6}\ \ 1/°\mathrm{C}$$
$$\alpha_6=0\ \ 1/°\mathrm{C}$$
$$t_{ply}=0.15\ \mathrm{mm}$$

적층각도 θ가 0°에서 90°까지 변화할 때 적층판의 횡방향 (Longitudinal) 및 종방향 (Transverse) 유효 열팽창계수의 변화를 그래프로 나타내어라.

풀이 각도를 5도씩 변화시키면서 다음과 같은 과정으로 계산하면 된다.
식 (8.8)로부터

$$\begin{Bmatrix} \alpha_x \\ \alpha_y \\ \alpha_{xy} \end{Bmatrix}^k = \begin{Bmatrix} m^2\alpha_1 + n^2\alpha_2 - mn\alpha_6 \\ n^2\alpha_1 + m^2\alpha_2 + mn\alpha_6 \\ 2mn\alpha_1 - 2mn\alpha_2 + (m^2 - n^2)\alpha_6 \end{Bmatrix}^k$$

위의 식에 α_1, α_2, α_6 및 각도를 대입하여 적층판 축(Laminate Axis)으로 표시된 각 플라이에서의 열팽창계수를 계산하고 각 플라이의 강성 $\overline{Q}_{ij}$를 계산하면, 적층판 열영향계수 행렬 $\{\Gamma^T\}$를 얻을 수 있다.

$$\{\Gamma^T\} = \begin{Bmatrix} \Gamma_x{}^T \\ \Gamma_y{}^T \\ \Gamma_{xy}{}^T \end{Bmatrix} = \int_{-\frac{h}{2}}^{\frac{h}{2}} [\overline{Q}_{ij}]^{[k]} \begin{Bmatrix} \alpha_x \\ \alpha_y \\ \alpha_{xy} \end{Bmatrix}^{[k]} dz = \sum_{k=1}^{n} [\overline{Q}_{ij}]^{[k]} \begin{Bmatrix} \alpha_x \\ \alpha_y \\ \alpha_{xy} \end{Bmatrix}^{[k]} (z_k - z_{k-1})$$

여기서 $\{\xi\}^{[k]} = [\overline{Q}_{ij}]^{[k]} \begin{Bmatrix} \alpha_x \\ \alpha_y \\ \alpha_{xy} \end{Bmatrix}^{[k]}$ 라 두면,

$$\{\Gamma^T\} = \sum_{k=1}^{n} \{\xi\}^{[k]} (z_k - z_{k-1}) = \sum_{k=1}^{n} \{\xi\}^{[k]} t_{ply}^{[k]}$$

그리고, 행렬 $[A]$의 역행렬인 $[a]$를 구하면, 식 (8.32)로부터 적층판 유효 열팽창계수를 다음과 같이 구할 수 있다.

$$\{\alpha\}^L = [a] \int_{-\frac{h}{2}}^{\frac{h}{2}} [\overline{Q}_{ij}]^{[k]} \begin{Bmatrix} \alpha_x \\ \alpha_y \\ \alpha_{xy} \end{Bmatrix}^{[k]} dz = [a] \sum_{k=1}^{n} \xi^{[k]} t_{\mathrm{ply}}^{[k]} = [a]\{\Gamma^T\}$$

위의 과정을 0°에서 90°까지 반복해서 수행하면 다음과 같은 그래프를 얻는다.

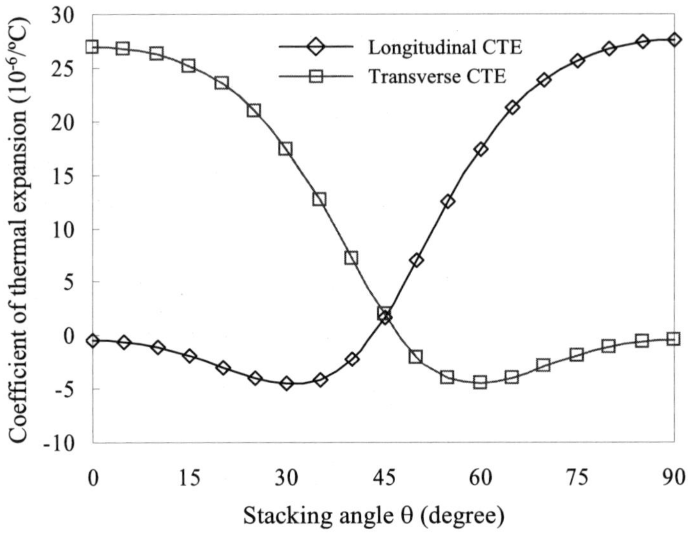

위의 그래프에서 알 수 있듯이, $\theta = 0°$인 경우 적층판의 유효 열팽창계수는 일방향 플라이의 열팽창계수와 같아지고, $\theta = 90°$인 경우 일방향 플라이의 주축이 90도 회전한 경우와 같아진다. $\theta = 45°$ 근처에서는 유효 열팽창계수가 거의 0이 되어 온도변화에 의한 변형은 거의 발생하지 않게 된다. 이와 같이 복합재료는 적층각도에 따라 열팽창계수가 달라지도록 설계할 수 있으며, 특정한 각도에서는 특정한 방향으로 유효 열팽창계수가 0이 되도록 할 수 있다. 따라서, 높은 온도와 낮은 온도에서 동시에 사용되는 구조재료로 이용되면, 치수의 안정성을 가져오게 된다.

8.3 수분흡수에 의한 응력 및 변형률

수분흡수에 의한 변형률이 존재할 경우 2차원 평면 응력 상태에서 주축에 대한 일방향 플라이의 수분흡수 변형률 $\{\varepsilon^H\}$은 다음과 같다.

$$\{\varepsilon^H\} = \begin{Bmatrix} \varepsilon_1^H \\ \varepsilon_2^H \\ \varepsilon_6^H \end{Bmatrix} = \begin{Bmatrix} \beta_1 \Delta C \\ \beta_2 \Delta C \\ 0 \end{Bmatrix} \tag{8.36}$$

여기서 β_1과 β_2는 각각 일방향 플라이의 종방향과 횡방향에 대한 흡수팽창계수(CHE: Coefficient of Hygroscopic Expansion)이며, 무차원 값을 가진다. 섬유로 강화된 직교이방성 복합재료인 경우, 일반적으로 수분흡수에 의하여 주축방향으로의 전단변형이 발생하지 않기 때문에 $\beta_6 = 0$이 된다. ΔC는 비수분농도(Specific Moisture Concentration)의 변화로서 다음과 같이 정의된다.

$$C = \lim_{\Delta V \to 0} \frac{\text{체적 } \Delta V \text{ 내의 수분의 질량}}{\text{체적 } \Delta V \text{ 에서 수분을 포함하지 않은 건조상태의 복합재료의 질량}} \tag{8.37}$$

재료의 전체 변형률 $\{\varepsilon\}$은 기계적 응력에 의한 변형률 $\{\varepsilon^M\}$과 열에 의한 (온도 변화에 의한) 변형률 $\{\varepsilon^T\}$ 및 수분흡수에 의한 변형률 $\{\varepsilon^H\}$를 합해야 하므로,

$$\{\varepsilon\} = \{\varepsilon^M\} + \{\varepsilon^T\} + \{\varepsilon^H\} \tag{8.38}$$

처럼 표시된다. 따라서 열 및 수분흡수에 의한 변형률을 고려한 직교이방성 일방향 플라이의 전체 변형률은 다음과 같이 된다.

$$\begin{Bmatrix} \varepsilon_1 \\ \varepsilon_2 \\ \varepsilon_6 \end{Bmatrix} = \left[S_{ij} \right] \begin{Bmatrix} \sigma_1 \\ \sigma_2 \\ \sigma_6 \end{Bmatrix} + \begin{Bmatrix} \alpha_1 \Delta T \\ \alpha_2 \Delta T \\ 0 \end{Bmatrix} + \begin{Bmatrix} \beta_1 \Delta C \\ \beta_2 \Delta C \\ 0 \end{Bmatrix} \tag{8.39}$$

$\{\beta\}$는 $\{\alpha\}$와 같은 좌표변환 특성을 가지며, 식 (8.39)는 식 (8.4)에 $\{\beta\}$ 관련 항만 추가된 것이기 때문에 8.2절 '열응력 및 변형률'의 전개과정을 그대로 도입하면 수분흡수에 의한 응력 및 변형률을 구할 수 있다. 최종적으로 다음 식 (8.40)과 (8.41)을 연립하여 풀면 된다.

$$\{N\} + \{N^T\} + \{N^H\} = [A]\{\varepsilon^0\} + [B]\{\kappa\} \quad \text{i.e.}$$

$$\begin{Bmatrix} N_x \\ N_y \\ N_{xy} \end{Bmatrix} = [A] \begin{Bmatrix} \varepsilon_x^0 \\ \varepsilon_y^0 \\ \varepsilon_{xy}^0 \end{Bmatrix} + [B] \begin{Bmatrix} \kappa_x \\ \kappa_y \\ \kappa_{xy} \end{Bmatrix} - \begin{Bmatrix} \Gamma_x^T \\ \Gamma_y^T \\ \Gamma_{xy}^T \end{Bmatrix} \Delta T - \begin{Bmatrix} \Gamma_x^H \\ \Gamma_y^H \\ \Gamma_{xy}^H \end{Bmatrix} \Delta C \tag{8.40}$$

$$\{M\} + \{M^T\} + \{M^H\} = [B]\{\varepsilon^0\} + [D]\{\kappa\} \quad \text{i.e.}$$

$$\begin{Bmatrix} M_x \\ M_y \\ M_{xy} \end{Bmatrix} = [B] \begin{Bmatrix} \varepsilon_x^0 \\ \varepsilon_y^0 \\ \varepsilon_{xy}^0 \end{Bmatrix} + [D] \begin{Bmatrix} \kappa_x \\ \kappa_y \\ \kappa_{xy} \end{Bmatrix} - \begin{Bmatrix} \Lambda_x^T \\ \Lambda_y^T \\ \Lambda_{xy}^T \end{Bmatrix} \Delta T - \begin{Bmatrix} \Lambda_x^H \\ \Lambda_y^H \\ \Lambda_{xy}^H \end{Bmatrix} \Delta C \tag{8.41}$$

여기서 $\{\Gamma^H\}$는 적층판 수분흡수 영향계수 행렬(Laminate Hygroscopic In-plane Influence Coefficient Matrix)이고, $\{\Lambda^H\}$는 굽힘에서의 적층판 수분흡수 영향계수 행렬 (Laminate Hygroscopic Bending Influence Coefficient Matrix)이다.

$$\{\Gamma^H\} = \begin{Bmatrix} \Gamma_x{}^H \\ \Gamma_y{}^H \\ \Gamma_{xy}{}^H \end{Bmatrix} = \int_{-\frac{h}{2}}^{\frac{h}{2}} [\overline{Q}_{ij}]^{[k]} \begin{Bmatrix} \beta_x \\ \beta_y \\ \beta_{xy} \end{Bmatrix}^{[k]} dz = \sum_{k=1}^{n} [\overline{Q}_{ij}]^{[k]} \begin{Bmatrix} \beta_x \\ \beta_y \\ \beta_{xy} \end{Bmatrix}^{[k]} (z_k - z_{k-1}) \tag{8.42}$$

$$\{\Lambda^H\} = \begin{Bmatrix} \Lambda_x^H \\ \Lambda_y^H \\ \Lambda_{xy}^H \end{Bmatrix} = \int_{-\frac{h}{2}}^{\frac{h}{2}} [\overline{Q}_{ij}]^{[k]} \begin{Bmatrix} \beta_x \\ \beta_y \\ \beta_{xy} \end{Bmatrix}^{[k]} z dz = \frac{1}{2} \sum_{k=1}^{n} [\overline{Q}_{ij}]^{[k]} \begin{Bmatrix} \beta_x \\ \beta_y \\ \beta_{xy} \end{Bmatrix}^{[k]} (z_k^2 - z_{k-1}^2) \tag{8.43}$$

표 8.2는 여러 가지 재료의 α_i와 β_i의 값을 보여 준다[3]. 흡습열에 관하여 좀더 흥미가 있는 독자는 참고문헌 [4]를 참고하기 바란다.

표 8.2 | 여러 가지 재료의 흡습열 팽창계수

Material	CTE (10^{-6}/℃)		CHE (m/m)	
	α_1	α_2	β_1	β_2
Carbon/epoxy	0.88	31.0	0.09	0.30
E-Glass/epoxy	6.3	20.0	0.014	0.29
AF-126-2 adhesive	29.0	29.0	0.20	0.20
1020 steel	12.0	12.0	-	-

참고문헌

[1] R. K. Mallick, Fiber Reinforced Composites, Marcel Dekker, Inc., p. 267, 1988.

[2] R. M. Jones, Mechanics of Composite Materials, McGraw-Hill Book Company, Chapter 4, 1975.

[3] R. F. Gibson, Principles of Composite Material Mechanics, McGraw-Hill Book Company, Chapter 5, 1994.

[4] G. S. Springer (Eds), Environmental Effects on Composite Materials, Technomic Publishing Co., Inc., 1981.

Exercises

1 밸런스된 적층판(Balanced Laminate) 인 경우에 $\Gamma_{xy}^{T} = 0$ 이 됨을 증명하라.

2 $[\pm 35/0]_s$ 의 적층 순서를 가지는 적층판이 경화온도(176.7°C)에서, 실내온도(21.1°C)로 되었다. 이때 적층판의 유효 열팽창계수와 곡률(Curvature)을 구하라. 적층판의 넓이는 10cm×10cm이고 플라이 한 개의 두께는 0.135mm이다. 플라이의 열팽창계수는

$$\alpha_1 = -0.36 \times 10^{-6} \ (1/°\text{C})$$
$$\alpha_2 = 28.80 \times 10^{-6} \ (1/°\text{C})$$
$$\alpha_{12} = 0$$

이며, 일방향 섬유로 이루어진 이 재료의 공학적인 물질의 특성(Engineering Material Constants)은

$$E_1 = 130 \text{ GPa}$$
$$E_2 = 10.5 \text{ GPa}$$
$$\nu_{12} = 0.28$$
$$G_{12} = 6.0 \text{ GPa}$$

이다.

3 문제 2의 재료의 경화 후 제조 열응력(Fabrication Thermal Stress)을 구하라. 이 경우에 $N_6 = 0$ 이 됨을 보여라.

4 어떤 빙산 탐험 회사가 다음 번의 탐험을 위하여 당신을 고용하였다. 이 회사는 다른 회사가 제작한 Carbon/Epoxy 적층판을 가지고 있는데 이 판을 제작한 회사는 화재가 발생하여 도산하였다. 따라서 빙산 탐험 회사는 복합재료 적층판 제작회사와 접촉을 할 수 없기 때문에, 당신을 고용하여 복합재료 적층판의 적층 순서(Stacking Sequence)를 파악하고자 한다. 이 회사는 아래와 같은 사항을 알고 있으므로 당신은 이러한 지식을 사용할 수 있다.

- 사용된 재료는 AS1/3501-6 Carbon/epoxy 재료이며, 재료의 성질은 아래와 같다.

$E_1 = 130$ GPa	$\alpha_1 = -0.36\times10^{-6}$ (1/°C)	$X^T = 1661$ MPa
$E_2 = 10.5$ GPa	$\alpha_2 = 28.80\times10^{-6}$ (1/°C)	$X^C = -1698$ MPa
$\nu_{12} = 0.28$	$\alpha_{12} = 0$	$Y^t = 53.9$ MPa
$G_{12} = 6.0$ GPa	$t_{Ply} = 0.135mm$	$Y^C = -221$ MPa
		$S = 105$ MPa

- 복합 적층판은 176.7°C에서 평평하게 경화시켰으며, 상온(21.1°C)이 될 때까지 평판으로 남아 있었다.
- 측정된 적층판의 두께는 0.81mm이다.
- 플라이 각도(Ply Angle)는 모두 5°씩 증가되었다.
- 여러 번의 인장시험 결과 다음을 얻었다.

$$E_x = 71.5\text{ GPa}$$

$$\nu_{xy} = 0.203$$

$$\eta_{xy,x} = 0$$

- 아래의 곡률(Cuvature)을 얻기 위하여

$$\kappa_x = 10\,\frac{1}{\text{m}}$$

$$\kappa_y = 0$$

$$\kappa_{xy} = 0$$

특별한 고정구(Fixture)를 사용하여 다음과 같은 모멘트를 평판에 가하여야만 하였다.

$$M_x = 35.7\ \text{Nm/m}$$

$$M_y = 5.09\ \text{Nm/m}$$

$$M_{xy} = 9.76\ \text{Nm/m}$$

(a) 이상과 같은 정보를 가지고 적층판의 적층순서를 발견하라.

(b) 위의 복합재료 판을 남극 탐험시에 사용하였을 경우에, 온도차이에 의하여 파괴가 생기는지를 알고 싶다. 적층판에는 하중을 가하지 않으며, 아무런 제한조건을 가하지 않는다. 첫 번째 플라이 파손(First-ply Failure)이 일어나면 적층판은 사용하지 못하는 것으로 가정하며, 최대 응력 이론을 사용하여 파손이 발생하는 온도를 구하라.

5 $[\pm 30]_S$ 로 적층된 적층판이 다음과 같은 일방향 물성을 가지고 있다.

$E_1 = 130\ \text{GPa}$, $E_2 = 10.5\ \text{GPa}$, $\nu_{12} = 0.28$, $G_{12} = 6.0\ \text{GPa}$

$\alpha_1 = -0.36\times10^{-6}\ /°\text{C}$, $\alpha_2 = 28.8\times10^{-6}\ /°\text{C}$, $\alpha_{12} = 0$

$\beta_1 \cong 0$, $\beta_2 = 0.44$, $\beta_{12} = 0$, $t_{\text{ply}} = 0.135\ \text{mm}$

이 적층판이 180°C에서 경화된 후 상온 20°C으로 냉각되었으며, 상온에서 0.5%의 수분을 흡수하였다고 가정했을 때, 흡습열에 의한 잔류 응력을 구하라.

CHAPTER 9

복합재료 미시역학

9.1 입문

지금까지의 복합재료는, 이를 구성하고 있는 섬유와 기지(또는 모재, Matrix)를 구별할 수 없는 균질한(Homogeneous) 물질로 취급하였다. 그러나 복합재료를 확대하여 보면 섬유가 기지에 함침되어 있는 비균질(Heterogeneous) 물질임을 알 수가 있다. 구조재료로 사용되는 복합재료의 내부의 섬유는 강도와 강성이 높으므로 주로 하중을 지탱하는 역할을 수행하며, 파괴가 일어날 때까지 선형적인 성질을 나타낸다. 그러나 기지는 기계적인 성질이 약하며, 파괴가 일어날 때까지 비선형적인 성질을 나타낸다. 그림 9.1은 Carbon/Epoxy를 구성하는 섬유와 기지의 대표적 성질을 보여 준다.

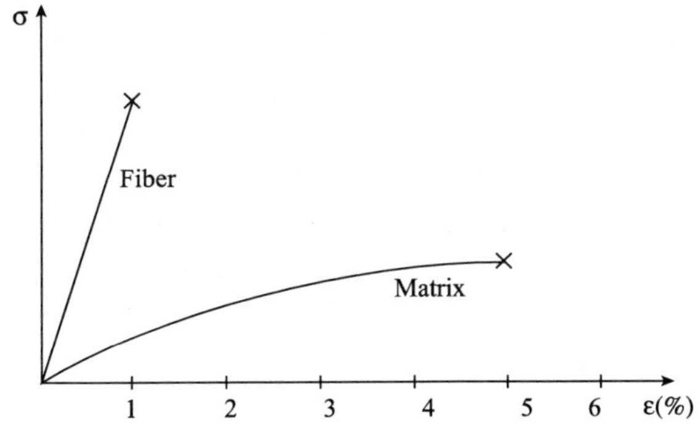

그림 9.1

복합재료 내부의 섬유와 기지의 $\sigma-\varepsilon$ 관계

복합재료 내부의 기지는 다음과 같은 중요한 역할을 수행한다.

① 섬유를 공간상에 잘 분포시킨다.
② 섬유를 보호한다.
③ 연속적이고 매끄러운 복합재료 표면을 제공한다.
④ 하나의 섬유가 끊어졌을 때 다른 섬유로 하중을 전달한다.

본 장에서는 먼저 복합재료 내부의 한 섬유가 끊어졌을 때 기지가 어떻게 다른 섬유로 하중을 전달하는지에 대하여 살펴보고, 섬유와 기지 각각의 물성으로부터 어떻게 일방향 복합재료의 각 방향으로의 탄성계수나 흡습열 팽창계수와 같은 물성을 예측하는지에 대하여 알아보고자 한다.

9.2 기지(Matrix)가 하중을 전달하는 방법

복합재료 내부의 한 섬유가 끊어졌을 때, 주위의 다른 섬유가 끊어진 섬유의 하중을 지지하게 된다. 끊어진 섬유의 하중은 주로 기지에 의하여 전달된다. 기지로부터 섬유로의 하중전달은 Cox 모델과 Kelly-Tyson 모델로 설명될 수 있다[1-2]. 본 절에서는 Cox 모델을 주로 살펴보기로 한다.

Cox 모델을 살펴보기 위해서 강성이 큰 섬유가 낮은 강성을 가지는 기지에 함침되어 있다고 가정하자. 그림 9.2는 외부하중이 가해지기 전 기지에 단 섬유가 포함된 요소와 외부하중이 가해진 후의 요소를 보여 준다. 여기서 섬유와 기지는 완전히 결합(Perfect Bonding)되어 있고, 두 재료의 포아송비(Poisson's Ratio)는 서로 같다고 가정한다. 외부에서 축 방향으로 요소에 하중이 가해지면 그림 9.2에서 보는 바와 같이, 섬유와 기지 사이의 강성의 값의 차가 매우 크기 때문에 섬유의 양단에서는 매우 큰 전단 변형이 생기나, 섬유의 중간 부분에서는 전단 변형이 발생하지 않는다. 섬유와 기지 사이의 응력전달은 계면 전단(Interfacial Shear)에 의하여 주로 발생하기 때문에, 응력전달은 주로 섬유의 양단에서 발생하며, 섬유의 축 방향 응력은 중앙에서 가장 크고 양단으로 갈수록 감소하게 된다.

복합재료의 대표 체적요소(RVE: Representative Volume Element)를 그림 9.3처럼 취하면, 축 방향(x-방향)의 힘의 평형은 다음과 같이 표현된다.

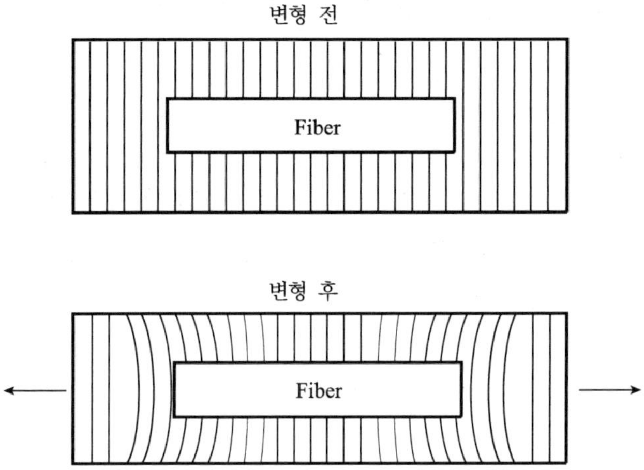

그림 9.2
강성이 큰 섬유와 강성이 낮은 기지로 구성된 복합재료의 기지의 전단 변형 모양

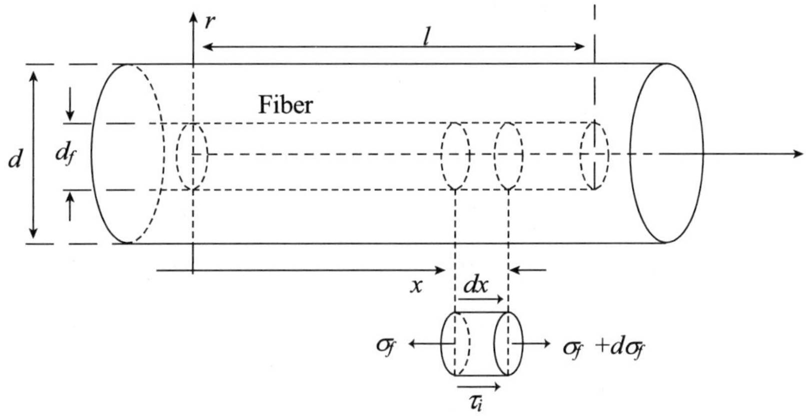

그림 9.3
그림 9.2에 대한 RVE

$$\left(\sigma_f + d\sigma_f\right)\frac{\pi d_f^{\ 2}}{4} - \sigma_f \frac{\pi d_f^{\ 2}}{4} + \tau_i\left(\pi d_f\right) dx = 0 \tag{9.1}$$

여기서 σ_f는 섬유에 작용하는 x방향 응력이고 τ_i는 섬유와 기지 사이의 전단 응력이며, d_f는 섬유의 직경을 나타낸다. 식 (9.1)을 간단히 하면, x-방향으로의 섬유의 응력 변화율과 계면의 전단 응력 사이의 관계를 다음과 같이 구할 수 있다.

$$\frac{d\sigma_f}{dx} = -\frac{4\tau_i}{d_f} \tag{9.2}$$

위 식에서 σ_f를 구하려면, τ_i와 거리 x사이의 관계식을 알아야 한다. 이를 위하여 다음과 같은 과정이 필요하다.

$d_f = 2r_f$와 $d = 2r$ 사이의 중공 실린더 형상의 기지에 대한 힘의 평형을 고려하

고 기지의 축방향 응력을 무시하면 기지의 전단 응력 τ 를 나타낼 수 있다.

$$\pi d\tau = \pi d_f \tau_i \quad \text{i.e.} \quad \tau = \frac{r_f}{r}\tau_i \tag{9.3}$$

섬유 주위의 변형률은 기지의 x 방향 변위 u_m 의 항으로 나타낼 수 있다. 변위의 증분 du_m 을 dr 로 나누어 주면 기지의 전단 변형률 γ 를 구할 수 있으며, 기지에 대한 Hooke의 법칙과 결합하면,

$$\frac{du_m}{dr} = \gamma = \frac{\tau}{G_m} = \frac{r_f}{r}\frac{\tau_i}{G_m} \tag{9.4}$$

임의로 주어진 x 값에서, RVE의 반경 r 에서의 기지의 변위와 섬유의 반경 r_f 에서의 기지의 변위의 차이는 식 (9.4)를 적분함으로써 얻을 수 있다.

$$u_m(r) - u_m(r_f) = \frac{r_f \tau_i}{G_m}\int_{r_f}^{r}\frac{dr}{r} = \frac{r_f \tau_i}{G_m}\ln\left(\frac{r}{r_f}\right) = \frac{d_f \tau_i}{2G_m}\ln\left(\frac{d}{d_f}\right) \tag{9.5}$$

기지의 변형률은 섬유에서 멀리 있는 곳에서 일정하다고 가정하고, 섬유에서는 전단 변형이 발생하지 않고 섬유와 기지가 완전 결합을 한다고 가정하면, $u_m(r_f) = u_f$ (u_f: 섬유 표면에서의 변위)라 할 수 있으며, 식 (9.5)는

$$\tau_i = \frac{2G_m}{d_f \ln(d/d_f)}(u_m - u_f) \tag{9.6}$$

식 (9.6)을 (9.2)에 대입하면,

$$\frac{d\sigma_f}{dx} = -\frac{8G_m}{d_f^{\,2}\ln(d/d_f)}(u_m - u_f) \tag{9.7}$$

식 (9.7)을 x에 대하여 미분하면,

$$\frac{d^2\sigma_f}{dx^2} + \frac{8G_m}{d_f^{\,2}\ln(d/d_f)}\left(\frac{du_m}{dx} - \frac{du_f}{dx}\right) = 0 \tag{9.8}$$

섬유의 인장 변형률은

$$\frac{du_f}{dx} = \varepsilon_f = \frac{\sigma_f}{E_f} \tag{9.9}$$

여기서 E_f는 섬유의 탄성계수이다.

$\frac{du_m}{dx}$ 는 섬유의 반경 r_f 에서 멀리 있는 곳에서의 기지의 축방향 변형률로 근사할 수 있으며, 따라서 이 변형률은 전체 복합재료의 축방향 변형률 e 와 거의 같아진다.

$$\frac{du_m}{dx} = e = \text{섬유에서 멀리 있는 기지의 축방향 변형률(외부에서 가한 변형률)} \tag{9.10}$$

따라서 식 (9.8)은 다음과 같이 표현된다.

$$\frac{d^2\sigma_f}{dx^2} - \frac{8G_m}{{d_f}^2 \ln(d/d_f)}\left(\frac{\sigma_f}{E_f} - e\right) = 0 \tag{9.11}$$

파라미터 β 를 다음과 같이 도입하면

$$\beta = 2\sqrt{\frac{2G_m}{{d_f}^2 E_f \ln(d/d_f)}} \tag{9.12}$$

식 (9.11)은 다음과 같아진다.

$$\frac{d^2\sigma_f}{dx^2} - \beta^2\sigma_f + \beta^2 E_f e = 0 \tag{9.13}$$

위 식에 대한 경계조건은 다음과 같다.

$$\sigma_f = 0 \quad \text{at } x = 0 \text{ and } x = l \tag{9.14}$$

식 (9.14)의 경계조건을 사용하여 식 (9.13)을 풀면

$$\sigma_f = E_f e\left[1 - \frac{\cosh\beta(0.5l - x)}{\cosh(0.5\beta l)}\right] \tag{9.15}$$

섬유가 가질 수 있는 최대 축방향 변형률은 외부에서 가해진 변형률 e 이며, 따라서 섬유의 최대 응력은 $\sigma_{f\max} = E_f e$ 이다. 만약 섬유의 길이 l 이 충분히 길면, 섬유의 축방향 응력은 양 끝단에서 0이 되고, 중심부에서 최대값 $\sigma_{f\max}$ 를 가지게 된다. 섬유에 작용하는 평균 응력 $\overline{\sigma}_f$ 는

$$\bar{\sigma}_f = \frac{E_f e}{l}\int_0^l \left[1-\frac{\cosh\beta(0.5l-x)}{\cosh(0.5\beta l)}\right]dx = E_f e\left[1-\frac{\tanh(0.5\beta l)}{0.5\beta l}\right] \tag{9.16}$$

이 된다.

식 (9.2)로부터 경계면 전단 응력 τ_i는 다음과 같다.

$$\tau = -\frac{1}{4}E_f \beta d_f e\frac{\sinh\beta(0.5l-x)}{\cosh(0.5\beta l)} \tag{9.17}$$

x의 변화에 따른 τ_i와 σ_f 의 변화를 그림 9.4에 나타내었다.

r/r_f (= d/d_f)의 근사값은 주변 섬유가 얼마나 가까이 있는가에 의해 결정되므로 섬유부피분율 V_f 와 관계가 있다고 할 수 있다. d/d_f 에 대한 정확한 관계를 구하는 것은 섬유가 기지 내에 어떻게 배열되어 있는지를 정확하게 아는 것에 달려 있다. 하지만, d/d_f 는 로그항에 포함되어 있으므로, 최종 결과는 섬유배열에 그다지 민감하지 않을 것이다. 대표적인 섬유의 배열인 사각배열(Square Array)과 육각배열(Hexagonal Array)을 그림 9.5에 나타내었다. 섬유가 육각배열(Hexagonal Array)을 하고 있다고 하면, 섬유부피분율 V_f (정의는 9.3절을 참조)는

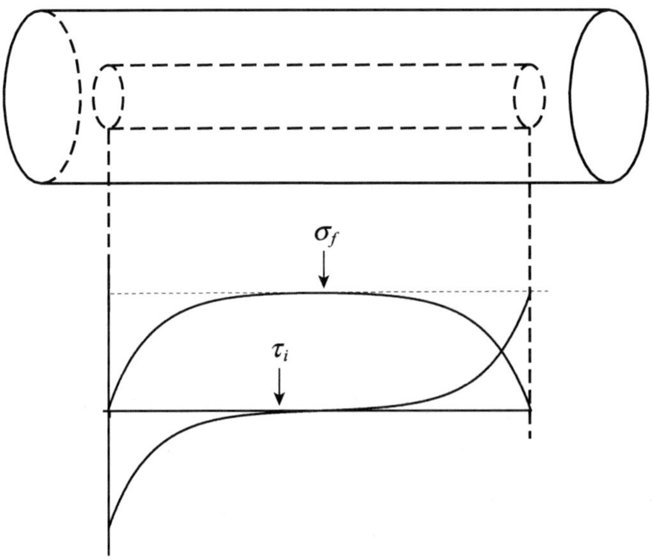

그림 9.4
x의 변화에 따른 τ_i 와 σ_f 의 변화

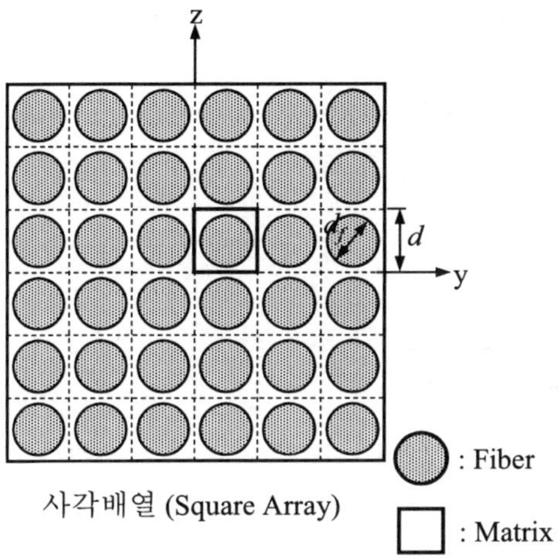

그림 9.5
대표적인 섬유의 배열에 대한 도식도 (사각배열 및 육각배열)

$$V_f = \frac{\frac{\pi}{4}d_f^2}{d\left(\frac{\sqrt{3}}{2}d\right)} \quad \text{i.e.} \quad \left(\frac{d}{d_f}\right)^2 = \frac{\pi}{2\sqrt{3}V_f} \tag{9.18}$$

따라서

$$\ln\frac{d}{d_f} = \frac{1}{2}\ln\left(\frac{\pi}{2\sqrt{3}V_f}\right) \tag{9.19}$$

섬유가 사각배열(Square Array)을 하고 있다고 하면,

$$\ln\frac{d}{d_f} = \frac{1}{2}\ln\left(\frac{\pi}{4V_f}\right) \tag{9.20}$$

식 (9.19)와 (9.20)을 식 (9.12)에 대입하면,

$$\beta = 4\left(\frac{G_m}{d_f^2 E_f \ln\left(\pi/2\sqrt{3}V_f\right)}\right)^{\frac{1}{2}} \quad \text{육각배열의 경우} \tag{9.21}$$

$$\beta = 4\left(\frac{G_m}{d_f^2 E_f \ln\left(\pi/4V_f\right)}\right)^{\frac{1}{2}} \quad \text{사각배열의 경우} \tag{9.22}$$

결함이 없는 탄소섬유의 길이 $l = 0.1\,\text{mm}$라 하고, Carbon/Epoxy 복합재료(E_f =

200 GPa, G_m = 2 GPa, d = 7 μm, V_f = 0.6)를 가정하면, β는

β = 8.9 × 10^4 1/m 육각배열의 경우

β = 1.1 × 10^5 1/m 사각배열의 경우

βl의 근사값은 대략 10이 되고, 식 (9.15)에 의하여 σ_f는

$$\sigma_f = E_f e\left[1-\frac{e^{0.5\beta l}e^{-\beta x}+e^{-0.5\beta l}e^{\beta x}}{e^{0.5\beta l}+e^{-0.5\beta l}}\right] \approx E_f e\left[1-e^{-\beta x}-e^{\beta(x-l)}\right] \tag{9.23}$$

섬유의 끝단 근처(x << l)에서 위 식은 다음과 같이 된다.

$$\sigma_f \approx E_f e\left(1-e^{-\beta x}\right) \tag{9.24}$$

$$\tau(r_f) = -\frac{d\beta e E_f}{4}e^{-\beta x} \tag{9.25}$$

섬유의 축방향 응력 σ_f가 $0.99\sigma_{f\max} = 0.99E_f e$가 될 때의 섬유 길이를 비유효길이(Ineffective Length) l_i 라 한다. 식 (9.24)로부터 l_i는

$$l_i = -\frac{1}{\beta}\ln 0.01 \cong 50\ \mu\text{m} \tag{9.26}$$

섬유가 파단되면 섬유 양쪽 끝단의 비유효길이는 대략 100 μm가 되며, 대략 섬유 직경 d_f의 20배보다 작은 값이다. 이 길이가 넘어가면 파단된 섬유는 최대 응력 $\sigma_{f\max}$를 지지하게 된다. 섬유의 직경이 작아질수록 β가 증가하게 되어 비유효길이도 작아지게 된다.

다시 말하면, 섬유가 복합재료 내부에서 끊어지게 되면, 끊어진 부위에서 양쪽으로 직경의 10배 정도의 길이까지는 하중을 완전히 전달하지 못하는 길이(비유효길이)가 되지만, 복합재료에 사용되는 섬유의 직경 d_f가 일반적으로 매우 작으므로, 하중을 완전히 전달하지 못하는 길이도 작게 된다. 즉, 섬유에 파단이 발생하여도 파단이 발생한 점으로부터 $10d_f$ 이상 되면, 섬유는 다시 하중을 완전히 전달하게 된다. 이와 같은 이유로 섬유와 기지를 함께 사용한 복합재료는 섬유의 파손이 발생하여도 파단된 섬유의 하중을 주위의 기지가 다른 섬유로 전달할 수 있게 된다.

9.3 복합재료의 유효물성 예측

복합재료의 미시역학(Micromechanics)을 다루는 목적 중 하나는 복합재료의 강성(Stiffness) 혹은 컴플라이언스(Compliance)를 복합재료를 구성하는 섬유나 기지의 강성이나 컴플라이언스를 통하여 예측하고자 하는 것이다. 예를 들면, 복합재료의 탄성계수 E_i를

$$E_i = E_i(E_f, \nu_f, V_f, E_m, \nu_m, V_m) \tag{9.27}$$

처럼 나타내기 위한 것이다. 여기서

E = Young 률

ν = 포아송비

V = 부피분율 (Volume Fraction = $\dfrac{\text{섬유나 기지의 체적}}{\text{전체 복합재료 체적}}$)

이며, f와 m은 각각 섬유와 기지를 나타낸다.

복합재료 미시역학의 또 다른 목적은 복합재료의 강도(Strength)를 위와 같이 구성물질인 섬유와 기지의 강도를 통하여 구하고자 하는 것이다. 하지만, 통계적으로 섬유의 강성보다 강도의 변화가 심하고 섬유 내부의 결함의 분포도 랜덤하기 때문에, 강도를 예측하는 것은 강성을 예측하는 것보다 일반적으로 더 어렵다.

복합재료의 미시역학을 다루는 방법은 재료역학(Mechanics of Material)적인 방법과 탄성학(Theory of Elasticity)적인 방법 및 유한요소해석(Finite Element Analysis)을 이용한 방법이 있으나, 탄성학적인 방법이나 유한요소해석을 이용한 방법은 복잡하므로, 여기서에는 재료역학적인 방법을 사용하여 강성과 흡습열 물성을 구하는 방법을 고려한다. 재료역학적인 방법을 사용하거나 혹은 탄성학적인 방법을 사용하더라도 다음과 같은 가정을 필요로 한다[3].

① 하나의 플라이(Ply 혹은 Laminate)는 거시적으로 (Macroscopically) 균질(Homogeneous)하고, 선형 탄성이며, 직교이방성(Orthotropic) 성질을 가진다. 또한 초기에는 응력이 없는(Stress-free) 상태에 있다.

② 섬유는 균질하고, 선형 탄성이며, 공간상에서 규칙적으로 잘 배열되어 있다.

③ 기지(Matrix)도 균질하고, 선형 탄성이며, 등방성(Isotropy)이다.

④ 기공(Void)이 존재하지 않으며, 섬유와 기지는 완전히 결합(Perfect Bonding) 되어 있다.

이와 같은 가정하에서 복합재료의 여러 가지 물성을 아래와 같이 예측하고자 한다.

9.3.1 밀도

복합재료의 무게를 W_c, 섬유만의 무게를 W_f, 기지만의 무게를 W_m 이라고 하면

$$W_c = W_f + W_m \tag{9.28}$$

이 된다. 복합재료의 부피 Vol_c 는 섬유만이 차지하는 부피 Vol_f 와 기지만이 차지하는 부피 Vol_m 와 기공(Void)이 차지하는 부피 Vol_v 를 모두 합한 것이다.

$$Vol_c = Vol_f + Vol_m + Vol_v \tag{9.29}$$

일반적으로 기공의 부피는 복합재료 부피의 1% 이내이므로 무시할 수 있다. 식 (9.29)의 양변을 Vol_c 로 나누면

$$V_f + V_m + V_v = 1 \tag{9.30}$$

여기서

$$V_f = \frac{Vol_f}{Vol_c} \text{ 섬유부피분율 (Fiber Volume Fraction)}$$

$$V_m = \frac{Vol_m}{Vol_c} \text{ 기지부피분율 (Matrix Volume Fraction)} \tag{9.31}$$

$$V_v = \frac{Vol_v}{Vol_c} \text{ 기공부피분율 (Void Volume Fraction)}$$

와 같이 정의된다. 마찬가지 방법으로 식 (9.28)의 양변을 Vol_c 로 나누면

$$\rho_c = \rho_f V_f + \rho_m V_m \tag{9.32}$$

여기서

$$\rho_c = \frac{M_c}{Vol_c}, \quad \rho_f = \frac{M_f}{Vol_f}, \quad \rho_m = \frac{M_m}{Vol_m} \tag{9.33}$$

이다. 식 (9.32)를 혼합물 법칙(Rule of Mixtures 혹은 ROM) 이라고 한다.

복합재료 내부 기공의 부피를 무시할 경우 섬유부피분율 V_f 와 복합재료 밀도 ρ_c 는 다음과 같이 얻어진다.

$$V_f = \frac{W_f / \rho_f}{W_f / \rho_f + (1 - W_f) / \rho_m} \tag{9.34}$$

$$\rho_c = \frac{1}{W_f / \rho_f + (1 - W_f) / \rho_m} \tag{9.35}$$

어떤 경우에는 복합재료 내부의 기공의 양을 구할 필요가 있게 된다. 이 경우에 식 (9.30)을 사용하여 측정된 무게와 밀도로부터 다음과 같이 계산할 수 있다.

$$V_v = 1 - \frac{(W_f / \rho_f) + (W_c - W_f) / \rho_m}{W_c / \rho_c} \tag{9.36}$$

9.3.2 종방향 강성 (Longitudinal Modulus)의 예측

그림 9.6과 같이 하나의 섬유를 포함하는 복합재료의 대표체적요소(RVE)를 가정하자. 섬유와 기지의 종방향 변형률이 같다고 하면,

$$\bar{\varepsilon}_1 = \varepsilon_f = \varepsilon_m \tag{9.37}$$

여기서 $\bar{\varepsilon}_1 =$ 복합재료의 종방향 변형률

$\varepsilon_f =$ 섬유의 종방향 변형률

$\varepsilon_m =$ 기지의 종방향 변형률

E_{f1} 을 섬유의 종방향 강성, E_m 을 기지의 강성, V_f 를 섬유부피분율, V_m 를 기지부피분율이라 두면, 복합재료의 종방향 힘 평형에 의하여

$$\bar{\sigma}_1 A = \sigma_f A_f + \sigma_m A_m \tag{9.38}$$

여기서, $\bar{\sigma}_1 =$ 복합재료에 가해지는 종방향 평균응력

σ_f = 섬유의 종방향 응력

σ_m = 기지의 종방향 응력

A = 복합재료의 단면적 $(A = A_f + A_m)$

A_f = 섬유의 단면적

A_m = 기지의 단면적

식 (9.37)을 사용하면 복합재료의 종방향 유효강성 E_1은

$$E_1 = \frac{\bar{\sigma}_1}{\bar{\varepsilon}_1} = \frac{\sigma_f}{\varepsilon_f}\frac{A_f}{A} + \frac{\sigma_m}{\varepsilon_m}\frac{A_m}{A} \tag{9.39}$$

섬유와 기지에 대한 Hooke의 법칙$(E = \sigma / \varepsilon)$을 사용하면,

$$E_1 = E_{f1}V_f + E_mV_m \tag{9.40}$$

식 (9.40)도 혼합물 법칙의 형태로 나타난다. 종방향 강성에 대한 혼합물 법칙은 다양한 범위의 섬유부피분율에서 복합재료의 종방향 유효강성을 잘 예측한다고 알려져 있다.

9.3.3 종방향 포아송비(Longitudinal Poisson's Ratio)의 예측

종방향 포아송비 ν_{12}는 복합재료에 응력 $\bar{\sigma}_1$이 가해졌을 때 횡방향 변형률 $\bar{\varepsilon}_2$를 종방향 변형률 $\bar{\varepsilon}_1$로 나눈 값의 음수로 정의된다. 그림 9.6으로부터 횡방향 변형률 $\bar{\varepsilon}_2$는 횡방향 변형량 δH와 RVE의 높이 $H(H = H_f + H_m)$, 섬유와 기지의 포아송비 ν_f 및 ν_m와 다음과 같은 관계를 가진다.

$$\varepsilon_2 = \frac{\delta H}{H} = \frac{\delta H_f + \delta H_m}{H} = -\frac{\nu_f\bar{\varepsilon}_1(V_fH) + \nu_m\bar{\varepsilon}_1(V_mH)}{H} \tag{9.41}$$

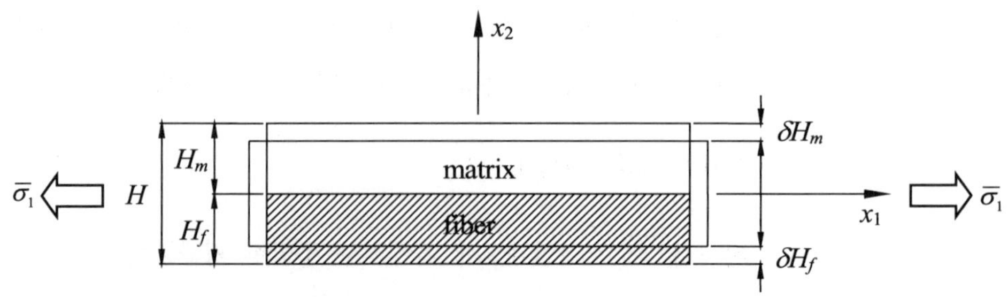

그림 9.6

종방향 하중 하의 복합재료의 종방향 및 횡방향 변형

여기서, $\delta H_f =$ 섬유의 횡방향 변형량

$\delta H_m =$ 기지의 횡방향 변형량

따라서, 유효 종방향 포아송비 ν_{12} 는

$$\nu_{12} = -\frac{\bar{\varepsilon}_2}{\bar{\varepsilon}_1} = \nu_f V_f + \nu_m V_m \tag{9.42}$$

복합재료의 유효 종방향 포아송비도 혼합물 법칙으로 나타난다. 식 (9.42)는 대략 10% 정도의 오차가 발생하는 것으로 알려져 있다.

9.3.4 횡방향 강성(Transverse Modulus)의 예측

복합재료의 유효 횡방향 강성 E_2 을 예측하기 위하여 그림 9.7에서와 같이 일정한 횡방향 응력 $\bar{\sigma}_2$ 가 RVE에 작용하는 경우를 고려하면 된다. 이 경우 복합재료 내부에서 횡방향 응력이 모두 동일하다고 하면, 두께 H 를 가지는 복합재료의 횡방향 변위 δ_2 는

$$\delta_2 = \bar{\varepsilon}_2 H = \varepsilon_f (V_f H) + \varepsilon_m (V_m H) \tag{9.43}$$

따라서, 평균 횡방향 변형률은

$$\bar{\varepsilon}_2 = \varepsilon_f V_f + \varepsilon_m V_m = \frac{\bar{\sigma}_2}{E_{f2}} V_f + \frac{\bar{\sigma}_2}{E_m} V_m \tag{9.44}$$

여기서 E_{f2} 는 섬유의 횡방향 강성이다.

식 (9.44)로부터 복합재료의 유효 횡방향 강성은 다음과 같이 표현된다.

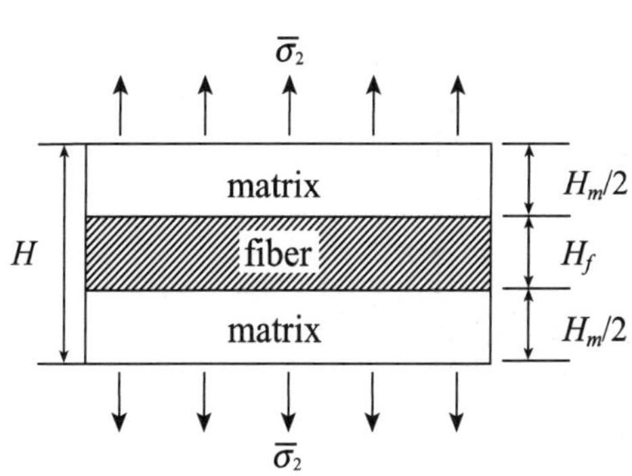

그림 9.7

횡방향 하중 하의 복합재료의 횡방향 변형

$$\frac{1}{E_2} = \frac{\bar{\varepsilon}_2}{\bar{\sigma}_2} = \frac{V_f}{E_{f2}} + \frac{V_m}{E_m} \tag{9.45}$$

식 (9.45)를 통하여 유효 횡방향 강성을 간단하게 예측할 수 있는 반면, 실제 E_2 값과는 많은 차이가 존재한다.

9.3.5 종방향 전단 강성(Longitudinal Shear Modulus)의 예측

그림 9.8에서와 같이 순수 전단 하중 $\bar{\tau}_{12}$ 이 작용할 때 복합재료의 유효 종방향 전단강성 G_{12} 는 다음과 같이 정의된다.

$$G_{12} = \frac{\bar{\tau}_{12}}{\bar{\gamma}_{12}} \tag{9.46}$$

섬유와 기지에서 전단 응력이 일정하다고 가정하면, 섬유와 기지에서의 전단 변형률 γ_f 과 γ_m 는

$$\gamma_m = \frac{\bar{\tau}_{12}}{G_m} \tag{9.47}$$

$$\gamma_f = \frac{\bar{\tau}_{12}}{G_{f12}} \tag{9.48}$$

여기서 G_{f12} 는 섬유의 종방향 전단강성이고 G_m 은 기지의 전단강성이다.

복합재료의 전단 변형량 $\bar{\delta}$ 는 섬유의 전단 변형량 δ_f 와 기지의 전단 변형량 δ_m 의 합으로 표시할 수 있다.

$$\bar{\delta} = \delta_f + \delta_m = \bar{\gamma}_f H_f + \bar{\gamma}_m H_m = \frac{\bar{\tau}_{12}}{G_{f12}}(V_f H) + \frac{\bar{\tau}_{12}}{G_m}(V_m H) \tag{9.49}$$

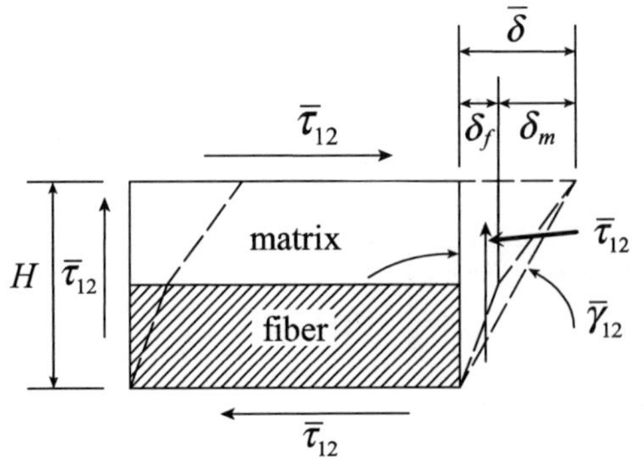

그림 9.8
전단 하중 하의 복합재료의 전단 변형

미소변형인 경우 복합재료의 평균 전단 변형률 $\bar{\gamma}_{12}$ 는

$$\bar{\gamma}_{12} = \frac{\bar{\delta}}{H} = \frac{\frac{\bar{\tau}_{12}}{G_{f12}}(V_f H) + \frac{\bar{\tau}_{12}}{G_m}(V_m H)}{H} = \frac{\bar{\tau}_{12}}{G_{f12}} V_f + \frac{\bar{\tau}_{12}}{G_m} V_m \tag{9.50}$$

식 (9.46) ~ (9.50)으로부터

$$\frac{1}{G_{12}} = \frac{V_f}{G_{f12}} + \frac{V_m}{G_m} \tag{9.51}$$

식 (9.51)은 식 (9.45)의 횡방향 강성과 같은 형태를 지니며, 실제 G_{12} 값과는 많은 차이가 존재한다.

9.3.6 Halphin-Tsai 식

Halphin과 Tsai는 좀 더 정확한 복합재료의 강성과 포아송비를 예측하기 위하여 실험결과를 포함한 준 실험식(Semi-empirical Equation)을 다음과 같이 제안하였다 [3].

$$\frac{P}{P_m} = \frac{1 + \xi \eta V_f}{1 - \eta V_f} \tag{9.52}$$

$$\eta = \frac{P_f / P_m - 1}{P_f / P_m + \xi} \tag{9.53}$$

여기서 P는 복합재료의 강성(E_1, E_2, G_{12}, G_{23})을 나타내고, P_m 과 P_f 는 각각 기지와 섬유의 강성을 나타낸다. V_f 는 섬유부피분율이고, ξ는 실험으로부터 구해진 파라미터이다. ξ는 섬유의 형상과, 섬유의 배열 및 하중조건 등에 따라 달라진다.

$\xi = 0$인 경우 식 (9.52)는 식 (9.45) 및 (9.51)과 같은 역 혼합물 법칙이 되고, 반면 $\xi = \infty$ 인 경우 식 (9.52)는 식 (9.40) 및 (9.42)와 같은 혼합물 법칙이 된다. 적절한 ξ값을 결정하는 것은 Halphin-Tsai 식을 적용하는 데 있어 매우 중요하다. E_2 를 예측하기 위하여 섬유배열이 사각배열인지 아니면 육각배열인지에 따라 $\xi = 1$ 또는 2의 값이 사용된다. $V_f = 0.55$ 인 경우 $\xi = 1$을 사용하면 G_{12} 를 잘 예측할 수 있다고 알려져 있다[5].

일반적으로 식 (9.52)는 E_1 이나 ν_{12} 보다 E_2 와 G_{12} 를 예측하기 위하여 사용된다.

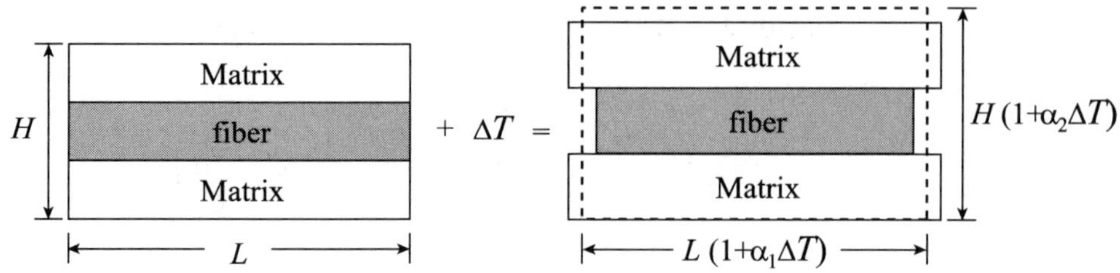

그림 9.9
온도변화에 의한 RVE의 변형

9.3.7 흡습열 물성 (Hygrothermal Properties)의 예측

재료역학적인 방법을 사용하여 종방향 열팽창계수(Longitudinal Coefficient of Thermal Expansion)를 예측하기 위하여 그림 9.9와 같은 RVE를 고려하자. 그림 9.9의 RVE는 기지의 열팽창계수가 섬유의 열팽창계수보다 큰 경우이다.

외부에서 하중이 가해지지 않기 때문에 식 (9.38)에서 $\bar{\sigma}_1 = 0$ 이 되어,

$$V_f \sigma_{f1} = -V_m \sigma_m \tag{9.54}$$

또한 식 (9.37)의 $\bar{\varepsilon}_1 = \varepsilon_f = \varepsilon_m$ 관계도 성립하게 된다.

종방향으로의 섬유와 기지의 응력-변형률 관계식은 다음과 같다.

$$\varepsilon_{f1} = \frac{\sigma_{f1}}{E_{f1}} + \alpha_{f1} \Delta T \tag{9.55}$$

$$\varepsilon_m = \frac{\sigma_m}{E_m} + \alpha_m \Delta T \tag{9.56}$$

여기서 아래첨자 $f1$은 직교 이방성 특성을 가지는 섬유의 종방향을 의미한다. 종방향 열팽창계수는 $\alpha_1 = \frac{\bar{\varepsilon}_1}{\Delta T}$ 이기 때문에 식 (9.37)과 (9.54) ~ (9.56)을 결합하면,

$$\alpha_1 = \frac{E_{f1}\alpha_{f1}V_f + E_m \alpha_m V_m}{E_{f1}V_f + E_m V_m} \tag{9.57}$$

섬유가 등방성이라 가정하면, 위 식은 다음과 같이 표시된다.

$$\alpha_1 = \frac{E_f \alpha_f V_f + E_m \alpha_m V_m}{E_f V_f + E_m V_m} \tag{9.58}$$

횡방향 열팽창계수(Transverse Coefficient of Thermal Expansion)도 그림 9.9의 RVE를 사용하여 예측할 수 있다. 종방향으로 $\bar{\varepsilon}_1 = \varepsilon_f = \varepsilon_m$ 이기 때문에 종방향으로 힘의 평형이 성립하기 위하여 기지는 압축응력을, 섬유는 인장응력을 받게 된다.

$$\Delta\sigma_m = E_m(\alpha_m - \alpha_1)\Delta T \tag{9.59}$$

$$\Delta\sigma_{f1} = E_{f1}(\alpha_1 - \alpha_{f1})\Delta T \tag{9.60}$$

횡방향으로의 섬유와 기지의 응력-변형률 관계식은 다음과 같다.

$$\varepsilon_{f2} = \alpha_{f2}\Delta T - v_{f12}\frac{\Delta\sigma_{f1}}{E_{f1}} \tag{9.61}$$

$$\varepsilon_m = \alpha_m\Delta T + v_m\frac{\Delta\sigma_m}{E_m} \tag{9.62}$$

여기서 아래첨자 $f2$은 직교이방성 특성을 가지는 섬유의 횡방향을 의미한다. 또한, 횡방향 변형률은 다음과 같다

$$\varepsilon_2 = \varepsilon_{f2}V_f + \varepsilon_m V_m = \alpha_2\Delta T \tag{9.63}$$

식 (9.59) ~ (9.63)을 결합하여 정리하면, 횡방향 열팽창계수는

$$\alpha_2 = \alpha_{f2}V_f + \alpha_m V_m + v_{f12}(\alpha_{f1} - \alpha_1)V_f + v_m(\alpha_m - \alpha_1)V_m \tag{9.64}$$

섬유가 등방성이면, 위 식은

$$\alpha_2 = (1+v_f)\alpha_f V_f + (1+v_m)\alpha_m V_m - \alpha_1 v_{12} \tag{9.65}$$

여기서 v_{12}는 식 (9.42)의 유효 종방향 포아송비이다.

종방향 및 횡방향 흡수팽창계수(Longitudinal and Transverse Coefficient of Hygroscopic Expansion) β_1 및 β_2는 종방향 및 횡방향 열팽창계수 α_1 및 α_2를 구하는 과정과 동일한 과정을 거쳐 구할 수 있다. 섬유가 등방성인 경우 종방향 및 횡방향 흡수팽창계수는 다음과 같이 표시할 수 있다.

$$\beta_1 = \frac{E_f\beta_f V_f + E_m\beta_m V_m}{E_f V_f + E_m V_m} \tag{9.66}$$

$$\beta_2 = (1+v_f)\beta_f V_f + (1+v_m)\beta_m V_m - \beta_1 v_{12} \tag{9.67}$$

참고문헌

[1] Cox, H. L., "The Elasticity and Strength of Paper and Other Fibrous Materials," British Journal of Applied Physics, Vol. 3, pp. 72–79, 1952.

[2] Kelly, A., and Tyson, W. R., "Tensile Properties of Fiber Reinforced Metals: Copper/Tungsten and Copper/Molybdenum," Journal of the Mechanics and Physics of Solids, Vol. 13, pp. 329–350, 1965.

[3] R. M. Jones, Mechanics of Composite Materials, McGraw–Hill Book Company, Chapter 3, 1975.

[4] J. C. Halphin and S. W. Tsai, "Effect of Environmental Factors on Composite Materials," AFML–TR 67–423, June, 1969.

[5] Adams, D. F., and Doner, D. R., "Longitudinal Shear Loading of a Unidirectional Composites," *Journal of Composite Materials*, Vol. 1, pp. 4–17, 1967.

Exercises

1 (a) 아래에 열거된 재료들의 섬유가 받는 응력 σ_f 가 90%의 $\sigma_{f\max}$ 를 갖게 되는 섬유의 길이를 구하라. 더 필요한 데이터가 있으면 문헌을 직접 조사해 보라. 어떤 데이터가 더 필요한가?

	Tensile Modulus (GPa)	V_f
Boron	400	0.5
Carbon (AS)	190	0.6
Carbon (HMS)	380	0.6
Carbon (HTS)	250	0.6
Kevlar–49	130	0.6

(b) Carbon (AS) 섬유의 경우, 섬유가 하중을 완전히 전달하지 못하는 길이 (Ineffective Length)를 섬유부피분율 V_f 의 함수로 그려라.

2 식 (9.19)와 (9.20)을 유도하라.

3 식 (9.57)과 (9.64)를 유도하라.

4 아래 그림과 같이 복합재료 내부에 임의 형상의 물체가 들어 있을 경우, 겉보기 (Apparent) Young률 E를

$$E = \frac{F}{\delta}$$

로 정의한다.

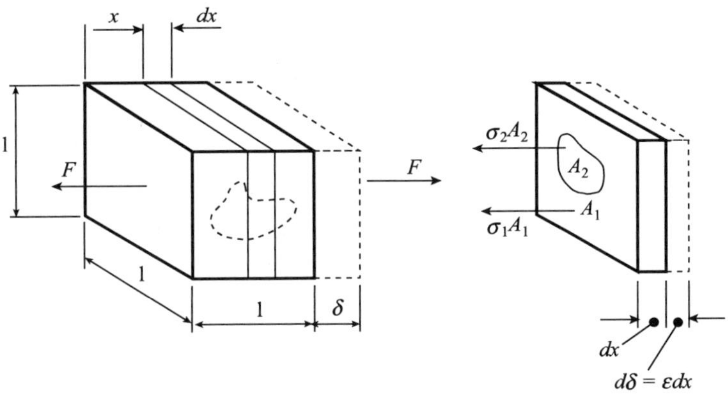

재료역학적인 접근 방법을 사용하여

$$\frac{1}{E} = \int_0^1 \frac{dx}{E_1 + (E_2 - E_1)A_2(x)}$$

가 됨을 증명하라. 여기서 A_2(x)는 위치 x에서의 yz 평면에 투영한 물체의 넓이이다.

5 분산된 물체가 들어 있을 경우에, 복합재료의 Young률이 다음과 같이 됨을 보여라.

$$\frac{E}{E_m} = \frac{E_m + (E_d - E_m)V_d^{\,2/3}}{E_m + (E_d - E_m)V_d^{\,2/3}(1 - V_d^{\,2/3})}$$

여기서 E_d는 들어 있는 입자의 Young률, E_m은 기지의 Young률, V_d는 들어있는 입자의 부피분율 (Volume Fraction)이다.

6 아래 그림과 같이 단면은 임의의 형상을 가지나, 구하고자 하는 Young률 방향으로는 기둥 형상(Prismatic)을 갖는 입자를 포함하는 복합재료의 Young률 을 구하라.

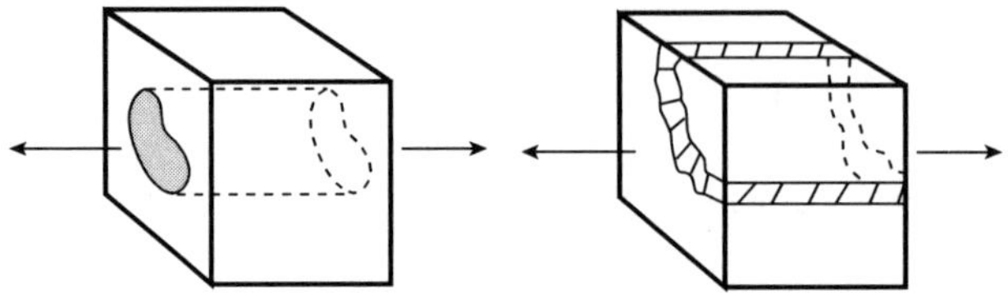

CHAPTER 10

Autoclave Vacuum Bag Degassing 공정

10.1 입문

제 1장에서 언급한 진공 백 성형 공정(Vacuum Bag Molding Process)은 주로 오토클레이브(Autoclave) 내에서 행하여진다. 여기서는 이 공정에 대하여 좀 더 자세히 관찰한다. 최근까지 주로 사용되고 있는 섬유강화 복합재료(Fiber Reinforced Composites)는 기지(Matrix)가 열경화성(Thermosetting) 수지로 이루어진 복합재료이다. 열경화성 수지를 기지로 하는 섬유강화 복합재료는 경화 시에 수지의 복잡한 화학적 및 기계적 변화 과정을 수반하게 되므로 복합재료의 경화 과정에 대한 정확한 이해와 경화시의 온도, 압력 및 경화 정도의 측정은 매우 중요하다[1, 2, 3, 4]. 복합재료의 경화를 위한 공정은 프리프레그의 공급 시에 제조회사로부터 제시되는 것이 일반적이나, 이렇게 공급되는 경화 사이클은 소량의 표본(Sample)으로부터 구해지는 것으로, 가공하고자 하는 제품의 형태와 프리프레그의 종류를 고려하지 않은 것이다. 따라서 실제적인 가공에 있어서는 제조회사에서 공급되는 경화 사이클이 항상 최적의 사이클이라고 할 수는 없다.

실제 가공에 있어서는 제품의 외부의 분위기를 조절함으로써 경화 공정을 거치게 되므로 제품 전반에 걸쳐 동일한 경화 공정을 거치게 한다는 것은 불가능하다.

특히 제품의 두께가 두꺼워질 경우 수지의 발열(Exothermic)반응으로 인하여 내부의 온도가 과승할 수가 있고 복합재료 내부의 잉여 수지의 유출이 충분히 이루어지지 않아 기계적 특성을 저하시킬 수 있다.

열경화성 수지를 기지로 하는 복합재료 중에서 최근까지 가장 많이 사용되는 복합재료로는 기계적, 화학적 성질이 비교적 우수한 에폭시(Epoxy) 수지를 기지로 하며 가격 면에서 비교적 저렴하고 물리적 성질이 우수한 탄소섬유를 사용한, 탄소섬유 에폭시 복합재료를 들 수 있다. 탄소섬유 에폭시 복합재료의 경화 방법으로는 오토클레이브 진공백 성형 공정(Autoclave Vacuum Bag Molding Process), 필라멘트 와인딩(Filament Winding), 핫 프레스 성형(Hot Press Molding), 펄트루전(Pultrusion) 등의 방법이 있는데, 이 중 오토클레이브 진공백 성형 공정으로 제작된 제품의 품질이 가장 우수한 것으로 알려져 있다.

그러나 열경화성 수지는 가공 중에 화학적 반응에 의한 경화를 수반하게 되므로 가공 공정에 따라 그 품질이 크게 좌우된다. 따라서 경화를 최적화할 필요가 있다. 여기서 경화를 최적화하고자 하는 것은 최소한의 에너지와 시간을 사용하여 좋은 제품을 얻고자 하는 것이다. 일반적으로 좋은 제품이라 하면 다음과 같은 조건을 만족하여야 한다.

- 완전히 압밀되어야(Consolidate) 한다.
- 균일하고 올바른 두께가 성형되어야 한다.
- 수지가 적당한 비율로 함유되어야 한다.
- 수지의 불균일한 유동으로 인한 섬유의 비틀림이 없어야 한다.
- 수지가 제대로 경화되어야 한다.
- 수지의 품질저하(Degradation)가 없어야 한다.
- 기포(Void)를 함유하지 않아야 한다.
- 열응력이 작아야 한다.

이들의 조건을 만족시키기 위하여 가공 시에 조절이 가능한 인자는 주위 경계치의 온도와 압력뿐이다. 이 온도와 압력을 시간에 대한 함수로 가함으로써 제품의 경화를 진행시켜야 한다. 이 인자들만으로는 경화 시에 수반되는 온도 구배나 수지 유동에 있어서 제품 전반에 걸친 고른 가공을 하기에는 어려울 뿐 아니라 제품의 전체에 대하여 최적의 제품으로 가공하기에는 부족하다. 즉, 제품 전반에 걸친 균일한 가공이 불가능하므로 제한된 제어변수로부터 최대한의 품질을 최소한의 시간 내에 얻어 내기 위해서는 경화 공정의 최적화가 필요하다.

10.2 에폭시 수지의 특성

Autoclave Vacuum Bag Degassing 공정에서 주로 사용되는 복합재료의 기지(Matrix)는 에폭시(Epoxy) 수지이다. 에폭시 수지란 구성 분자의 화학적 단위로 에폭시 결합(그림 10.1(a)) 구조를 갖는 화합물의 총칭이다. 따라서 가장 간단한 에틸렌 옥사이드(Ethylene Oxide : (그림 10.1(b))도 에폭시 화합물이지만, 일반적으로 에폭시 수지라 하면 페놀(Phenol) 2분자와 아세톤(Aceton)의 축합으로 생성된 화합물인 Bisphenol A와 분자 속에 에폭시기를 갖고 있는 Epichlorohydrin의 축합생성물을 의미한다. 에폭시는 단독으로 사용되는 일은 거의 없으며 경화제를 첨가하여 열경화성 물질로 변화시킨 상태에서 사용된다. 즉, 수지의 중간체라 할 수 있다.

에폭시 수지는 열에 의하여 쉽게 단단해지고 비가소성의 고체 수지로 변화될 수 있는데, 이것을 경화(Cure)라 한다. 순도가 높은 에폭시는 220℃ 이하에서 화학적으로 매우 안정한 화합물이며 그대로의 상태를 장시간 보유하는 2차원의 선상 구조(Linear Structure)를 지니는 분자로 구성되어 있으므로 열가소성을 나타낸다. 이것이 경화반응에 의하여 분자 사이에 가교결합(Cross Linking)이 일어나서 분자량이 증가하며 3차원에 망상 구조(Net Structure)를 지니는 구조로 변하게 된다.

일반적으로 열을 가할 때 가열온도가 증가함에 따라 반응 속도도 증가하므로 경화반응을 완결시키는 데 필요한 시간을 단축할 수 있다. 그러나 높은 온도에서 경화시킨 수지는 그 강도 등이 저하되는 경향(Degradation)이 현저하게 나타나므로 경화온도를 너무 높게 하는 것은 바람직하지 않다. 에폭시는 단독으로 사용되는 일이 드물며 경화반응에 경화제를 첨가하여 사용한다. 경화제로는 에폭시 수지와 반응하기 쉬운 화합물이 사용되는데, 대개의 경우 경화제는 경화반응을 촉진시키는 촉매로서의 역할을 할 뿐 아니라 직접반응에 관여하여 에폭시 수지 분자의 사슬(Chain) 속에 조립된다. 대체적으로 경화반응은 발열반응이지만 반응의 개시를 위해서는 가열을 필요로 한다. 그러나 화학반응성이 특히 큰 경화제를 사용하면 실온에서 경화반응을 일으킬 수도 있다.

(a) 에폭시 결합구조 (b) 에폭시 화합물의 하나인 Ethylene Oxide

그림 10.1
에폭시 결합구조와 화합물의 예

상용으로 판매되는 에폭시는 주로 Amine/Epoxide Reaction, Anhydride/Epoxy Reaction 및 Lewis Acid-catalyzed Epoxied Homopolymerization 등의 반응에 의하여 경화가 일어난다고 할 수 있다. 대부분의 에폭시는 경화제로 아민(Amine) 계열을 사용하므로 경화제와의 반응으로 주된 경화가 진행된다고 생각된다. 그러나 경화제를 사용하는 경우라도 경화제와 에폭시 간의 결합은 상당 시간이 소요된다. 따라서 실제로는 반응을 촉진시키기 위해 촉매를 사용하게 된다. 촉매가 첨가되면 단시간 내에 경화가 진행되므로 가능한 한 저온에서 보관하여야 그 특성이 저하되지 않는다. 이외에도 복합재료에서 사용되는 에폭시 수지(Resin)에는 다른 첨가물들이 들어가게 되는데 섬유(Fiber)와 에폭시층 간의 결합을 위한 것과 수지의 특성을 개선하기 위한 것, 원하는 색상을 내기 위한 것 등이 그 대표적인 예이다.

일반적으로 에폭시 수지는 다른 열경화성 수지에 비하여 값이 비싸고, 경화시간이 길다는 단점이 있지만 다음과 같은 장점을 가지고 있기 때문에 항공 우주용 재료로 많이 사용된다.

① 수지(Resin), 경화물질(Hardener) 및 Modifier의 종류가 다양하므로, 넓은 범위의 재료의 성질을 갖게 할 수가 있다.(표 10.1 참조)
② 경화(Curing) 시 휘발성(Volatile) 물질의 발생이 적다.
③ 경화 시 수축이 작다.
④ 화학물질이나 용제(Solvent)에 대하여 매우 강하다.
⑤ 여러 가지의 첨가물, 섬유 등에 대한 접착(Adhesion) 특성이 좋다.

표 10.1은 주조(Casting)용 에폭시 수지의 성질을 보여 준다.

표 10.1 | 주조(Casting)용 에폭시 수지의 대표적 성질(23℃의 성질)

밀도 kg/m^3	$1.2 - 1.3 \times 10^3$
인장강도, MPa(Psi)	55 - 130(8,000 - 19,000)
Young률, GPa(106Psi)	2.75 - 4.10(0.40 - 0.595)
Poisson비	0.2 - 0.33
열팽창계수, 10^{-6}m/m℃ (10^{-6}in/in°F)	50 - 80(28 - 44)
경화 수축률, %	1 - 5

10.3 에폭시 수지의 경화 모델링

에폭시의 경화는 Epoxide와 아민(Amine) 계열의 경화제의 종류, 구성비 및 반응 과정 등에 의하여 민감하게 영향을 받게 된다. 공학적인 용도로 경화 과정을 해석하기 위해서는 경화반응을 모델링 할 필요가 있다. 화학적 조성의 직접적인 관계로부터 고분자의 경화를 모델링 하는 경우 경화 과정 등에 의한 변화를 정확하게 예측할 수 있다는 장점이 있으나, 그 모델이 복잡하고 자료(Data)를 구하기가 힘들다. 또한 실제의 제조(Manufacturing)에 있어서는 수지의 화학적 조성이나 반응이 이론치와 동일하게 행하여지지 않으므로 모델로는 부적합하다. DSC(Differential Scanning Calorimeter)는 경화 시 발생하는 열량을 측정하여 경화 정도를 실험적으로 구해낼 수 있는 방법으로, 시간에 따른 열 발생률(dQ/dt)을 측정하여 수지의 경화 정도를 분석할 수 있다. 그림 10.2는 DSC 측정장비의 개략도를 나타낸 그림으로, 표준용기(Reference Pan)와 수지가 들어 있는 용기(Sample Pan)에 일정 열량을 공급하여 발생열량을 측정하고 상호 비교하여 열 발생률을 측정하는 장비이다.

DSC 측정 방법에는 온도를 일정하게 유지시켜 열 발생률을 측정하는 등온주사(Isothermal Scanning)와 일정 승온 속도에서 측정하는 동적주사(Dynamic Scanning)가 있다. 그림 10.3은 에폭시 수지를 동적주사법으로 측정한 예를 나타낸 그림으로, 수지의 전체 발열량은 H_U 로 표시한다. 그림 10.4는 에폭시 수지를 몇 가지 온도에 대해서 등온주사법으로 측정한 예를 나타낸 그래프로서, 수지의 전체 발열량은 H_T 로 표시하며 온도가 높을수록 H_T 값이 증가한다. 등온주사법의 경우, 온도가 일정 이상 되지 않으면 아무리 오랜 시간이 경과되어도 완전한 경화가 이루어지지 않는다. 즉, H_T 값은 H_U 값보다 항상 작거나 같게 된다. DSC에서 측정된 열 발생률 데이터로부터 수지의 경화율(Cure Rate)은 다음과 같이 구할 수 있다.

$$\frac{d\alpha}{dt} = \frac{1}{H_U}\left(\frac{dQ}{dt}\right)_T \tag{10.1}$$

$$\frac{d\beta}{dt} = \frac{1}{H_T}\left(\frac{dQ}{dt}\right)_T \tag{10.2}$$

여기서

α: 경화도(Degree of Cure)
β: 등온 경화도(Isothermal Degree of Cure)
dα/dt : 경화율(Cure Rate)
dβ/dt : 등온 경화율(Isothermal Cure Rate)

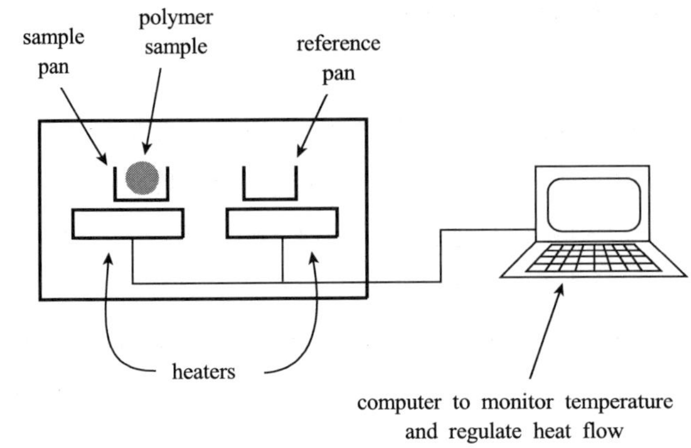

그림 10.2
DSC 측정장비의 개략도

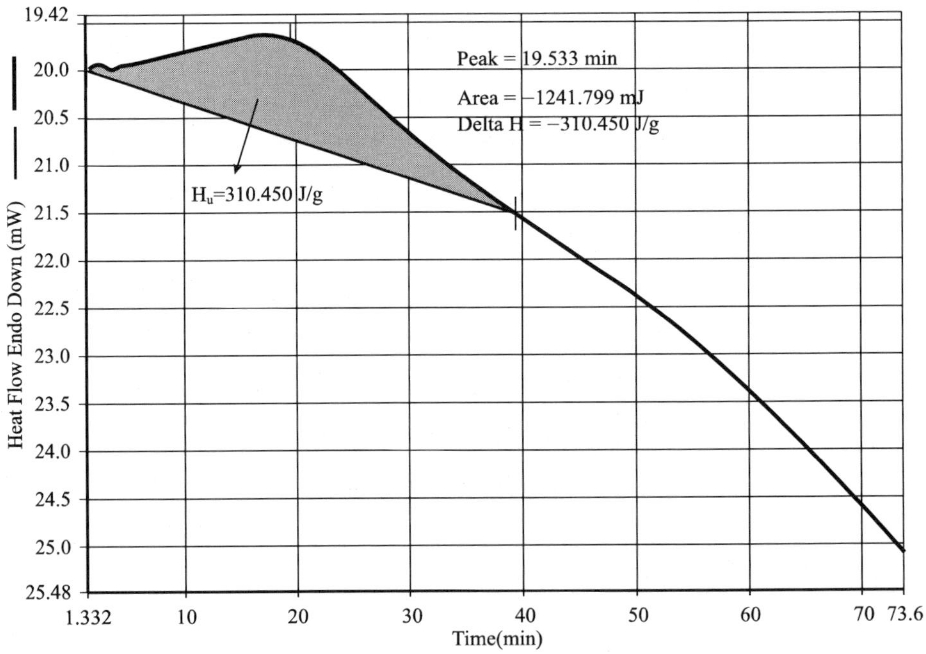

그림 10.3
에폭시 수지의 동적주사 예

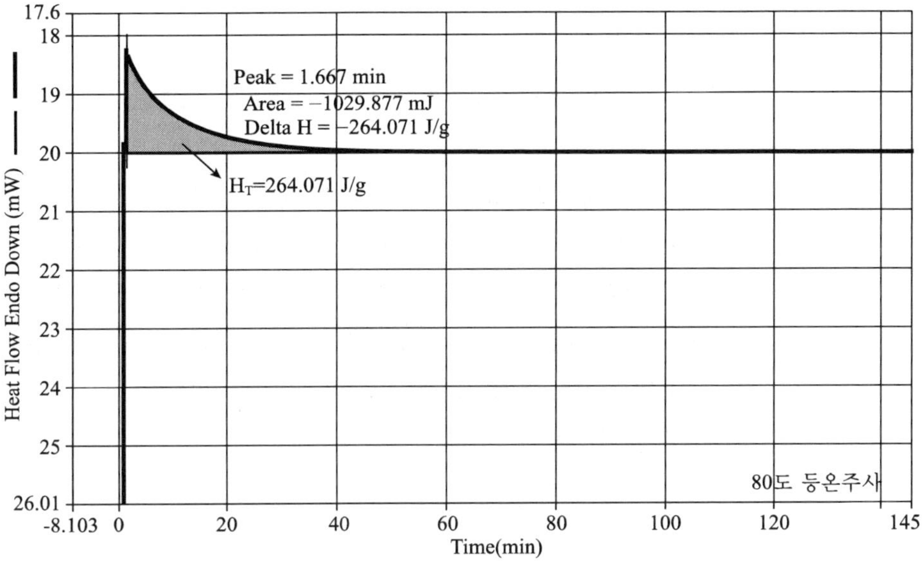

(a) 80도

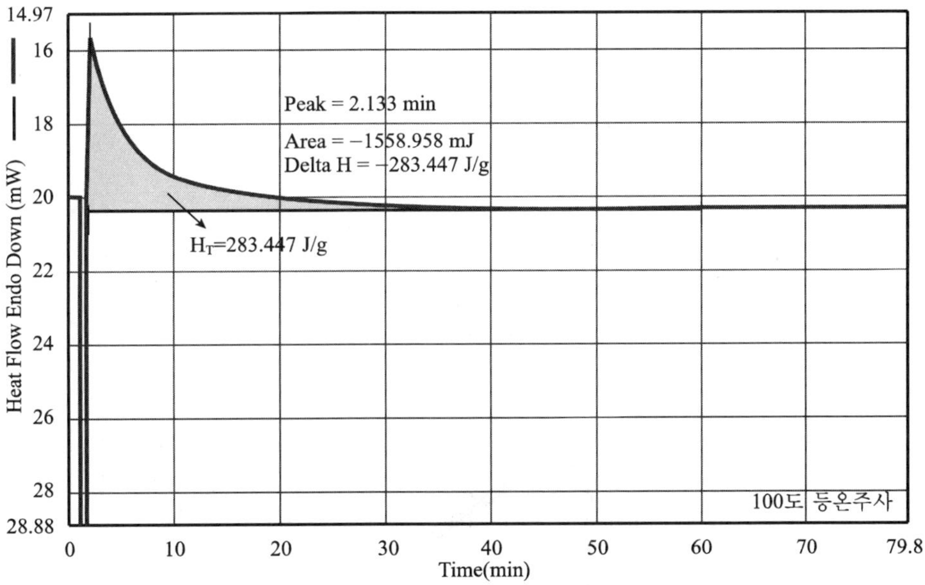

(B) 100도

그림 10.4
에폭시 수지의 등온주사 예

열경화성 수지의 경화 정도를 모델링 하기 위하여 다음과 같은 경험적(Empirical) 모델이 주로 사용된다[4,5].

$$\frac{d\alpha}{dt} = k(1-\alpha)^n \tag{10.3}$$

혹은

$$\frac{d\alpha}{dt} = (k_1 + k_2\alpha^m)(1-\alpha)^n \quad \textbf{(10.4)}$$

위 식에서 k_1, k_2, m, n은 $d\alpha/dt$와 α의 관계식으로부터 비선형 최소제곱법(Nonlinear Least Square Method)을 사용함으로써 결정할 수 있다.

그림 10.5는 비선형 최소제곱법을 이용하여 식 (10.4)의 경화 모델식으로 곡선 접합(Curve Fitting)한 예를 그래프로 나타낸 그림이다. 결정된 상수들은 온도에 따라 값이 변화되며, 곡선 접합에 의하여 아래와 같은 아레니우스(Arrhenius) 형태의 온도함수로 표시될 수 있다.

$$k_1 = k_1(T) = A_1 \exp(-E_1 / RT) \quad \textbf{(10.5)}$$

$$k_2 = k_2(T) = A_2 \exp(-E_2 / RT) \quad \textbf{(10.6)}$$

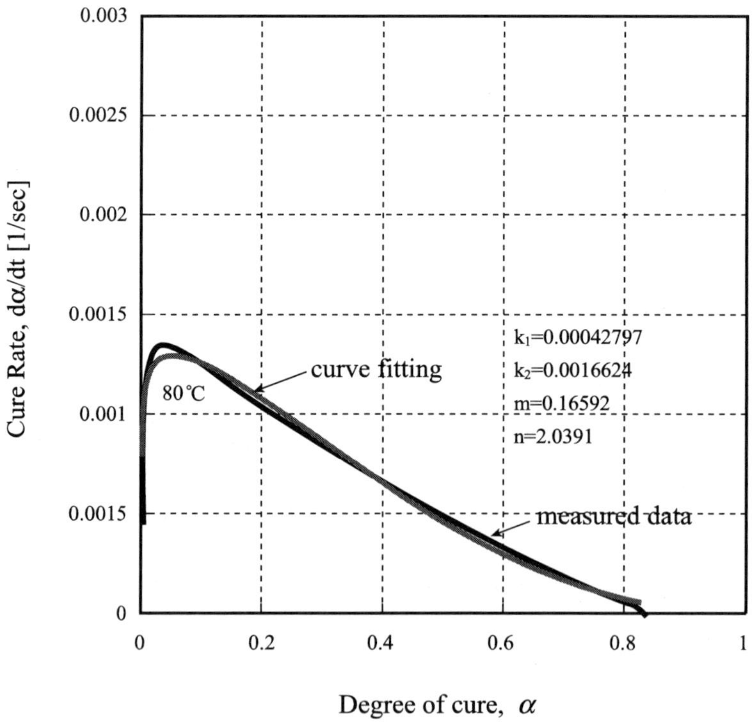

그림 10.5
경화모델식을 이용한 곡선접합

이때 A_1, A_2는 상수이며, R은 기체상수, T는 절대온도, E_1, E_2는 Activation Energy가 된다. 위 식 (10.4)에서 m, n 값은 온도에 따라 변화되는 값이며, 아래와 같이 온도에 대한 지수함수의 형태로 표시될 수 있다.

$$m = m(T) = C_1 \exp(-C_2 T) \quad \textbf{(10.7)}$$

$$m + n = 1.25 \quad \textbf{(10.8)}$$

식 (10.8)의 상수값은 수지의 종류에 따라 변화될 수 있으며, 주어진 경화사이클에서 온도에 따른 각각의 상수값을 구해낼 수 있다. 수지의 경화도는 식 (10.3) 또는 (10.4)의 경화모델식을 수치해석적으로 계산하여 구할 수 있으며, 이때 경화율은 $d\alpha / dt = (\alpha_{i+1} - \alpha_i) / \Delta t$ 의 형태로 표현할 수 있다. 그림 10.6은 식 (10.4)의 경화모델식을 이용하여 시간에 따른 수지의 경화도를 분석한 그래프이다.

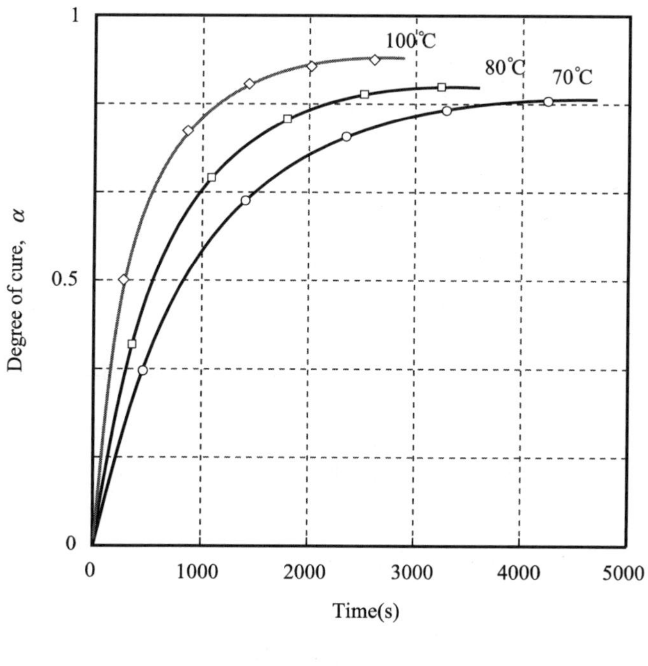

그림 10.6
시간에 따른 에폭시 수지의 경화도 변화

10.4 복합재료 내의 유동해석

10.4.1 수지의 점도 모델

에폭시 수지의 점도는 탄소섬유 에폭시 복합재료의 경화 시 내부의 유동과 밀접한 관련을 지니게 되며 내부의 유동은 제품의 품질을 결정하는 중요한 요인이 되므로 정확한 모델링이 필요하다. 반응 Kinetics가 결정되면 동적주사나 등온주사 시에 점도를 측정함으로써 점도 모델을 구할 수 있다[3, 4, 5]. 수지는 경화의 초기에는 온도와 경화도의 함수로 점도가 정의되나, 일정한 경화도가 지나면 고체의 특성을 갖게 되므로 일반적으로 두 개의 구간으로 나누어 정의된다. 온도와 경화도에 따른 점도 모델은 최초에는

$$\ln(\eta) = \ln(\eta_0) + kt \tag{10.9}$$

$$\begin{cases} \ln(\eta_0) = \ln(\eta_\infty) + \dfrac{\Delta E_\eta}{RT} \\ k = k_\infty + \exp\left[\dfrac{\Delta E_k}{RT}\right] \end{cases}$$

여기서 η_∞ : extrapolated viscosity

ΔE : activation energy

R : gas constant

k_∞ : constant

의 형태였으나 Roller의 제안 이후 Non-isothermal 점도 데이터를 고려하여,

$$\ln\{\eta(T,t)\} = \ln(\eta_0) + \frac{\Delta E_\eta}{RT} + \int_0^t \exp\left[\frac{\Delta E}{Rf(t)}\right]dt \tag{10.10}$$

의 형태나 비선형요소를 고려하여 개선된

$$\ln\{\eta(T,t)\} = \ln(\eta_0) + \frac{\Delta E_\eta}{RT} + \Phi\int_0^t \exp\left[\frac{\Delta E}{Rf(t)}\right]dt \tag{10.11}$$

여기서 Φ: proportionality factor

형태의 모델들이 사용되기도 한다.

10.4.2 Darcy's law

유동해석은 Darcy's Law에 기초한 해석과 Lubrication Theory에 근거한 해석으로 나누어질 수 있는데, Darcy's Law를 사용한 방법이 물리적 의미에서 실제의 유동에 더욱 가까우므로 일반적으로 Darcy's Law를 사용하여 유동해석을 수행한다. 복합재료 내에서 수지의 유동속도는 Darcy's law에 의하여 다음과 같이 표현된다[6~9].

$$u_i = \frac{K_i}{\mu}\frac{\partial P_r}{\partial x_i} \tag{10.12}$$

K_i : 투과도(Permeability of the fiber bed)

μ : 점성(Viscosity)

P_r : 수지의 압력(Resin pressure)

즉, 수지의 유동속도는 임의의 두 위치간의 압력 차에 비례하며 수지의 점성에 반비례한다. 위 식에서 정의된 투과도는 수지가 통과할 수 정도를 나타낸 수치로서 복합재료의 기공률(Void ratio) e와 밀접한 관계가 있다. 기공률은 전체 체적 *Vol*에서 섬유 체적 Vol_f를 뺀 값을 섬유체적으로 나눈 값으로서 다음과 같이 정의된다.

$$e = \frac{Vol - Vol_f}{Vol_f} = \frac{Vol}{Vol_f} - 1 = \frac{1}{V_f} - 1 \ , \tag{10.13}$$

V_f : 섬유부피분율(Fiber Volume Fraction)

또한 포화도(Saturation) S는 다음과 같이 정의된다.

$$S = \frac{(Vol - Vol_f)\ \text{중에서 수지로 함침된 체적}}{Vol - Vol_f} \tag{10.14}$$

복합재료의 투과도와 기공률은 밀접한 관계가 있는데 Kozeny-Carman 이론에 의하면 다음과 같이 표현될 수 있다.

$$K_i = \frac{r_f^2}{4C_i}\frac{e^3}{(1+e)} \tag{10.15}$$

C_i : Kozeny constant

r_f : 섬유반경(Radius of the fiber)

복합재료 내의 유동해석은 복합재료 섬유간의 간섭을 고려하지 않은 해석[6, 7]과 섬유간의 간섭을 고려한 해석[8~13]으로 나누어 설명할 수 있다.

10.4.3 섬유간의 간섭이 고려되지 않은 유동해석

오토클레이브 진공백 성형공정에서는 제 1장에서 언급한 바와 같이 오토클레이브 내부로 가해지는 압력과 온도에 의하여 복합재료 내부의 잉여 수지를 밖으로 배출하게 된다. 이때 복합재료 내부의 섬유들끼리 서로 간섭이 발생하지 않는다고 가정하면 오토클레이브 내부로 가해지는 압력과 복합재료 수지의 압력은 일치하게 된다. 위의 가정은 복합재료의 섬유체적률이 충분히 낮아 복합재료 내부의 섬유들이 수지에 띄워져 있는 상태에 대하여 적용될 수 있다. Springer[6, 7] 등은 위의 가정을 근거로 하여 복합재료 내부의 유동해석을 다음과 같이 시도하였다.

그림 10.7은 위의 가정을 근거로 하여 복합재료 수지의 내부유동을 분석하기 위한 단순 개념도이다.

힘 F는 오토클레이브의 내부압력에 작용면적을 곱한 값이며, 복합재료 내부의 잉여 수지는 빗금친 수지흡수재(Bleeder)로 흡수된다. 식 (10.12)의 Darcy's law에 의하여 복합재료 수지의 유동속도는 다음과 같이 표현된다.

$$U_c = \frac{K_c}{\mu}\frac{P_r - P_u}{h_c} \tag{10.16}$$

여기서, U_c는 복합재료 수지의 유동속도이고, K_c는 복합재료의 투과도이며, h_c는 압밀이 완료된 복합재료의 두께이다. P_r은 수지의 압력으로, 오토 클레이브의 내부압력과 일치하며, P_u는 복합재료와 수지흡수재의 경계면에 작용하는 압력이다. 이때 압밀이 완료된 복합재료의 두께 h_c는 다음과 같이 표현된다.

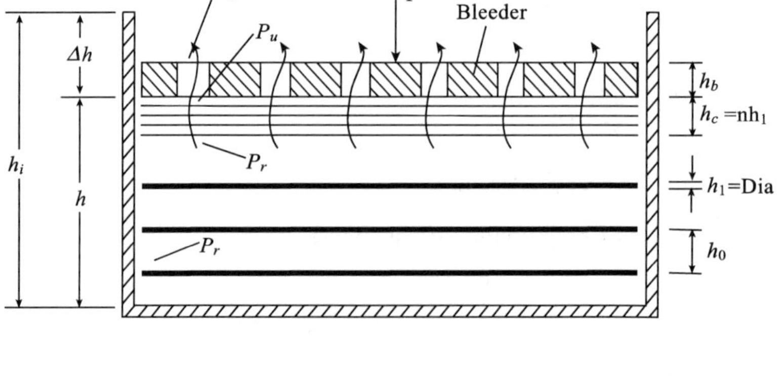

그림 10.7
복합재료의 유동해석 모델링

$$h_c = nh_1 \tag{10.17}$$

여기서, n은 압밀이 완료된 복합재료 층의 수이고, h_1은 복합재료 한 층의 두께를 나타낸다.

또한 수지흡수재 내부로의 흡수속도 U_b는 다음과 같이 표현된다.

$$U_b = \frac{K_b}{\mu}\frac{P_u - P_b}{h_b} \tag{10.18}$$

여기서, K_b는 수지흡수재의 투과도이고 h_b는 수지흡수재의 두께이다. P_b는 수지흡수재에 작용하는 압력으로 복합재료 전체가 진공필름으로 덮여 있으므로 영(Zero)이다. 복합재료에서 빠져나간 잉여 수지의 유량과 수지흡수재 내부로 흡수되는 잉여 수지의 유량은 서로 일치하므로 다음과 같은 관계가 성립한다.

$$\frac{d(hA)}{dt} = -Au_c = -Au_b \tag{10.19}$$

여기서, A는 면적을 나타내고 복합재료의 높이 h에 면적을 곱한 hA는 복합재료의 체적이 된다. 위 식 (10.18)과 (10.19)를 이용하여 정리하면 다음과 같은 관계가 성립한다.

$$\frac{d(hA)}{dt} = \frac{-1}{n + \dfrac{K_c}{K_b}\dfrac{h_b}{h_1}}\left(\frac{K_c F}{\mu h_1}\right) \tag{10.20}$$

따라서 n개의 층이 압밀될 때까지 걸리는 시간은 다음과 같이 표현된다.

$$t = n(h_o - h_1)\frac{(n + \dfrac{k_c}{k_b}\dfrac{h_b}{h_1})\mu h_1 A}{k_c F} \tag{10.21}$$

그림 10.8은 복합재료의 유동 및 압밀 메커니즘을 도식화한 것으로, 맨 윗층부터 순서대로 압밀이 진행됨을 보여 준다. 그림 10.9는 위 식 (10.21)의 결과를 이용하고 탄소섬유 에폭시 복합재료의 물성치를 대입한 결과를 나타낸 그래프이다. 그림에서 보는 바와 같이 복합재료의 층의 수가 증가하면 압밀에 필요한 시간이 2차 함수적으로 점점 증가됨을 볼 수 있다.

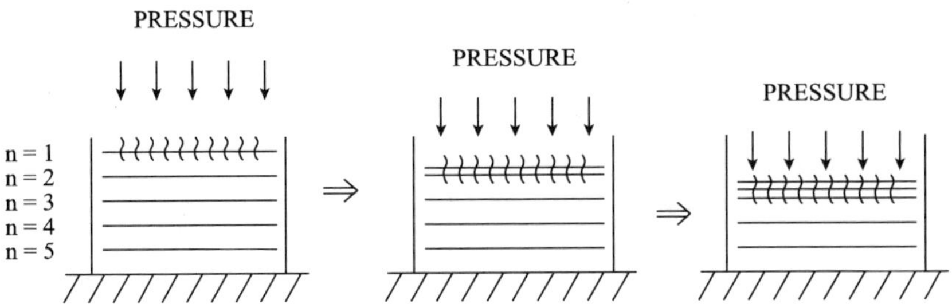

그림 10.8
복합재료의 유동 및 압밀 메커니즘

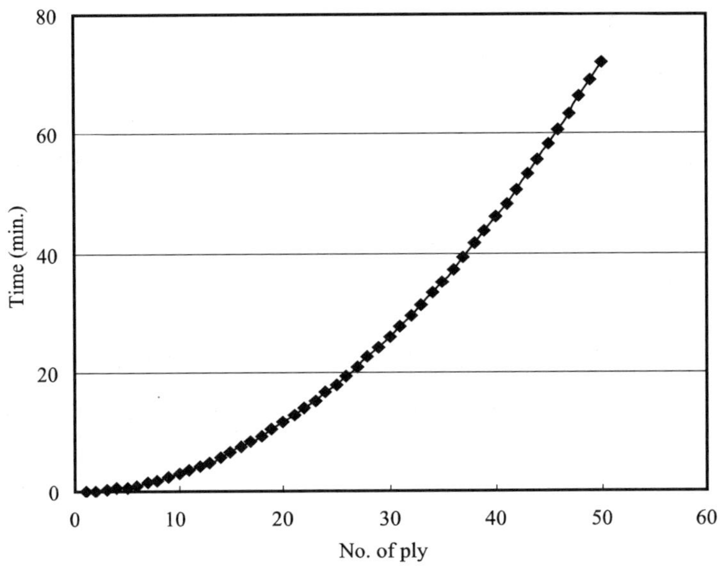

그림 10.9
탄소섬유 복합재료의 압밀 소요시간[6]

10.4.4 섬유간의 간섭을 고려한 유동해석

앞 절에서는 복합재료의 경화 시 복합재료 내부의 섬유들끼리 서로 간섭이 발생하지 않는다고 가정하여 유동문제를 해석하였다. 그러나 대부분의 경우에 있어서는 복합재료의 층과 층이 압밀될 때 복합재료 내부의 섬유들끼리 서로 간섭이 발생하게 된다. 이때 오토클레이브 내부로 가해지는 압력은 복합재료 수지의 압력과 섬유들의 간섭에 의한 압력으로 분리되어 존재한다[8~13]. 따라서, 복합재료 경화 시에 외부에서 가한 압력 P는 섬유를 변형시키는 데 필요한 응력 σ와 수지의 유동을 나타내게 하는 압력 p로 나눌 수가 있다. 즉,

$$P = \sigma + p \tag{10.22}$$

이때, 섬유를 변형시키는 데 필요한 응력 σ 는

$$\sigma = A_s \frac{\left(\frac{V_f}{V_0}\right) - 1}{\left(\frac{1}{V_f} - \frac{1}{V_0}\right)^4} = A_s \frac{\frac{1}{V_0(1+e)} - 1}{\left(1 + e - \frac{1}{V_a}\right)^4} = A_s \frac{e_0 - e}{(1+e)(e - e_a)^4} \tag{10.23}$$

이 된다[9]. 여기서 A_s는 Fiber에 의하여 결정되는 상수이고, V_0 는 초기 상태의 섬유체적률(Original Fiber Volume Fraction)이며, V_a 는 가능한 섬유체적률(Available Fiber Volume Fraction)이다. 마찬가지로 e_0 는 초기 상태의 기공률이고, e_a 는 $V = V_a$ 일 때의 기공률이다. 식 (10.23)에서 e 가 e_a 로 접근하면 $\sigma \to \infty$ 가 된다.

그림 10.10의 미소체적에서 x – 방향으로 들어가는 유량 q_x 와 빠져나가는 유량 q_{x+dx} 의 차를 구하면, 체적 내의 부피증가율 $\Delta q_x = q_x - q_{x+dx}$ 은 다음과 같이 표시된다.

$$\Delta q_x = \frac{\partial}{\partial x}\left(\frac{k_x}{\mu}\frac{\partial p}{\partial x}\right) dxdydz \tag{10.24}$$

같은 방법으로 y축 및 z축 방향의 부피증가율을 생각하면, 체적 내의 수지의 전체 부피증가율 Δq 는

$$\Delta q = \Delta q_x + \Delta q_y + \Delta q_z = \left[\frac{\partial}{\partial x}\left(\frac{k_x}{\mu}\frac{\partial p}{\partial x}\right) + \frac{\partial}{\partial y}\left(\frac{k_y}{\mu}\frac{\partial p}{\partial y}\right) + \frac{\partial}{\partial z}\left(\frac{k_z}{\mu}\frac{\partial p}{\partial z}\right)\right] dxdydz \tag{10.25}$$

가 된다.

복합재료체적 $dxdydz$ 중에서, 기공만의 체적 Vol_v는

$$Vol_v = (1 - V_f)\, dxdydz = \left(1 - \frac{1}{1+e}\right) dxdydz = \frac{e}{1+e} dxdydz \tag{10.26}$$

이고, 수지의 체적 Vol_m은

$$Vol_m = S \cdot Vol_v = \frac{Se}{1+e} dxdydz \tag{10.27}$$

가 된다.

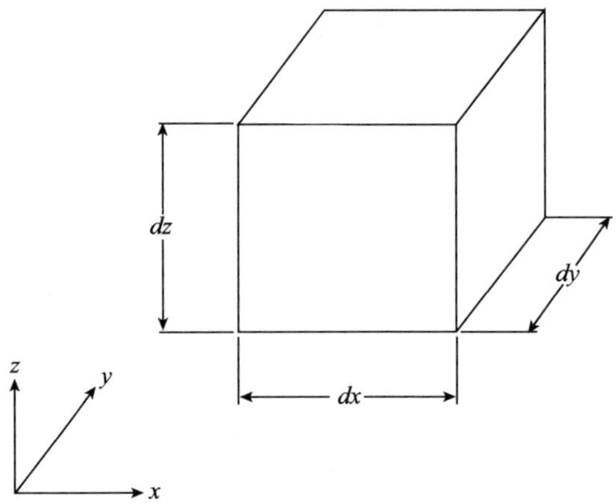

그림 10.10
적층내부의 체적요소

따라서 복합재료 요소 $dxdydz$ 내의 수지의 시간에 대한 체적변화율 $\frac{\partial Vol_m}{\partial t}$ 은

$$\frac{\partial Vol_m}{\partial t} = \frac{\partial}{\partial t}\left(\frac{Se}{1+e}dxdydz\right) \tag{10.28}$$

가 된다. 그런데 $\frac{dxdydz}{1+e}$ 는 복합재료 체적 내의 섬유의 체적만을 나타내므로 일정하다고 가정할 수가 있다. 따라서,

$$\frac{\partial Vol_m}{\partial t} = \frac{dxdydz}{1+e}\frac{\partial}{\partial t}(Se) \tag{10.29}$$

가 된다. 식 (10.25)와 식 (10.29)에서

$$\frac{1}{1+e}\frac{\partial}{\partial t}(Se) = \frac{\partial}{\partial x}\left(\frac{k_x}{\mu}\frac{\partial p}{\partial x}\right) + \frac{\partial}{\partial y}\left(\frac{k_y}{\mu}\frac{\partial p}{\partial y}\right) + \frac{\partial}{\partial z}\left(\frac{k_z}{\mu}\frac{\partial p}{\partial z}\right) \tag{10.30}$$

가 된다. 위 식은 다음과 같은 네 가지 경우의 복합재료 가공 방법으로 분류할 수 있다.

① e와 S가 모두 일정한 경우: 정상유동(Steady Flow)
② e가 감소하고 S가 일정한 경우: 압밀(Consolidation)
③ e가 일정하고 S가 증가하는 경우: 흡수(Imbibition)
④ e와 S가 모두 변하는 경우: 압축(Compression) 또는 팽창(Expansion)

프리프레그는 모두 수지로 합침되어 있다고 가정할 수 있으므로, 복합재료의 압밀 과정은 수지의 포화도가 S=1로 일정하고, 기공률(또는 섬유부피분율)이 변화되는 공정이라 할 수 있다. 이 경우에 식 (10.30)은

$$\frac{1}{1+e}\frac{\partial}{\partial t}(e)=\frac{\partial}{\partial x}\left(\frac{k_x}{\mu}\frac{\partial p}{\partial x}\right)+\frac{\partial}{\partial y}\left(\frac{k_y}{\mu}\frac{\partial p}{\partial y}\right)+\frac{\partial}{\partial z}\left(\frac{k_z}{\mu}\frac{\partial p}{\partial z}\right) \tag{10.31}$$

가 된다.

식 (10.22)와 식 (10.31)에서

$$\frac{1}{1+e}\frac{\partial}{\partial t}(e)=\frac{\partial}{\partial x}\left(\frac{k_x}{\mu}\frac{\partial}{\partial x}(P-\sigma)\right)+\frac{\partial}{\partial y}\left(\frac{k_y}{\mu}\frac{\partial}{\partial y}(P-\sigma)\right)+\frac{\partial}{\partial z}\left(\frac{k_z}{\mu}\frac{\partial}{\partial z}(P-\sigma)\right) \tag{10.32}$$

가 된다.

외부에서 가한 압력 $P(t)$가 주어지면 식 (10.21), (10.32) 및 (10.15)를 이용하여, 기공률 $e(t,x,y,z)$를 원칙적으로 구할 수 있다. 그러나 수식을 좀 더 간단히 유도하기 위하여 식 (10.23)의 σ와 e의 관계식을 다음과 같이 유도할 수 있다. 즉, 식 (10.23)에서, e가 e_a일 때 $\sigma\to\infty$가 되고, $e=e_0$일 때 $\sigma\to 0$이 되므로, 식 (10.23)을

$$\sigma=\sigma_0\{\ln(e_0-e_a)-\ln(e-e_a)\} \tag{10.33}$$

의 형태[13]로 나타낼 수 있다.

식 (10.23)의 A_s의 값이 알려져 있는 경우는 식 (10.23)과 식 (10.33)을 비교하여 식 (10.33)의 σ_0를 구할 수가 있다.

예를 들면, 장 섬유강화 복합재료인 경우 $V_f=0.6$ 정도가 일반적이므로, $e=\frac{1}{V_f}-1=\frac{2}{3}$ 일 때, 식 (10.23)과 (10.33)의 값이 같도록 σ_0을 택하면

$$\sigma_0=A_s\frac{3e_0-2}{5\left(\frac{2}{3}-e_a\right)^4\left\{\ln(e_0-e_a)-\ln\left(\frac{2}{3}-e_a\right)\right\}} \tag{10.34}$$

로 표시할 수 있다. 그러나 A_s의 값을 모르는 경우는, 실험에 의하여 σ_0를 직접 구하는 것이 바람직하다. 식 (10.15) 및 (10.33)을 식 (10.32)에 대입하면, 기공률 e만의 편미분방정식이 된다. 오토클레이브 내부의 압력 P가 일정할 경우, 얇은 복합

적층판의 중심 부분 유동은 z 축만의 함수라고 가정할 수 있으며, 다음과 같이 표현할 수 있다.

$$\frac{1}{1+e}\frac{\partial e}{\partial t}=\frac{\partial}{\partial z}\left\{\frac{{r_f}^2\sigma_0}{4\mu C_z}\frac{e^3}{(1+e)(e-e_a)}\frac{\partial e}{\partial z}\right\} \tag{10.35}$$

만약 점도 μ가 z의 함수가 아닌 경우에 식 (10.35)는

$$\frac{\partial e}{\partial t}=\frac{{r_f}^2\sigma_0}{4\mu C_z}\left[\frac{e^2\{e^2+2(1-e_a)e-3e_a\}}{(1+e)(e-e_a)^2}\left(\frac{\partial e}{\partial z}\right)^2+\frac{e^3}{e-e_a}\frac{\partial^2 e}{\partial z^2}\right] \tag{10.36}$$

이 된다. 만약, 투과율 k_z가 e의 함수가 아니면 식 (10.36)은

$$\frac{\partial e}{\partial t}=\frac{k_z\sigma_0}{\mu}\frac{(1+e)}{(e-e_a)}\left\{-\frac{1}{e-e_a}\left(\frac{\partial e}{\partial z}\right)^2+\frac{\partial^2 e}{\partial z^2}\right\} \tag{10.37}$$

과 같이 된다.

10.5 열전달 해석

대류(Convection)에 의한 열전달을 무시하면, 두꺼운 복합재료 경화 시의 에너지 방정식은 다음과 같다.

$$\frac{\partial(\rho cT)}{\partial t}=\frac{\partial}{\partial x}\left(K_x\frac{\partial T}{\partial x}\right)+\frac{\partial}{\partial y}\left(K_y\frac{\partial T}{\partial y}\right)+\frac{\partial}{\partial z}\left(K_z\frac{\partial T}{\partial z}\right)+\rho\frac{\partial Q}{\partial t} \tag{10.38}$$

여기서 T, ρ 및 c는 복합재료의 온도, 밀도 및 비열을 나타내고, K_x, K_y 및 K_z는 x, y, z 방향의 열전도 계수(Coefficient of Thermal Conductivity)를 나타낸다. $\frac{\partial Q}{\partial t}$는 시간 t에서의 일정한 T를 가정하여, 식 (10.1)에서

$$\left[\frac{\partial Q}{\partial t}\right]_T=\frac{d\alpha}{dt}H_U \tag{10.39}$$

와 같이 표시된다.

10.6 열경화성 수지 복합재료의 완전한 해석

열경화성 수지를 기지로 하는 두꺼운 복합재료의 압밀 과정을 해석하기 위해서는 식 (10.35)를 해석하여야 한다. 그러나 μ가 T의 함수이고, T는 α의 함수이기 때문에 식 (10.3)이나 식 (10.4)를 먼저 해석하여 α를 구해야 한다. α가 구해지면 식 (10.38)에서 복합재료 각 위치별 온도분포 T를 구할 수 있다. T와 α가 구해지면 μ가 식 (10.10) 혹은 식 (10.11)로 구해지고, 따라서 식 (10.35)를 풀 수 있게 된다. 즉, 다시 설명하면,

식 (10.10) 혹은 (10.11)

식 (10.3) 혹은 (10.4)

식 (10.35)

식 (10.38)

을 연립하여 구해야 한다.

10.7 복합재료 제조 전문가 시스템

섬유강화 복합재료를 제조할 때 품질을 향상시키고 경화공정을 최적화 할 수 있는 방법에는 일반적으로 두 가지 방법이 있다. 첫 번째 방법은 복합재료의 제조 과정을 해석적으로 모델링하는 방법으로 유한요소법이나 유한차분법 등으로 모사(Simulation)하여 적절한 경화사이클을 제시하는 방법이다[6~13]. 위의 해석적인 방법은 복합재료의 형상과 물성치 변화에 대응하기 어려운 단점을 가지고 있다. 그러나 제조하려는 복합재료의 형상과 물성치가 알려져 있으면, 제조 과정을 빠른 시간 내에 경제적으로 설명할 수 있는 장점을 가지고 있다. 두 번째 방법은 경화 중인 복합재료로부터 경화정보를 측정하여 적절한 가공조건과 제어를 실시간에 제공하는 방법이다[14, 16]. 이 방법은 복합재료의 형상과 물성치 변화에 쉽게 대응할 수 있는 장점을 가지고 있다. 경화정보에 따른 가공조건과 그에 따른 제어는 주로 전문가 시스템 기법이 많이 사용되고 있다. 그림 10.11은 전문가 시스템을 구축하기 위한 일반적인 오토클레이브 제어시스템의 개략도이다. 온도와 압력을 측정하기 위하여 열전대(Thermo-Couple)와 압력변환기를 오토클레이브 내부에 설치하고, 복합재료의 경화 정도를 측정하기 위한 전용센서를 부착하여 복합재료의 경화정보

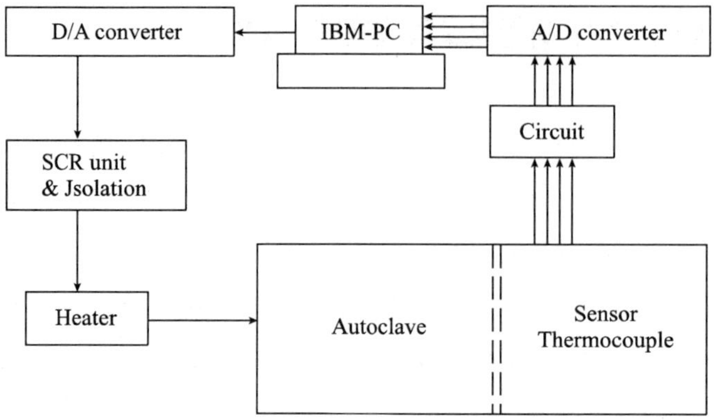

그림 10.11
Autoclave 제어 시스템

를 알 수 있도록 되어 있다. 오토클레이브 내에 장치된 몇 가지 센서들로부터 나온 출력은 잡음제거와 신호변환을 거쳐 A/D 변환기를 통해 컴퓨터로 받아들여진다. 컴퓨터로 받아들여진 신호는 데이터 처리과정을 거쳐 D/A 변환기를 통해 SCR (Silicon Controlled Rectifier)을 제어함으로써 오토클레이브 내부의 히터출력을 조절하도록 되어 있다.

전문가 시스템은 재료의 기본적인 물성치라 할 수 있는 최대 경화온도 및 압력 등에 대한 정보만 필요로 한다. 따라서 제품의 기하학적 형상이나 다양한 물성치를 직접적으로 필요로 하지 않으므로 경화를 손쉽게 이룰 수 있는 방법이다. 경화 시스템에서 제어할 수 있는 제어변수는 아래와 같다.

① 오토클레이브 히터
② 오토클레이브 냉각시스템
③ 오토클레이브 압력

위의 변수 중 오토클레이브 냉각시스템은 제어하기가 어려울 뿐 아니라 상당한 비용이 소요되므로, 주로 오토클레이브 히터의 전원을 꺼서 냉각효과를 내는 방식을 택하고 있다. 복합재료의 품질을 향상시키고 경화공정을 최적화하기 위한 전문가 시스템에 대한 연구는 다양한 방법으로 시도되어 왔다.

표 10.2는 복합재료 제조 시 각 부분의 온도를 측정하여 전문가 시스템을 구축한 제어 규칙의 대표적인 예를 나타낸 표이다. 표 10.2에서 T_a는 오토클레이브 내부의 공기온도이고, T_m은 복합재료 중앙부의 온도, T_s는 복합재료 표면부의 온도이다. ΔT는 복합재료 표면과 중앙부의 온도차이며, $\Delta T = |T_m - T_s|$로 계산된다. 또한 $\ddot{T}_m = d^2T_m / dt^2$는 복합재료 중앙부 온도의 2차 미분값을 나타내며, 소재의 발열

반응과 관계되는 값이다. 표 10.2의 내용 중 첫 번째 법칙은 T_a, T_m, T_s 가 최대 경화온도 $T_{\max}$ 이하이고, $\Delta T < \Delta T_{\max}$ 와 $\ddot{T}_m < 0$ 를 만족할 때 히터를 가열한다는 규칙으로, 복합재료의 발열반응이 일어나기 전에 주로 적용될 수 있는 제어 규칙이다.

표 10.2의 두 번째 법칙은 복합재료 경화 중에 발열반응이 일어날 때 적용되는 규칙으로, 측정된 온도가 최대 경화온도 $T_{\max}$ 이상이거나 $\ddot{T}_m > 0$ 이면 시스템의 전원을 끄거나 냉각시스템을 가동하도록 되어 있다. 표 10.2의 세 번째 법칙은 복합재료의 발열반응이 발생하여 복합재료 표면부의 온도보다 중앙부의 온도가 높아질 때, 복합재료 표면부를 가열함으로써 복합재료 내의 온도차를 감소하고자 하는 제어 규칙이다.

앞에서 설명한 법칙들은 오토클레이브 내부의 공기온도, 복합재료 중앙부 및 상·하 표면의 온도 등을 측정할 수 있는 시스템만으로도 구현할 수 있는 비교적 간단한 전문가 시스템으로, 후판 복합재료의 경화에도 효과적으로 적용할 수 있는 것으로 알려져 있다.

품질이 우수한 후판 복합재료의 제조를 위해서는 복합재료의 온도뿐만 아니라 각종 경화 측정장비로부터 경화정보를 획득하여 보다 효과적인 전문가 시스템을 구축할 필요가 있다. 그림 10.12는 유전 경화센서[15]와 압밀 이론 등으로 구축된

표 10.2 | 전문가 시스템의 온도 법칙

No.	Rules
1	IF $T_a < T_{\max}$ *and* $T_s < T_{\max}$ *and* $T_m < T_{\max}$ *and* $\Delta T < \Delta T_{\max}$ *and* $\ddot{T}_m < 0$ THEN Increase the autoclave air temperature at maximum rate (i.e., turn on the autoclave heaters at maximum power)
2	IF $T_a > T_{\max}$ *or* $T_s > T_{\max}$ *or* $T_m > T_{\max}$ *or* $\Delta T > \Delta T_{\max}$ *or* $\ddot{T}_m > 0$ THEN Decrease the autoclave air temperature at maximum rate (i.e., turn off the autoclave heaters and, if possible, turn on the coolers)
3	IF $T_a < T_{\max}$ *and* $T_s < T_{\max}$ *and* $T_m < T_{\max}$ *and* $\ddot{T}_m < 0$ *and* $\Delta T > \Delta T_{\max}$ *and* $T_s < T_m$ *and* $\dot{T}_m < 0$ THEN Increase the autoclave air temperature at maximum rate (i.e., turn on the autoclave heaters at maximum power)

전문가 시스템을 이용하여 탄소섬유 복합재료를 경화시킨 예를 나타낸 그림이다 [16]. 그림에서 보는 바와 같이 52-ply 탄소섬유 복합재료의 경화 시간은 약 90분으로 단축되었으며, 발열반응으로 인한 복합재료 내부의 온도상승이 효과적으로 감소되었음을 볼 수 있다.

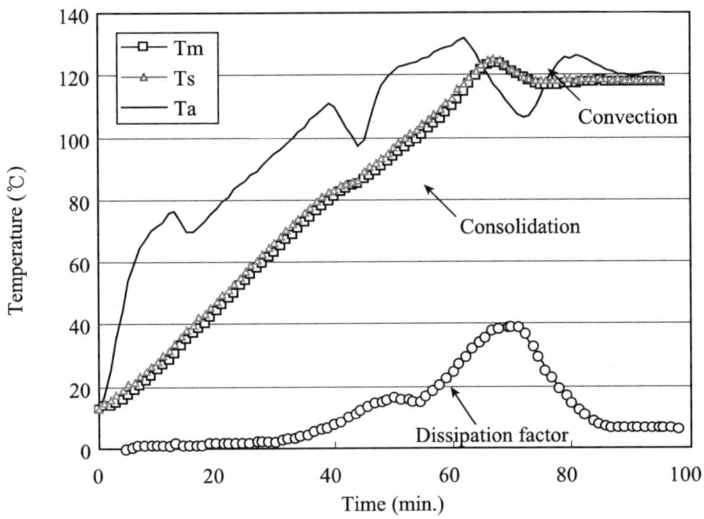

그림 10.12
전문가 시스템을 이용한 복합재료 경화사이클 (52-Ply)

참고문헌

[1] L. Chiao and R. E. Lyon, "A Fundamental Approach to Resin Cure Kinetics," Journal of Composite Materials, vol. 24, pp. 739-752, 1990.

[2] C. Y. M. Tung and P. J. Dynes, "Relationship between Viscoelastic Properties and Gelation in Thermosetting Systems," Journal of Applied Polymer Science, vol, 27, pp. 569-574, 1982.

[3] J. B. Enns and J. K. Gillham, "Time-Temperature-Transformation(TTT)Cure Diagram : Modeling the Cure Behavior of Thermosrts," Journal Applied Polymer Science, vol, 28, pp. 2567-2591, 1983

[4] M. R. Dusi, W. I. Lee, P. R. Ciriscioli and G. s. Springer, "Cure Kinetics and Viscosity of Fiberite 976 Resin," Journal of Composite Materials, vol. 21, pp. 243-261, 1987

[5] P. R. Ciriscioli and G. s. Springer, *Smart Autoclave Cure of Composites*, Technomic Publishing Co., Inc., 1990.

[6] G. S. Springer, "Resin Flow During the Cure of Fiber Reinforced Composites," Journal of Composite Materials, vol. 17, pp. 400–410, 1982.

[7] A. C. Loos and G. S. Springer, "Curing Epoxy Matrix Composites," Journal of Composite Materials, vol. 17, pp. 135–169, 1983.

[8] Raju Dave, "A Unified Approach to Modelling Eesin Flow During Composite Processing," Journal of Composite Materials, vol.24, pp. 22–41 ,1990.

[9] T.G Gutowski, T. Morogaki and Z. Cai, "The Consolidation of Laminate Composite," Journal of Composite Materials, vol.21, pp. 172–188,1987.

[10] T.G Gutowski, Z. Cai, S. Bauer, D. Boucher, J.Kingery and S. Wineman, "Consolidation Experiment for Laminate Composites," J. of Composite materials, vol. 21, pp. 650–669, 1987

[11] R. Dave, J. L. Kardos and M. P. Dudukovic, "A Model for Resin Flow During Composite Proscessing : Part 1–General Mathematical Development," Polymer Composites, vol. 8, No. 1, pp. 29–37, 1987.

[12] R. Dave, J. L. Kardos and M. P. Dudukovic, "A Model for Resin Flow During Composite Proscessing : Part 2; Numerical Analysis for Uni–Directional Graphite/Epoxy Laminates," polymer Composites, vol. 8, No. 1, pp. 123–132, 1987.

[13] D. G. Lee and J. S. Kim, "Computer Simulation of the Consolidation of Fiber–Reinforced Resin Matrix Composites," Journal of Materials Processing and Manufacturing Science, vol. 2, pp. 357–372, 1994.

[14] Kalra, L., Perry, M.J. and Lee, L.J., "Automation of Autoclave Cure of Graphite–Epoxy Composites," Journal of Composite Materials, vol. 16, pp. 2567–2584, 1992.

[15] J. S. Kim and D. G. Lee, "On–line Cure Monitoring and Viscosity Measurement of Carbon Fiber Epoxy Composite Materials," J. of Materials Processing Technology, Vol. 37, pp. 405–416, 1993.

[16] J. H. Choi and D. G. Lee, "Expert Cure System for the Carbon Fiber Epoxy Composite Materials," J. of Composite Materials, vol. 29, No. 9, pp. 1181–1200, 1995.

CHAPTER 11

복합재료의 접합

11.1 입문

복합재료로 이루어진 구조물의 효율성은 약간의 예외적인 경우를 제외하고는 구조물 자체보다 접합부에 의해서 결정되는 경우가 대부분이기 때문에, 복합재료 접합부의 설계는 매우 중요한 연구 분야로 대두되었다[1]. 복합재료의 접합방법은 기계적 체결(Mechanical Joining)과 접착제에 의한 체결(Adhesive Bonded Joining)로 크게 분류할 수 있는데, 각각의 장단점을 열거하면 다음과 같다[2, 3].

기계적 체결 :

① 피접합물(Adherend)을 파괴하지 않은 상태로 보수나 부속품을 대치하기 위하여 쉽고 빠르게 분해할 수 있다.

② 표면처리가 거의 필요 없다.

③ 접합의 질(Joining Quality)을 검사하기 쉽다.

④ 피접합물에 원공가공을 하여야 하므로, 연속된 섬유를 끊거나 복합재료의 강도를 저하시킨다.

⑤ 체결부 주위에 높은 응력집중(Stress Concentration) 현상을 발생시키며, 이것은 피접합물의 파괴를 가져올 수 있다.

⑥ 구조물의 무게를 증가시킨다.

⑦ 부식(Corrosion) 문제를 야기시킬 수 있다.

접착제에 의한 체결 :

① 기계적 체결법에 비하여 넓은 면적에 하중을 분포시킨다.

② 구멍가공이 필요 없다.

③ 구조물의 무게를 거의 증가시키지 않는다.

④ 얇은 피접합물을 접합시킬 수 있다.

⑤ 밀봉(Sealing) 효과를 기대할 수 있으며, 열과 전기의 부도체 역할을 할 수 있다.

⑥ 기계적 접합법에 비해 뛰어난 피로저항(Fatigue Resistance)을 가지고 있으며, 감쇠나 소음을 줄이는 효과도 우수하다.

⑦ 피접합물을 부수거나 손상을 입히지 않고는 분해하기 어렵다.

⑧ 사용온도, 습도 및 다른 주위 환경에 의하여 영향을 받을 수 있다.

⑨ 접합의 질(Joining Quality)을 검사하기 어렵다.

⑩ 접착제(Adhesive)의 두께. 피접합물(Adherend)의 표면조도가 체결부의 정적(Static) 강도 및 피로(Fatigue) 강도에 영향을 미친다[4].

11.2 기계적 체결

기계적 체결법은 피접합물(Adherend)에 원공을 가공한 후, 볼트나 핀 혹은 리벳을 사용하여 체결 한다. 또한 원공을 가공하지 않은 상태에서 압력을 가하여 압력체결(Press Fit)을 사용하여 접합을 하기도 한다. 그림 11.1에서부터 그림 11.4에 몇 종류의 기계적 접합에 대한 예를 나타내었다.

기계적 체결부의 파괴 형태(Mode)는 그림 11.5에서 보는 바와 같이 전단파괴(Shear-out Failure), 인장파괴(Net Tension Failure), 분할파괴(Cleavage Failure), 베어링파괴(Bearing Failure), 볼트당김(Bolt Pulling) 및 볼트파괴(Bolt Failure) 등으로 나눌 수 있다. 피접합물의 가장자리까지의 거리와 볼트 구멍의 직경의 비 (e/d), 피접합물의 너비와 볼트 구멍의 직경의 비 (w/d) 및 피접합물의 두께와 볼트 구멍의 직경의 비 (t/d)에 따라 크게 변화된다.

기계적 체결부의 설계관점에서 보면 베어링파괴가 다른 파괴 형태보다 바람직하다. 그러나 (e/d)와 (w/d)의 값이 매우 크지 않으면 베어링파괴를 기대하기 어렵다. 일반적으로 피접합물이 모두 0도 섬유로 되어 있지 않은 경우에 $(e/d) > 3$, $(w/d) > 6$이면 전단 및 인장 파괴를 피할 수 있다. 볼트로 체결한 접합부는 핀으로 체결한 접합부보다 볼트의 체결력(Clamping Force) 때문에 체결부의 강도를 증

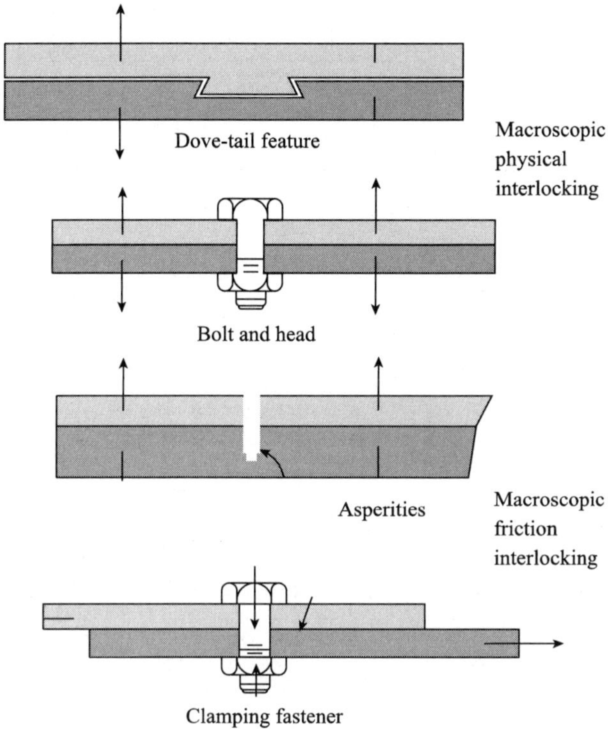

그림 11.1
기계적 접합의 예

가시킬 수 있다. 또한 전단파괴를 방지하기 위하여 피접합물의 가장자리 두께를 증가시키거나 금속 심(Shim)을 삽입할 수 있으며, 이로 인하여 피접합물의 가장자리까지의 길이 (e)를 감소시킬 수 있다. 현재까지 이와 같은 기계적 체결부의 설계 변수는 대부분 실험적으로 규명되고 있다[4].

기계적 체결부의 강도는 체결부 주위의 응력집중(Stress Concentration) 현상을 감소시킴으로써 향상시킬 수 있다.

다음은 체결부 주위의 응력집중을 감소시키는 방법이다.

① 탄소섬유와 같이 강성이 높은 재료로 된 피접합물의 체결부 주위를 유리섬유와 같이 강성이 낮은 재료로 대치함으로써 응력집중을 감소시킬 수 있다.
② 체결부 주위의 피접합물 적층 순서(Stacking Sequence)를 바꾸어서, 피접합물의 강성을 낮춘다. 예를 들면, $[O_2/\pm 45]_{4s}$ 와 같은 적층 구조를 가진 평판의 경우, 체결부 주위의 적층 순서를 $[\pm 45]_{4s}$ 로 변경하여 피접합물의 강성을 낮출 수 있다.
③ 원공보다 큰 볼트나 핀을 체결하는 경우(Interference Fit)는 체결부 주위의 섬유 손상보다는 국부적인 층간분리(Delamination) 현상이 발생되며, 이것은 체결부

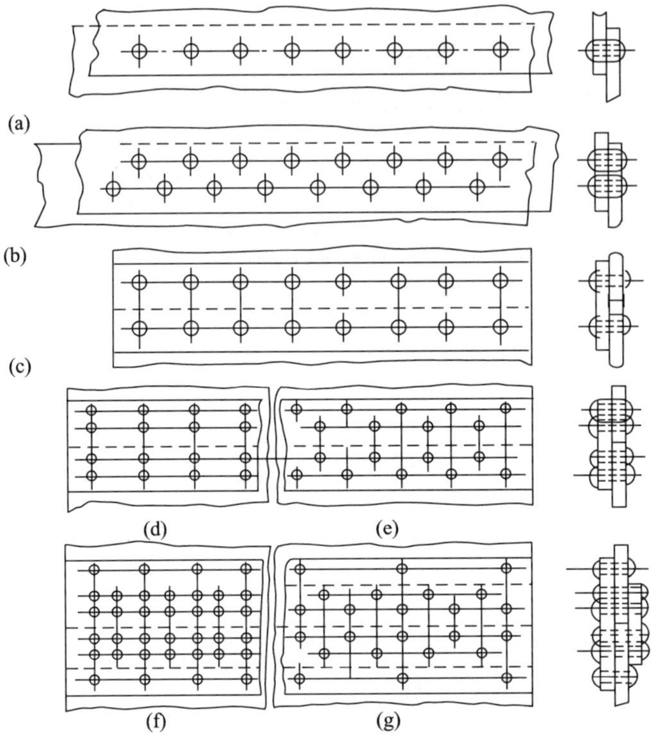

그림 11.2

리벳 조인트의 예 :
(a) Lap Joint(Single Riveted),
(b) Lap Joint(Double Riveted, Staggered),
(c) Butt Joint(Single Riveted),
(d) Butt Joint(Double Riveted, Chain Riveted),
(e) Butt Joint(Double riveted, Stagger Riveted),
(f) Butt Joint(Triple Riveted, Chain Riveted),
(g) Butt Joint(Triple Riveted, Stagger Riveted)

주위의 높은 응력을 재분산 시키는 역할을 한다. 그러나 볼트나 핀을 체결할 때 섬유를 손상시키지 않도록 주의하여야만 한다.

기계적 체결을 위한 피접합물의 원공 가공은 기계적인 가공에 의하거나, 복합재료 성형 시에 미리 형성할 수 있다. 그러나 복합재료 성형 과정에서 미리 구멍 모양을 형성하여 제작하면 섬유의 방향이 틀리거나 수지가 과다한 영역이 원공 주위에 형성될 수 있으며, 봉합선(Knit Line) 등이 생길 우려가 있으므로 기계적인 가공

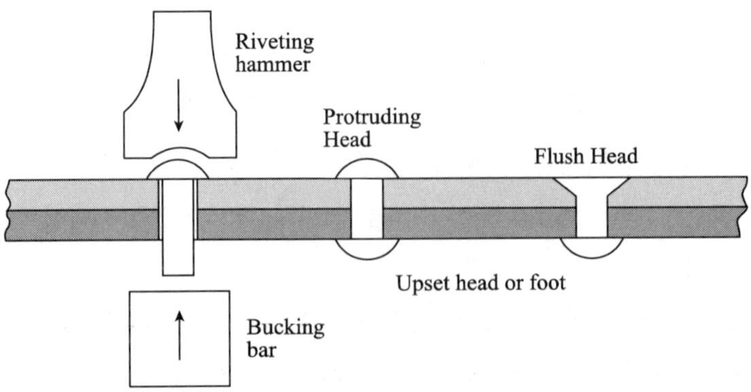

그림 11.3

리벳팅 방법과 리벳 접합의 예

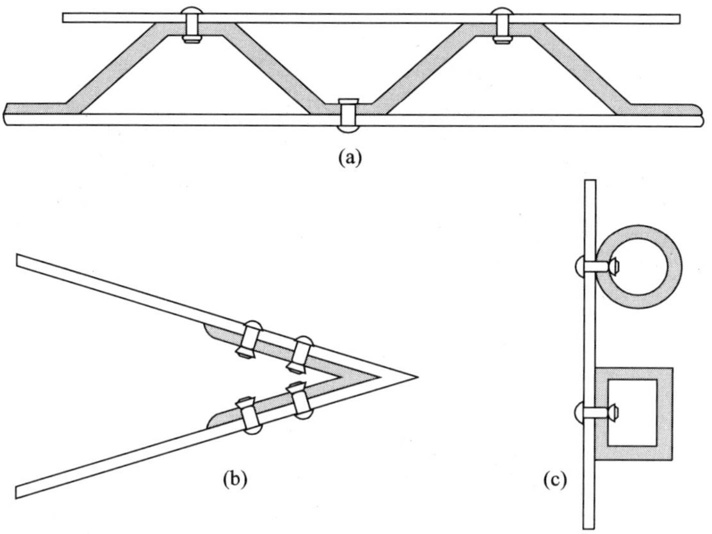

그림 11.4
Blind 리벳 응용의 예 : (a) 닫힌 구조, (b) 뾰족한 코너 구조, (c) 튜브 또는 파이프 설치

에 의하여 원공을 만드는 것이 바람직하다.

복합재료의 원공을 가공하는 방법은 드릴을 사용하는 방법이 가장 쉬우나, 적당한 가공 속도, 예리한 공구, 고정구(Fixture) 등을 사용하지 않으면 복합재료의 손상을 가져올 수 있다. 드릴 작업 시 복합재료 밑에 얇은 알루미늄 판 등을 받쳐서 함께 드릴링하면 복합재료 밑면의 층간분리를 방지할 수 있다. 드릴링된 면의 표면 조도와 손상 정도는 기계적 체결부의 피로 수명에도 큰 영향을 미친다.

원공을 가공하는 다른 방법으로는 Water Jet이나 레이저 광선을 사용하는 방법이 있으며, 이 방법들은 드릴로 원공을 가공하는 것보다 복합재료에 손상을 적게 발생시키는 것으로 알려져 있다.

11.3 복합재료 기계적 체결부의 설계기준

복합재료 기계적 체결부의 파손은 앞 절에서 설명한 바와 같이 여러 가지 형태가 있는데, 체결부의 허용강도를 파손형태별로 나누어 결정할 수 있으며, 다음과 같은 식을 사용할 수 있다[5].

- 베어링강도 : $P^{br} = d \cdot t \cdot F^{br}$ **(11.1)**
- 전단파괴강도 : $P^{s} = 2[(e/d) - 0.5]d \cdot t \cdot F^{s}$ **(11.2)**
- 인장파괴강도 : $P^{t} = 2[(s/d) - 0.5]d \cdot t \cdot F^{t}$ **(11.3)**

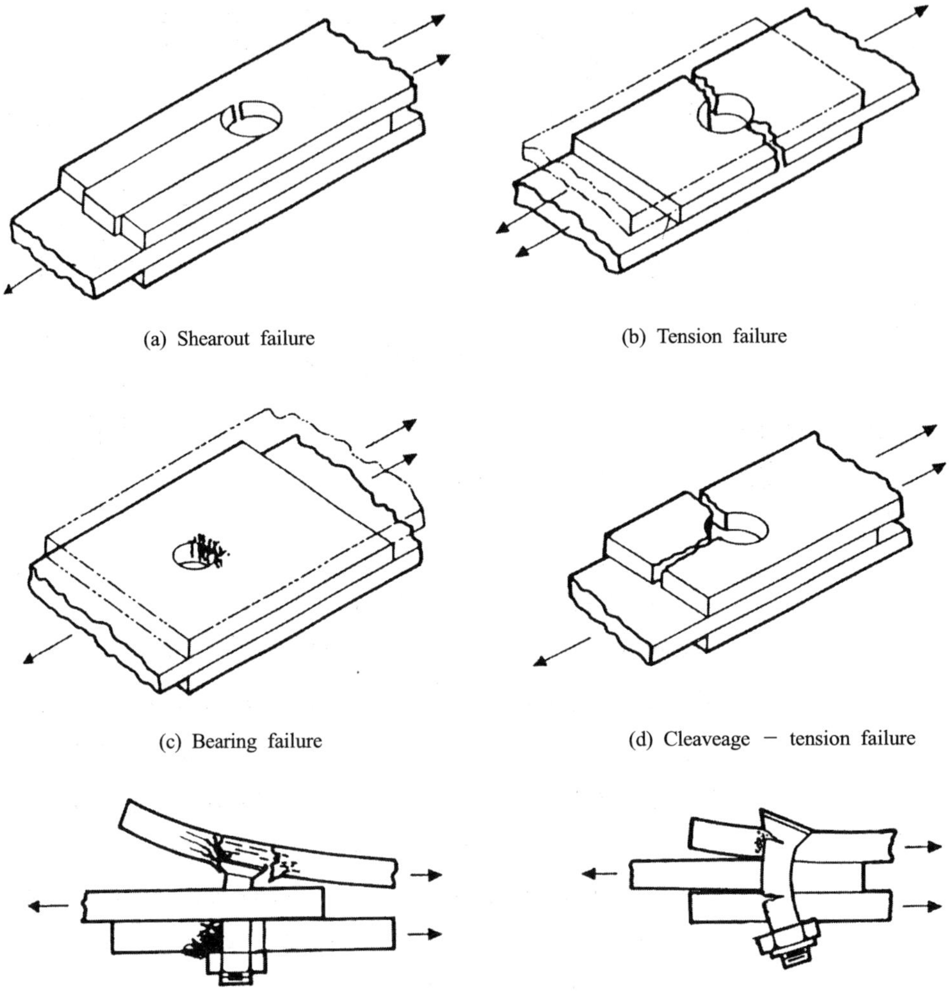

(a) Shearout failure

(b) Tension failure

(c) Bearing failure

(d) Cleaveage − tension failure

(e) Bolt pulling through failure

(f) Bolt failure

그림 11.5
기계적 체결부의 파손형태

여기서, F^{br} : 베어링 허용강도

F^{s} : 전단 허용강도

F^{t} : 인장 허용강도

d : 볼트 직경

t : 복합재의 두께

일반적으로, 복합재료의 기계적 체결부를 효율적으로 설계하면 체결부의 최대 강도는 모재 강도의 1/2정도가 되는 것으로 알려져 있다. 복합재료 기계적 체결부의 설계기준을 열거하면 다음과 같다.

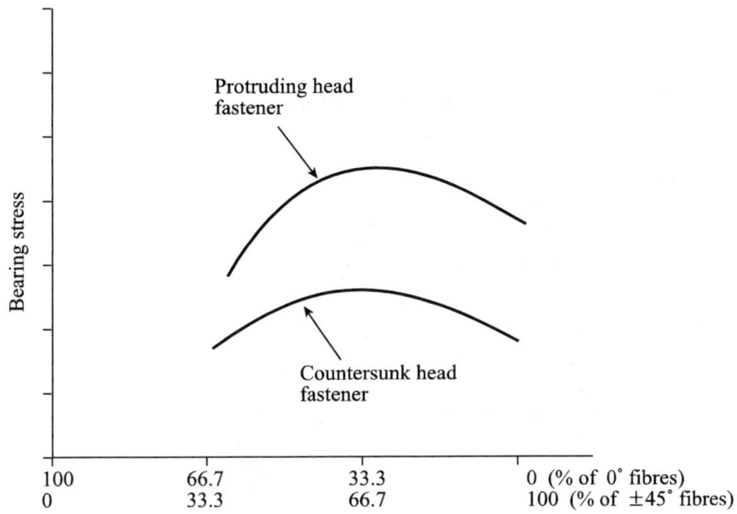

그림 11.6
보강섬유층 비율에 따른 체결부의 베어링강도 변화

① 전단파괴 :

복합재의 적층각이 0°가 대부분일 때 주로 전단파괴가 발생한다. 금속재료로 된 체결부는 원공의 위치가 끝단으로부터 멀리 떨어져 있으면 전단파괴가 발생되지 않을 가능성이 높지만 복합재료 적층각이 0°인 체결부는 끝단으로부터의 거리에 관계없이 전단파괴가 일어날 가능성이 높다. 따라서 전단파괴를 방지하기 위해서는 90° 섬유층을 배치하여야 한다.

- 알루미늄 체결부는 e/d > 3로 유지할 것
- ±45° 섬유층을 보강재로 사용할 경우, 최소 40% 이상 사용할 것
- 90° 섬유층을 보강재로 사용할 경우, 최소 10% 이상 사용할 것

그림 11.6은 보강섬유층 비율에 대한 체결부의 베어링강도 변화를 나타내었다.

② 인장파괴 :

인장파괴는 섬유의 인장강도에 의해 좌우되며, 그림 11.7에서 보는 바와 같이 w/d가 4 근처일 경우 체결부 효율이 가장 높아진다. 원공간의 거리 w가 작으면 상대적으로 섬유가 절단된 부분이 너무 많고, w가 너무 크면 상대적으로 베어링 단면적이 줄어드는 효과를 가져와 베어링 파손이 일어난다.

- 그림 11.8에서 제시된 최소한의 간격을 유지할 것
- 인장 단면의 응력을 감소시키기 위해 덧붙이기(Pad up)를 할 것

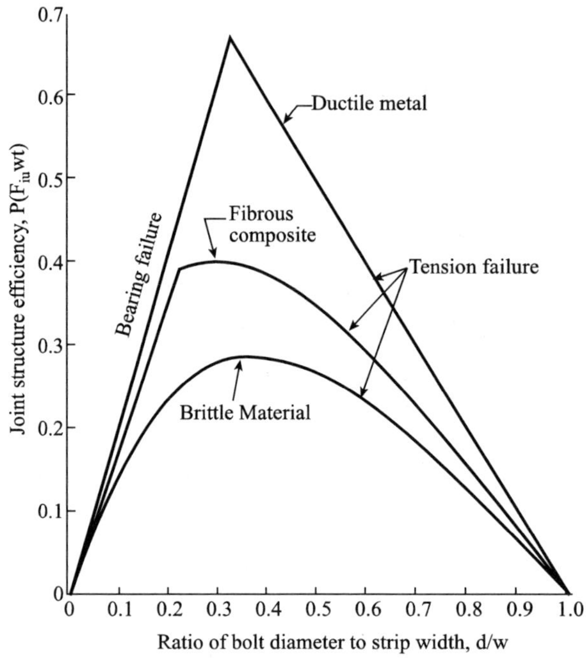

그림 11.7

d/*w*에 따른 체결부 효율 변화

③ 점진적 베어링 파손으로 인한 볼트 당김:

- 덧붙이기를 할 것
- ±45° 층을 40% 이상 사용할 것
- 볼트 헤드의 면적을 넓히거나 와셔를 사용할 것

④ 볼트의 전단파괴 :

- 볼트의 직경을 키울 것
- 전단강도가 우수한 볼트를 사용할 것

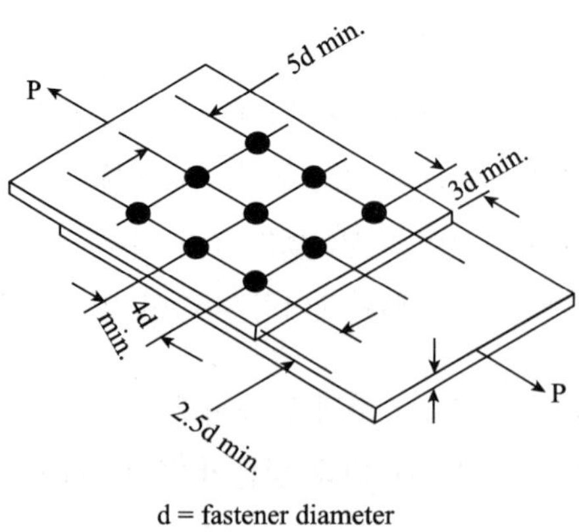

그림 11.8

체결부 형상의 최소 간격 기준

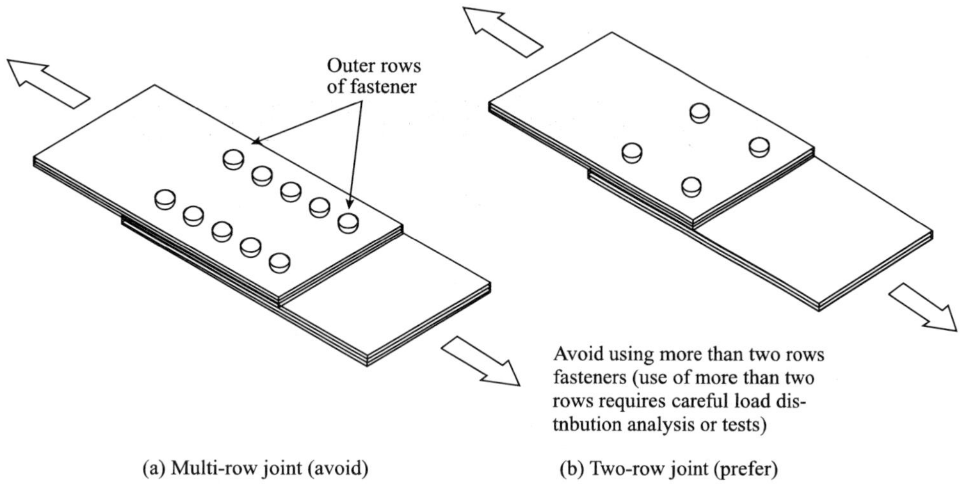

그림 11.9
두 줄 체결 구조로 된 복합재료 체결부의 설계

- 전단에서 파손이 일어나는 설계를 피할 것

⑤ 복합재료는 연성이 낮으므로, 볼트를 두 줄 이상 설계하면 대부분의 하중은 가장 바깥쪽 두 줄에서만 작용한다. 따라서 그림 11.9에서 보는 바와 같이 두 줄 이상의 볼트 설계를 가급적 피해야 한다.

⑥ 탄소섬유 복합재료가 금속 구조물과 연결될 때에는 부식 문제가 심각하게 작용할 수 있다. 특히 알루미늄, 카드뮴, 강철 등은 탄소섬유와 전위차가 크게 발생되어 Galvanic corrosion이 발생될 수 있다. 따라서, Titanium, Nickel/Cobalt 합금, 내식 금속 등과 체결부를 구성하면 부식을 방지할 수 있다.

⑦ 소재의 섬유 적층각을 $[0/\pm45/90]_s$ 또는 $[0/45/90/-45]_s$ 등으로 구성하면, 준 등방성 소재가 되므로 체결부의 강도를 효과적으로 향상시킬 수 있는 근사적인 방법이 된다. 준 등방성 적층 구조는 체결부 실험 비용을 줄일 수 있을 뿐만 아니라, 해석과 설계를 단순화 시킬 수 있다.

⑧ 복합재료 기계적 체결 구조에서 Single Lap Joint와 Double Lap Joint의 효율은 Single Lap Joint에 작용하는 편심하중으로 인하여 큰 차이를 보이고 있다. 그림 11.10은 Single Lap Joint 형태의 체결부 구조에서 복합재료의 두께 방향에 따른 응력 변화를 나타낸 그림으로, 원공 주위에서 볼트에 의해 전달되는 하중 ΔP에 의해서 불균일한 응력이 유도된다. 그림 11.11은 Single Lap Joint 구조에서 피접합물이 알루미늄인 경우와 복합재료인 경우에 대하여 두께 방향 응력분포를 비교한 그림으로, 복합재료 체결부인 경우, 연성의 부족으로 인하여 응력분포가 불균일함을 볼 수 있다. 따라서 피접합물 소재에 따라 체결부의 강도가 저하될 수 있으며, 복합재료 체결구조의 경우 1.5 ~ 2.0의 감소비를 적용하고 있다.

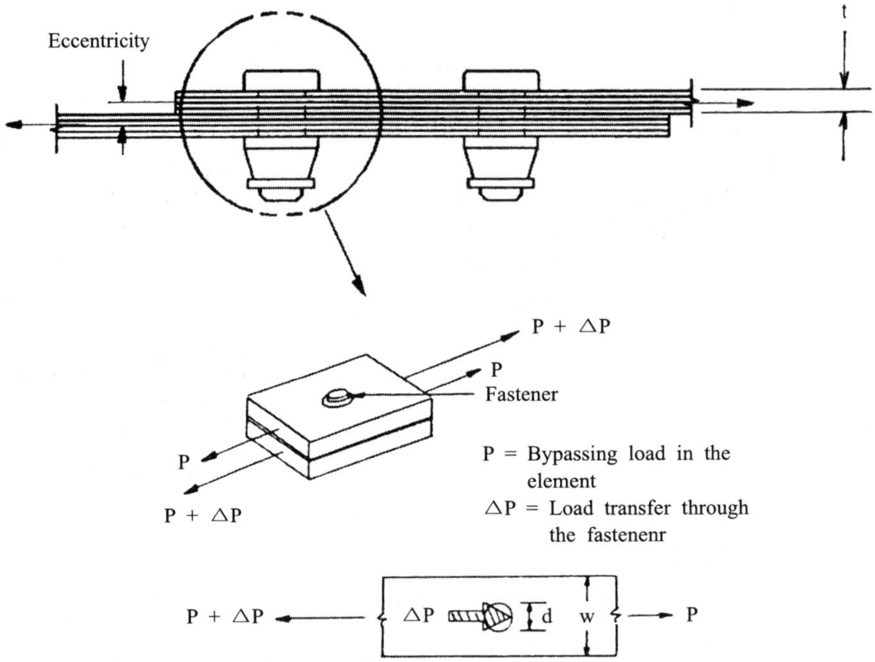

Load fastener load transfer and bypass load.

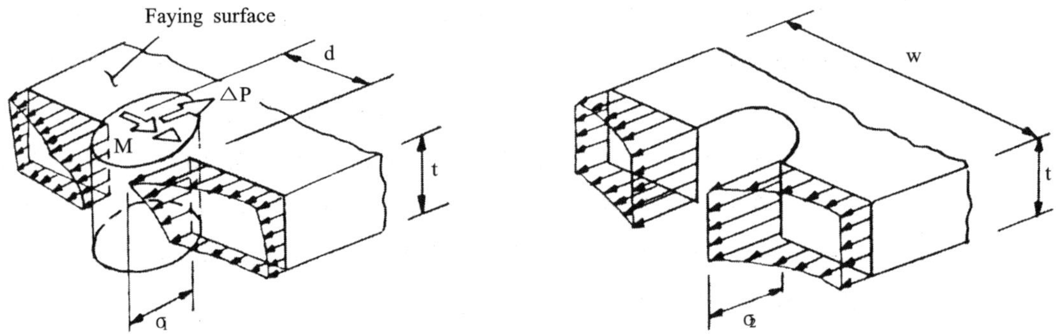

Local stresses caused by load transfer, △P

Local stresses caused by bypassing load, P

The maximum local stress in the considered element.

$\sigma_{max} = \sigma_1 + \sigma_2$

그림 11.10

볼트주위의 국부 응력분포

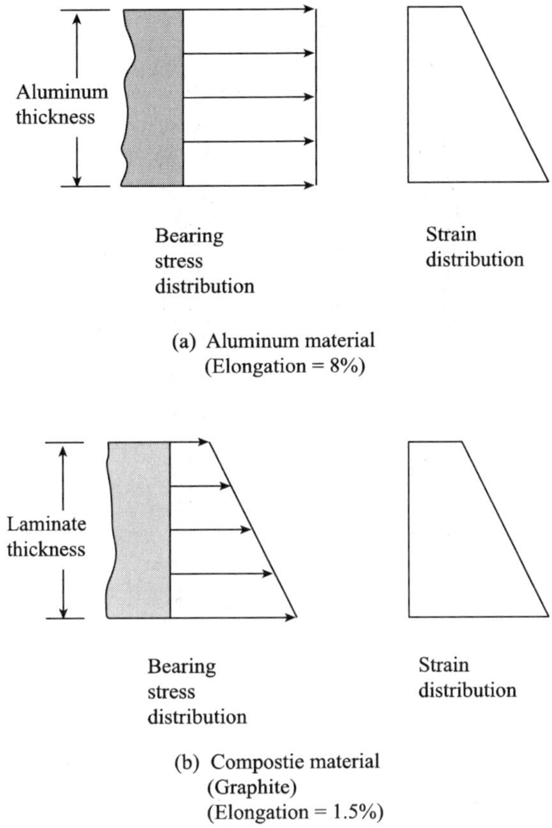

그림 11.11
피접합물 재질에 따른 두께 방향의 응력분포 변화

⑨ 체결부의 겹쳐지는 부위에는 3 또는 4개 이상의 볼트를 사용하지 않아야 하며, 맨 바깥쪽의 볼트에 하중이 집중될 수 있다. 이를 방지하기 위해서는 체결부에 대한 정확한 응력해석과 그에 따른 적절한 기울기를 선정하여야 한다. 그림 11.12는 체결부 형태별로 각각의 볼트에 걸리는 하중을 표시한 예를 나타낸 그림이다.

⑩ 베어링 강도를 향상시키기 위하여 체결부에 국부적인 보강을 할 경우, ±45° 섬유층이 최소 40% 이상이어야 한다.

⑪ 두꺼운 복합재료로 된 체결부는 직경이 큰 볼트를 사용하여야 한다. 또한, 볼트의 굽힘에 의한 최대 베어링응력의 증가를 방지하기 위하여 일반적으로 볼트의 직경은 적층판의 두께와 거의 같은 치수로 설계한다. 복합재료의 두께가 두꺼워지면 두께 방향으로 베어링 응력의 불균일성이 증가하며, 복합재료는 연성의 부족으로 인하여 금속재료보다 불균일성이 훨씬 크게 나타난다.

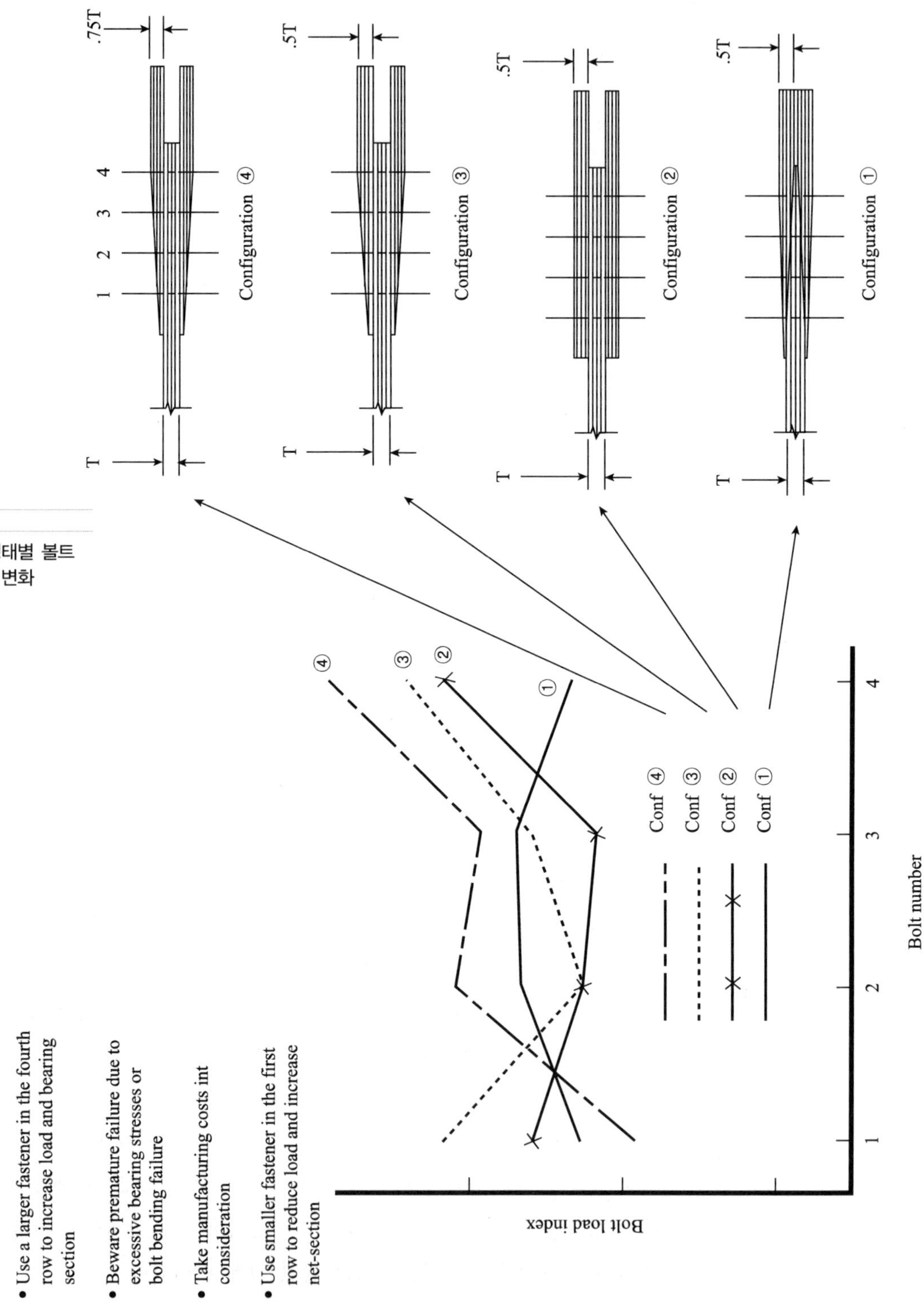

그림 11.12
체결부의 형태별 볼트 하중분포의 변화

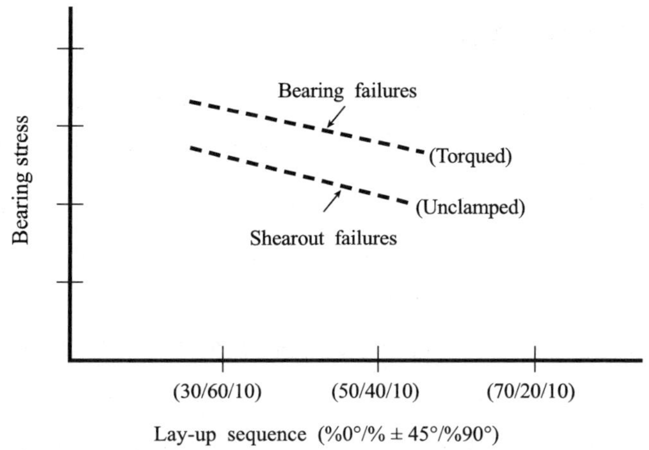

그림 11.13
체결력(Clamping force)에 따른 강도 변화

⑫ 기계적 체결부에 복합재료의 두께 방향으로 체결력(Clamping force)을 부가하면 그림 11.13에서 보는 바와 같이 체결부의 강도가 증가된다.

11.4 복합재료 기계적 체결부의 파손강도 예측법

기계적으로 체결된 복합재료 체결부의 파손강도를 예측하기 위해서 많은 연구들이 진행되었다. Chamis[6]는 기하학적 형상과 적층판 강도에 대한 체결부강도의 변화에 대한 연구를 수행하였다. Hart-Smith[7]는 체결부 강도 예측에 응력집중계수를 이용하였으며, Whitney and Nuismer[8, 9]는 파손평가식과 평균응력을 기초로 한 특성 길이 방법을 제안하였다. Chang[10]과 Ahn[11] 등은 인장과 압축에 대한 특성 길이를 계산하여 특성 곡선을 형성한 다음, 복합재료 파손식을 적용하여 체결부의 파손강도를 예측하였다. Hollman[12]은 점진적 파손해석과 파괴에너지에 기초한 파손 영역 모델을 제안하였다. Choi[13, 14] 등은 특정 면적의 파손지수를 근거로 한 파괴면적 지수법(Failure Area Index Method)을 제시하였다. 복합재료의 기계적 체결부는 원공을 포함하고 있으며, 이에 대한 유한요소 해석을 수행하였을 때, 핀과 접촉하는 원공 표면에 작용하는 응력은 상대적으로 매우 높은 값을 가지므로, 원공 표면부에 대하여 복합재료의 파손식을 적용하면 체결부의 강도를 과소 평가하는 결과를 초래하게 된다. 본 절에서는 원공으로부터 특정 길이만큼 떨어진 위치에서 복합재료의 파손여부를 판단하는 특성 길이 방법[10, 11]과 원공 주위의 특정 영역에 대한 파손지수의 평균적인 크기를 평가하는 파괴면적 지수법[13, 14]에 대하여 간략히 소개하고자 한다.

11.4.1 특성 길이 방법

특성 길이 방법은 원공으로부터 특정 길이만큼 떨어진 위치에서 복합재료의 파손식을 적용하여 기계적 체결부의 파손여부를 판단하는 방법이다[10, 11]. 특성 길이 방법에 의한 복합재료 체결부의 강도 예측 방법을 간단히 설명하면 다음과 같다. 특성 길이 방법은 체결부의 파손을 인장과 압축 모드로 분리하므로 각각의 모드에 대한 파손실험과 유한요소 해석을 수행하여야 한다. 그림 11.14는 특성 길이 계산을 위한 인장과 압축 모드의 시험편 형상을 나타낸 그림이다. 특성 길이 방법으로 복합재료 체결부의 강도를 예측하기 위해서는 그림 11.14의 인장과 압축 모드 시편에 대하여 유한요소 해석을 수행하여야 한다. 이때 인장과 압축 시편에 가해주어야 할 하중 P_T와 P_C는 실험으로 구해야 되는데, 유한요소 해석에 사용된 시험편의 형상과 동일한 치수여야 한다. 유한요소 해석의 결과, 원공 주위의 하중방향 평균응력 값이 소재의 인장 및 압축강도와 일치하는 지점을 각각 인장 특성 길이와 압축 특성 길이로 정의한다. 계산된 인장 특성 길이와 압축 특성 길이를 기준으로, 아래의 식과 같은 특성 곡선을 정의할 수 있다.

$$r_c(\theta) = D/2 + R_{ot} + (R_{oc} - R_{ot})\cos\theta \qquad \textbf{(11.4)}$$

R_{oc}: 압축 특성 길이, R_{ot}: 인장 특성 길이

$0° < \theta < 15°$: Bearing failure mode

$30° < \theta < 60°$: Shear out failure mode

$75° < \theta < 90°$: Tension failure mode

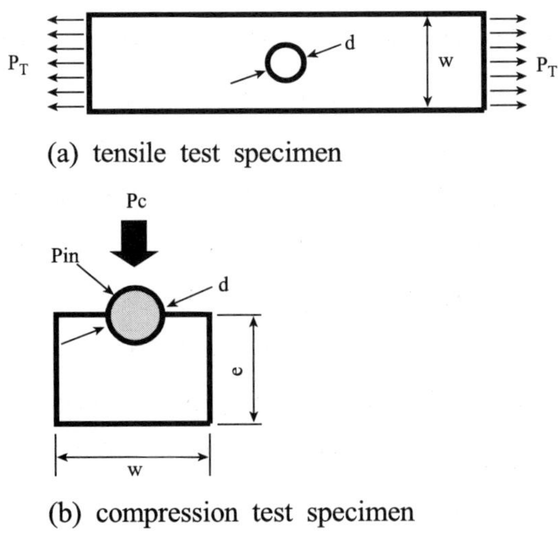

그림 11.14

인장 시험편과 압축 시험편의 형상

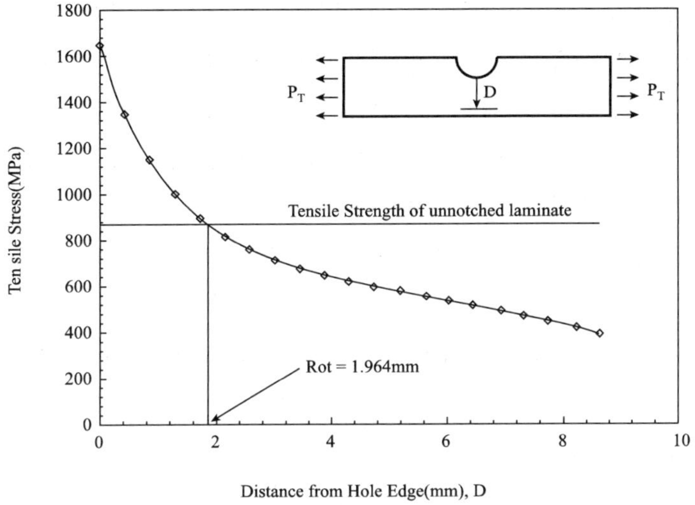

그림 11.15
인장 특성 길이

기계적 체결부의 강도 예측은 구하고자 하는 복합재료 체결부 구조에 대한 응력 해석을 수행하고, 위에서 구한 특성 곡선상에서 복합재료의 파손식을 적용하여 파손지수가 1이 될 때 체결부가 파손된 것으로 간주한다.

그림 11.15는 원공이 있는 인장 시편에 대하여 유한요소 해석을 수행하여 인장 특성 길이를 구한 예를 나타낸 그림으로, 체결부의 끝단에 인장실험으로 구한 실험 하중 P_T를 가하였다. 그림에서 보는 바와 같이 인장 특성 길이는 하중방향에 수직인 최소 단면부의 평균응력 값이 소재의 인장강도와 일치하는 1.964mm로 결정됨을 볼 수 있다.

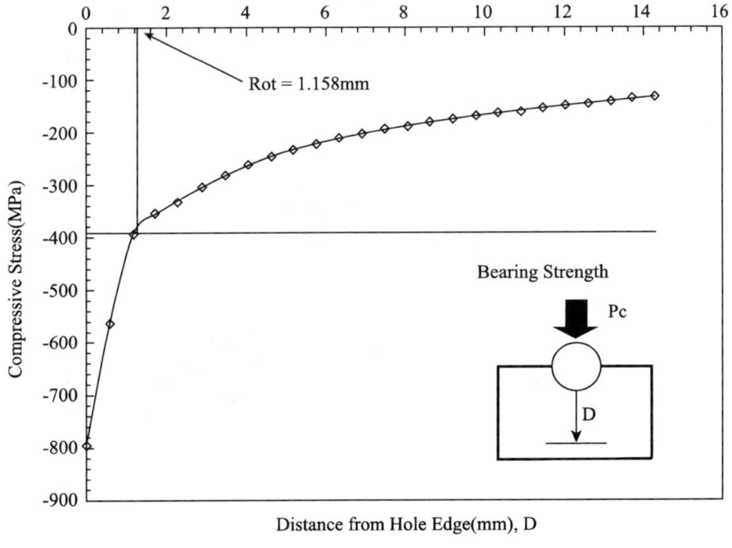

그림 11.16
압축특성길이

압축 특성 길이를 결정하기 위해서는 그림 11.14(b) 형상의 시험편에 대한 압축 실험과 이에 대한 유한요소 해석을 수행하여야 한다. 그림 11.16은 그림 11.14(b)의 압축 시편에 대하여 유한요소 해석을 수행하여 압축 특성 길이를 구한 예를 나타낸 그림으로, 압축실험으로 구한 실험 하중 P_c를 핀 부재에 가하였다. 그림에서 보는 바와 같이 압축 특성 길이는 하중방향과 평행한 최소 단면부의 평균응력 값이 소재의 압축강도와 일치하는 1.158mm로 결정됨을 볼 수 있다. 이상과 같이 결정된 인장 및 압축 특성 길이로부터 식 (11.4)를 이용하여 특성곡선을 정의할 수 있다.

특성 길이 방법은 이상에서 구하여진 특성 곡선상의 임의의 위치에서 복합재료의 파손지수가 1이상이 되면 체결부가 파손된다고 가정하는 방법이다. 그림 11.17은 복합재료 체결부의 파손강도를 예측하기 위하여 유한요소 모델을 형성한 그림으로, 핀에 가해지는 하중을 특성 곡선상에서 복합재료의 파손지수가 1이 될 때까지 증가시킨다. 그림 11.18은 이상에서 구한 특성 곡선 및 특성 곡선상에서

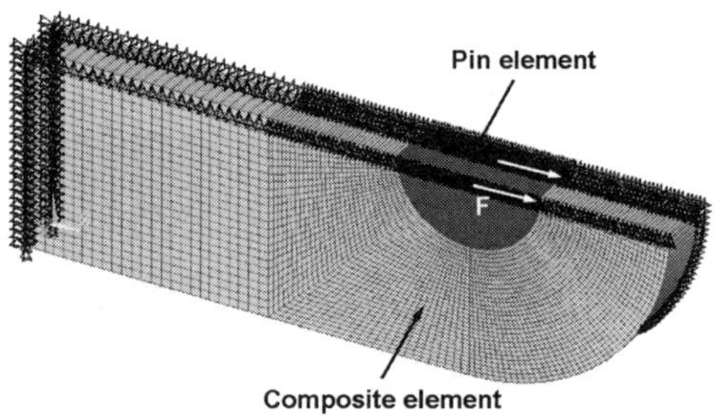

그림 11.17

기계적 체결부의 유한요소 모델

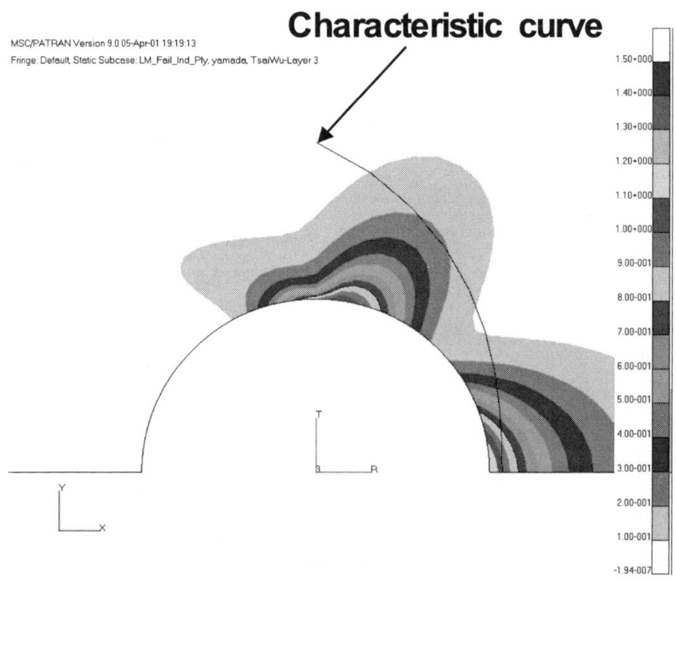

그림 11.18

특성 곡선 및 Yamada-Sun 파손지수 분포

Yamada-Sun 파손지수 값이 1이 될 때의 파손지수 분포를 나타낸 예를 보여 준다.

표 11.1은 특성 길이 방법으로 핀 하중을 받는 복합재료 체결부의 파손하중을 예측한 예를 나타낸 표로서, Tsai-Wu 파손식을 적용하였을 때 실험치와 최대 40% 내외의 오차를 가짐을 볼 수 있다.

표 11.1 | 특성 길이 방법으로 평가한 복합재료 체결부의 파손하중 예측 결과

Model	$P_{Exp.}$(kN)	Tasi-Wu		Yamada-Sun	
		P_{FEM}(kN)	Error(%)	P_{FEM}(kN)	Error(%)
1	10.286	9.845	-4.3	15.385	49.6
2	10.547	9.400	-10.9	13.284	26.0
3	10.814	15.265	41.2	19.328	78.7
4	8.008	10.156	26.8	18.278	128.2
5	12.272	14.000	14.1	18.677	52.2
6	11.790	14.926	26.6	20.005	69.7
7	11.634	15.451	32.8	2.701	77.9

11.4.2 파괴면적 지수법

파괴면적 지수법은 복합재료의 파손이 일어날 수 있는 특정 면적에 대하여 파손지수의 평균적인 크기를 평가하는 방법이다[13, 14]. 복합재료의 파손이 일어날 수 있는 특정면적은 사용된 파손평가식의 파손지수가 1 이상인 부분으로 한정하였다. 복합재료의 파손식은 각각의 층(Ply)에 대하여 정의되므로 파손이 일어날 수 있는 복합재료 층의 위치에 따라 다르게 정의될 수 있으며, 파괴면적 지수는 다음과 같이 정의할 수 있다.

$$FAI_j = \frac{\int F \ \ dA}{H_A} \approx \frac{\sum_{i=1} F_i \cdot A_i}{H_A} \tag{11.5}$$

FAI : Failure Area Index
F : Failure Index
H_A : Enclosed area of a hole

복합재료 전체 적층판에 대한 파괴면적 지수는 다음과 같다.

$$FAI = \sum_{j=1}^{m} FAI_j \qquad \text{m : Total number of ply} \tag{11.6}$$

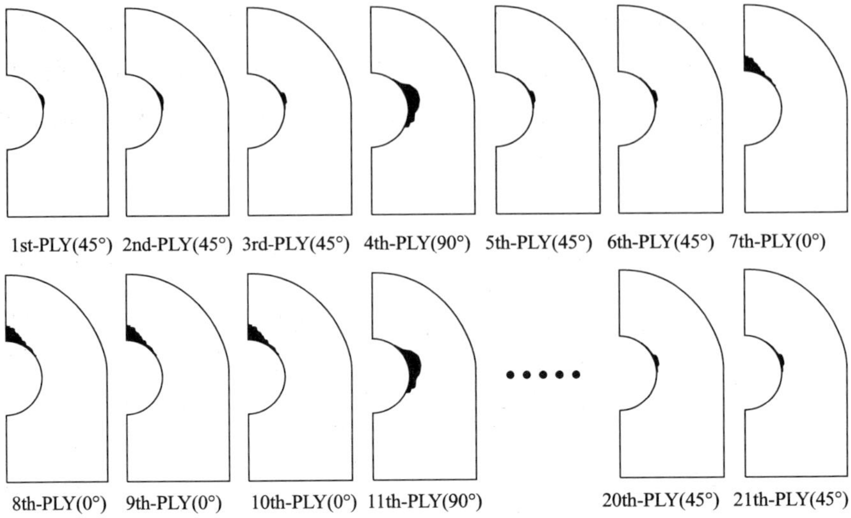

그림 11.19
Tsai-Wu 파손지수 값이 1 이상인 영역

파괴면적 지수법은 동일한 적층 순서를 가지는 복합재료 체결부 구조물에 대하여 이상과 같이 정의된 파괴면적 지수값(FAI)이 일정한 값에 도달하면 파괴가 일어난다고 가정하는 방법이다. 따라서 파괴면적 지수법으로 복합재료 체결부의 파손강도를 예측하기 위해서는 최소한 한 개의 모델에 대한 체결부 실험과 유한요소 해석을 통하여 파괴면적 지수값을 구하여야 한다. 그림 11.19는 실험으로 구한 체결부의 파손하중을 유한요소 모델에 적용하여 복합재료 각 층의 Tsai-Wu 파괴지수를 나타낸 그림으로, 파괴지수가 1 이상인 부분을 표시한 예를 나타낸 그림이다. 그림 11.19에 표시된 면적을 기준으로 식 (11.5)와 (11.6)의 파괴면적 지수값을 구할 수 있다. 그림 11.20은 파괴면적 지수법을 이용하여 체결부 파손하중을 예측한 예를 나타낸 그림으로, 실험값과 9.3% 범위 내에서 잘 일치되고 있음을 볼 수 있다.

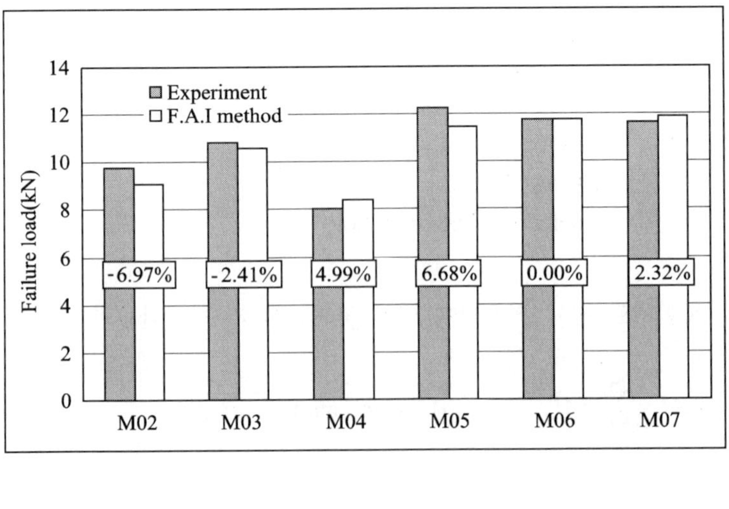

그림 11.20
파괴면적 지수법으로 예측한 기계적 체결부의 파손하중

11.5 접착제에 의한 접합

접착제를 사용하는 접합의 목적에는 구조물의 접합과 비구조물의 접합 등 두 가지 형태로 나눌 수 있다. 구조물의 접합일 경우에는 피접합물(Adherend or Substrate)의 항복점(Yield Point) 근처까지의 강도를 이용할 수 있을 정도로 충분한 강도(Strength)를 갖는 접착제가 요구되지만 기밀(Sealing), 전기절연(Electrical Insulation), 진동감쇠(Vibration Damping) 등의 목적으로 사용되는 비구조물의 접합에서 접착제의 강도는 별로 중요하지 않다. 본 단원에서는 해마다 응용분야가 증가되고 있는 구조물의 접합에 대해서만 한정적으로 다루기로 한다. 일반적으로 접착 메커니즘은 다음과 같은 네 가지 형태로 분류된다[15].

① Mechanical interlocking
② Diffusion theory
③ Electronic theory
④ Adsorption theory

그림 11.21은 C-5 군수기에 사용된 접합 구조물의 부위별 접합특징을 보여 준다.

접착제에 의한 접합 강도는 접착제의 종류, 접착제의 두께, 접합길이, 피접합물(Adherend)의 강성 및 표면 조도에 의하여 영향을 받는다. 따라서 좋은 성능을 갖

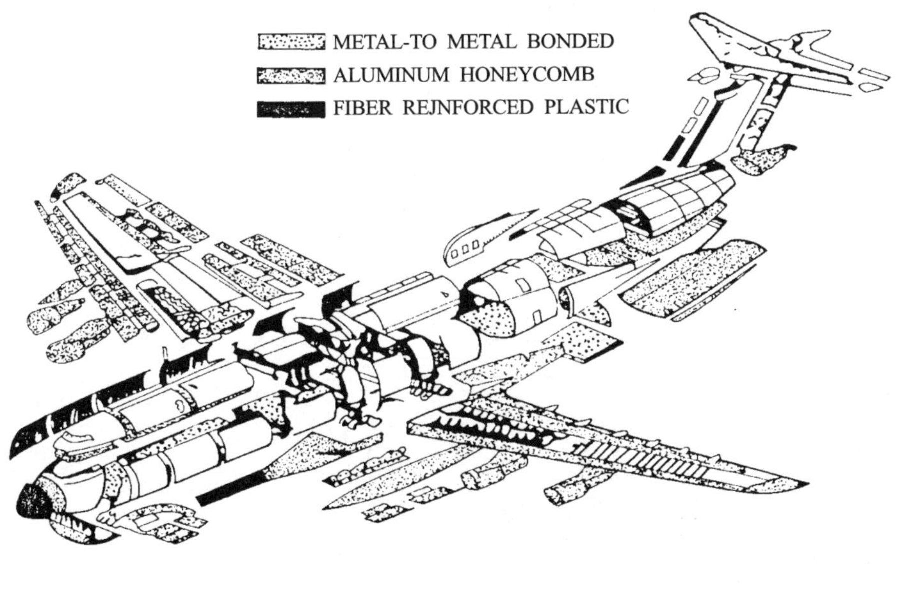

그림 11.21
C-5 군수기의 접합구조물 부위별 특징[16]

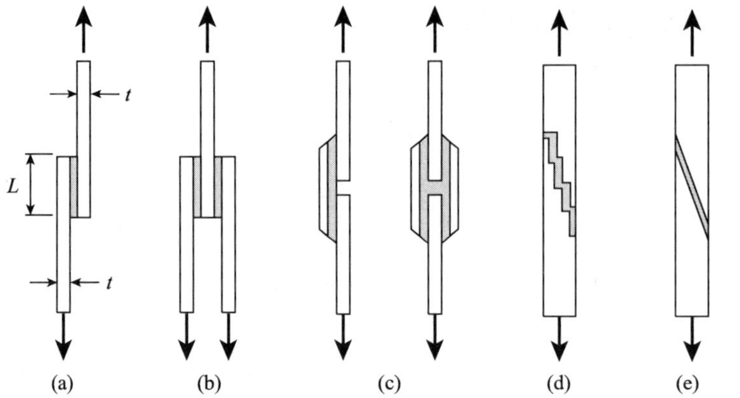

그림 11.22
접착 조인트의 종류[5]:
(a) Single-lap Joint,
(b) Double-lap Joint,
(c) Single-and Double-strap Joint,
(d) Stepped-lap Joint,
(e) Scarf Joint

는 접착 체결부를 해석하고 설계 제작하는 일은 매우 어려운 과제이다.

접착제에 의한 체결법 중에서 가장 간단하면서도 많이 사용되는 체결법은 Single-lap Joint이다(그림 11.22).

Single-lap Joint는 제조가 간단하나, 편심하중이 작용하기 때문에 굽힘(Bending) 하중을 받게 되어, 접합부분의 끝단에 인장력인 Peel 응력을 받는다. 이 Peel 응력은 접착제와 피접합물(Adherend)의 경계면에서 파괴를 발생시키는 원인이 되기 때문에 접합강도를 저하시킨다. 이와 같은 단점을 보완하고자 Double-lap Joint가 강도를 높이기 위하여 사용된다.

그림 11.23은 접착 체결부의 접착제가 받을 수 있는 여러 종류의 응력형태들을 보여 준다. 접착제의 끝부분에서는 피접합물과 접착제와의 강성(Stiffness)의 차이 때문에 응력집중 현상이 발생하며, 이를 줄이기 위하여 Stepped-lap Joint와 Scarf Joint 등이 사용된다.

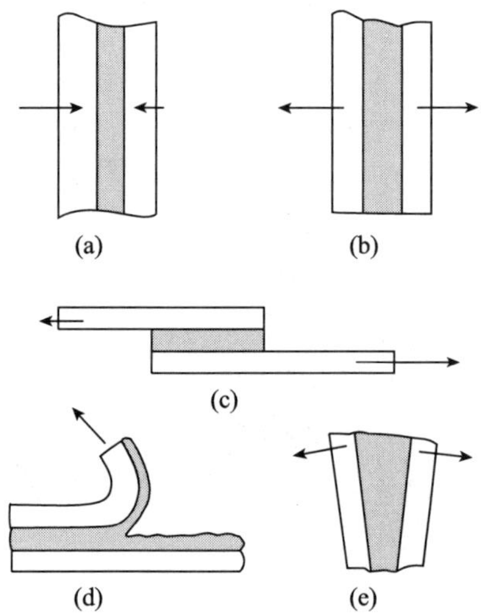

그림 11.23
접착 조인트의 접착제가 받는 응력의 종류[7]:
(a) 압축(Compression),
(b) 인장(tension),
(c) 전단(Shear),
(d) 필(Peel),
(e) 분열(Cleavage)

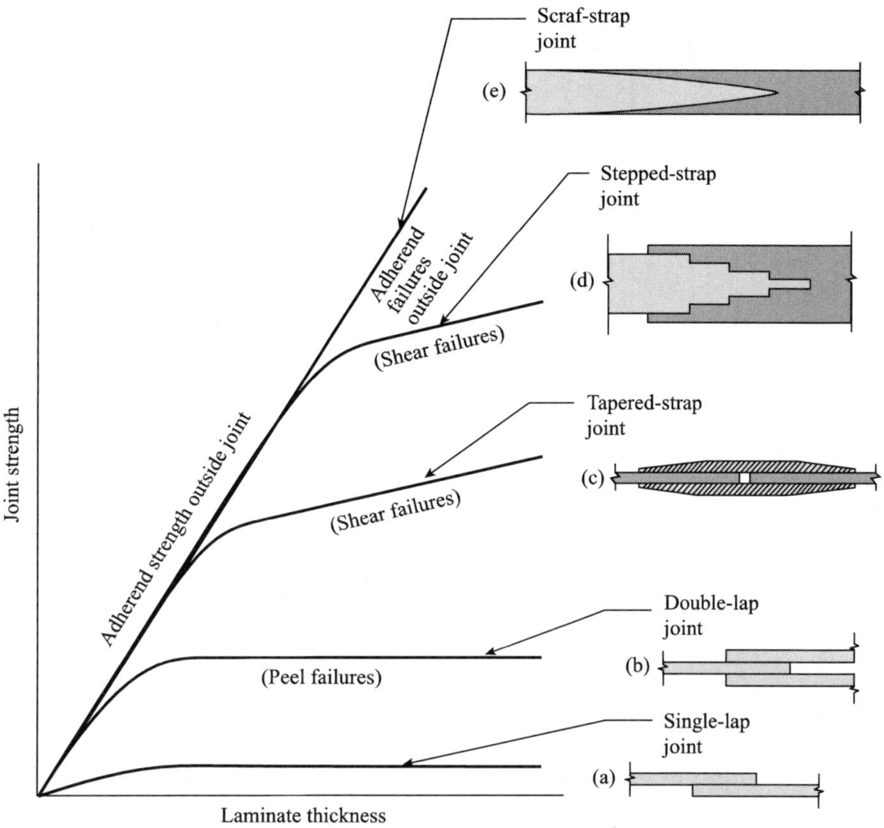

그림 11.24
접착 체결부의 형태별 강도변화

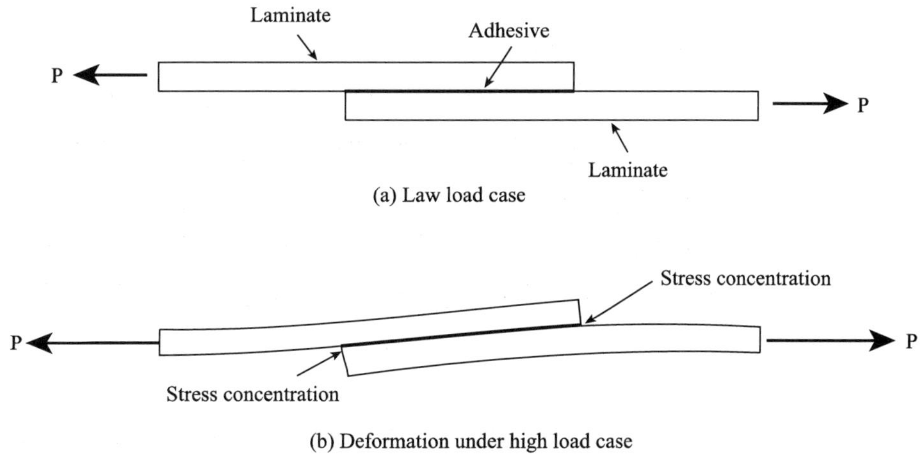

그림 11.25
Single-lap Joint의 응력 집중

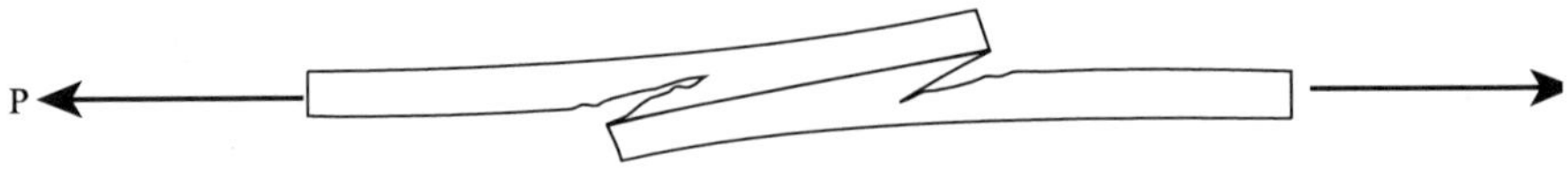

Interlaminar failure case

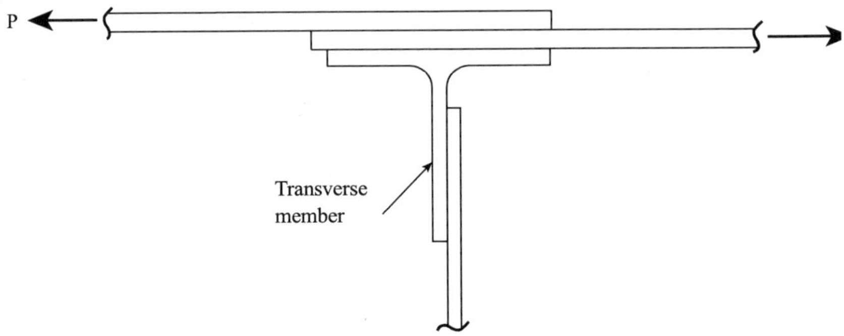

그림 11.26
Transverse member를 사용한 응력집중 완화

그림 11.24는 접착 체결부의 형태에 따른 강도변화를 나타낸 그래프로서, 각각의 형태별 특징을 살펴보면 다음과 같다[5].

(1) Single-lap Joint:

편심하중의 작용으로 인하여 접착제의 전단응력뿐만 아니라 겹침구간의 양 끝단에 Peel 응력이 발생된다. 이때 복합재료는 층간 전단과 층간 인장에 약하기 때문에, 그림 11.25에서 보는 바와 같이 체결부의 끝단에 응력집중이 발생하여 복합재의 층간 파손이 발생될 수 있다. 또한 편심하중으로 인하여 굽힘하중이 발생하는데, 그림 11.26과 같은 Transverse member를 사용하여 이를 효과적으로 감소시킬 수 있다.

(2) Double-lap Joint:

Single-lap Joint의 단점을 보완하기 위하여 사용하는 방법으로, 복합재의 두께가 얇거나 중간 정도의 두께일 때 적용할 수 있는 접착형태이다. 본 접착형태에서도 Peel 응력은 매우 중요한 파손 원인이 되며, Single-lap Joint에 비해 Peel 응력을 크게 줄일 수 있다. 또한, 전단하중의 전달은 체결부의 양 끝단에서만 일어나고 중간영역에서는 거의 하중을 전달하지 못하는 경우가 대부분이다.

(3) Scarf Joint:

피접합물의 끝단에 테이퍼를 주는 형태로서, Double Lap Joint보다 Peel 응력이 더 감소될 수 있는 구조이다. 따라서, 본 체결구조의 파손은 Peel 응력보다 전단응력에

표 11.2 | Scarf Joint의 종류와 해석 해[17]

Type	Loading	Geometry	Shear Stress	Normal Strss
Flat Scarf	Tension, compression	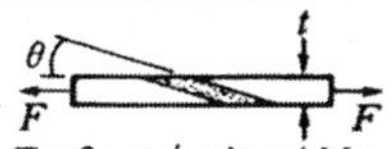 F=force/unit width	$\tau=\frac{F}{t}\sin\theta\cos\theta$	$\sigma=\frac{F}{t}\sin^2\theta$
	Pure bending	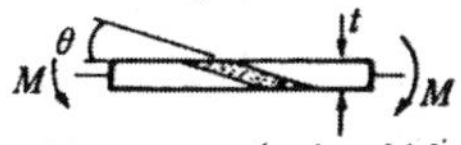 M=moment/unit width	$\tau=\frac{6M}{t^2}\sin\theta\cos\theta$	$\sigma=\frac{6M}{t^2}\sin^2\theta$
Tubolar Scarf	Tension, compression	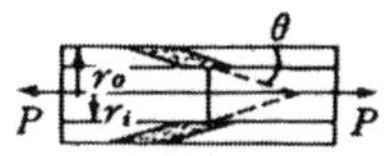 P=axial Force	$\tau=\frac{P}{2\pi r_0 t}\sin\theta\cos\theta$	$\sigma=\frac{P}{2\pi r_0 t}\sin^2\theta$
	Pure bending	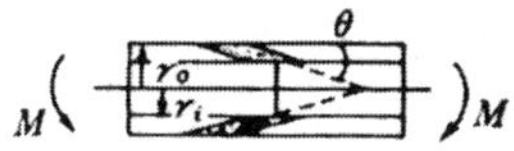 M=bending moment	$\tau=\frac{2M(r_0+r_1)}{\pi(r_0^4-r_i^4)}\sin\theta\cos\theta$	$\sigma=\frac{2M(r_0+r_1)}{\pi(r_0^4-r_i^4)}$ s
	Pure torsion	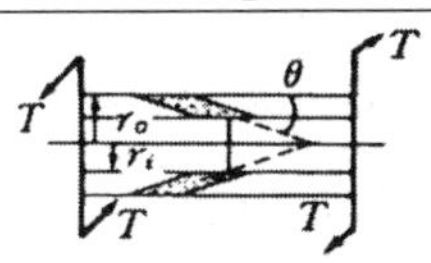	$\tau=\frac{2T\sin\theta}{\pi(r_0^2-r_i^2)}\sin\theta\cos\theta$	$\sigma=0$

의한 전단 파손이 주 요인이 된다. Scarf 각도가 크면 파손이 일찍 발생할 수 있으며, 통상적으로 6~10도 정도가 적당하다. 제조상의 제약으로 인하여 최적 Scarf 각도보다 크게 제작되는 경우가 있으며, 극단적으로 작은 Scarf 각도에서는 적층판의 끝이 파손될 수도 있다. 표 11.2는 Scarf Joint의 여러 가지 종류와 해석 해를 요약한 것이다.

(4) Stepped-lap Joint:

Scarf Joint와 마찬가지로 두께가 두꺼운 복합재료의 접착에 적용할 수 있다. 본 체결구조는 Scarf Joint와 Double-lap Joint의 중간적 특성을 가지고 있는데, 단(Step)의 수가 증가하면 체결부의 강도가 증가하며 Scarf Joint와 유사한 형태로 된다. 단의 개수가 적층판의 적층수보다 많아지면 더 이상의 강도 향상이 일어나지 않으며, 피접합물에 테이퍼 가공을 하면 접착구조물의 강도를 좀 더 향상시킬 수 있다.

위에서 기술한 내용들은 판재 형태의 접착구조물에 대하여 주로 적용할 수 있으며, 원형 형태의 접착구조물에서는 Peel 응력이 거의 작용하지 않으므로 다른 양상을 나타낼 수 있다. kim [18] 등의 연구 결과에서는, 원형 Scarf Joint는 테이퍼 가공에 의한 복합재의 강도저하 때문에 Double-lap Joint보다 최대 토크전달능력이 저하된다고 결론내린 바 있다.

표 11.3 | 원형 접착조인트의 최대 토크전달 능력[18]

Joint type	Surface treated in nitric acid	No surface treatment
Circular single lap without scarf	2087 Nm(C)	1780 Nm(C)
Circular single lap with scarf	1980 Nm(C)	1710 Nm(C)
Circular double lap without	3320 Nm(C)	2270 Nm(C)
Circular double lap with scarf	2550 Nm(C)	2020 Nm(C)

(C), Failed in composite adherend.

11.6 접착 체결부의 설계기준[5]

① 전단파손이 주원인인 체결부에 대하여 겹침길이를 짧게 하면 전단응력이 균일하게 작용하므로 접착효율이 증가함.(그림 11.27 참조)

② Peel 응력을 최소화 할 수 있는 방법:

- Double-lap Joint에서는 바깥쪽 피접합물의 강성을 향상시킬 것.
- Single-lap Joint에서는 겹침길이를 길게 할 것.
- 피접합물의 끝단에 테이퍼 가공을 할 때에는 최소두께를 0.03 inch, 기울기를 1/10로 할 것(그림 11.28 참조).
- 체결부에 Peel 응력이 크게 작용하면, 체결부 전체를 재설계할 것.

③ 체결부의 편심하중 효과를 줄이는 방법:

- 피접합물의 두께를 증가시킬 것.
- Double-lap Joint 구조는 Peeling 효과를 최소화 시킴.

④ 피접합물의 맨 바깥층은 90°를 피하고, 0° 또는 ±45°층으로 구성할 것.

⑤ 일반적으로, 강철(또는 티타늄)과 탄소섬유(또는 Boron 섬유) 복합재료의 접착에서는 열응력이 크게 문제되지 않으나, 적층각과 기하학적 형상에 따라 변화될 수 있음.

⑥ 접착 구조물은 표면처리에 따라 접착강도가 크게 변화되며, 샌딩(Sanding)이나 블라스팅(Blasting)에 의한 기계적 표면처리 또는 성형 시 사용되는 Peel Ply 등에 의한 표면요철을 유도할 것.

⑦ 접착제에 작용하는 응력을 최소화하기 위하여 피접합물의 강성이 최대가 되도록 설계할 것.

⑧ 접착 필름은 접착공정의 반복 재현성과 신뢰성을 높일 수 있음.

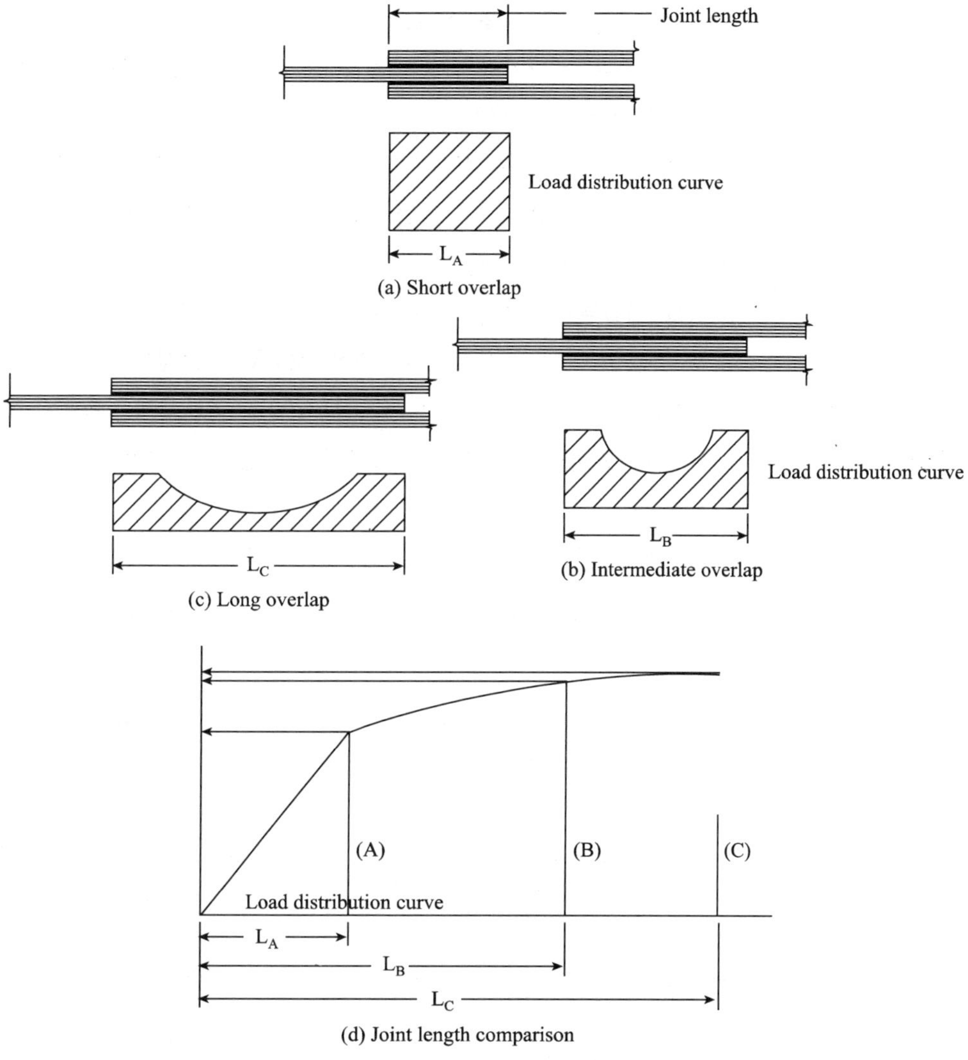

그림 11.27

겹침길이에 따른 접착강도 변화

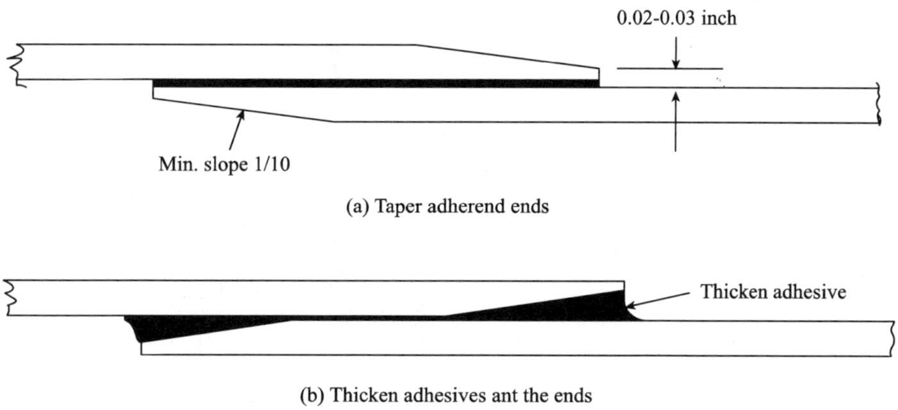

그림 11.28

응력집중 완화를 위한 테이퍼 가공

⑨ 환경영향:
- 금속표면의 부식을 방지할 것.
- 탄소섬유 복합재와 알루미늄을 접착할 경우, 부식방지를 위해 유리섬유층을 중간에 삽입할 것.
- 접착공법으로 구조물을 수리할 경우에는 손상부위를 건조시킬 것.

⑩ 겹침길이가 1 inch 이상이면 접착구조물의 강도증가 효과가 저하될 수 있음.

⑪ 접착제의 두께는 적절한 치구와 공정압력으로 정밀제어 할 것.

⑫ 접착 체결부의 강도는 인접 구조물의 강도보다 높게 설계할 것.

⑬ 준 등방성 복합재 재질로 된 접착 체결부의 설계기준:
- Single-lap Joint 형태로 설계할 때에는 겹침길이를 80t로 할 것.
- Double-lap Joint 형태로 설계할 때에는 겹침길이를 30t로 할 것.
- Scarf Joint의 기울기는 1/50로 할 것.

⑭ 외피에 Angle-stiffner를 접착할 때에는 그림 11.29과 같이 T-stiffner 또는 접착 부위에 Filler를 형성할 것.

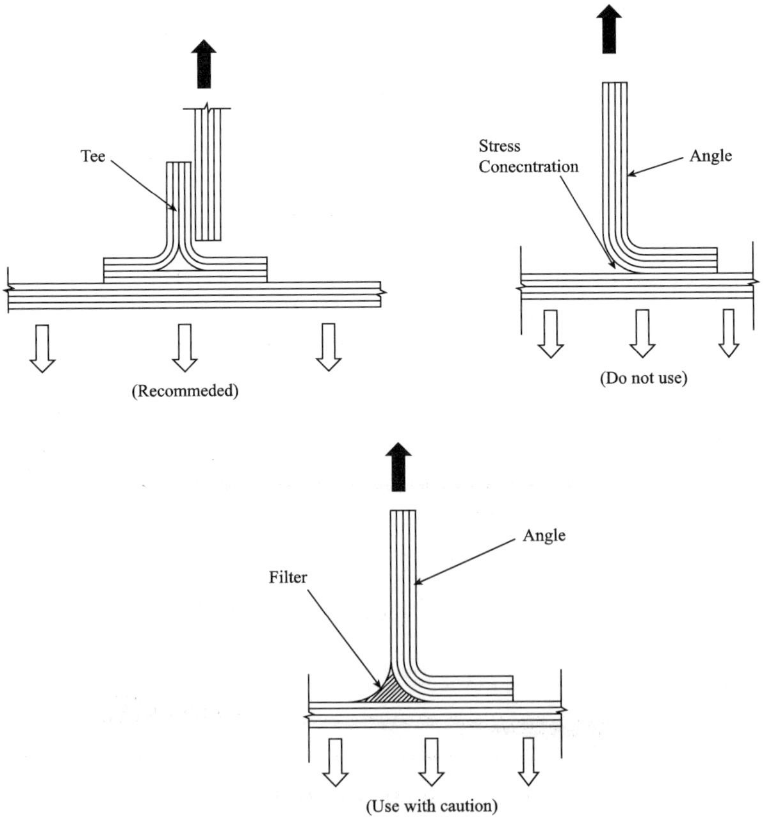

그림 11.29
외피와 Angle-stiffner의 부착형태

11.7 접착 체결부의 응력해석

11.7.1 인장력을 받는 평판형 체결부의 응력해석

Single-lap Joint는 하중의 비대칭성 때문에, 굽힘(Bending)하중이 발생하게 되므로, 굽힘하중을 무시할 수 있는 Double-lap Joint에 대한 응력해석이 비교적 용이하다. 따라서 본 절에서는 그림 11.30과 같은 Double-lap Joint가 인장을 받는 경우에 대한 해석을 수행한다.

그림에서 체결부의 z 방향으로의 미소 길이 dz 에 대하여 힘의 평행을 생각하면 식 (11.7)과 같이 쓸 수 있다.

$$F + \frac{\partial F}{\partial z} dz - F = 2\tau_1 w dz \tag{11.7}$$

식 (11.7)을 다시 쓰면 식 (11.8)과 같다.

$$\frac{\partial F}{\partial z} = 2\tau_1 w \tag{11.8}$$

여기서, F 는 위치 z 에서의 중심 부분의 피접합물이 받는 인장력이고, τ_1 는 접착제의 전단응력, w 는 y 축 방향(면에 수직한)의 두께이다. 중심에 위치한 피접합물의 인장응력 σ 가 x 의 방향으로 일정하다고 가정하면, 다음의 관계가 성립한다.

$$F = w\delta\sigma \tag{11.9}$$

여기서, δ 는 중심에 위치한 피접합물의 두께이다.

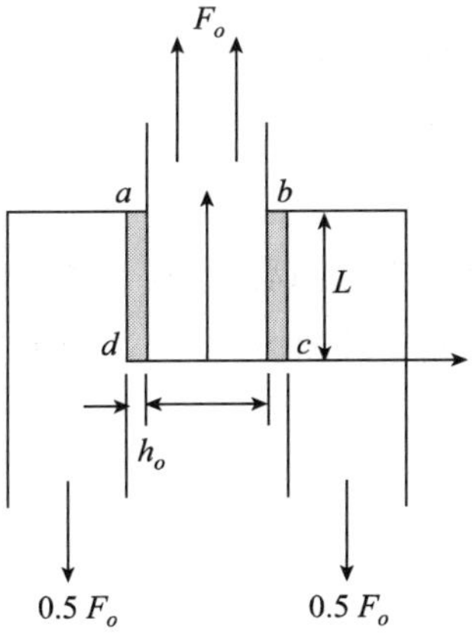

그림 11.30
인장력을 받는 평판형 Double-lap 조인트

식 (11.9)를 식 (11.8)에 대입하고 양변에서 w를 소거하면 식 (11.10)과 같다.

$$\frac{\partial \sigma}{\partial z} = \frac{2\tau_1}{\delta} \tag{11.10}$$

중심에 있는 피접합물의 탄성계수를 E, 변위를 u라고 하고, 피접합물을 탄성재료라고 가정하면, 식 (11.11)의 관계식이 성립한다.

$$\sigma = E\frac{\partial u}{\partial z} \tag{11.11}$$

식 (11.11)을 식 (11.10)에 대입하고 정리하면 식 (11.12)를 얻을 수 있다.

$$\frac{\partial^2 u}{\partial z^2} = \frac{2}{E}\frac{\tau_1}{\delta} \tag{11.12}$$

접착제를 탄성재료라고 가정하고, 접착제의 전단탄성계수(Shear Modulus)를 G_1이라고 가정하면 식 (11.13)이 성립한다.

$$\tau_1 = G_1\frac{u}{h_0} \tag{11.13}$$

여기서 h_0는 접착제의 두께이다.

식 (11.13)을 식 (11.12)에 대입하면 식 (11.14)와 같은 변위 u에 대한 2차 미분방정식을 얻을 수 있게 된다.

$$\frac{\partial^2 u}{\partial z^2} = \frac{2G_1 u}{E\delta h_0} \tag{11.14}$$

식 (11.14)의 경계조건(Boundary Condition)은 다음과 같다.

$$z = 0 \text{ 일 때 } u = \sigma = \tau_1 = 0 \tag{11.15}$$

그러나, 식 (11.15)를 모두 만족하는 식 (11.14)의 해는 존재하지 않는다. 만약 $z = 0$일 때 $u = \tau_1 = 0$을 만족시키는 해를 구하면 식 (11.16)과 같이 된다.

$$u = \frac{\sigma_0}{E\lambda}\frac{e^{\lambda z} - e^{-\lambda z}}{e^{\lambda L} + e^{-\lambda L}} \tag{11.16}$$

여기서,

$$\lambda = \left(\frac{2G_1}{E\delta h_0} \right)^{0.5} \tag{11.17}$$

식 (11.16)에서 σ_0는 z가 큰 값, 즉 $z = L$일 때의 값이다. 식 (11.16)은 $z = 0$일 때에 유한한 값의 σ를 나타낸다. 만약 $z = 0$일 때 $\sigma = 0$를 만족시키는 해를 구하면 식 (11.18)이 된다.

$$u = \frac{\sigma_0}{E\lambda} \frac{e^{\lambda z} + e^{-\lambda z}}{e^{\lambda L} + e^{-\lambda L}} \tag{11.18}$$

식 (11.18)은 $z = 0$일 때에 유한한 값의 τ_1를 나타낸다. 식 (11.16)과 식 (11.18)은 서로 다르지만, 일반적으로 가장 큰 응력은 $z = 0$일 경우보다 $z = L$일 경우에 발생하기 때문에, 식 (11.16)과 식 (11.18)은 같은 결과를 나타낸다. 즉, $z = L$일 경우에 $e^{\lambda L} >> e^{-\lambda L}$이므로

$$u = \frac{\sigma_0}{E\lambda} \tag{11.19}$$

이 되고, 전단응력의 최대값 $\tau_{\max}$은 식 (11.20)과 같이 표현될 수 있다.

$$\tau_{\max} = \left(\frac{G_1 \delta}{2Eh_0} \right)^{0.5} \sigma_0 \tag{11.20}$$

접착제에 작용하는 평균 전단응력 τ_{av}는

$$\tau_{av} = \frac{F_0}{2wL} = \frac{\sigma_0 \delta}{2L} \tag{11.21}$$

이므로, 가장 큰 전단응력 집중계수(Shear Stress Concentration Factor)는

$$\frac{\tau_{\max}}{\tau_{av}} = \sqrt{\frac{2L^2 G_1}{E\delta h_0}} \tag{11.22}$$

과 같이 된다[19].

이상과 같은 해석을 Single-lap Joint에 적용하여 응력 집중계수를 구해 보면 다음과 같다. 이때, 피접합물의 두께와 재질은 서로 같은 Balanced Single-lap Joint이며, 피접합물의 굽힘에 의한 변형은 무시한다[20].

$$\frac{\tau_{\max}}{\tau_{av}} = \sqrt{\frac{2l^2 G_1}{E\delta h_0}} \coth\sqrt{\frac{2l^2 G_1}{E\delta h_0}} \tag{11.23}$$

여기서, $l = L/2$

Single-lap Joint의 응력을 보다 정확하게 해석하기 위해서는 피접합물에 작용하는 굽힘모멘트를 고려하여야 한다. Goland[21] 등은 굽힘모멘트를 고려하여 Balanced Single-lap Joint의 전단응력과 Peel 응력을 다음과 같이 계산하였다.

$$\tau_{\max} = \sigma^{\infty}\frac{(1+3k)}{4}\sqrt{2\frac{G_1}{E}\frac{\delta}{h_0}} \tag{11.24}$$

$$\sigma_{\max} = \sigma^{\infty}\frac{k}{2}\sqrt{6\frac{E_1}{E}\frac{\delta}{h_0}}\left(1+2\sqrt{2}\lambda\delta\left[\frac{Eh_0}{E_1\delta}\right]^{1/4}\right) \tag{11.25}$$

여기서

$$k = \frac{\cosh\lambda l}{\cosh\lambda l + 2\sqrt{2}\sinh\lambda l}\ , \quad \lambda = \sqrt{\frac{3}{2}(1-\nu^2)\frac{\sigma^{\infty}}{E\delta^2}} \tag{11.26}$$

E는 피접합물의 탄성계수이고, σ^{∞}는 피접합물의 끝단에 작용하는 평균응력으로 $\sigma^{\infty} = F/(\delta w)$로 표시할 수 있다.

이상에서 설명한 접착 구조물의 응력해석은 접착제와 피접합물을 선형 탄성재료라고 가정하여 구한 결과이다. 그러나 접착 체결부에 사용되는 접착제는 일반적으로 인성(Toughness)을 강화시키기 위하여 고무성분을 첨가하므로(Rubber Toughening), 비선형 특성이 매우 크게 나타난다. 따라서 실제의 실험결과와는 크게 다를 수 있으며, 접착제의 비선형 특성을 고려한 유한요소해석 등의 방법으로 보다 정확한 응력해석을 수행할 수 있다.

11.7.2 토크(Torque)를 받는 원형 Single-lap Joint의 응력해석

원형 튜브의 접합에 대한 이론적 연구는 Volkersen에 의하여 시도되었으며 Adams와 Pepiatt[22]가 이를 개선하여 해석적인 해를 구하였다. Adams는 접착제와 피접합물이 모두 등방성 재료이고, 접착제 두께방향으로의 전단응력 τ_a가 일정하다고 가정하여, 피접합물과 접착제의 탄성범위 내에서 응력을 해석하였다. 그림 11.31과 같은 형상의 체결부에 토크 평형방정식을 적용하면 식 (11.27)과 같이 쓸 수 있다.

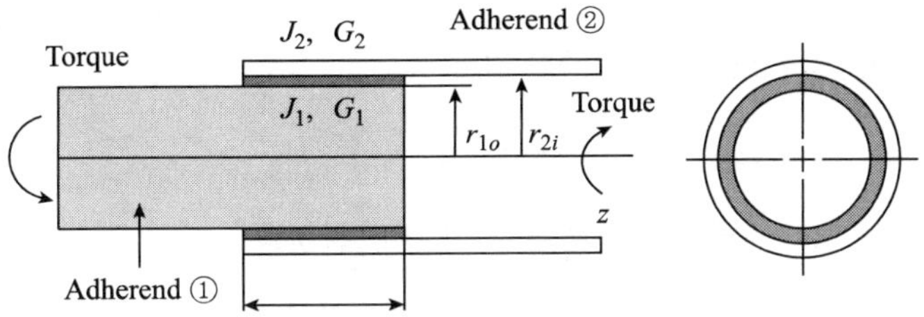

그림 11.31
토크를 받는 원형 Single Lap Joint

$$T = T_1 + T_2 = \frac{\tau_{1o} \cdot J_1}{r_{1o}} + \frac{\tau_{2i} \cdot J_2}{r_{2i}} = 일정 \tag{11.27}$$

여기서 τ_{1o}: r_{1o} 에서 Adherend ①의 전단응력

τ_{2i}: r_{2i} 에서 Adherend ②의 전단응력

T_1: Adherend ①이 받는 토크

T_2: Adherend ②이 받는 토크

J_1, J_2: Adherend ①과 ②의 단면 2차 극관성 모멘트

축방향(z 방향)으로의 토크 T_1과 T_2의 변화율은 식 (11.28)과 식 (11.29)로 각각 표현될 수 있다.

$$T_2 + \Delta T_2 - T_2 = \tau_a \cdot 2\pi \cdot a^2 \cdot \Delta z \tag{11.28}$$

$$T_1 + \Delta T_1 - T_1 = -\tau_a \cdot 2\pi \cdot a^2 \cdot \Delta z \tag{11.29}$$

여기서,

$$a = \frac{(r_{1o} + r_{2i})}{2} \tag{11.30}$$

식 (11.28)과 식 (11.29)에 축방향으로의 미소 길이 Δz에 대한 극한($\Delta z \to 0$)을 취하면, 식 (11.31) 및 식 (11.32)와 같이 표현된다.

$$\frac{dT_2}{dz} = \tau_a \cdot 2\pi \cdot a^2 \tag{11.31}$$

$$\frac{dT_1}{dz} = -\tau_a \cdot 2\pi \cdot a^2 \tag{11.32}$$

또, 축방향의 미소 길이 변화에서 접착제의 기하학적 관계를 고려하면 식 (11.33)과 같이 쓸 수 있다.

$$(\gamma_a + \Delta\gamma_a)\cdot\eta - \eta\gamma_a = \gamma_{2i}\cdot\Delta z - \gamma_{1o}\cdot\Delta z \tag{11.33}$$

여기서, γ_a : 접착제의 전단변형률

γ_{2i} : 에서 피접합물 ②의 전단변형률

γ_{1o} : 에서 피접합물 ①의 전단변형률

η : 접착제의 두께

식 (11.33)의 극한값을 취하면 식 (11.34)와 같이 표현된다.

$$\eta\cdot\frac{d\gamma_a}{dz} = \gamma_{2i} - \gamma_{1o} \tag{11.34}$$

식 (11.31)의 미분을 취하고 접착제를 선형 탄성 재료라 가정하여 $\tau_a = G_a\cdot\gamma_a$ 라 놓고 식 (11.34)에 적용시키면, 식 (11.35)와 같이 된다.

$$\frac{d^2T_2}{dz^2} = 2\pi\cdot a^2\frac{G_a}{\eta}(\gamma_{2i} - \gamma_{1o}) \tag{11.35}$$

식 (11.27)에서 T_2를 두 번 미분한 식과 식 (11.35)를 일치시키면 식 (11.36)과 같다.

$$2\pi a^2\cdot G_a\frac{1}{\eta}\left(\frac{\tau_{2i}}{G_2} - \frac{\tau_{1o}}{G_1}\right) = \frac{J_2}{r_{2i}}\frac{d^2\tau_{2i}}{dz^2} \tag{11.36}$$

식 (11.36)에 적용시킬 수 있는 경계조건(Boundary Condition)은 아래와 같다.

$z = 0$ 에서 $\tau_{2i} = 0$

$$z = L \text{ 에서 } \tau_{2i} = \frac{T_2\cdot r_{2i}}{J_2} \tag{11.37}$$

이제, τ_{1o}를 식 (11.27)에 취하고 식 (11.36)에 식 (11.37)의 경계조건(Boundary Condition)을 적용시키면 외부에서 가해 주는 토크 T와 피접합물 ②에서 접합길이의 변화에 따른 응력의 관계식인 식 (11.38)을 얻을 수 있다.

$$\tau_{2i} = \frac{T\cdot r_{2i}}{J_2}\left[\varphi\{1-\cosh(\alpha z)\} + \left[\frac{1-\varphi\{1-\cosh(\alpha L)\}}{\sinh(\alpha L)}\right]\sinh(\alpha z)\right] \tag{11.38}$$

식 (11.38)을 이용해서 T_2를 구하고 z에 대해 미분하여 식 (11.31)에 대입하여 정리하면, 접착제가 받는 전단응력 τ_a의 접착길이 변화에 따른 관계식을 얻을 수 있다.

$$\tau = \frac{T \cdot \alpha}{2\pi \cdot a^2}\left[\left(\frac{1-\varphi\{1-\cosh(\alpha L)\}}{\sinh(\alpha L)}\right)\cdot\cosh(\alpha z) - \varphi\sinh(\alpha z)\right] \tag{11.39}$$

여기서,

$$\delta = \frac{2\pi \cdot a^2 \cdot r_{1o} \cdot G_a}{G_1 J_1 \eta} \tag{11.40}$$

$$\varphi = \frac{G_2 J_2 r_{1o}}{G_1 J_1 r_{2i} + G_2 J_2 r_{1o}} \tag{11.41}$$

$$\alpha = \left(\frac{\delta}{\varphi}\right)^{0.5} \tag{11.42}$$

접착제의 길이방향에 대한 응력분포는 그림 11.32에서 보는 바와 같이 접착제의 양 끝단으로 응력이 집중되는 현상을 볼 수 있다.

이상과 같은 원형 Single-lap Joint의 응력해석은 Double-lap Joint가 인장하중을 받을 때와 마찬가지로, 접착제의 비선형 성질을 포함시키지 않았으며, 접착제와 피접합물의 접착강도 등을 고려하지 않았으므로(즉, 접착제와 피접합물이 완전히 결합되었다고 가정), 실제 실험값과는 다르며, 단지 경향만을 나타낸다.

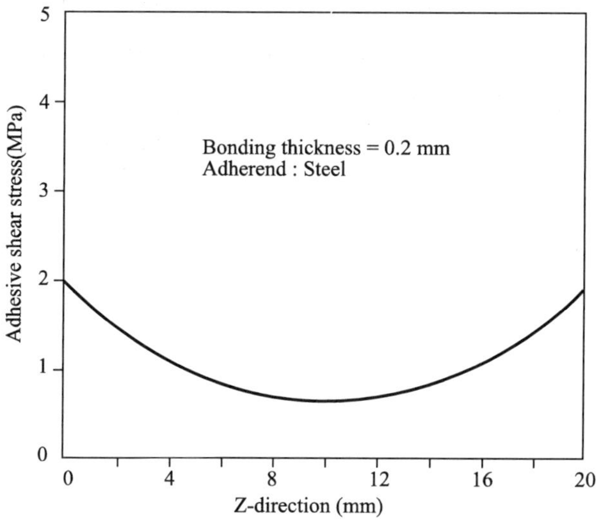

그림 11.32
토크를 받는 원형 Single-lap Joint에서 접착제의 전단응력 분포
(T =10Nm, γ_{1o} =15.8mm, γ_{2i} =16.0mm, G_α =0.98Gpa)

11.7.3 토크(Torque)를 받는 Single-lap Joint의 비선형 근사 해석법

일반적으로 구조물의 체결부에 사용되는 접착제에 대한 응력-변형률 관계 곡선을 실험적으로 구해 보면 비선형성을 나타낸다는 것을 알 수 있다. 따라서, 접착제의 비선형성을 고려하여 체결부를 설계하는 것이 더욱 합리적이라고 할 수 있다. 그러나, 완전한 해석을 위해서 접착제의 비선형성을 온전하게 반영한다는 것은 많은 시간과 경비를 소요시킬 뿐, 공학적 관점에서의 허용오차 범위를 크게 줄이지는 못한다. 따라서, 보다 간편하고 경제적인 근사 해석 기법을 사용하게 된다.

여기에서는 토크를 받는 원형 Single-lap Joint의 응력해석에 적용할 수 있는, 2 매개변수를 갖는 지수함수적 근사법(Two Parameter Exponential Approximation), 선형 탄성-완전 소성 근사법(Linear-Elastic-Perfectly-Plastic Approximation), 그리고 다단 선형적 유연 변형률 근사법(Multilinear Strain-Softening Approximation)에 대한 소개를 하고자 한다[23].

(1) 2 매개변수 지수적 근사법

그림 11.33은 IPCO 9923 에폭시 접착제와 FM-300 필름 접착제의 전단응력-변형률 관계곡선을 나타낸 것이다. 실험적으로 얻은 곡선(실선)은 접착제의 비선형적 거동을 보여 주고 있다. 그림 11.33에서 τ_m은 접착제의 최대 전단강도(Ultimate Shear Strength)를 나타내고 γ_f는 접착제의 파괴 전단 변형률(Failure Shear Strain)을 표시한 것이다.

실험결과에 근사적으로 접근시킬 수 있는 이론식을 얻기 위하여 초기 전단 탄성계수(Initial Shear Modulus), G_a, 그리고 최대 전단강도(Ultimate Shear Strength), τ_m 등 두 개의 매개변수를 사용한 지수함수를 사용하는 방법이 개발되었다. 식 (11.43)은 접착 길이 z에 따른 접착제의 전단강도를 접착제의 초기 전단 탄성계수와 극한전단강도를 매개변수로 하는 지수함수로 표현하여 나타낸 것이다.

$$\tau_a = \tau_m \cdot (1 - e^{-\frac{G_a}{\tau_m} \cdot \gamma_a}) \tag{11.43}$$

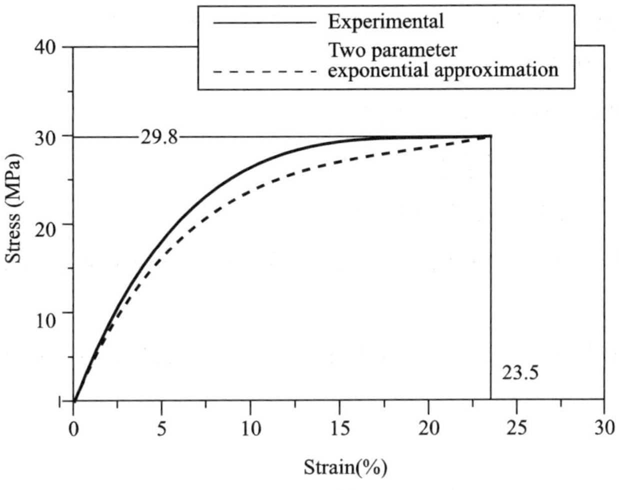

(a)

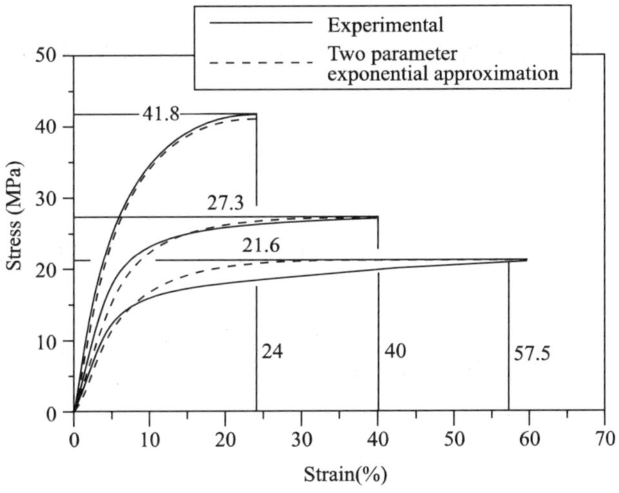

(b)

그림 11.33
전단 응력-변형률 곡선의 실험결과와 2 매개변수 지수함수적 접근:
(a)IPCO 9923 에폭시 접착제(at 25℃),
(b)FM-300 필름 접착제 (at 25℃; G_a =0.74GPa, at 71℃; G_a =0.48GPa, at 91℃; G_a =0.36GPa)

식 (11.43)에 적용할 수 있는 경계조건(Boundary Condition)은 다음과 같다.

$$\gamma_a = 0 \quad \text{일 때} \quad \tau_a = 0 \tag{11.44}$$

$$\gamma_a \to \infty \quad \text{일 때} \quad \tau_a = \tau_m \tag{11.45}$$

$$\left. \frac{d\tau_a}{d\gamma_a} \right]_{\gamma_a = 0} = G_a \tag{11.46}$$

따라서, 식 (11.43)은 실험결과를 만족시키면서 실험적으로 구한 곡선에 근사적으로 접근한다는 것을 알 수 있다. 체결부의 해석 시에 통용되는 아래의 가정 하에서 2 매개변수 지수적 근사법을 설명한다.

① 피접합물은 탄성체이며, 체결부에 작용하는 비틀림하중은 두 피접합물의 탄성변형 범위 내에 있다.
② 접착제는 비선형 거동을 한다.
③ 피접합물의 단면형상은 일정하다.
④ 체결부의 파괴는 접착면에서 일어난다.
⑤ 접착제의 파괴는 체결부의 양 끝단 중 어느 한 끝단에서부터 먼저 일어난다.

11.7.2절의 그림 11.31과 관계식 (11.27) 및 (11.34)로부터 식 (11.47)을 얻을 수 있다.

$$\frac{d\gamma_a}{dz} = \frac{\gamma_2 - \gamma_1}{\eta} = \frac{1}{\eta}\left(\frac{T_2 \cdot r_2}{G_2 \cdot J_2} - \frac{T_1 \cdot r_1}{G_1 \cdot J_1}\right) \tag{11.47}$$

여기서는 표현의 편의상 $r_2 = r_{2i}, r_1 = r_{1o}$ 로 나타내었다. 또, 식 (11.27)로부터 T_2 는 식 (11.48)과 같이 쓸 수 있다.

$$T_2 = T - T_1 \tag{11.48}$$

식 (11.48)을 식 (11.47)에 대입하여 다시 쓰면 식 (11.49)를 얻게 된다.

$$\begin{aligned}\frac{d\gamma_a}{dz} &= \frac{1}{\eta}\left(\frac{T_2 \cdot r_2}{G_2 \cdot J_2} - \frac{T_1 \cdot r_1}{G_1 \cdot J_1}\right) = \frac{1}{\eta}\left(\frac{(T - T_1) \cdot r_2}{G_2 \cdot J_2} - \frac{T_1 \cdot r_1}{G_1 \cdot J_1}\right) \\ &= \frac{1}{\eta}\left\{\frac{T \cdot r_2}{G_2 \cdot J_2} - \left(\frac{r_1}{G_1 \cdot J_1} + \frac{r_2}{G_2 \cdot J_2}\right)T_1\right\}\end{aligned} \tag{11.49}$$

식 (11.49)를 체결부 축방향의 변수 z 에 대해 한 번 더 미분하면 식 (11.50)을 얻는다.

$$\frac{d^2\gamma_a}{dz^2} = -\frac{1}{\eta}\left(\frac{r_1}{G_1 \cdot J_1} + \frac{r_2}{G_2 \cdot J_2}\right)\frac{dT_1}{dz} \tag{11.50}$$

또, 식 (11.32)로부터 식 (11.51)을 얻을 수 있고

$$\frac{dT_1}{dz} = -2\pi \cdot r_a^2 \cdot \tau_m \cdot (1 - e^{-\frac{G_a}{\tau_m} \cdot \gamma_a}) \tag{11.51}$$

마찬가지로, 식 (11.31)로부터 식 (11.52)를 얻을 수 있다.

$$\frac{dT_2}{dz} = 2\pi \cdot r_a^2 \cdot \tau_m \cdot (1 - e^{-\frac{G_a}{\tau_m} \cdot \gamma_a}) \tag{11.52}$$

식 (11.51)을 식 (11.50)에 대입하면 2차 상미분 방정식인 식 (11.53)을 얻게 된다.

$$\frac{d^2\gamma_a}{dz^2} = \frac{2\pi \cdot r_a^2}{\eta}\left(\frac{r_1}{G_1 \cdot J_1} + \frac{r_2}{G_2 \cdot J_2}\right) \cdot \tau_m \cdot (1 - e^{-\frac{G_a}{\tau_m} \cdot \gamma_a}) = \mu \cdot \tau_m \cdot (1 - e^{-\frac{G_a}{\tau_m} \cdot \gamma_a}) \tag{11.53}$$

여기서,

$$\mu = \frac{2\pi \cdot r_a^2}{\eta}\left(\frac{r_1}{G_1 \cdot J_1} + \frac{r_2}{G_2 \cdot J_2}\right) \tag{11.54}$$

그런데, 식 (11.53)은 비선형 미분방정식이 되어서 직접적인 적분이 어렵다. 이와 같은 경우에는 Taylor Series Expansion Method[16] 등을 사용하여 수치해석을 수행하면 된다. 여기서는 Taylor Series Expansion Method를 사용하여 3차 미분항까지 확장하는 경우에 대하여 설명해 보고자 한다.

체결부의 끝점에서 임의의 거리 z 만큼 떨어진 곳에서 z 축 방향으로 미소 증분 h 만큼 이동한 위치에서 접착제의 변형률 $\gamma_a(z+h)$ 및 각 차수 미분항의 Taylor Series는 다음과 같이 쓸 수 있다.

$$\gamma_a(z+h) = \gamma_a(z) + \gamma_a'(z) \cdot h + \gamma_a''(z) \cdot \frac{h^2}{2} + \gamma_a'''(z)\frac{h^3}{6} + \cdots \tag{11.55}$$

$$\gamma_a'(z+h) = \gamma_a'(z) + \gamma_a''(z) \cdot h + \gamma_a'''(z)\frac{h^2}{2} + \cdots \tag{11.56}$$

$$\gamma_a''(z+h) = \gamma_a''(z) + \gamma_a'''(z) \cdot h + \cdots \tag{11.57}$$

$$\gamma_a'''(z+h) + = \gamma_a'''(z) + \cdots \tag{11.58}$$

여기서, $\gamma_a'(z)$ 와 $\gamma_a''(z)$ 은 식 (11.49) 및 식 (11.50)과 같고, $\gamma_a'''(z)$ 는 식 (11.53)을 z 에 대해 한 번 더 미분하여 식 (11.59)를 얻을 수 있다.

$$\frac{d^3\gamma_a}{dz^3} = \mu \cdot G_a \cdot (e^{-\frac{G_a}{\tau_m} \cdot \gamma_a}) \cdot \gamma_a' \tag{11.59}$$

또, l을 접착길이(Bonding Length)라고 하고, n을 분할 수(Number of Dividing)라고 하면, h는 다음과 같다.

$$h = \frac{1}{n} \tag{11.60}$$

식 (11.49), (11.53), (11.59)에 적용할 수 있는 경계조건(Boundary Condition)은 다음과 같다.

$$z = 0 \text{ 일 때, } T_1 = T,\ T_2 = 0 \tag{11.61}$$

$$z = l \text{ 일 때, } T_1 = 0,\ T_2 = T \tag{11.62}$$

먼저, 경계조건 (11.61)을 적용하면

$$\left.\frac{d\gamma_a}{dz}\right]_{z=0} = \gamma_a'(0) = -\frac{1}{\eta}\cdot\left(\frac{T\cdot r_1}{G_1\cdot J_1}\right) \tag{11.63}$$

$$\left.\frac{d^2\gamma_a}{dz^2}\right]_{z=0} = \gamma_a''(0) = \mu\cdot\tau_m\cdot(1-e^{-\frac{G_a}{\tau_m}\cdot\gamma_a(0)}) \tag{11.64}$$

$$\left.\frac{d^3\gamma_a}{dz^3}\right]_{z=0} = \gamma_a'''(0) = \mu\cdot G_a\cdot(e^{-\frac{G_a}{\tau_m}\cdot\gamma_a(0)})\cdot\gamma_a'(0) = -\mu\cdot G_a\cdot\frac{1}{\eta}\cdot\left(\frac{T\cdot r_1}{G_1\cdot J_1}\right)\cdot(e^{-\frac{G_a}{\tau_m}\cdot\gamma_a(0)}) \tag{11.65}$$

또, 경계조건 (11.62)를 적용하면

$$\left.\frac{d\gamma_a}{dz}\right]_{z=l} = \gamma_a'(l) = \frac{1}{\eta}\cdot\left(\frac{T\cdot r_2}{G_2\cdot J_2}\right) \tag{11.66}$$

$$\left.\frac{d^2\gamma_a}{dz^2}\right]_{z=l} = \gamma_a''(l) = \mu\cdot\tau_m\cdot(1-e^{-\frac{G_a}{\tau_m}\cdot\gamma_a(l)}) \tag{11.67}$$

$$\left.\frac{d^3\gamma_a}{dz^3}\right]_{z=l} = \gamma_a'''(l) = \mu\cdot G_a\cdot(e^{-\frac{G_a}{\tau_m}\cdot\gamma_a(l)})\cdot\gamma_a'(l) = \mu\cdot G_a\cdot\frac{1}{\eta}\cdot\left(\frac{T\cdot r_2}{G_2\cdot J_2}\right)\cdot(e^{-\frac{G_a}{\tau_m}\cdot\gamma_a(l)}) \tag{11.68}$$

(2) 선형 탄성-완전 소성 근사법

선형 탄성-완전 소성 근사법(Linear-Elastic-Perfectly-Plastic Approximation)은 또 하나의 근사 해석법으로서, 접착제의 거동은 초기에는 선형적인 거동을 하고 서서히 소성이 일어나서 전체 접착 구간이 소성화 되었을 때, 비로소 체결부의 파괴가 일어난다는 가정을 근거로 하고 있다. 물론 접착제의 소성은 체결부의 양 끝단에서부터 일어나게 된다. 그러나, 양 끝단에서 동시에 소성이 발생한다고 가정할 필요는 없다.

선형 탄성-완전 소성 근사법의 가정을 수식적으로 표현하면 다음과 같다[23].

$$\tau_a = G_a \cdot \gamma_a \ (\gamma_a \le \gamma_Y \text{일 때}) \tag{11.69}$$

$$\tau_a = \tau_m \ (\gamma_a > \gamma_Y \text{일 때}) \tag{11.70}$$

그림 11.34는 IPCO 9923 접착제의 전단응력-변형률 실험결과와 선형 탄성-완전 소성 근사법의 관계를 나타낸 것이다.

(3) 다단 선형적 유연 변형률 근사법

다단 선형적 유연 변형률 근사법(Multilinear Strain-Softening Approximation)은 실험적으로 얻은 비선형 곡선을 몇 단계의 선형 구간으로 나누고 각 선형 구간별 전단응력-변형률 관계를 이용하여 구간별 전단율을 계산하며, 마지막 단계까지 순차적으로 해석해 나가는 방법이다. 즉, 이 방법은 접착제를 선형 탄성 재료로 가정하여 해석하는 방법을 구간별로 확대하여 적용하는 것이라 할 수 있다[23].

그림 11.35는 실험적으로 얻은 IPCO9923 접착제의 전단 응력-변형률 곡선에 다

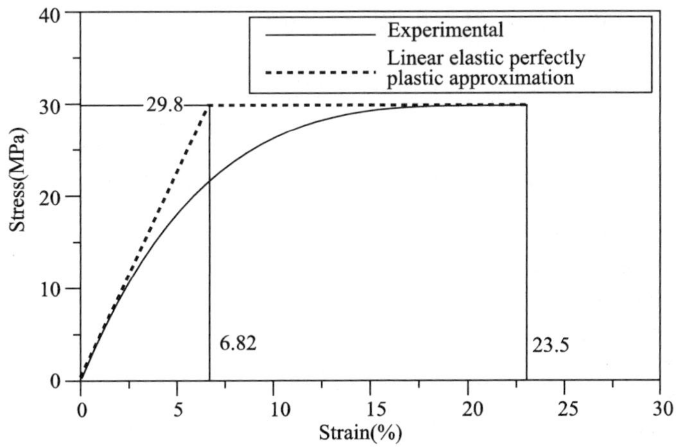

그림 11.34
전단응력-변형률 곡선의 실험결과와 선형 탄성-완전 소성 접근

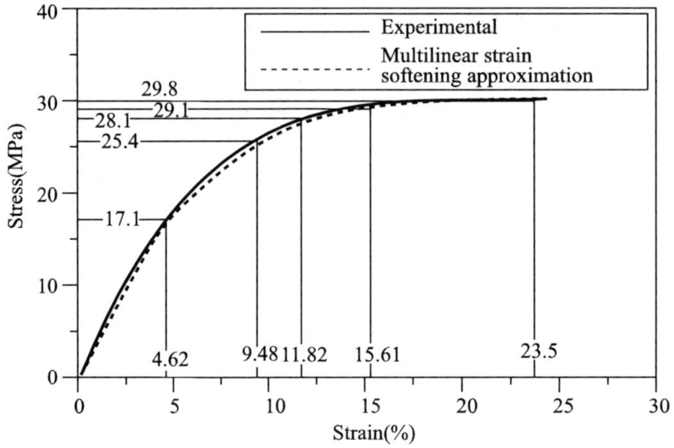

그림 11.35
전단응력-변형률 곡선의 실험결과와 다단 선형적 유연 변형률 접근

단 선형적 유연 변형률 근사법을 적용시킨 예를 보여 주고 있으며, 5단계로 나누어 근사적으로 선형화시켰다.

다단 선형적 유연 변형률 근사법은 유한요소법(Finite Element Method) 등 컴퓨터를 이용한 전산 응력해석에 유용하게 사용될 수 있다.

그림 11.36은 표 11.4와 같은 조건의 체결부를 사용하고 앞에서 언급한 세 가지 근사해석법을 이용하여 체결부 부위의 응력과 변형률을 도시한 그래프를 나타낸 그림이다.

이상과 같은 접착 체결부에 대한 응력해석은 유한요소법과 같은 다양한 수치해석 프로그램이 개발되면서 이를 활용한 해석이 보편화되고 있다. 유한요소법을 이용한 접착구조물의 응력해석에 대한 연구는 이미 여러 방향으로 진행되었으며, 기존의 방법으로는 해석이 불가능한 다양한 기하학적 형상에 대한 응력해석이 시도되고 있다. 유한요소 해석 결과들에 의하면 접착 체결부 양 끝단의 필렛은 응력집중을 크게 완화시킬 수 있으며, 접착구조물의 해석 시 이를 반드시 고려하여야 한다

표 11.4 | Single lap 원형 접착 조인트의 설계치수

	Adhesive (IPCO 9923)	Inner adherend (Steel solid rod)	Outer adherend (Steel hollow tube)
Shear modulus(GPa)	0.46	80.0	80.0
Section polar moment of inertia($10^{-9}m^4$)	–	7.82	10.89
Thickness(mm)	0.1		2.0
Inner radius(mm)	8.4	–	8.5
Outer radius(mm)	8.5	8.4	10.5
Bonding length(mm)		10	

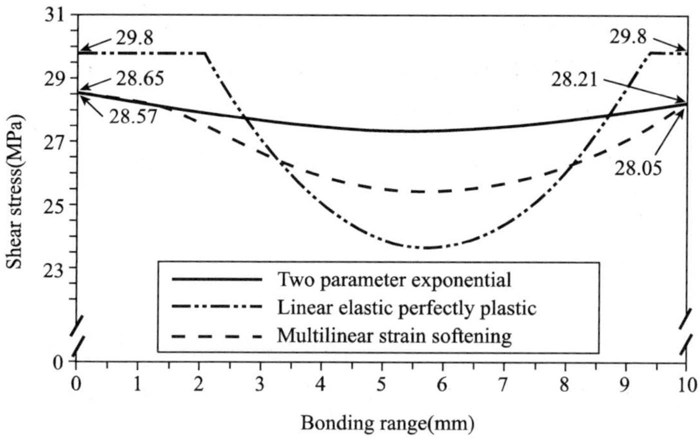

(a)

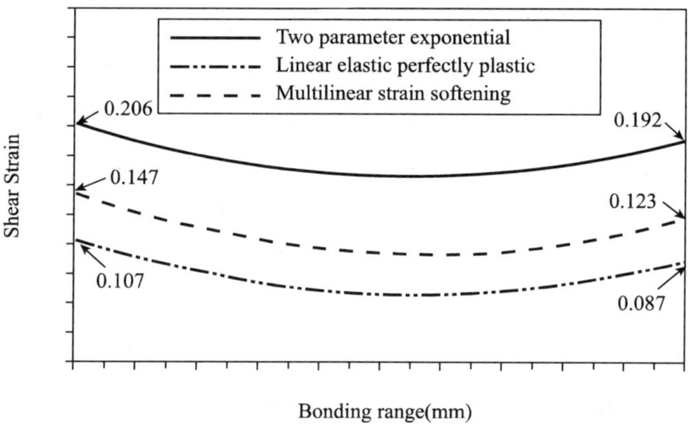

(b)

그림 11.36
접착제의 전단응력-변형률 곡선(접착길이 10mm, 토크 120Nm); (a)응력 분포 곡선 비교, (b)변형률 분포 곡선 비교

고 결론짓고 있다. 또한 접착제의 비선형 특성, 대변형에 의한 기하학적 비선형성 등을 고려한 유한요소 해석법과 이의 파손강도 예측에 대한 다양한 연구 결과가 발표되고 있다.

11.8 접착 체결부의 파손강도 예측법

접착 체결부의 정·동적 강도를 정확하고 신뢰도 높게 예측하는 것은 매우 힘든 일이다. 그 이유는 대략 다음과 같은 네 가지 이유로 요약할 수 있다.

① 편심하중의 작용으로 인한 접착 체결부의 비선형 거동현상
② 접착제의 끝단에서의 갑작스런 형상 변화 및 이종 재료 간 계면, 필렛 등으로 인한 접착제 끝단의 복잡한 응력상태
③ 접착제의 강도, 접착제/피접합물 간의 계면강도, 환경조건 등에 따른 접착강도의 급격한 변화
④ 접착강도 평가 시험의 복잡성으로 인한 실시간 정보 제공의 한계

접착 체결부의 강도를 평가하기 위하여 다양한 방법들이 시도되고 있으나, 소재의 강도기준에 의한 파손판별식과 파괴역학 이론에 기초한 파손판별식으로 크게 나눌 수 있다.

(1) 소재의 강도기준에 의한 접착강도 예측법

접착제 끝단의 최대 응력 또는 변형률이 특정한 값을 넘으면 접착구조물이 파손된다고 가정하는 예측법으로, Hart-Smith[24] 등은 접착구조물에 발생되는 최대 변형률을 파손판정의 기준으로 제시하였다. 최대 변형률 이론은 항공기 설계 분야에 널리 이용되고 있는 파손 판정법으로, 접착구조물에서 발생할 수 있는 Peel 응력이 최소화 될 때 적용할 수 있다. 비틀림 하중을 받는 원형 접착구조물은 Peel 응력이 거의 작용하지 않으며 순수 전단상태에 가깝다고 볼 수 있다. 그림 11.37은 비틀림 하중을 받는 원형 Single-lap Joint의 파손강도를 최대 변형률 이론으로 예측한 그림으로, 실험값과 비교적 잘 일치하고 있음을 보여 준다[25].

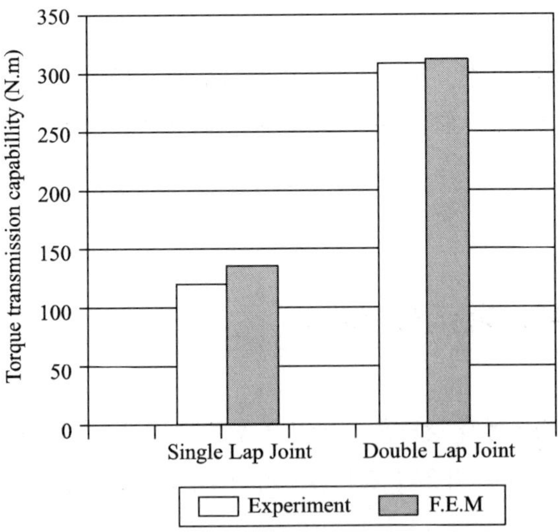

그림 11.37
비틀림 하중을 받는 원형 Single-lap Joint의 파손강도 예측[25]

최근에는 유한요소법에 의한 접착구조물의 응력해석이 널리 이용되고 있으며, Von-mises나 Tresca에 의한 상당응력(Equivalent stress) 또는 상당변형률(Equivalent strain)을 계산하여 이를 파손판정의 기준값으로 사용하고 있다. 또한 한 지점에서의 응력이나 변형률 대신 일정 부분에서의 응력이나 변형률에 근거한 파손기준 또는 변형률 에너지 밀도에 의한 파손기준들도 제안되고 있다.

소재의 강도기준에 의한 파손판정식은 접착층의 항복 또는 소성영역의 형성을 예측할 때 적절한 방법이다. 그러나 대부분의 구조용 접착제는 큰 소성변형과 손상증가를 보이고 최종 파손 전에 부분적인 균열 진전을 보이므로 파괴역학적 접근방법이 적절할 수 있다.

(2) 파괴역학 이론에 근거한 접착강도 예측법

접착구조물의 파손예측에 선형 탄성 파괴역학(Linear Elastic Fracture Mechanics, LEFM) 이론을 사용하는 방법으로, 전체 변형률 에너지 방출률(Total strain energy release rate) 등을 계산하여 접착구조물의 파손을 예측할 수 있다. Anderson[26] 등은 접착제가 인성과 연성이 크므로 선형 탄성 파괴역학적 이론에서 가정한 국부적 항복은 맞지 않다고 주장하였으며, 모드 I의 균열 하중상태에서 취성이 강한 접착제를 사용한 접착 체결부의 파손강도 예측에 변형률 에너지 방출률을 사용할 수 있음을 보여 주었다. 또한 초기균열이 없는 접착 체결부를, 접착제 내부의 작은 기포로 인한 고유한 미소 결함이 존재한다고 가정하고 파괴역학 이론을 적용하여 접착 체결부의 강도예측에 이용하였다. Lee[27]는 균열 선단에 존재하는 매우 큰 소성 영역에 대하여 언급하였다. 논문에 따르면, 접착 체결부의 파손은 균열 선단의 소성 영역에 의해 좌우되며 파괴에너지는 접착제 자체의 물성과 관련이 있다고 주장하였다. Groth[28]는 접착 체결부에 이종 재료의 계면이 존재하므로 이로 인하여 높은 응력집중이 발생한다고 가정하였으며, 접착 체결부의 끝단에서 응력 특이점이 발생하는 부분의 응력 집중계수를 근거로 한 파손기준을 제시하였다.

이상과 같이 접착제의 파손기준에 관해서는 많은 논문들이 발표되고 있으나, 제한된 기하학적 형상과 하중조건에만 적용이 가능한 경우가 대부분이다. 접착 체결부의 파손기준이 만족해야 할 주요 세 가지 조건을 열거하면 다음과 같다.

① 여러 종류의 체결부에 적용 가능할 것.
② 다양한 기하학적 형상에 적용할 수 있을 것.
③ 사용이 간편할 것.

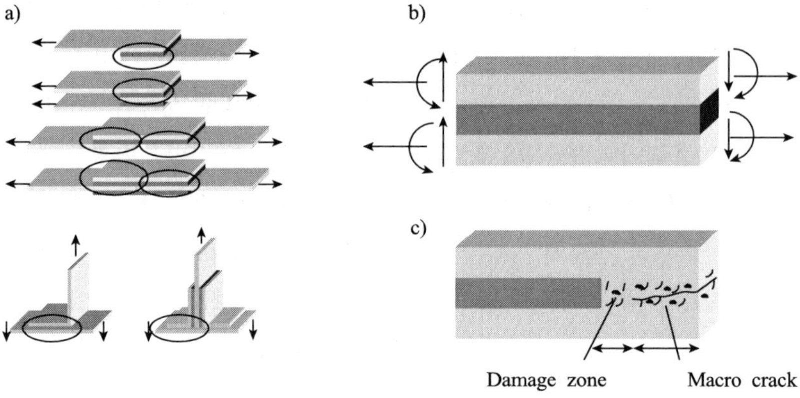

그림 11.38

샌드위치 요소 (a) 접착 체결부 (b) 샌드위치 요소의 자유물체도 (c) 균열이 존재하는 샌드위치 요소

다양한 종류의 Lap Joint와 Strap Joint는 그림 11.38과 같이 접착되어 겹쳐지는 부분만 분리하여 자유물체도를 그린 샌드위치 요소로 단순화시킬 수 있다[29]. 샌드위치 요소개념은 모든 종류의 접착 체결부에 적용할 수 있으며, 해석적인 기법 또는 수치적인 방법으로 샌드위치 끝단에 작용하는 반력을 결정할 수 있다.

일반적으로 미세 균열과 소성변형을 포함한 균열진전은 파손모드와 매우 밀접한 관련이 있다. 모드 Ⅰ에서의 균열진전은 모드 Ⅱ, Ⅲ과 비교하여 균열이 쉽게 진전하며, 균열진전에 대한 저항은 임계 에너지 방출률 G_c 에 의해 정량화될 수 있다. 그러나 G_c 는 체결부의 하중모드에 따라 변화되므로 고유한 특성값이라 할 수는 없다. G_c 는 모드비에 따라 변화되는데, 그림 11.39는 모드 Ⅰ과 Ⅱ의 모드비인 위상각 $\psi = \mathrm{atan}\sqrt{G_{II}/G_I}$ 에 대한 G_c 값의 변화를 나타낸 그림이다. 그림 11.39의 G_c 값

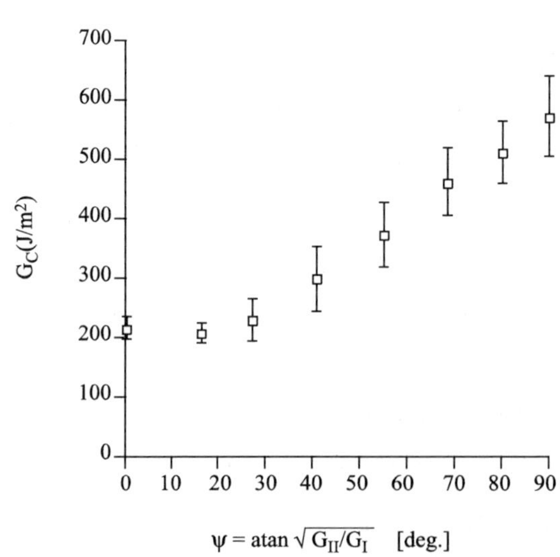

그림 11.39

파손곡선, $G_c(\psi)$, Cybond 4523GB adhesive system

을 위상각 ψ 의 근사함수로 표시하면 다음과 같다[30].

$$G_c(\psi) = 212 - 2.56\psi + 0.143\psi^2 - 7.75 \times 10^{-4}\psi^3 \tag{11.71}$$

혼합모드 하중상태에서 접착 체결부의 파손예측은 가해진 에너지 방출률과 파손모드(Ⅰ, Ⅱ, Ⅲ)에 의해서 결정되며, 다음과 같은 순서로 진행된다. 먼저 접착 체결부 구조로부터 접착 샌드위치 요소를 정의한다. 다음으로 접착 샌드위치의 끝단에 피접합물의 반력을 해석적인 방법이나 수치적인 방법으로 결정한다. 주어진 조건으로부터 모드비와 G값을 계산한 다음, G_c 값과 비교하여 파손여부를 판단한다.

접착 체결부의 파괴 인성은 응력보호와 피접합물에 의한 균열 경로의 구속으로 인하여 접착제 자체의 체적 파괴 인성보다 크다. 모드 Ⅰ, Ⅱ, Ⅲ의 파괴 인성을 측정하기 위하여 여러 가지 테스트 방법이 제안되고 있다. 예를 들면, DCB(Double Cantilever Beam) test [38], ENF(End Notch Fracture) test, CLS(Cracked Lap Shear) test, MMF(Mixed Mode Flexure) test, ADCB(Asymmetric Double Cantilever Beam) test, FRMM(Fixed ratio Mixed Mode) test, VRMM(Varying Ratio Mixed Mode) test, MMB(Mixed Mode Bending) test 등이 있다. 그러나 모드 Ⅰ에서 Ⅱ까지의 모든 모드비에 대해서 실험할 수 있는 방법은 없다. Fernlund[31] 등은 모드 Ⅰ과 Ⅱ의 전 범위에서 파손특성을 분석할 수 있는 Single Double Cantilever Beam 시편을 개발하였다. 이 시험편은 양쪽 피접합물들의 두께가 일정한 Balanced 시험편의 형태를 하고 있다.

파손실험에서 접착 체결부의 초기균열 크기에 따라 G_c 값은 변화될 수 있다[30]. 그림 11.40은 초기 균열길이의 변화에 따라 접착 체결부의 G_c 값이 변화되는 예를 나타낸 그림으로, 초기 균열길이가 특정값 이상에서는 일정한 값을 가짐을 볼 수 있다.

그림 11.41은 Single-lap Joint와 Lap Shear Joint의 형상을 나타낸 그림으로, Tong[32]은 해석적인 방법으로 모드 Ⅰ과 Ⅱ에 대한 에너지 방출률을 계산하였으며 아래와 같다.

$$G_{\mathrm{I}} = \frac{M_i^2}{4D_1} \qquad G_{\mathrm{II}} = \frac{A_1}{16}\left(\frac{P}{A_1} + \frac{tM_i}{2D_1}\right)^2 \tag{11.72}$$

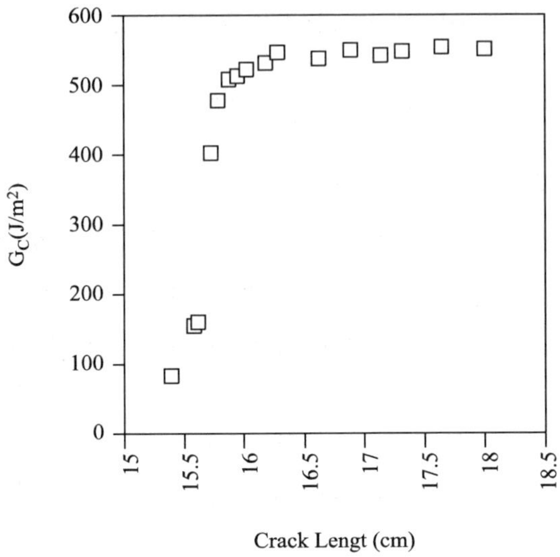

그림 11.40
초기 균열길이 변화에 따른 G_c 값의 변화

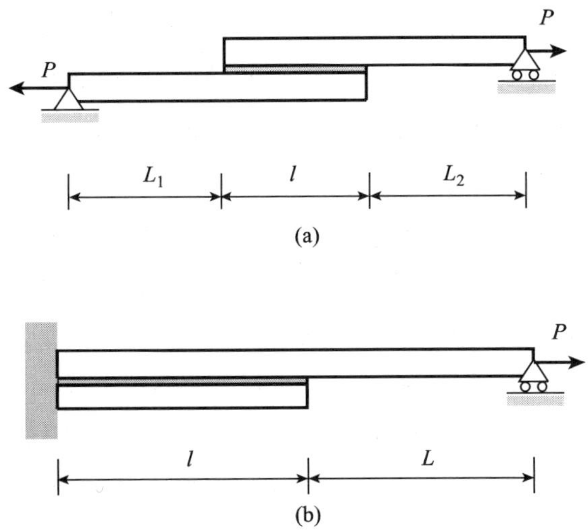

그림 11.41
인장하중 하에서의 접착 조인트
(a) Single-lap Joint
(b) Lap Shear Joint

여기서 A_1과 D_1은 피접합물의 축방향 강성 및 굽힘강성을 나타낸다. 또한 Single-lap Joint에서 M_i는 접착 체결부의 왼쪽 끝단과 오른쪽 끝단에 작용하는 굽힘모멘트를 나타내며, Lap Shear Joint에서는 오른쪽 끝단에 작용하는 굽힘모멘트를 의미한다. Tong[32]은 아래와 같은 파손기준식을 적용하여 접착 체결부의 파손강도를 예측하였다.

$$\left(\frac{G_{\mathrm{I}}}{G_{\mathrm{I}C}}\right)^{\alpha}+\left(\frac{G_{\mathrm{II}}}{G_{\mathrm{II}C}}\right)^{\alpha}=1 \tag{11.73}$$

표 11.5 | 파괴역학을 근거로 한 접착 체결부의 파손하중(N/mm) 예측

Geometry(mm)	Measured and predicted fracture load using various types of criteria				
L	l	Measured	Eqn(11.71)	$\alpha=1$	$\alpha=2$
160	187	1100	971(-11.7)	965(-12.3)	1174(6.7)
165	185	968	962(0.6)	955(-1.3)	1164(20.3)
187	159	876	883(0.8)	876(0.0)	1071(22.3)
182	154	915	874(-4.5)	866(-5.4)	1059(15.7)
162	180	935	953(1.9)	947(1.3)	1153(23.3)
143	197	1092	1013(-7.2)	1008(-7.7)	1221(11.8)
213	127	726	786(8.3)	777(7.0)	951(31.0)
154	192	1044	988(-5.4)	982(-5.9)	1194(14.4)
143	196	1081	1011(-6.5)	1006(-6.9)	1218(12.7)
220	118	769	758(-1.4)	750(-2.5)	916(19.1)
133	210	1226	1055(-13.9)	1050(-14.4)	1267(3.3)
187	157	966	878(9.1)	871(-9.8)	1065(10.2)
242	101	7420	703(-2.4)	695(-3.5)	846(17.5)
168	184	960	957(-0.3)	950(-1.0)	1158(20.6)
240	112	695	735(5.8)	727(4.6)	888(27.8)

여기서 α 는 1 또는 2 이상의 상수값으로 정의할 수 있다. 표 11.5는 식 (11.71)과 식 (11.73)의 파손기준식을 이용하여 접착 체결부의 파손강도를 예측한 표로서, 식 (11.71)과 식 (11.73)의 $\alpha=1$ 일 때 비교적 실험값과 잘 일치하고 있음을 보여 준다.

접착 체결부의 파손강도를 예측할 수 있는 다른 방법 중에 하나는 손상 영역을 기준으로 한 파손판정법이 있다. 이 방법은 손상 영역이 일정 크기 이상이면 접착 체결부의 파손이 발생한다는 이론으로, Sheppard[33] 등은 알루미늄과 복합재료로 된 접착 체결부의 파손강도를 이 방법으로 평가하였다. 접착 체결부의 파손강도를 예측하기 위하여 Single-lap Joint 형태의 접착 체결부를 접착제의 비선형성과 대변형을 고려한 유한요소 해석을 수행하여 각 부분의 응력과 변형률을 계산하였다. 계산된 변형률 성분들을 Von-Mises 상당 변형률로 환산한 다음, 상당 변형률이 0.01 이상이면 파손 영역으로 간주하였고, 파손영역이 0.0018mm^2 이상이면 접착 체결부 전체가 파손된다고 가정하였다. 표 11.6은 손상 영역을 기준으로 접착 체결부의 파손강도를 예측한 결과로서, 실험치와 19% 범위 내에서 잘 일치하고 있음을 보여 준다.

Clark[34] 등은 손상의 기준을 최대 인장강도로 정하고, 접착 체결부 내에서 응력이 최대 인장강도보다 큰 영역이 일정 크기 이상이면 체결부의 파괴가 일어난다고 가정하였다. 표 11.7은 최대 인장강도의 크기가 70MPa 이상이고 그 크기가 그

림 11.42와 같이 0.68mm 이상일 때 파손이 일어난다고 가정하여 접착 체결부의 파손을 예측한 결과로서, 실험치와 5% 범위 내에서 잘 일치하고 있음을 보여 준다.

표 11.6 | 파손 영역을 기준으로 한 접착 체결부의 파손하중 예측

Joint group	Average measured failure load(kN)	Predicted failure load(kN)
Al	16.25	13.1
Bl	21.0	23.5
Cl	26.75	23.7
A2/A3	19.85/21.96	19.0
B2/B3	35.60/35.40	35.2
C2/C3	32.11/34.47	35.4

표 11.7 | UTS 영역을 기준으로 한 접착 체결부의 파손하중 예측

Joint configuration	Predicted strength	Measured strength
Single lap	Calibration	320
Douyble-strap	701	740
T-peel	123.7	123

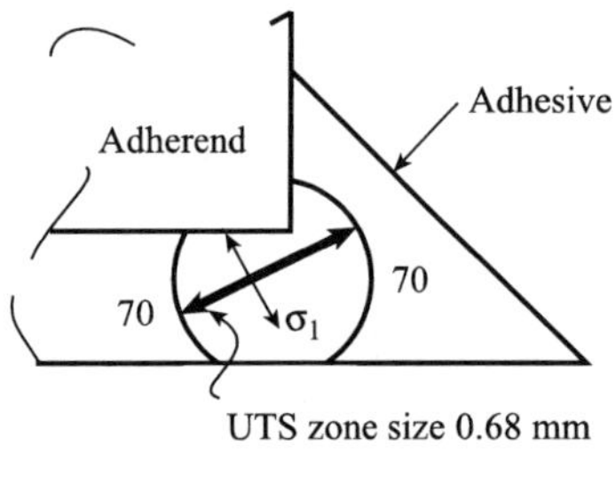

그림 11.42
최대 인장강도 (UTS) 영역

참고문헌

[1] J.J. Reinhart(Eds), *composite*, vol. 1, ASM International, 1987, pp.479–495.

[2] P. K. Mallick, *Fiber-Reinforced Composite*, 1988, p.418

[3] J. R. Vinson and R. L. Sierakowski, *The Behavior of Structure Composed of Composite Materials*, Martinus Nij hoff Publishers, 1987, Chap. 8.

[4] D. G. Lee, K. S. Kim and Y. T. Im, "An Experiment Study of Fatigue Strength for Adhesiveley Bonded Tubular Single Lap Joints," Journal of

Adhesion, Vol.35, 1991, pp. 33–53

[5] Michel C.Y. Niu, Composite Airframe Structures, Hong Kong Conmilit Press Ltd., Hong Kong, 1992.

[6] C. C. Chamis, 1990, “Simplified Procedure for Designing Composite Bolted Joints,” Journal of Composite Materials, Vol. 9, pp. 615–626.

[7] L. J. Hart–Smith, 1980, “Mechanically Fastened Joints For Advanced Composites ·Phenomenological Considerations and Simple Analysis,” Fibrous Composite in Structural Design, Plenuum Press, pp. 543–574.

[8] J. M. Whitney and R. J. Nuismer, 1974, “Stress Fracture Criteria for Laminated Composites Containing Stress Concentrations,” Journal of Composite Materials, Vol. 8, pp. 253–265.

[9] J. M. Whitney and R. J. Nuismer, 1975, “Uniaxial Failure of Composite Laminated Containing Stress Concentrations,” Fracture Mechanics of Composites, ASTM STP 593, pp.117–142.

[10] F. K. Chang and R. A. Scott, 1982, "Strength of Mechanically Fastened Composite Joints F. K. Chang and R. A. Scott, 1982, Journal of Composite Materials, Vol. 16, pp. 470–494.

[11] H. S. Ahn, J. H. Kweon and J. H. Choi, “A new method to determine the characteristic lengths of composite joint without test,” Composite Structures, Vol. 66, pp.305–315.

[12] K. Hollman, 1996, “Failure Analysis of Bolted Composite Joints Exhibiting In–Plane Failure Modes,” Journal of Composite Materials, Vol. 30, pp. 358–383.

[13] J. H. Choi and Y. J. Chun, 2002, “A study on the strength of mechanically fastened composite joint,” Journal of Korean Society for Composite Materials, Vol. 15, No. 4, pp. 9–16.

[14] J. H. Choi and Y. J. Chun, “Failure Load Prediction of Mechanically Fastened Composite Joint,” J. of composite materials, Vol. 37, No. 24, 2003, pp. 2163–2177.

[15] A. J. Kinloch, Adhesion and Adhesives, Chapman and Hall, 1987.

[16] J. D. Buckley and B. A. Stein, “Adhesives for Aerospace,” Joining Technologies for the 1990’s (Edited by L.E.Meade), Noyes Data Coporation,

1986.

[17] H. A. Perry, "How to Calculate Stresses in Adhesive Joints," Production Engineering, Vol. 29, No. 27, July, 1958.

[18] W. T. Kim and D. G. Lee, "Torque transmission capabilities of adhesively bonded tubular lap joints for composite drive shafts," Composite Structures 30, 1995, pp. 229-240.

[19] J. J Biderman, The Science of Adhesive Joint, 2nd Edition, Academic Press, 1968, pp. 215-220.

[20] O. Volkersen, Die Niektraftverteiling in Zugbeansprunchten mit Konstanten Laschenquerscritten, Luftfahrforsch, Vol. 15, 1983, pp.41-47.

[21] Goland, M and Reissner, E., "The stresses in cemented lap joints, J. of Applied Mechanics, 1944, Vol. 11, A17-A27.

[22] R. D. Adams and N. A. Peppiatt, "Stress Analysis of Adhesive Bonded Tubular Lap Joints," J. Adhesion 9, 1977, pp. 1-18.

[23] D. G. Lee, K. S. Jeong and J. H. Choi, "Analysis of the Tubular Single Lap Joint with Nonlinear Adhesive Properties," Journal of Adhesion, 1995. Vol. 49, pp. 37-56.

[24] L. J. Hart-Smith, Designing to minimize peel stresses in adhesive bonded joints, Delamination and Debonding of Materials, Philadelphia, 1985, pp. 238-266.

[25] J. H. Choi and D. G. Lee, "The Torque Transmission Capabileties of the Adhesively Bonded Tubular Single Lap Joint snd the Double Lap Joint," J. of Adhesion, 1994, Vol. 44, pp. 197-212.

[26] G. P Anderson, S. H. Brinton, K. J. Ninow and K. L. Devries, A fracture mechanics approach to predicting bond strength, Advances in Adhesively Bonded Joints, American Society of Mechanical Engineers Winter Annual Meeting, Chicago, Ill., 1988, pp.93-101.

[27] S. M. Lee, "An in-situ failure model for adhesive joints," J. Adhesion, 1985, Vol. 18, pp. 1-15.

[28] H. L. groth, "A method to predict fracture in an adhesively bonded joint," Int. J. of Adhesion and Adhesives, 1985, Vol. 5, pp. 19-22.

[29] D.A. Bigwood and A.D. Crocombe, "Elastic analysis and engineering design

formulae for bonded joints," Int. J. of Adhesion and Adhesives, 1989, Vol. 9, pp.229–242

[30] G. Fernlund and J. K. Spelt, "Mixed mode energy release rates for adhesively bonded beam specimens," J. Composites Technology & Research, 1994, Vol. 16, pp.234–243.

[31] G. Fernlund and J.K. Spelt, "Mixed–mode fracture characterization of adhesive joints, Composites Science and Technology," 1994, Vol. 50, pp.441–449

[32] L. Tong, "Strength of adhesive–bonded single–lap and lap–shear joints," Int. J. Solids and Structures, 1998, Vol. 35, pp. 2601–2616.

[33] A. Sheppard, D.W. Kelly and L. Tong, "A damage zone model for the failure analysis of adhesively bonded joints," Int. J. Adhesion and Adhesives, 1998, Vol. 18, pp. 385–400.

[34] J.D. Clark and J.J. McGnegor, "Ultimate tensile sthess over a zone : a new failure criterion for adhesive joints," J. Adhesion, 1997, Vol. 42, No.4, pp. 227–245

CHAPTER 12

필라멘트 와인딩 공정

12.1 입문

필라멘트 와인딩(Filament Winding) 공정은 섬유 상의 얀(Yarn)이나 토우(Tow)에 수지를 함침시킨 후, 제품을 성형시키기 위해 미리 준비한 맨드럴(Mandrel)을 회전시켜서 회전하는 맨드럴 주위에 일정하게 감은 후 경화(Cure)시키는 공정이다. 경화가 끝난 필라멘트 와인딩 제품 내부의 맨드럴은 일반적으로 제거하지만, 제거하기가 어려운 경우에는 복합재료의 내부에 그냥 남겨 놓는 경우도 있다. 필라멘트 와인딩 공정으로 얻을 수 있는 제품의 모양은 비교적 단순하며, 파이프나 항공기의 동체 혹은 자동차의 Frame 등과 같은 것이 그 예들이다. 필라멘트 와인딩 공정에 주로 사용되는 섬유로는 유리(Glass)섬유, 탄소(Carbon)섬유, 아라미드(Aramid) 섬유 등이고, 사용되는 수지로는 폴리에스터(Polyester), 비닐에스터(Vinylester), 에폭시 수지(Epoxy Resin) 등이 있다.

필라멘트 와인딩 공정은 다른 복합재료 가공법에 비하여 사용되는 재료의 가격이 저렴하고 인건비가 적게 들며, 컴퓨터 제어나 로봇 등을 사용하면 생산공정의 균일성을 이룩할 수 있기 때문에 제품의 복제성(Reproducibility)이 좋다는 이점이 있다. 이 공정의 가장 큰 취약점은 맨드럴의 제거가 어렵고, 안으로 들어간(오목한) 면의 제조가 불가능하다는 것이다. 필라멘트 와인딩 공정에서의 대량생산에 대한 개념은 다른 공정에서의 대량생산 개념과 다르다. 압축 성형(Compression Molding)

공정이나, 사출 성형(Injection Molding) 공정에서는 기계 한 대에서 하루에 수천 개의 제품을 생산하나, 필라멘트 와인딩 공정에서는 기계 한 대에서 하루에 수백 개 정도의 제품을 생산한다. 일반적으로 사용되는 필라멘트 와인딩 속력은 분당 61~122m(200~400ft) 정도이며, 와인딩 속력은 사용하는 섬유에 대한 수지의 함침 속도에 의해 지배된다. 즉, 와인딩 속력이 이 범위 내에 있어야만 수지가 섬유의 표면에 완전히 함침될 수 있다. 필라멘트 와인딩 공정으로 생산할 수 있는 제품의 양은 동시에 함침될 수 있는 섬유의 수에 의하여 결정된다. 예를 들면, 에폭시 수지에서 유리섬유 225 Yield 25개를 와인딩 하는 기계는 한 시간에 400kg(900lb)을 생산할 수 있다(225 Yield 섬유는 섬유 1 lb의 길이가 225 yard인 섬유를 말한다). 필라멘트 와인딩 공정으로 대량 생산할 수 있는 제품으로는 파이프, 압력용기, 미사일 발사 튜브와 로켓 모터 케이스, 자동차용 엽상 스프링(Leaf Spring) 등을 들 수가 있다[1].

12.2 재료

필라멘트 와인딩에 사용되는 섬유에는 여러 가지가 있으며, 유리섬유, 탄소섬유 및 아리미드(Aramid) 섬유가 많이 사용된다. 가장 많이 사용되는 기지(Matrix)로서는 열경화성 폴리에스터(Polyester), 비닐에스터(Vinylester), 에폭시(Epoxy) 및 페놀 수지(Phenolic Resin) 등이다. 섬유와 수지를 혼합하는 방법으로는, 함침 시스템(Wet System) 및 프리프레그 시스템(Prepreg System)으로 나눌 수 있다. 함침 시스템은 섬유가 수지에 미리 함침되어서 약간 경화된 상태로 와인딩 기계에 전달된다.

유리섬유에 폴리에스터와 비닐에스터가 혼합된 재료는 대량생산용이며 함침 시스템에 의하여 주로 사용된다. 이 재료들은 가격이 저렴하여 스테인레스강이나, 알루미늄 혹은 코팅된 파이프 등과 가격 경쟁이 가능하다. 우주 항공용과 같이 가격 문제가 중요하지 않는 응용의 경우에 섬유는 강도(Strength), 강성(Stiffness), 전기 및 열전도도, 내화학성 및 손상 허용성(Damage Tolerance)에 의하여 결정되며, 수지는 허용 온도와 내화학적 성질 및 연신율(Elongation)에 의하여 결정된다.

유리섬유는 E-glass와 S-glass로 나눌 수 있으며, S-glass 섬유는 기계적 성질이 우수하나 가격이 비싸다. 유리섬유는 기지와의 결합(Bonding)을 잘 시키기 위하여 섬유의 표면에 Silane Coupling Agent를 코팅한다. 아라미드 섬유는 듀퐁(Du pont)의 케블라 섬유(Kevlar Fiber)로 더 잘 알려져 있으며, 이 재료를 사용하여 전략 미사일의 모터 케이스를 제작하면서부터 각광받기 시작하였다. 아라미드 섬유는 마멸(Abrasive Wear)에 매우 강하므로, 마멸을 받는 구조의 표면에 사용하면 좋으나, 이 섬유는 상대방의 면을 또한 마멸시키므로 풀리(Pulley) 등을 제조할 때에는 이 점을 고려하여야만 한다.

탄소섬유는 취성(Brittleness)이 매우 강하다. 따라서 섬유가 손상을 입을 확률이 많기 때문에, 함침 시스템이 프리프레그 시스템보다 유리하다. 어느 시스템을 사용하든지 탄소섬유의 경우에는 회전 수를 줄이고, 섬유가 접촉하는 면으로 크롬 도금한 강철이나, 면이 매우 고운 세라믹을 사용하여야 한다. 다른 섬유와는 달리 탄소섬유는 전기가 통하므로 진공 청소기 등을 사용하여 스크랩을 제거함으로써, 다른 기계의 전기 시스템을 쇼트(Short)시키지 말아야 한다.

12.3 맨드럴(Mandrel)

맨드럴은 제품의 기하학적인 형상을 결정해 주는 기본적인 요소이다. 따라서 맨드럴은 경화가 되지 않은 복합재료를 와인딩 하는 과정 및 경화 중에 허용한도 내의 변형만을 하여야 한다. 맨드럴은 영구적인(Permanent) 것, 제거 가능한(Removable) 것과 재사용할 수 있는 (Reusable) 것으로 나눌 수가 있다.

영구적인 맨드럴은 최종 구조물의 한 부분이 된다. 예를 들면, 스쿠버 탱크(Scuba Tank)는 가스를 차단하는 얇은 금속 판 주위에 섬유를 와인딩하여 제조한다. 제거 가능한 맨드럴은 경화된 제품을 손상시키지 않고서 맨드럴을 제거할 수 있어야만 한다. 재사용할 수 있는 맨드럴은 제품과 맨드럴이 완전한 상태로 분리될 수 있어야만 한다.

원통(실린더)이나 원추 형상과 같이 최종 제품의 양단이 막히지 않은 경우이거나 최종 제품의 열려 있는 한쪽 면이 가장 큰 단면일 경우에는 맨드럴 설계가 매우 쉽다. 예를 들면, 파이프나 드라이브 샤프트를 위한 맨드럴은 약간의 경사를 가진(0.17mm/m) 표면에 크롬을 도금한 강철 샤프트를 사용하게 된다. 물론, 알루미늄을 사용할 수도 있으나, 알루미늄은 손상을 입기가 쉽다.

그러나 노즐이 연결된 로켓의 모터 케이스와 같이 중심 부분이 열린 단면보다 큰 경우에는 붕괴시킬 수 있는 맨드럴(Collapsible Mandrel)이 필요하며, 내압용기와 같이 양단이 막히는 경우에는 맨드럴의 무게를 최소화 하면서도 충분한 강도를 유지시킬 수 있도록 하는 등의 세심한 배려를 필요로 한다.

맨드럴을 적합하게 설계할 수 있으면 제품 치수의 오차나 지나친 잔류 응력을 막을 수 있으며 제품을 탈형할 때 섬유에 미치는 손상을 최소화 할 수 있게 된다. 맨드럴을 설계할 때 유념해야 할 사항으로는 맨드럴 자체의 무게와 와인딩 장력을 충분히 견딜 수 있는 강성이 있어야 할 것, 제품의 경화 싸이클에 따른 온도의 상승 조건에서도 충분한 강도를 유지할 수 있도록 할 것, 경화 후 탈형이 쉬워야 할 것 등이다.

12.3.1 금속 맨드럴

영구적인 맨드럴과 재사용할 수 있는 맨드럴은 일반적으로 금속으로 만들어진다. 영구적인 금속 맨드럴(Metal Mandrel)은 용기 내의 가스 통과를 차단하기 위하여 고압 가스용기에 사용된다. 대부분의 복합재료는 가스, 특히 헬륨가스인 경우에는 비투과성이 아니기 때문에 내부의 금속 구조물은 필수적이다. 이러한 금속 구조물은 제품을 경화시킨 후 제거할 필요가 없는 맨드럴로 사용될 수 있다는 장점이 있다. 금속 맨드럴의 응용에는 알루미늄, 스테인리스강, 인코넬(Inconel), 타이타늄 등이 사용된다.

12.3.2 팽창 맨드럴

모든 맨드럴은 경화 과정 중에 열팽창에 의하여 팽창을 한다. 그러나 고무와 같은 재료로 된 맨드럴은 경화 중인 복합재료에 압력을 가하거나 모양을 형성시키기 위하여 인위적으로 팽창시킬 수 있다. 맨드럴의 팽창은 열팽창을 이용하거나, 풍선모양의 맨드럴에 공기 등을 이용한 압력을 가하여 팽창시킬 수 있다.

12.3.3 일회용 맨드럴

가장 오래 전부터 사용된 일회용 맨드럴(Single-Use Mandrel)은 석고(Plaster)를 이용하여 만들어졌다. 이 맨드럴은 내부에 금속의 구조를 놓은 후 금속과 석고의 접착을 증가시키기 위하여 금속 표면을 황마, 천 등으로 동여맨 후, 석고를 바른다. 맨드럴을 제조하는 중에 석고 내부에 금속 케이블을 집어 넣은 후 석고를 경화시키기 위하여 오븐(Oven)에서 굽는다. 복합재료를 경화시킨 후 복합재료 내부의 맨드럴은 금속 케이블을 당겨서 석고를 파괴시킴으로써 쉽게 제거할 수가 있다. 이 맨드럴의 가장 큰 약점은 석고 내에 상당한 양의 수분이 존재한다는 것이다. 복합재료의 경화 온도에서 수분은 비등하므로 복합재료의 기지를 열화(Degradation)시키며, 맨드럴의 표면에 젤코트(Gel Coat) 등을 코팅하여도 석고 금형의 수분 문제를 해결하는 데에는 별로 효과가 없다.

일회용 맨드럴의 다른 예는 용해 맨드럴(Soluble Mandrel)이다. 처음에 이 맨드럴은 염용액(Salt Paste)을 금형 내부에서 가열하여 수분을 제거시키는 방법으로 제조되었다.

복합재료를 경화시킨 후에는 맨드럴을 물에 녹여서 제거할 수 있기 때문에 제품의 양 끝단의 단면이 중앙 부위보다 작은 경우에 편리하다. 그러나, 염용액은 매우 상처를 잘 입기 때문에, 요즘에는 아주 고운 모래를 PVA(Polyvinyl Alcohol)로 결합시켜서 사용한다. 모래 금형은 금형의 무게를 줄이기 위하여 내부를 비우도록 한 후, 금형 내부에서 93℃(200°F)로 가열한다. 이 맨드럴을 가공할 필요가 있을 때에는 카바이드나 다이아몬드 공구를 사용하여 가공할 수 있다. 복합재료의 경화가 완료되면, PVA 결합제는 물에 녹기 때문에 물을 침투시켜서 용액 상태로 만든 후 제거한다. 이 맨드럴은 두 가지의 단점이 있는데 첫째는 맨드럴 중에서 가장 무겁다는 것이고, 둘째는 이 맨드럴을 150℃ 이상의 온도에서 사용하면 결합제가 굳어져서 물에 녹지 않으므로 제거할 수 없다는 것이다. 최근에는 규산 나트륨(Sodium Silicate 혹은 Water Glass)을 결합제로 사용하여 이 문제를 해결하고 있다. 이 결합제는 PVA보다는 가격면에서 고가이지만, 343℃(650°F)까지 사용할 수 있다. 이 맨드럴은 폴리이마이드(Polyimide) 수지를 기지로 하는 고온용 복합재료를 경화시키는 데 사용할 수 있다.

12.3.4 기타 맨드럴 재료의 특징

(1) Segmented Collapsible 금속

제작비가 고가이므로 제품 수량이 비교적 많을 때(30개 이상) 사용할 수 있는 것으로, 일반적으로 맨드럴의 직경이 0.91~1.52m 정도이며, 구멍이 작은 폴라(Polar) 와인딩의 경우에는 탈형이 매우 복잡하다.

(2) 저 용융 합금(Low Melting Alloy)

밀도가 높고, 강성이 낮아서 보통의 와인딩 장력에서도 늘어나는 경향이 있으며, 직경과 길이가 각각 0.3m 이하인 소형 내압 용기용 맨드럴 제조에 사용된다.

(3) 용해성 염(Eutectic Salts)

용융 합금에 비하여 유리한 특성이 많으며 직경 0.6m까지 성형 가능하고 탈형이 간단하나 성형 시에 세심한 주의가 필요하다.

12.3.5 맨드럴 재료의 장단점

철은 가격이 싸고 절삭 가공이 용이한 장점이 있는 반면에 비중이 커서 중량이 무거우며 열팽창계수가 작기 때문에 탈형이 어려운 단점이 있다. 경합금 재료는 비중이 작아 중량이 가볍고 철에 비하여 열팽창계수가 크기 때문에 상대적으로 탈형이 용이하여 별로 큰 힘을 필요로 하지 않는다. 석고는 소형 제품에 적합한 것으로 미국에서는 이미 물로 씻어 버리는 맨드럴(Wash-away Mandrel) 재료가 개발되어 사용되고 있다. "Paraplast" (Rezolin Inc. Santamonica Ca. U.S.A) 등 Wash-away 석고의 대표적인 것이다. 그 예로 Paraplast NO.33의 경우 160℃ 전후로 가열하면 용융 상태로 되기 때문에 맨드럴을 제조하기 위해서는 미리 65~93℃로 가열된 형틀에 용융된 Paraplast를 부어 넣고 서서히 냉각시켜 주어야 한다. 냉각 후 고형화 된 Paraplast는 135℃의 내열성을 갖고 있어서 와인딩 후 경화로 속에 넣고 내열온도까지 승온시키는 것이 가능하다. 탈형 때에는 60℃의 온수를 가하면 11~22kg/min 정도의 속도로 씻겨져 나온다.

12.4 필라멘트 와인딩 제품 제조 공정 순서

필라멘트 와인딩 공정으로 제품을 제조하기 위해서는 다음과 같은 사항이 검토되어야 한다.

① 강성, 강도, 내연성 및 표면 정도 등을 고려한 맨드럴 재료의 선정: Al, Steel, 석고
② 적합한 섬유의 선택: S-Glass, E-Glass, Carbon Fiber, Kevlar, Boron Fiber
③ 적합한 수지의 선택: Epoxy, Polyester, Vinylester
④ 와인딩 속도의 결정: 수지의 함량 조절 및 생산성
⑤ 수지의 경화 조건 설정: 상온 경화 또는 고온 경화
⑥ 섬유 로빙의 장력 설정과 제어: 일정 장력 유지 및 수지 함량 조절
⑦ 와인딩 작업 환경의 습도 및 온도 조절: 수지 온도, 맨드럴 온도, 작업장의 온도 및 습도

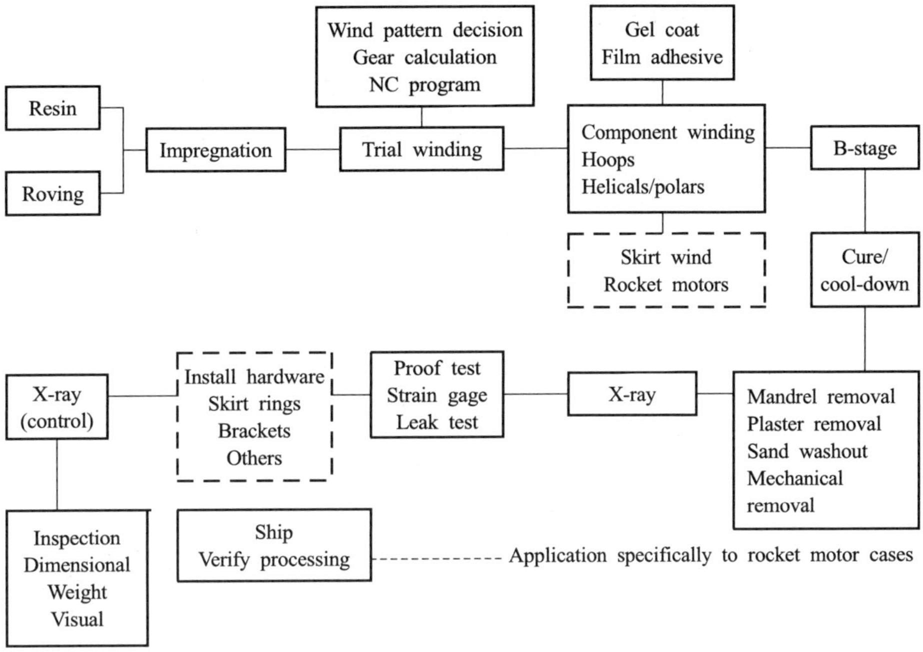

그림 12.1
로켓 모터 케이스 제조를 위한 일반적인 필라멘트 와인딩 공정 순서도

⑧ 맨드럴의 탈형: 맨드럴의 분할 탈형, 맨드럴의 용해 또 맨드럴의 일체형 탈형

⑨ 제품의 비파괴 검사수단: 인장, 굽힘, 압축, 내압 및 외압

물론, 이러한 사항들을 결정할 때에는 제품의 형상, 치수, 요구 성능, 생산 수량, 예상 가격 등을 종합적으로 고려하여 결정하는 것이 당연하다. 따라서 모든 제품에 공통적으로 적용할 수 있는 기준은 없다.

그림 12.1은 필라멘트 와인딩 공정을 이용하여 로켓 모터 케이스를 제조하는 일반적인 순서도를 나타낸 그림이다.

이들 공정을 크게 네 가지로 분류하면 맨드럴 및 치구제작 공정, 와인딩 및 탈형 공정, 제품 가공 공정, 마무리 및 검사 공정 등으로 나눌 수 있다. 공정별 주요 작업 내용과 고려 사항을 살펴보면 다음과 같다.

(1) 맨드럴 및 치구 제작

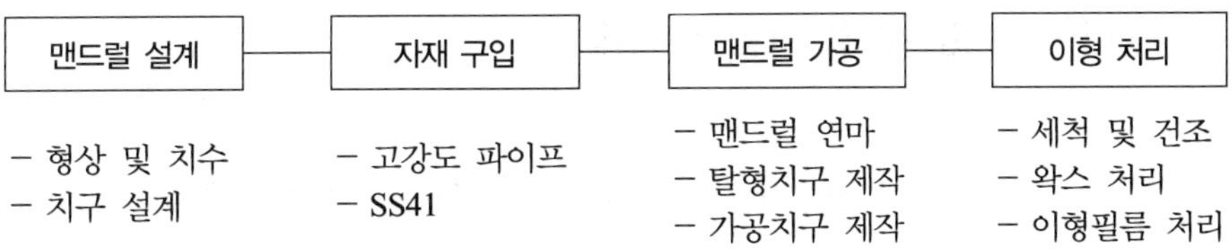

(2) 와인딩 및 탈형

맨드럴 예열	수지 혼합	맨드럴 셋팅	와인딩	경화	탈형
- 치차 계산 - 자재 준비 (수지 및 섬유)	- 수지에 경화제 및 촉매를 혼합 후 교반한다. - 예열시키면 교반이 용이하다.	- Paste 상의 이형 왁스 처리 - 액상 이형 처리	- 와인딩 각 결정 - 가공 여유 - 절단면 여유	- 경화 싸이클 결정 - 맨드럴을 회전시키면서 경화시킴	- 맨드럴과 제품의 열팽창율 차이 고려 - 맨드럴의 용해성 등 특징 이용

(3) 제품 가공

절단	선반 가공	표면 연마	선반 가공
- 양쪽 끝이 두꺼워지고 밀려서 양단에서는 와인딩 각이 맞지 않으므로 양단 끝을 허용 치수 만큼 절단	- 표면 가공은 연마 여유를 줌 - 가공 바이트에 열이 발생하므로 절삭유를 사용하여야 하며 1차로 황삭 가공하고 2차로 정삭 가공에서는 RPM을 줄인다.	- 센터레스를 사용하여 여러 번에 걸쳐 연마한다. - 연마시 절삭유를 반드시 사용하여야 한다.	- 양 끝단을 가공한다.

(4) 마무리 및 검사

세척 및 건조	수지 코팅	검사
- 절삭유 및 기름을 제거한다(탈지제 사용). - 최종적으로 물을 사용하여 세척하고 건조시킨다.	- 양 끝단 절단면 수지 코팅 - 필요에 따라 제품의 전체 표면 코팅 병행	- 육안 검사 - 치수 검사 - 경도 시험 (수지 경화 상태 검사) - 내압 시험

12.5 필라멘트 와인딩 기계

필라멘트 와인딩 공정을 통해 생산하고자 하는 제품의 형상에 따라 적합한 다양한 종류의 필라멘트 와인딩 기계가 개발·제작되고 있으나, 여기서는 고강도와 높은 내압에 견딜 수 있으며 압력용기 등의 표준 필라멘트 와인딩 제품을 대상으로 하는 기계에 관하여 서술하기로 한다.

12.5.1 기계의 분류

필라멘트 와인딩 기계를 분류할 때에는 여러 관점에서 분류를 할 수 있겠지만 여기서는 용도에 의한 분류와 기구학적 관점에서의 분류 등에 대해서만 열거해 본다.

(1) 용도에 의한 분류

필라멘트 와인딩 제품의 용도에 따른 분류이다.

① 폐쇄 압력 용기용: 원통형 또는 원추형 압력 용기 제조에 사용한다.

② 연속형 파이프용: 직경이 크지 않은 파이프 제조에 사용한다.

③ 구형 또는 타원형 압력 용기: 크기에 제한이 있다.

④ 상자형 또는 장방형의 용기

⑤ 기타, 연속보, 채널, 평판, 곡판의 비회전체

(2) 기구학적 분류

기계의 기구학적 거동 형태에 따른 분류이다.

① **선반식 또는 트레버스식** : 섬유 로빙에 임의 각도를 유지시켜 주면서 회전하는 맨드럴에 접해서 트레버스가 이동하는 것으로 1948년 Kellogg(M. W. Kelloge Compony) 사에서 최초로 개발하였다.

② **회전암식** : 수직으로 고정된 맨드럴에 대하여 암(Arm)이 수평보다 약간 경사져서 맨드럴의 주위를 회전할 수 있도록 된 것으로 Goodrich(B. F. Goodrich) 사의 와인딩 기계는 직경 4m(156in), 길이 6.6m(260in)의 용기를 성형할 수 있다.

③ **특수 회전형** : 맨드럴을 특수한 방법으로 회전 운동을 하게 하고 정지한 암에서 섬유로빙을 공급해 준다. 따라서, 회전암식과 비슷한 원리로 구동되지만 맨드럴은 양단 또는 한쪽 면만이 지지되며 응용 범위가 좁고 제품의 크기에도 제한을 받는다.

12.5.2 기계의 종류 및 특징

필라멘트 와인딩 기계는 수평형(Horizontal Type)(그림 12.2)과, 수직형(Vertical Type)(그림 12.3)으로 나눌 수 있다.

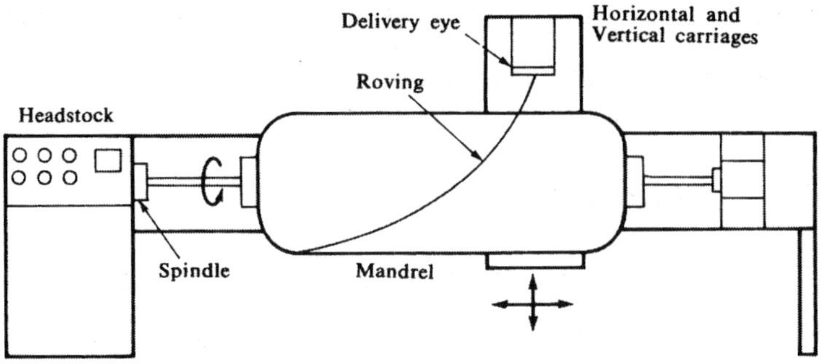

그림 12.2
수평형(Horizontal Type) 필라멘트 와인딩 기계

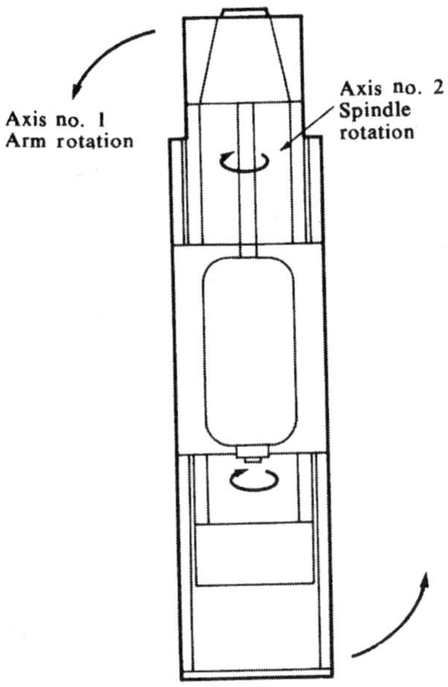

그림 12.3
수직형(Vertical Type) 필라멘트 와인딩 기계

필라멘트 와인딩 제어장치는 맨드릴의 회전 속도와 좌우 이동 속도를 조화(Synchronizing)시켜야만 한다. 제어장치는 한 가지 제품만을 위한 것과 여러 가지 제품을 위한 것이 있다.

제어장치는 기계적인 작동방법과 컴퓨터를 사용하는 방법이 있는데, 기계적인 작동방법은 초기 투자 비용은 적게 드나, 제품을 바꾸어 생산할 경우에 복잡한 계산이 필요하고 하드웨어를 바꿔야만 하는 번거로움이 있다.

간단한 모양의 제품을 대량생산하는 경우에는 기계적인 제어장치가 유리하며, 이 경우에는 주축(Spindle)과 이송(Feed) 장치 사이의 운동을 기어 변속으로 조정(Coordination)하여 원하는 와인딩 패턴을 얻을 수 있다.

여러 가지 모양의 다양한 제품이나, 풍차의 날개(Wind Turbine)와 같이 복잡한

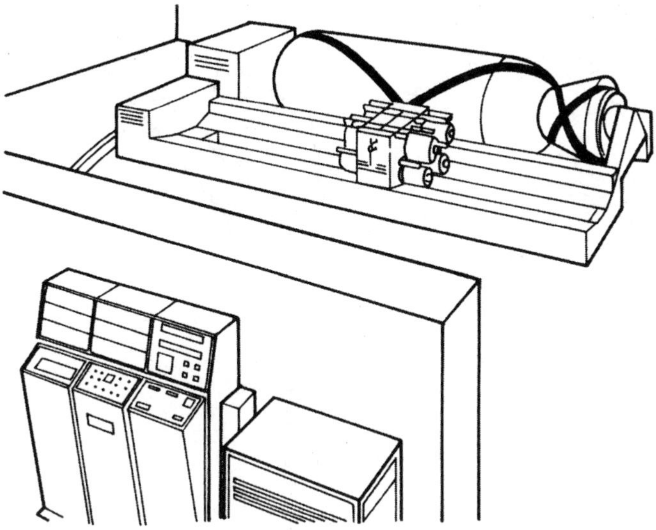

그림 12.4
선반형(Lathe Type) 필라멘트 와인딩 기계

형상의 제품을 생산할 경우에는 컴퓨터 제어기를 사용하는 것이 유리하다. 풍차의 날개를 필라멘트 와인딩으로 생산할 경우에는 5축의 와인딩 기계가 필요하다. 이와 같은 복잡한 형상의 제품을 설계, 제작할 경우에는 컴퓨터를 이용한 칼라 그래픽스 터미널에서 와인딩 패턴을 결정하고 보정함으로써, 와인딩 시간을 단축하고 와인딩 기계의 가동 효율을 증가시킬 수 있다.

초창기의 필라멘트 와인딩 기계는 초보적인 컴퓨터 제어기를 장착한 선반(Lathe) 형식의 기계로, 회전하는 맨드릴과 좌우로 움직이는 이송 장치에 의하여 제품을 생산하였다(그림 12.4)[3].

Race Track 혹은 Oriental 와인딩 기계는 와인딩 헤드(Head)가 맨드릴 주위를 회전하면서 작업을 수행한다. 이 방법은 Polar 와인딩이 필요한 로켓의 모터 케이

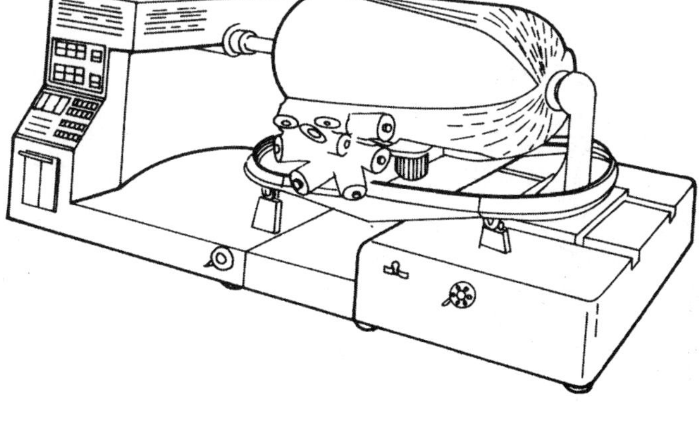

그림 12.5
Race Track 와인딩 기계

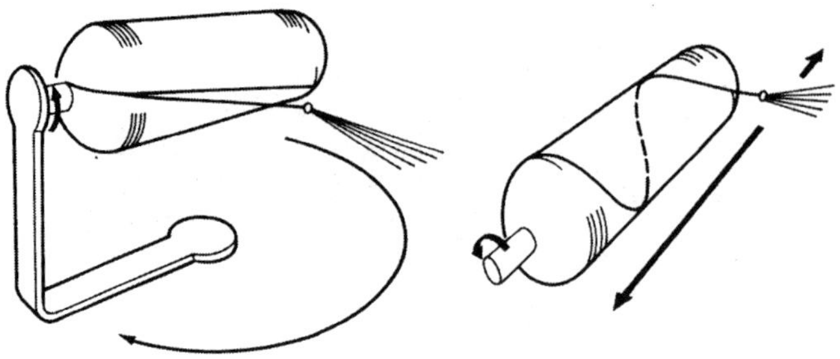

그림 12.6
Tumble형 와인딩 기계

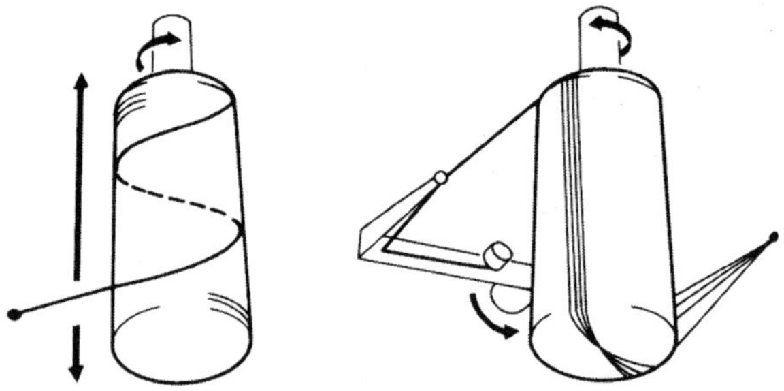

그림 12.7
Whirling Arm형 와인딩 기계

스 등을 제조할 때 주로 사용된다(그림 12.5).

Tumble형 와인딩 기계는, Polar 와인딩을 할 경우에는 맨드럴이 끝에서 끝으로 회전하며, 보통의 선반형 와인딩을 할 경우에는 맨드럴이 축방향으로 회전하고, 이송 눈(Feed Eye)이 좌우로 움직이며 와인딩을 수행한다. 이 방법은 물탱크와 같은 많은 양의 제품을 사용하는 데 사용된다(그림 12.6).

Whirling Arm 필라멘트 와인딩 기계는 회전하는 ㄷ자 모양의 팔의 양 끝단에서 섬유를 공급함으로써 와인딩 작업을 수행한다(그림 12.7).

구면(Spherical) 와인딩은 가장 복잡한 공정이며, 컴퓨터 제어를 하는 것이 유리하다(그림 12.8).

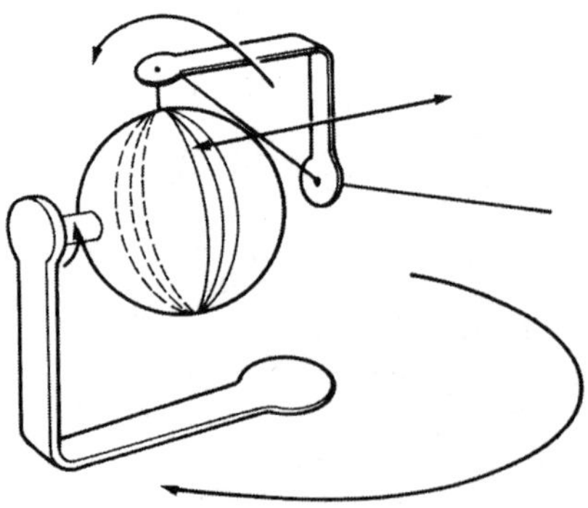

그림 12.8
구면(Spherical) 와인딩 기계

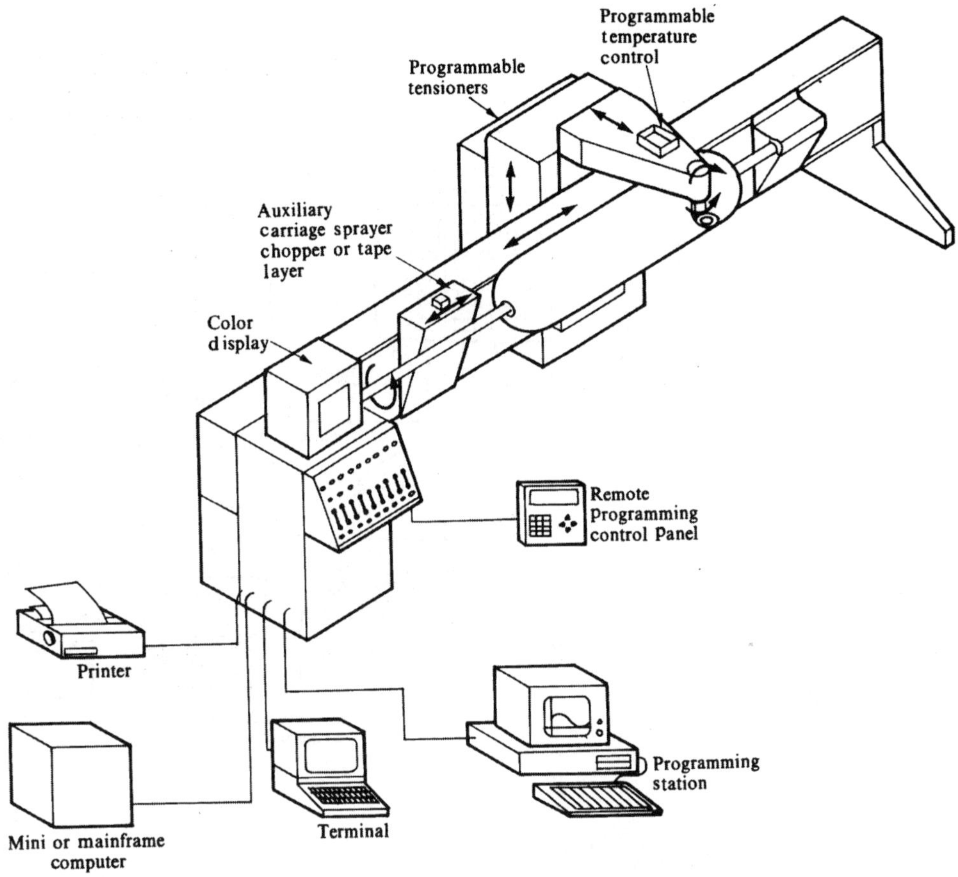

그림 12.9
전형적인 컴퓨터 인터페이스 필라멘트 와인딩 기계의 구성도

그림 12.9는 컴퓨터 인터페이스된 전형적인 필라멘트 와인딩 기계의 구성도를 나타낸다[4]. 이러한 필라멘트 와인딩 기계의 제어 시스템은 최대 16개의 Process (Analog) 장치와 16개의 Digital 장치, 그리고 32 채널의 장력제어 회로를 제어할 수 있는 제어기를 탑재하고 있어서 정교한 제품을 만드는 데 어려움이 없도록 되어 있다. 그림 12.10은 와인딩 기계 제어기의 예를 나타낸 것이다. Digital Process 출력이 제어기에 입력으로 들어가며, 이들 입력 데이터에 의하여 와인딩 프로세스가 원활이 진행되도록 프로그램(Program)된 제어기가 모든 공정을 완벽하게 감시한다. 이 제어기는 와인딩 패턴 등 설계 변수가 바뀌어짐에 따라서 능동적으로 대처할 수 있도록 프로그램의 수정이 가능하다. 또한, 모든 입출력의 데이터의 상황을 가시적으로 나타낼 수 있으며, 와인딩 공정 상의 제 조건들이 충족되고 있는지에 대한 여부를 컴퓨터 스크린 상으로 확인할 수 있도록 된 것도 있다.

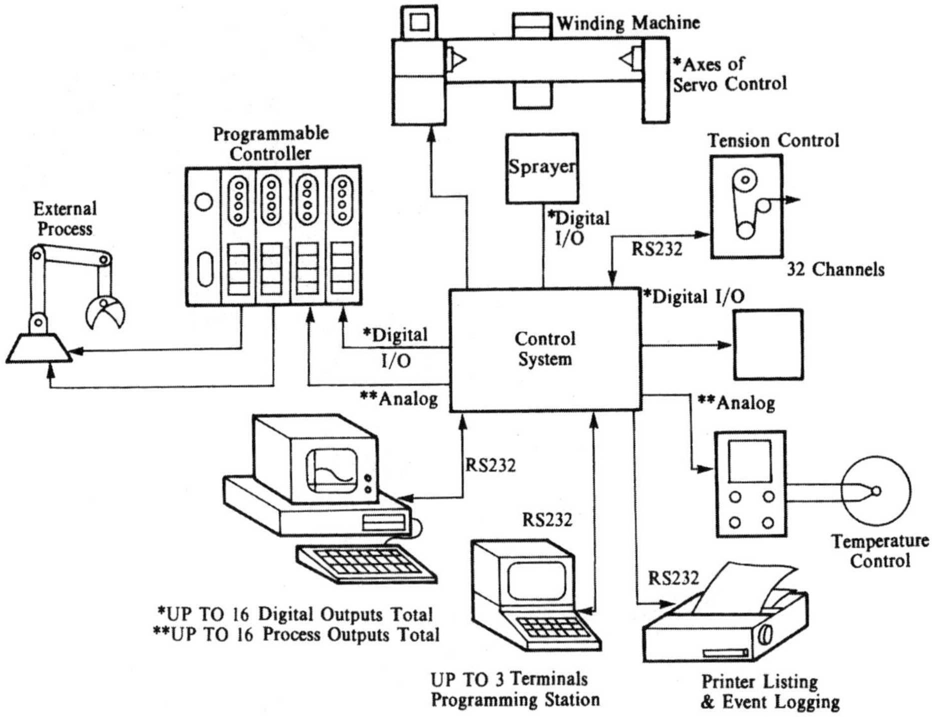

그림 12.10
와인딩 기계 제어기의 예

12.6 와인딩 패턴

필라멘트 와인딩 공정에서 일반적으로 사용되는 와인딩 패턴(Pattern)으로는 그림 12.11과 같이 Parallel, Helical, Polar, Level (Modified Helical) 등의 네 가지 형식이 있다.

이들 와인딩 패턴은 모두 선반식 와인딩 기계에서 작업 가능하며, 맨드럴을 피절삭체 위치에 두고 회전시키면서 공급되는 유리 로빙 등의 섬유를 공구대 위치에 두고 와인딩 하는 것으로 맨드럴의 회전수와 와인딩 점(Winding Point)의 스트로크 사이의 비를 변화시켜 줌으로써 소정의 궤적을 그리게 하면 되기 때문에 매우 간단하게 생각할 수 있으나 다음과 같은 조건을 고려하여서 결정하여야 한다.

첫째, 원하는 와인딩 각도를 얻기에 충분한 기계적인 조건이 되는가?

둘째, 반복적인 패턴에 의하여 와인딩 되는 섬유는 균일한 폭을 유지하면서 맨드럴의 표면을 덮을 수 있도록 제어가 가능한가?

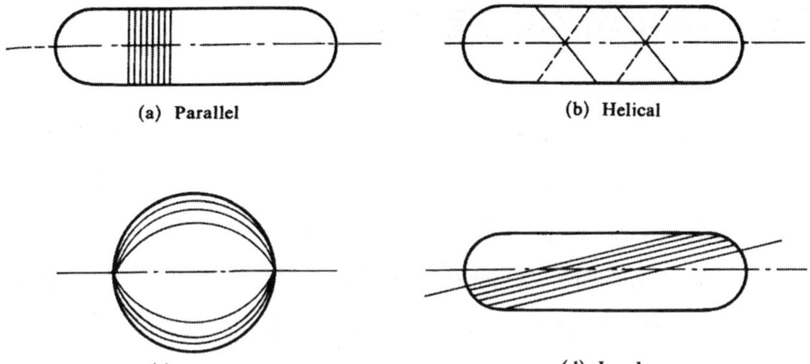

그림 12.11
여러 종류의 필라멘트 와인딩 패턴

12.7 장력 제어 시스템

필라멘트의 장력을 잘 제어하는 것이 복합재료의 성능을 최적화하기 위한 가장 중요한 인자이다. 헬리컬이나 극 와인딩(Polar Winding)의 경우에는 장력의 크기가 4.0~20N(1~4lb) 정도이고, Hoop 와인딩의 경우에는 구조의 압착을 증가시키기 위하여 25~35N(6~8lb) 정도의 장력을 가한다. 최근에는 서보 장력 제어(Servo Tension Control) 장치(그림 12.12)를 사용하며, 예전에는 스프링에 의하여 섬유에 걸리는 장력을 조절하는 수동식(Passive) 장치를 사용하였다.

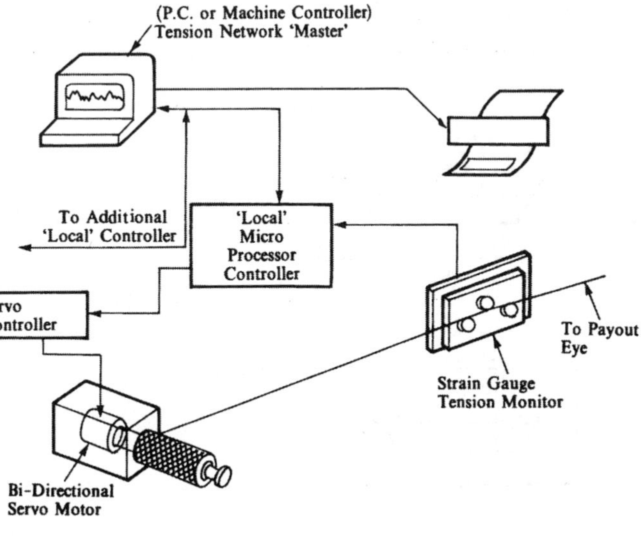

그림 12.12
서보 장력 제어 장치

12.8 수지탱크와 섬유 전달 시스템

필라멘트 와인딩의 수지 함침에 사용되는 수지 탱크는 Dip Bath, Roller Impregnation 및 Metered Orifice 등의 세 가지 종류가 존재한다. Dip Bath는 가장 간단하며, 수지통 내부에 수지를 배열시키는 빗(Comb)이 장착되어 있고, 통 밖에는 수지의 함침 양을 조절하는 Wiper가 장착되어 있다(그림 12.13). Dip Bath는 탄소섬유에 비해 손상을 잘 입지 않는 유리섬유나 아라미드 섬유의 와인딩에 적합하다.

Roller 드럼 시스템은 작은 장력에서도 수지를 잘 함침시킬 수 있는 시스템이다. 이 장치에서는 회전하는 드럼의 일부만이 수지와 접촉한다. 회전하는 드럼은 수지를 드럼의 표면에 적시어 위로 끌고 올라오며, 수지의 양을 조절하는 장치(Doctor Blade)에 의하여 수지의 양이 조절된다. 이 장치에서는 끊어진 섬유가 Roller와 함께 회전할 경우가 생기며, 이 경우에 수지의 함침 양이 변하거나 수지가 손상을 입을 수가 있다. 따라서 시스템을 정지시킨 후 드럼을 청소하는 작업이 때때로 요구된다. 세 번째 방법은 수지를 계량된 통로(Metered Orifice)를 통하여 함침시키는 것이다. 통로의 단면은 일반적으로 섬유의 진행 방향으로 축소되어 수지의 함침을 촉진시키며, 섬유는 정밀하게 가공된 출구를 통해 나가므로 매우 정확한 수지 함량을 얻을 수 있다.

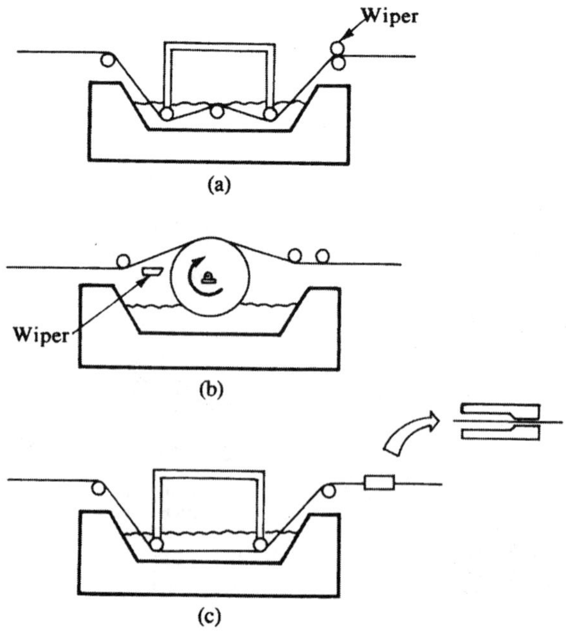

그림 12.13
수지 함침 장치 :
(a) Dip Bath
(b) Roller Impregnation
(c) Metered Orifice

12.9 경화 시스템(Curing System)

필라멘트 와인딩에서 요구되는 수지의 성질은 와인딩 과정에서 낮은 점도를 필요로 하기 때문에 긴 가사 시간(Pot Life)을 갖는 것이 좋다. 그러나 경화 시의 비용을 줄이고 생산성을 높이기 위하여 짧은 가사 시간이 요구되므로 이 두 가지 조건을 잘 조화시켜야만 한다. 경화 시간을 줄이기 위하여 높은 경화 온도를 사용하면 복합재료의 표면에 미소 크랙이 발생할 수 있다.

필라멘트 와인딩으로 제조된 복합재료 제품은 경화에 필요한 열원이 내부에 있으면 내부로부터 경화가 시작되고, 열원이 밖에 있으면 표면으로부터 경화가 시작된다. 표면에서부터 경화가 시작되면 내부의 수지가 경화 중에 빠져나가기가 어려우며, 내부로부터 경화가 시작되면 수지가 너무 많이 빠져나갈 염려가 있다. 그러나 내부로부터 경화가 시작되면 복합재료 내부의 기공 등이 수지와 함께 방출될 수가 있으므로 기공의 양이 줄어드는 이점이 있다. 표면에서부터 경화가 시작되면 수지가 계속 흘러 나와서 제품의 표면에 방울지는 현상을 없앨 수 있다.

표면의 방울지는 현상을 없애고 수지의 균일한 분포를 얻기 위해서는 경화 시에 제품을 회전시키면서 경화시키는 것이 바람직하다. 두꺼운 제품을 경화시킬 때에는 내부의 발열반응에 의하여 복합재료의 온도가 허용 온도를 넘지 않도록 주의해야 한다. 경화 장치로는 전기로, 뜨거운 기름을 쓰는 장치, 전기램프를 쓰는 장치, 수증기를 쓰는 장치, Autoclave와 Microwave를 사용하는 장치 등이 있으므로, 제품의 크기, 요구되는 성질, 경제성 등을 고려하여 결정하여야만 한다.

12.10 필라멘트 와인딩 제품의 품질

필라멘트 와인딩에 의하여 제조된 제품의 여러 가지 인자 예를 들면, 맨드럴의 강성(Stiffness) 및 표면 처리, 와인딩 속도, 수지의 압력(Pressure), 섬유의 정렬(Alignment)과 장력, 그리고 온도 제어 등에 의하여 영향을 받는다. 필라멘트 와인딩 방법은 함침 시스템, 프리프레그 시스템, 그리고 수지를 함침시키지 않은 상태에서 와인딩을 수행한 후 브러쉬를 이용하거나 압력이나 진공을 가하여 수지를 함침시키는 방법 등을 사용할 수 있으나, 이 모든 방법에서 섬유와 수지의 성질을 매우 잘 제어하여야만 한다. 섬유가 맨드럴에 감길 때에는 균일한 섬유의 장력, 수지

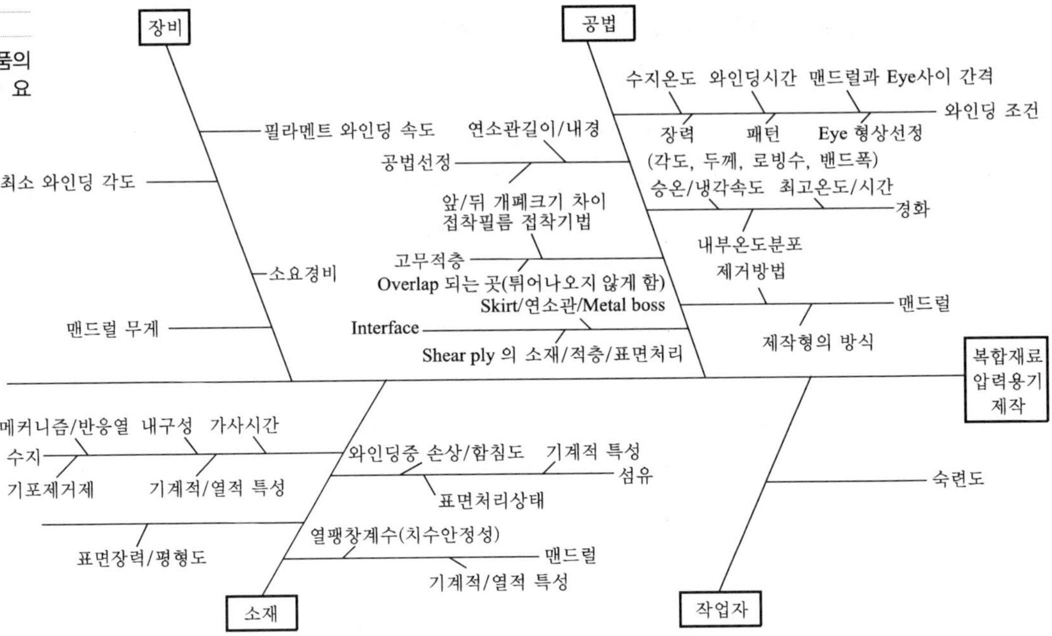

그림 12.14

필라멘트 와인딩 제품의 품질에 미치는 각종 요인 분석도

의 코팅, 바른 필라멘트의 패턴 및 온도의 제어가 전 과정에서 요구된다. 시각적인 검사를 통해 필라멘트의 위치적 오차와, 장력의 변화에 의한 수지의 불균일한 분포 등을 알 수 있는데, 와인딩 시 컴퓨터 제어를 수행하면 검사 과정을 줄일 수 있는 이점이 있다. 그림 12.14는 필라멘트 와인딩 제품의 품질에 미치는 다각적인 고려 사항들을 장비, 공법, 소재, 작업자를 중심으로 연관성 있게 나타낸 것이다. 이 모든 요인들이 제품의 품질에 영향을 미치는 만큼 우수한 필라멘트 와인딩 제품을 생산하기 위해서는 품질 관리에 대한 종합적인 대책을 강구하여야 한다.

12.11 시험(Testing)

경화된 복합재료 제품 또는 시험편을 사용한 시험 방법의 선택은 얻으려고 하는 제품 또는 재료의 물성에 따라서 달라진다. 일반적으로는 생산된 제품을 낱낱이 시험해 볼 수 없기 때문에 제품을 생산하기 전에 제품 생산에 사용할 재료를 사용하여 비교적 간단한 실험을 수행한다. 이 실험 결과를 근거로 생산할 제품의 사용 조건 및 제품에 요구되는 물성치 등을 고려하여 제품을 설계하게 되며, 최종적으로 생산된 제품 중 일부만을 선택하여 가장 지배적인 조건에 대한 실제품 시험을 수행하게 된다.

표 12.1 | 필라멘트 와인딩 원 재료에 대한 표준 시험법(ASTM)

ASTM No.	Title
C 613	Resin Content of Carbon and Graphite Prepregs by Solvent Extraction
D 1652	Epoxy Content of Epoxy Resins
D 1762	Hydrolyzable Chlorine Content of Liquid Epoxy Resin
D 2587	Acetone Extraction and Ignition of Glass Fiber Strands, Yarns and Roving for Reinforced Platics
D 3379	Tensile Strenth and Young's Modulus for High-Modulus Single-Filament Materials
D 3529	Resin Content of Carbon Fiber-Epoxy Prepreg Tape and sheet
D 3800	Density of High-Modulus Fibers
D 4018	Tensile Properties of Continuous Filament Carbon and Graphite Yarns, Strands, Rovings and Tows

필라멘트 와인딩 공정으로 생산하는 제품에 대해서도 유사한 시험법을 적용할 수 있다. 그림 12.15는 필라멘트 와인딩 원 재료(Raw Materials)로 쓸 수 있는 복합재료 시험편의 제조 방법, 시험편의 형상, 실험 방법 등을 간단히 요약하여 나타낸 것이다.

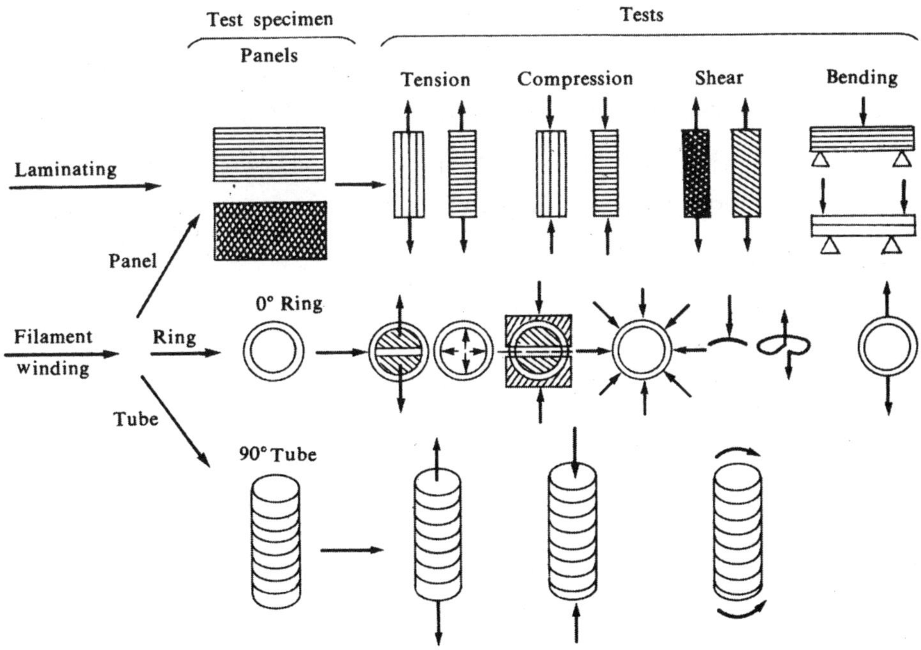

그림 12.15

필라멘트 와인딩 복합재료 시험편의 제조 방법, 시험편의 형상 및 실험 방법

표 12.2 | 필라멘트 와인딩 복합재료에 대한 표준 시험법(ASTM)

ASTM No.	Title
D 2290	Apparent Tensile Strength of Ring or Tubular Plastics and Reinforced Plastics by Split Disk Method
D 2291	Fabrication of Ring Test Specimens for Glass-Resin Composites
D 2243	Tensile Properties of Glass Fiber Standards, Yarns and Rovings Used for Reinforced Plastics
D 2344	Apparent Interlaminar Shear Strength of Parallel Fiber Reinforced Composites by Short Beam Method
D 2584	Ignition Loss of Cured Reinforced Plastics
D 2585	Preparation and Tension Testing of Filament-Wound Pressure Vessels
D 2586	Hydrostatic Compressive Strength of Glass Reinforced Plastic Cylinders
D 2924	External Pressure Resistance of Reinforced Thermosetting Resin Pipe
D 3039	Tensile Properties of Fiber-Resin Composites
D 3171	Fiber Content of Resin Matrix Composites by Matrix Digestion
D 3299	Filament-Wound Glass Fiber Reinforced Polyester Chemical-resistant Tanks
D 3379	Tensile Strength and Young's Modulus for High-Modulus Single-Filament Materials

그림 12.15에 나타낸 시험법들은 모두 ASTM(American Society for Testing and Materials)으로 표준화되어 있다. 표 12.1과 표 12.2는 필라멘트 와인딩 원 재료와 제조된 복합재료에 대한 ASTM 표준시험법을 요약한 것이다.

필라멘트 와인딩 제품 시험과 관련된 많은 시험법 중에서는 ASTM 등의 표준화가 되지 않은 것들도 있다. 그러나, 표준화되지 않은 시험법들 중에서 실제 현장에서는 더 많이 사용되는 경우도 있다. 왜냐하면, 과거부터 수행해 온 그들 나름대로의 고집이 있기 때문이다. 표 12.3은 표준화 되지 않은 필라멘트 와인딩과 관련된 시험법들을 요약한 것이다.

표 12.3 | 비 표준 필라멘트 와인딩 관련 시험법

No.	Test for	Sample Type	Data for Fixturing Necessary	Test Equipment	Comments	Reference
1	Tensile Strength Tensile Modulus	Elongated NOL* Ring 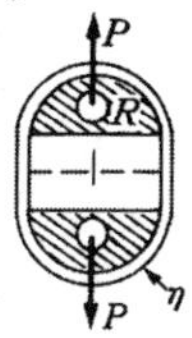	Hydraulic Pressure Necessary	Standard Tensile Machine	Test Specimen Provides a Flat Surface for Bonded on Strain Gages	6
2	Transverse Tensile Strength	Cylinder, Hoop Winding only 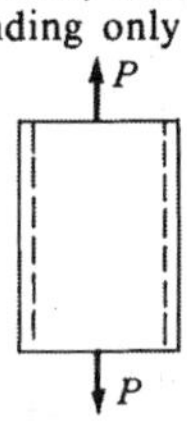	Self-Alingning End Attachments must be Bonded on	Standard Tensile Machine		7
3	Radial Compressive Ring Strength and Modulus	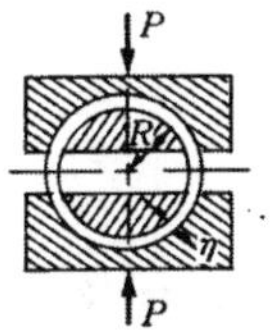	Compression Fixture	Standard Compression Machine		6
4	Radial Compressive Ring Strength	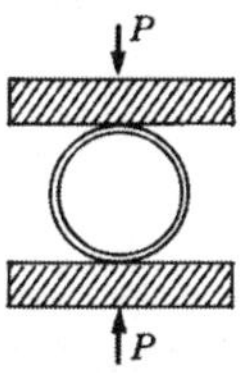	None	Standard Compression Machine	Useful for Determining E, which can be Used to Determining G with Test No. 8	10
5	Longitudinal Compression Strength, Modulus	Hoop Cylinder 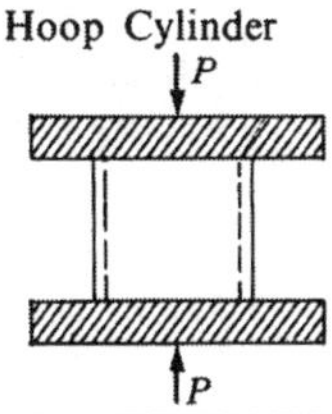	None	Standard Compression Machine		

(continued)

* NOL Ring : A Parallel filament-or type-wound hoop test specimen developed by the Naval Ordnance Laboratory

표 12.3 | 비 표준 필라멘트 와인딩 관련 시험법(계속)

No.	Test for	Sample Type	Data Fixturing Necessary	Test Equipment	Comments	Reference
6	Shear	NOL Ring 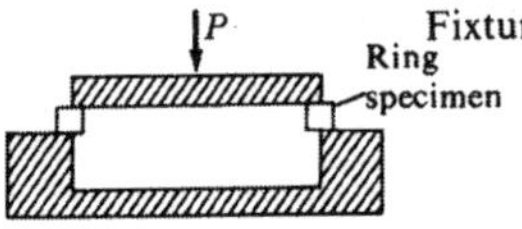	Compression Leveling Shear Fixturing Needed	Standard Compression Machine	Needs Thicker Test Specimen then for Normal NOL Ring Used for Qualitative Comparisons only.	9
7	Shear Modulus by Torsion of Cut Ring	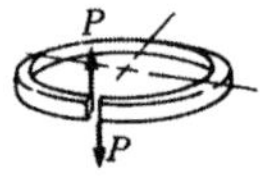 NOL Ring	U-Type Grips on Cut Edges of Specimen	Standard Tensile Machine		10
8	Shear Modulus by Bending Intact Ring	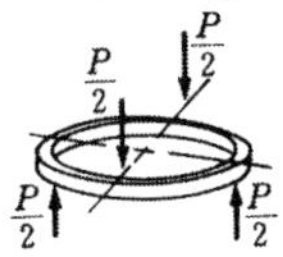	Must Know E, Two Rods, 25-mm Diam. Alignment Fixlure	Standard Compression Machine		8
9	Shear Strength, Modulus	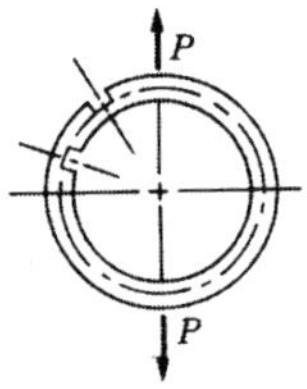	Hydraulic Pressure or Internal Pressure Fixture	Standard Tensile Machine Fixture	Has Problems Similar to ASTM D 2733	5,9
10	Shear Strength, Modulus	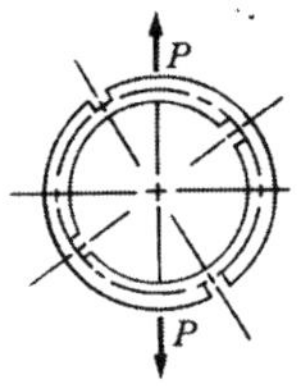	Internal Pressure Fixture	Internal Pressure Fixture	Same Problems as No. 9 above	5,11
11	Shear Strength, Modulus by Torsion of Tube	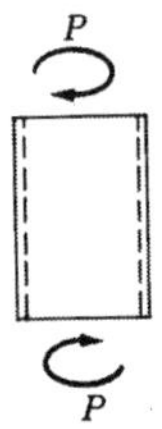	End Caps for Cylinder	Torsional Test Machine	Must Use Care in Manufacture and Measurement of ID and OD	12,13

(continued)

표 12.3 | 비 표준 필라멘트 와인딩 관련 시험법(계속)

No.	Test for	Sample Type		Data for Fixturing Necessary	Comments	Reference
12	Shear Strength by Compression of a Notched Tube	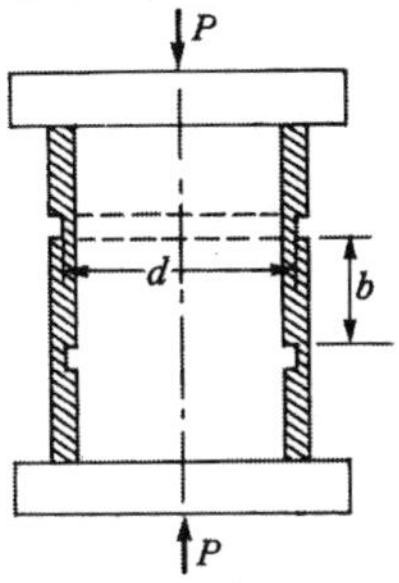	None	Standard Compression Apparatus	Difficult to Machine Grooves with Required Accuracy and to Ensure Failure in Gage Section	5
13	Bearing	Hoop Cylinder 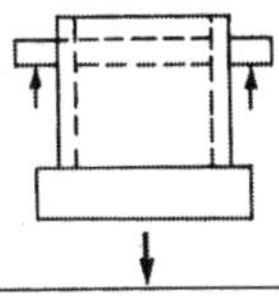	Strain Measuring Device; Fixture to Transfer Load to Pin	Standard Compression Machine		

압력용기에 대한 내압 시험도 중요한 시험 항목 중의 하나가 된다. 그런데 압력용기의 내압 시험에서는 실제 제품의 크기를 사용하지 않고서도 차원 해석 등을 통하여 실제 상황과 동일한 조건에서 실험할 수 있는 시험용 제품을 사용할 수도 있다. 그러나 통상적으로는 실제 제품에 대한 실험 자료를 더욱 신뢰하는 경향이 있다.

그림 12.16은 압력용기의 내압 시험을 위한 개념도를 나타낸 것이다.

필라멘트 와인딩 공법으로 제조된 제품에 대한 시험법은 앞에서 언급한 파괴시험 외에도 초음파나 시각 등을 이용한 비파괴 시험법도 병행하여 이루어진다. 즉, 제품의 형상이나 치수를 검사한다거나 Barcol(Barber-Colman Co.) 경도시험 등을

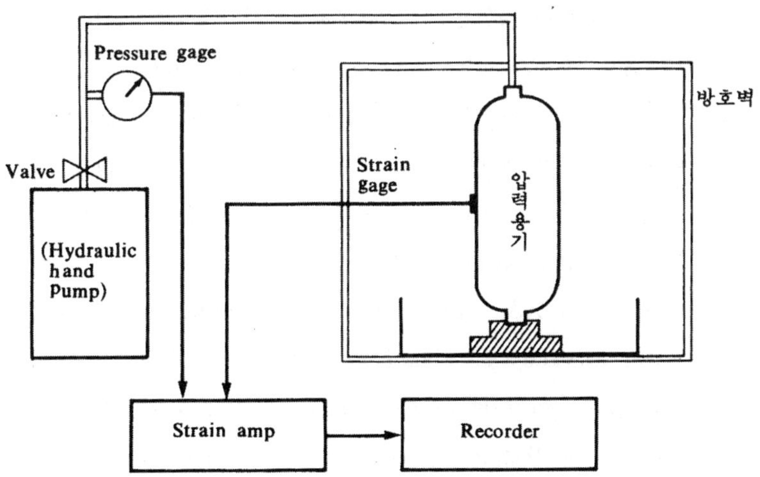

그림 12.16
압력용기 내압 시험 개념도

통하여 필라멘트 와인딩 제품의 수지 경화상태 등을 검사하는 것 등은 제품의 파괴 없이도 수행할 수 있는 중요한 검사 항목이 된다.

미래에도 계속적으로 필라멘트 와인딩 제품과 관련된 많은 시험법들이 개발되고 개선되리라고 생각한다. 이와 같은 노력은 보다 향상된 제품의 품질 검사에 도움을 줄 수 있게 될 것이다.

참고문헌

[1] P. K. Mallick and S.Newman (Eds.). *Composite Materials Technology, Process and Properties*, Hanser Publisher, Chapter 6, 1990.

[2] J. J. Reinhart (Eds), *Engineered Material Handbook Composites,* Vol. 1, ASM International, 1987, p. 506.

[3] J. J. Kroschwitz, *High Preformance Polymers and Composites,* John Wiley and Sons, Inc., 1991. pp. 128–163.

[4] R. R. Roser, M. L. Skinner, K. J. Samowitz, K. L. Kemp, and B. L. Folsom, "New Generation Computer Controlled Filament Winding," *31st International SAMPE Symposium,* April 7–10, 1986, pp. 810–821.

[5] Y. M. Tarnopolskii and T. Kincis, *Static Test Methods for Composite,* Van Nostrand Reinhold, 1985.

[6] L. L Clements, R. L. Moore and T. T. Chiao, "Elongated Ring Specimen for Tensile Properties of Filament–Wound Composites," in *Materials Review* 1975, in *Proceedings*, *of the Seventh National SAMPE Technical Conference*, Society for the Advancement if Materials and Process Engineering, 1975.

[7] R. E. Allred, H. K. Street, and R. J.Martinez, "Improvement of Transverse Composite Strengths: Test Specimen and Materials Dvelopment," *SAMPE National Symposium*, Vol. 24, Society for the Advancement of Materials and Process Engineering, 1979, pp.31.50.

[8] L. B. Greszczuk, "Application of Four–Point Ring Twist Test for Determining Shear Modulus of Filamentary Composites," in *Test Methods and Design Allowable gor Fibrous Composites*, STP 734, C. C. Chamis (Eds), American Society for Testinf and Materials, 1981, pp. 21–33.

[9] D. V. Rosato and C. S. Grove Jr., *Filament Winding: Its Development, Manufacture, Applications and Design*, Wiley-Interscience, 1964.

[10] L. B. Greszczuk, "Douglas Ring Test for Shear Modulus Determination of Isoropic and Composite Materials," in *23rd Annual Technical Conference*, Section 17, Reinforced Plastics/Composites Division, The Society of the Plastics Industry, 1968.

[11] N. Fried, "Survey of Methods of Test for Parallel Filament Reinforced Plastics," in *Symposium on Standards for Filament Wound Plastic*, STP 327, American Society for Testing and Materials, 1963.

[12] D. Purslow, "The Shear Properties of Unidirectional Carbon Fiber Reinforced Plastics and Their Experimental Determination," Current Paper 1380, Aeronautical Research, Her Majesty's Stationary Office, 1977.

[13] C. C. Chiao, R. L. Moore, and T. T. Chiao, " Measurement of Shear Properties of Fiber Composites," Part 1, Evaluation of Test Methods, Composites, Vol. 8, No. 2, 1977.

CHAPTER 13

펄트루전

13.1 입문

펄트루전은 높은 섬유함유율을 가지는 고분자 복합재료를 제조하기 위하여 사용되는 연속 공정이다. 펄트루전은 강화섬유가 주로 축방향으로 배열되며, 강화섬유가 주로 회전방향으로 놓이는 필라멘트의 와인딩과 이 점이 다르다. 따라서 축에 수직인 방향으로 특별히 섬유를 강화시키지 않으면 펄트루전으로 제조한 제품의 강성 및 강도는 섬유방향인 축방향으로 주로 나온다.

펄트루전은 초기에 고안되었을 시기에는 고정 단면을 가지는 직선 형태의 제품을 생산하는 데 주로 사용되어 왔으나, 최근에는 펄트루전 방법으로 제조하여 B 스테이지로 경화된 반제품을 사용하여 곡선형상의 제품을 생산할 수 있게 되었다. 현재 전 세계적으로 약 650대 정도의 펄트루전 장치가 있으며, 연간 100,000톤 정도의 제품을 생산하였으나, 최근에는 펄트루전을 사용하여 구조재를 생산하고 있다. ANSI(American National Standards Institute)는 펄트루전으로 생산한 유리섬유 계단과 사다리에 대한 표준을 만들었으며, ASTM(American Society for Testing and Materials)은 펄트루전에 관련된 세부 사항을 제정하였다(ASTM D 20-18. 02) [1,2]

13.2 공정

펄트루전 공정에서는 강화섬유와 첨가물(Additive)이 수지에 함침되어, 가열된 다이(Die) 내부를 통하여 당겨진다. 이 공정은 금속이 압출(Extrusion)과 비슷한데, 다른 점은 압출공정에서는 금속이 다이 내부에서 밀려나가지만 펄트루전에서는 복합재료가 외부에서 당겨진다는 점이다. 펄트루전 공정에서는 내부가 차거나(Solid) 혹은 비어 있는(Hollow) 제품을 모두 생산할 수 있으며, 연속공정 중에 적당한 길이로 잘라서 운반 및 하역이 용이하도록 한다.

펄트루전 공정은, 제조할 제품의 형상에 의하여 차이는 있으나 대개 1.5~60m/h의 연속적인 속도로 제품의 생산이 가능하다. 이 공정은 쉬지 않고 주야로 작업을 할 수 있다는 장점이 있으며, 2주에 한 번 정도 정기적인 청소를 위하여 작업을 정지한다. 펄트루전 공정은 연속 공정이기 때문에 공정에 사용할 수 있는 QC(Quality Control) 시스템에 제한을 받기도 한다. 펄트루전 공정은 다음에 설명하는 다섯 가지의 기본적인 기능을 하는 영역으로 나눌 수가 있다. 그림 13.1은 펄트루전 공정의 기본적인 기능을 보여 준다.

13.2.1 강화섬유를 공급하고 배열시키는 영역

펄트루전에 의하여 제조된 제품은 일반적으로 높은 강도를 나타내지만 모든 강화제의 위치가 잘 배열되었을 때 최대 강도를 나타낸다. 따라서 강화섬유를 잘 배열시키기 위해서는 다음과 같은 공정 장치가 필요하다.

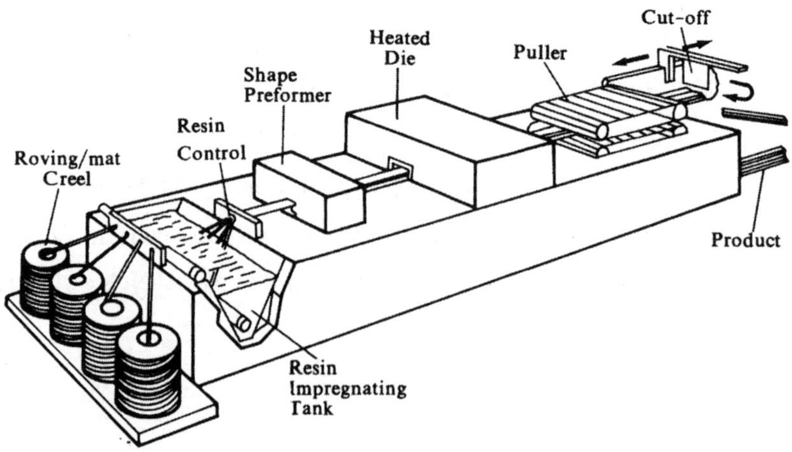

그림 13.1
펄트루전 공정의 개략도

① 길이 방향의 강화를 위한 섬유는 랙(Rack) 혹은 로빙 크릴(Roving Creel)에 감겨져 있다. 따라서 섬유는 실린더 형태로 저장되어 중심에서부터 풀려 나오거나 양단에서 풀려 나온다. 유리섬유의 경우에는 이러한 섬유 저장 장치를 도프(Doff)라고 부른다.

② 펄트루전에서 횡방향의 강화를 위한 섬유는 매트 랙(Mat Rack) 혹은 매트 크릴(Mat Creel) 형태로 저장된다. 섬유는 평판형상(Mat, Stitched Fabric, Knitted Fabric)으로 저장되어 있으며, 롤(Roll)형상으로 감겨 있다가 길이 방향의 섬유가 회전하면서 풀릴 때 함께 회전하면서 길이방향의 바깥 면에 횡방향으로 감겨진다.

③ 펄트루전 제품의 길이방향과 횡방향에 강화제를 배열시키기 위해서는 가이드 평판(Guide Plate)을 사용한다. 가이드 평판의 모양은 제품의 모양과 강화제의 종류에 따라 다른 형상으로 설계된다.

13.2.2 수지 함침 영역(Resin Impregnation Area)

강화제를 수지로 잘 함침시키는 것은 수지의 위치를 잘 배열하는 것만큼 중요하다. 강화제가 수지로 완전히 함침되지 못하면 원하는 기계적인 특성을 나타내지 못한다. 대부분의 펄트루전 공정에서의 섬유의 함침은 강화제를 충전제(Filler), 자외선 차단제(UV Inhibitor)와 경화촉매제(Catalyst) 및 다이 표면과의 마찰을 줄이는 이형제(Release Agent)가 섞여 있는 용액을 통과시켜서 수행한다. 섬유가 수지통을 통과하는 중에 수지의 함침을 효과적으로 이루기 위해서, 수지통 속에 브레이크 막대기(Break Bar)라고 불리는 구조를 설치하여, 섬유의 진행 방향을 바꾸어서 수지의 함침을 촉진시킨다. 브레이크 막대기는 섬유를 약간 흩어지게 하여 수지가 섬유 내부로 잘 흡수되도록 하는 데 기여한다. 어떤 경우는 수지통을 가열하여 수지의 점도를 낮춤으로써 수지의 함침을 촉진시키기도 하지만 이러한 가열은 낮은 온도에서 작동하는 경화 촉매에 문제를 발생시킬 수 있다.

어떤 펄트루전 기계는 밀폐된 수지통 내부에 수지를 사출하거나, 섬유가 다이를 통과하는 중에 다이 내부에 수지를 사출하여 함침시키기도 한다.

섬유가 수지통을 통과한 후에는 함침된 강화제의 윗면과 아랫면에 표면 처리용 재료(Surfacing Material)가 때때로 첨가된다.

13.2.3 예비 성형(Preforming) 영역

예비 성형 장치(Preformer)는 함침된 강화제를 펄트루전될 제품의 모양에 가깝도록 점진적으로 변형시키기 위한 가이드 장치이다. 이 장치는 매우 간단한 것부터 복잡하고 길이가 0.6~1.2m(2~4ft)나 되는 것도 있다. 예비 성형 장치는 다음과 같은 이유로 사용된다.

① 수지통을 나오는 함침된 강화섬유는 편평하므로 다이에 들어가기 전에 일차 변형을 시켜야만 한다.

② 예비 성형 장치를 통과한 섬유는 경화 시에 발생하는 과중한 경화 잔류 응력을 감소시킬 수 있다.

③ 강화섬유에 섞여 있는 과잉수지(Excess Resin)를 제거할 수 있다.

13.2.4 경화 영역

펄트루전 공정이 다른 공정과 비교하여 특이한 점은 경화가 다이 내에서 연속적으로 일어난다는 것이다. 다이의 길이는 일반적으로 30~150cm(12~60in) 정도가 되나, 이 길이는 더 크게 또는 작게 할 수 있다. 다이는 전기나 가열된 기름을 사용하여 가열하며, 다이 내에는 1~4개의 가열 영역이 존재한다. 가열 영역의 개수는 사용할 수지, 재료의 경화 속도 및 다이의 길이에 의해 결정된다. 제품의 성능을 향상시키기 위하여 다이 내에 열전대(Thermocouple)를 정확한 위치에 장착하고 온도 제어를 하는 것이 필요하다. 최고 온도를 잘 제어하기 위해서는 강화섬유와 수지의 함량을 일정하게 하여야만 한다.

펄트루전에 사용되는 당김 장치는 그림 13.2에 있는 것과 같이 왕복 당김 장치(a)와 캐터필러(Caterpiller)당김 장치(b) 등 크게 두 가지로 나눌 수가 있다.

왕복 당김 장치는 펄트루전 방향으로 움직인 후 후퇴하는 두 개의 당김 블록을 가지고 있어서 한 개의 블록이 제품을 당기면 다른 블록은 후퇴하여 다음 번에 당길 준비를 하고 있다. 당김 블록은 자동으로 개폐시킬 수 있는 기계적인 체결 장치를 가지고 있어서 제품을 당길 때 복합재료에 일정한 체결력을 가할 수가 있다.

캐터필러형 당김 장치는 그림 13.2(b)와 같이 윗면과 아랫면에 있는 두 개의 트랙을 두 개의 체인에 부착시켜서 서로 반대방향으로 회전시켜서 제품을 잡아당긴다.

(a)

(b)

그림 13.2

펄트루전에서 사용되는 당김장치 (a) 왕복 당김 장치 (b) 캐터필러 당김 장치

두 개의 트랙의 간격은 변화시킬 수 있으며, 이 트랙의 간격에 따라 제품의 크기나 체결력을 변화시킬 수 있다.

두 시스템 모두 당김 속도나 체결력을 변화시킬 수 있으나 캐터필러 시스템은 일반적으로 좀 더 높은 체결력을 발생시키므로 복잡하고 얇은 모양을 생산할 경우에는 문제를 발생시킬 수도 있다.

모든 펄트루전 장치는 당김 장치를 빠져 나온 제품을 작은 길이로 자르는 장치를 가지고 있다. 간단한 경우에는 원형의 수공구로 자를 수 있으나, 복잡한 경우에는 다이아몬드 공구를 사용하여 자동으로 자르는 장치를 가지고 있다.

내부가 비어 있는 형상을 위해서는 다이 내부에 맨드럴을 외팔보(Cantilever)의 형태로 집어 넣어야만 한다. 맨드럴에 걸리는 힘을 줄여 외팔보의 변형을 줄이기 위하여 맨드럴은 최소한의 길이로 하여야만 한다. 맨드럴의 길이는 복합재료가 경화를 시작하는 직전에서 끝나는 것이 좋다.

내부에 코어(Core)가 있는 제품을 생산하기 위해서는 맨드럴 대신에 코어 물질을 넣으면 된다. 코어로 사용될 수 있는 재료는 열 가소성수지, 나무, 폼(Foam)과 금속 등이 사용될 수 있다. 코어는 얇은 제품에 강성을 제공하며 열의 차단제 역할도 수행한다. 그러나, 다이 내부의 온도가 135~195℃(300~400°F)까지 쉽게 올라가므로 사용될 수지의 선정에 주의하여야만 한다.

13.3 이론적 해석

앞 절에서 소개된 펄트루전 공정의 다섯 가지 세부 영역 중 경화 영역은 제품의 경화가 일어나며 품질을 좌우하는 가장 중요한 영역이다. 이 영역에 대한 이론적 해석은 크게 다이 내의 온도 분포 및 경화 정도를 해석하는 것[3, 4]과 다이 내의 압력 분포 및 점도 변화로부터 인발력(Pulling Force)을 결정하는 것[5]으로 나눌 수 있다.

위의 두 가지 해석에 대한 이론적 배경은 아래와 같다.

13.3.1 다이 내의 온도분포 및 경화도 해석

다이 내부에서 복합재료에 대한 에너지 방정식은 일반적으로 다음과 같이 주어진다.

$$\rho_c C_c V_z \frac{\partial T}{\partial z} = \nabla \bullet (\nabla (K_c T)) + \Delta H_U R_A \qquad \textbf{(13.1)}$$

위 식 (13.1)에서 좌변은 다이 내부에서 복합재료 자체의 온도 변화율을 나타낸다. 또한 우변은 열전도(Heat Conduction)항과 발열반응항의 합으로 되어 있다. 여기서, ρ_c는 복합재료의 밀도이고, C_c는 복합재료의 비열, V_z는 당기는 속도(Pulling Velocity), K_c는 복합재료의 열전도도, ΔH_U는 단위 질량당 총 반응열이다. 여기서 반응속도 R_A는 제 10장의 식 (10.3) 및 (10.4)에서 소개된 경험적 모델을 사용할 수 있다.

$$R_A = \frac{d\alpha}{dt} = k(1-\alpha)^n \tag{13.2}$$

혹은

$$R_A = \frac{d\alpha}{dt} = (k_1 + k_2\alpha^m)(1-\alpha)^n \tag{13.3}$$

여기서, 상수 k_1, k_2는 아래와 같은 온도의 함수로 표현된다.

$$k_1 = k_1(T) = A_1 \exp(-E_1 / RT) \tag{13.4}$$

$$k_2 = k_2(T) = A_2 \exp(-E_2 / RT) \tag{13.5}$$

이때 복합재료의 밀도(ρ_c), 비열(C_c), 열전도도(K_c)는 다음과 같이 섬유부피분율(V_f)과 수지 부피분율(V_r)의 함수로 나타낼 수 있다.

$$\rho_c = V_f\rho_f + V_r\rho_r \tag{13.6}$$

$$C_c = \frac{V_f\rho_f}{V_f\rho_f + V_r\rho_r}C_f + \frac{V_r\rho_r}{V_f\rho_f + V_r\rho_r}C_r \tag{13.7}$$

$$\frac{K_c}{K_m} = \left(1 - 2\sqrt{\frac{V_f}{\pi}}\right) + \frac{1}{B}\left\{\pi - \frac{4}{\sqrt{1 - B^2\frac{V_f}{\pi}}}\tan^{-1}\frac{\sqrt{1-\frac{B^2V_f}{\pi}}}{1 + B\sqrt{\frac{V_f}{\pi}}}\right\} \tag{13.8}$$

$$\Delta H_U = \rho_r H_R \tag{13.9}$$

여기서, 하첨자 r 은 수지, f 는 섬유를 나타낸다. 또한 H_R 은 다이 내부 수지의 단위 체적당 총 발열량을 나타내며 $B = 2(K_r / K_f - 1)$을 나타낸다.

위 식 (13.1)의 지배방정식에서 다이의 단면모양이 원형이라고 가정하여 원통형 좌표계를 적용하면, 지배방정식은 다음과 같이 표현될 수 있다.

$$\rho_c C_c V_z \frac{\partial T}{\partial z} = \frac{1}{r}\frac{\partial}{\partial r}\left[r\left[K_c \frac{\partial T}{\partial r}\right]\right] + \quad + \Delta H_U R_A(T) \tag{13.10}$$

위 식 (13.10)에 대한 경계조건(Boundary Condition)은 다음과 같다.

$$\left.\frac{dT}{dr}\right|_{r=0} = 0 \tag{13.11}$$

$$K_c \left.\frac{dT}{dr}\right|_{r=R_0} = h(T - T_w) \tag{13.12}$$

여기서 T_w는 다이 벽면의 온도이다. 식 (13.11) 및 (13.12)의 경계조건(Boundary Condition)을 이용하여 식 (13.10)의 지배방정식을 유한요소법 혹은 유한차분법 등의 수치해석적인 기법을 도입하면, 다이 내부에서의 온도 분포 및 경화도를 구할 수 있다. 그림 13.3은 다이 내의 온도 분포 및 경화도 해석 결과의 한 예를 나타낸 그림이다. 그림에서 볼 수 있듯이 다이 중심 부위의 온도가 가장 높다. 그 이유는 수지의 발열반응으로 인해 발생된 열이 복합재료의 낮은 열전달계수 때문에 금형 표면부로 원활히 전달되지 못했기 때문이다.

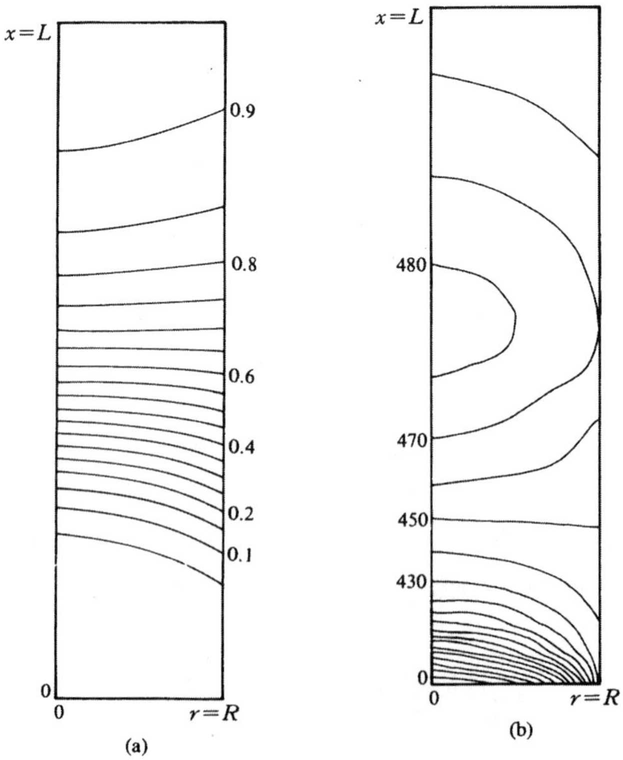

그림 13.3
원형 다이 내의 온도분포 및 경화도 해석 (a) 경화도, (b) 온도 분포

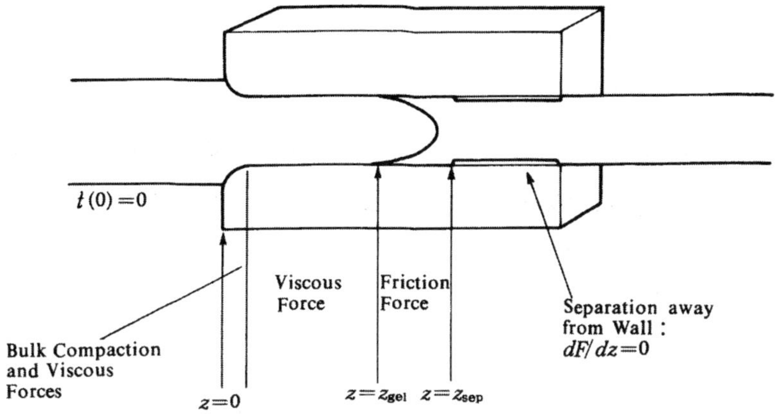

그림 13.4
다이 내에 작용하는 힘의 성분

13.3.2 인발력 해석

펄트루전 공정에서 인발력(Pulling Force)은 실험과 해석을 통하여 여러 연구자들에 의해 많은 연구가 이루어져 왔다. 본 절에서는 인발력을 계산하는 데 필요한 일반적인 힘의 성분들에 대하여 기술한다. 그림 13.4는 다이 축방향 단면도로서 각 구간별로 작용하는 힘의 성분이 표시되어 있다. 다이에 작용하는 힘은 점성력(Viscous Force), 압착력(Bulk Compaction Force), 마찰력(Friction Force) 등으로 크게 나눌 수 있다. 점성력은 복합재료의 수지가 다이 내에서 고체화되기 전까지 작용하는 힘으로 수지의 점성 및 두께에 따라 좌우되는 값이다.

압착력은 다이의 단면적이 줄어드는 다이 입구의 안내부에서 작용하는 힘으로 수지의 압력과 섬유의 탄성 변형에 기인한다. 위에 설명한 점성력과 압착력은 복합재료의 수지가 고체화되기 전까지 작용하는 힘으로 다음과 같이 표현할 수 있다.

구간 $z < z_{gel}$ 에서

$$\frac{1}{2\pi R(z)}\frac{dF}{dz} = \frac{\mu V_z}{\varepsilon(z)} + (p + \sigma\cos\phi)\sin\phi \tag{13.13}$$

여기서 F는 인발력이고, V_z는 인발속도, $\varepsilon(z)$는 수지층의 두께, ϕ는 다이 접선면의 각도, p는 수지의 압력, σ는 식 (10.23)의 섬유를 변형시키는 데 필요한 응력이다. 복합재료 내의 수지가 고체화된 후에는 마찰력이 힘의 주성분으로 되므로 다음과 같이 표현할 수 있다.

구간 $z_{gel} < z < z_{sep}$ 에서

$$\frac{1}{2\pi R(z)}\frac{dF}{dz} = (p+\sigma)\mu_f \tag{13.14}$$

여기서 μ_f는 다이벽면과 복합재료의 마찰계수이다. 경화된 복합재료는 분리점을 지나면 다이로부터 분리되는데, 이때 아무런 힘이 작용하지 않으므로 다음과 같이 표현될 수 있다.

구간 $z > z_{sep}$ 에서

$$\frac{dF}{dz} = 0 \tag{13.15}$$

위 식 (13.13) 및 (13.14)에서 복합재료 수지의 점성은 온도의 함수이므로 앞 절에서 구한 온도 분포를 이용하여야 한다. 또한 복합재료 수지의 압력 분포를 구하기 위하여 여러 연구자들에 의해 다양한 모델들이 제시되어 있으므로, 이를 이용하여 펄트루전 공정에서 필요로 하는 인발력을 구할 수 있다.

참고문헌

[1] P. K. Mallick and S. Newman(Eds), *Composite Materials Technology, Process and Properties*, Hanser Publishers, Chapter 6, 1990.

[2] T. J. Reinhart(Eds.), *Enginnered Materials Handbook*, *Composite*, ASM International, pp. 553–543, 1987.

[3] J. P. Fanucci, S. Nolet and S. Macarthy, "Pultrusion of Composites," in *Advanced Composites Manudacturing*(T. G. Gutowski Eds.), John Wiley and Sons, Inc., pp. 259–295, 1997.

[4] C. D. Han and D. S. Lee, "Development of a Mathematical Model for the Pultrusion Process", Polymer Engineering and Science, Vol. 26, No. 6, pp 393–404, 1986.

[5] L. B. Gibson and W. M. Christopher, "A Computer Analysis of Temperature and Pressure Distribution in a Pultrusion Die", 42nd Annual Conference, Composite Institute, the Society of the Plastics Inc., February 2–6, Session 12–B, 1987.

CHAPTER 14

RTM

14.1 입문

고성능의 복합재료는 군사용이나 우주 항공용에 사용되어 왔으나, 최근에는 상업용의 제품을 만드는 데에도 사용되고 있다. 군사용이나 우주 항공용의 제품을 만들기 위한 복합재료의 종류와 설계 데이터 등의 자료는 현재 많이 축적되어 있는 상태이다. 이 중에서 스포츠 상품과 같은 고가 및 고성능의 제품은 우주 항공용 제품을 생산할 때 사용되는 프리프레그 적층 및 필라멘트 와인딩과 같은 방법이 제한적으로 사용되고 있다. 이 외에도 보트(Boat)와 같은 저가, 저성능의 상품을 만들기 위하여 압축성형(Compression Molding)이나 Spray-up과 같은 방법이 사용되고 있다.

복합재료의 좋은 성질을 활용하기 위해서 선정된 제조방법은 원하는 위치에 이방성 성질을 갖는 대형의 복잡한 3차원 구조물 제조가 가능하도록 해야만 한다. 또한 여러 부품으로 이루어진 제품을 신뢰성이 있으며 복제성(Reproducible)이 있는 한 개의 제품으로 제조 가능하게 하여야만 한다.

RTM은 대형의 복잡한 상업용 제품을 낮은 생산비용으로 제조할 수 있으며, 궁극적으로는 고정밀도의 적층성형 방법의 품질을 목표로 하고 있다[1].

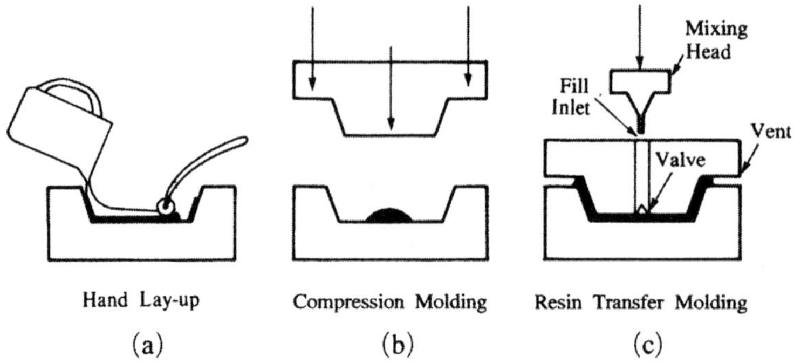

그림 14.1
(a) Hand Lay-up 공정,
(b) Compression 공정,
(c) RTM 공정

14.2 공정의 정의

RTM(Resin Transfer Molding)은 작은 물체에서부터 큰 물체까지 생산할 수 있는 방법으로 그림 14.1은 기본적인 공정을 Hand Lay-up 및 Compression Molding과 비교하고 있다.

가장 먼저, 프리폼(Preform)이라고 불리는 원하는 모양의 제품의 형상과 비슷하게 재단이 되거나 형체를 갖춘 강화제(Reinforcement)가 금형 내부에 놓이게 된다. 금형을 닫고 밀폐를 확실하게 하기 위하여 프리폼은 금형의 밀폐(Seal 혹은 Pinch-off) 영역을 넘어가지 않도록 하여야만 한다. 금형이 닫히고 체결(Clamp)된 후 수지가 금형의 통기(Vent)구로부터 흘러나오기 시작할 때 수지의 유동이 정지되고 수지의 경화가 시작된다. 제품을 금형에서 꺼낼 수 있을 정도로 경화시키는 데에는 수지의 종류에 따라 수분에서 수시간이 걸리며, 금형에서 꺼낸 제품은 수지의 반응을 완전하게 하기 위하여 후경화(Postcure)를 시킬 수도 있다.

RTM과 매우 유사한 공정이 SRIM(Structural Reaction Injection Molding)이며, 그림 14.2에 SRIM 공정을 보여 준다. SRIM 공정의 프리폼과 금형은 RTM 공정과 비슷하나 금형 이형제(Mold Release)와 강화제의 크기와 방향 등을 SRIM 수지의 특성에 맞도록 변화시켜야만 한다. 금형이 닫히면 수지는 매우 빨리 금형 내부로 주입되어 수초 내에 경화가 완료된다. SRIM 공정의 경화는 수지가 강화제 사이를 흐르는 동안에 일어나므로 수지의 함침과 공기의 배출은 매우 빨리 일어나야만 한다. 수지가 제품의 맨 끝에 도달할 때에는 수지의 점성이 매우 높아져서 금형의 통기구로 수지가 빠져 나갈 수가 없다. 따라서 SRIM 공정에서는 과다 수지 배출이 거의 없으며, 또한 후경화를 거의 필요로 하지 않는다.

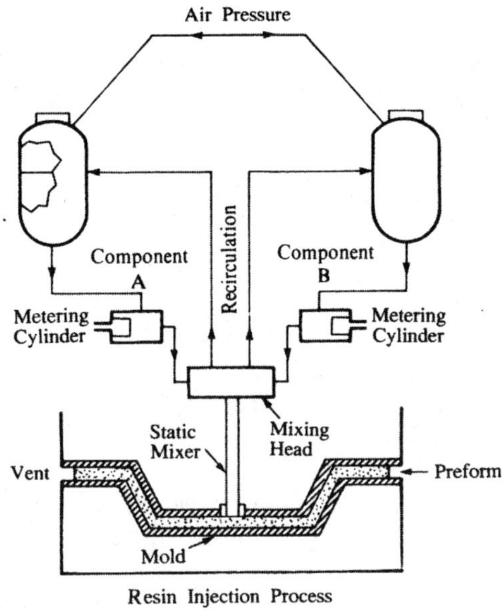

그림 14.2
SRIM(Structural Reaction Injection Molding) 공정

RTM에서 사용되는 수지의 점성은 상온에서 100~1,000cP이고, 수지는 일반적으로 두 가지 성분으로 되어 있으며 100:1의 조성비를 갖는다. 수지의 두 성분은 일반적인 믹서를 사용하여 낮은 압력에서 혼합시킬 수가 있다.

SRIM에서 사용되는 수지의 점성은 상온에서 10~100cP이고, RTM 수지에 비하여 매우 반응성이 높으므로, 수지가 금형에 들어가기 전에 빠른 속도로 완전혼합을 시키기 위하여 고속고압의 충동 혼합(Impingement Mixing)을 필요로 한다. 수지는 충돌 혼합에 적당하도록 일반적으로 1:1의 혼합비를 가지고 있다. RTM과 SRIM의 프리폼은 여러 가지 점에서 유사하나, SRIM 시스템의 프리폼을 설계할 때에는 수지의 빠른 반응성을 고려하여야만 한다. SRIM 금형 내로 수지가 주입되면, 수지의 점성이 급격히 증가하여, 프리폼의 강화제 사이로 수지를 주입시키기가 힘들게 된다. 따라서 SRIM의 강화제 함량은 낮추고 수지의 유동을 원활하게 하기 위하여 수지의 유동 방향으로 강화제를 일부 놓아야만 한다. 따라서 SRIM에서 수지의 유동은 RTM보다 프리폼의 구조에 매우 민감하다. 그러나 SRIM에서의 통기구는 수지의 빠른 경화 때문에 매우 정교한 밀폐 방법을 요구하지 않는다.

그 밖의 점에서는 두 개의 시스템이 매우 유사하다. 즉, RTM 시스템이 빠른 경화를 위하여 개발되고 있으며, SRIM이 긴 수지의 충전 시간을 갖도록 경화 시간을 늘리고 있기 때문에 두 시스템은 하나의 공정으로 접근하고 있다. 그림 14.3은 자동차의 부품을 생산할 수 있는 HSRTM(High Speed Resin Transfer Molding) 공정

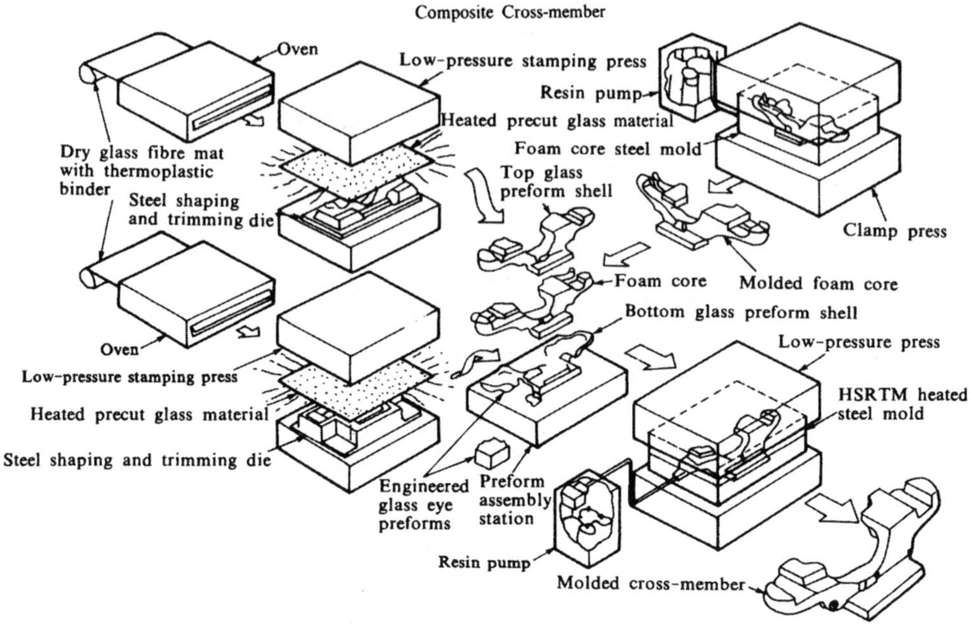

그림 14.3
HSRTM(High Speed Resin Transfer Molding) 공정

을 보여 주고 있다. 유리섬유가 강화된 평판 모양의 재료는 3차원 형상의 프리폼 쉘(Shell) 형상으로 스탬핑(Stamping)된 후에 성형된 폼코어(Foam Core) 위에 장착된다. 높은 응력을 받는 부분에는 고성능의 프리폼을 부분적으로 부가한 후, 수지의 사출을 위하여 조립된 프리폼을 가열된 금속 강철 금형으로 옮긴다. 프리폼 설계와 통기구 문제가 고려되었으면 이 경우 RIM이나 혹은 RTM 수지를 선정하는 것은 최초 제품의 성능 및 가격에 의해서 결정될 문제이다. 그림 14.3의 HSRTM은 액상성형(Liquid Molding)의 통합 방법을 개발하기 위한 최근의 산업체의 경향을 보여 준다.

14.3 RTM 공정의 특성

RTM 공정으로 제조하지 못하는 제품의 크기나 형상은 거의 없으나, RTM 공정을 사용하여 효과적인 가격으로 생산할 수 없는 부품은 많이 있다. 산업현장에서 선정된 공정은 사용자에게 고유한 성능과 특성을 제공할 수 있어야만 한다[2, 3, 4]. 그렇지 못하면 다른 공정이 가격면에서 더욱 효과적일 수가 있다.

RTM의 가장 큰 이점은 제작 가능한 제품의 크기에 있다. RTM 공정은 낮은 압력을 사용하기 때문에 큰 단면적을 갖는 제품을 쉽게 만들 수 있다. 사이클 시간이 중요하지 않은 경우에는 0.068MPa(10psi) 정도의 압력도 사용할 수 있으며, VARI (Vacuum Assisted Resin Injection) 공정인 경우에, 성형 사이클 전체 공정에서 금형 내의 압력을 대기압 이하로 내릴 수 있다. 이렇게 낮은 압력 때문에, RTM 공정은 최소의 금형 체결력만을 필요로 한다. 그러나 압축 성형(Compression Molding) 공정과 같은 복합재료 제조 공정은 표면의 좋은 조도와 기계적 성질을 얻기 위하여 13.8MPa(2,000psi) 정도의 압력을 필요로 한다.

넓은 단면적의 제품을 생산할 수 있다는 장점 외에도 RTM 공정은 경화 전에 매우 낮은 점도의 액체가 금형 내에 존재하므로 함침이 향상되고, 기공이 최소화되므로 깊은 부분이나 최소한의 경사(Draft 혹은 Taper)를 갖는 제품을 생산할 수 있다. 다른 성형 방법인 열경화성(Thermosetting) 수지의 압축 성형 공정이나, 열가소성(Thermoplastic)수지의 압축 성형 공정은 압밀(Consolidation)에 요구되는 압력 때문에 성형할 수 있는 깊이에 제한이 있다.

RTM으로는 커다란 크기의 제품을 성형할 수 있다는 장점이 있지만 복잡한 모양의 제품을 만드는 데는 제한이 있다. 다른 성형 방법은 수지와 강화제가 함께 섞여 금형 내부를 흐르지만, RTM 공정에서는 수지를 금형 내로 주입하기 전에 강화제를 먼저 금형 내에 위치시킨다. 강화제를 미리 금형 내에 위치시키면 제품에 좋은 기계적 성질을 주며 유동에 의한(Flow-induced) 성질의 변화를 방지할 수는 있으나, 리브(Rib)와 보스(Boss) 등을 금형 내에 미리 넣어 성형하는 것을 매우 어렵게 한다. 즉, 구멍이나 그루브(Groove) 같은 작은 형상들은 다른 공정에 의해서 더 잘 구현된다.

그러나 RTM은 이와 같은 단점을 보완할 수 있는 다른 장점들도 가지고 있다. RTM은 3차원의 물체를 한 개로 사용할 수 있게 한다. RTM에서는 낮은 압력을 사용하기 때문에 64-96kg/㎥(4-6lb/ft^3) 정도의 밀도를 갖는 폼도 많은 변형을 수반하지 않고 사용될 수가 있다. 다른 성형 공정을 사용하면 성형 중에 발생하는 변형을 방지하기 위하여 더 높은 밀도의 폼을 사용하여야 하며, 그로 인하여 구조의 무게를 증가시킨다.

또한 RTM 공정은 다른 제조 방법으로는 한 개로 제조할 수 없는 제품을 제조할 경우에 사용할 수 있다. 포드 자동차는 45개의 스탬핑한 강판으로 이루어진 자동차의 앞부분 구조(Front Structure)를 한 개의 RTM 공정으로 성형하였다. 이렇게 제조된 부품은 무게가 30% 가벼울 뿐만 아니라 충돌 성능 및 내구성이 향상되는 것으로 나타났다.

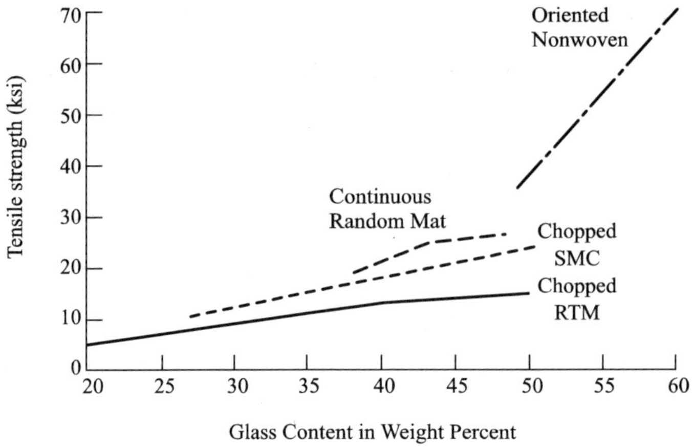

그림 14.5
무작위(Random)의 유리 섬유가 강화된 복합재료의 인장강도

하중을 받는 부분의 구조를 접합(Jointing)하는 것은 복합재료를 이용한 구조 설계 및 제조의 중요한 분야이다. RTM 구조에서는 프리폼을 만들 때 접합 부분을 미리 집어넣는 것이 바람직하며, 응력(Stress)을 잘 분산시키기 위해서는 접합 부분과 전체 구조를 매끄럽게 잘 연결하여야만 한다.

14.4 RTM용 재료

여러 가지의 재료가 RTM에 사용될 수 있으나, RTM용 수지는 금형을 완전히 채울 수 있어야 하고, 강화제를 완전히 함침시켜야 하며, 경화나 응고가 되었을 경우에 원하는 물리적 성질을 나타내야만 한다.

높은 성능의 제품을 생산하기 위해서 점성이 있는 에폭시 수지를 긴 사이클을 통하여 사용할 수 있다. 그러나, 생산성을 향상시키기 위해 짧은 사이클이 요구될 때에는 낮은 점성의 비닐에스터(Vinylester)나 우레탄 계통의 RTM 수지를 금형에 매우 빨리 주입시켜서 사용할 수 있다. 이 외에도 폴리카보네이트(Polycarbonate)와 나일론 같은 열가소성 수지는 가까운 장래에 사용될 것으로 기대된다.

강화제(Reinforcement)로는 유리섬유(E-glass와 S2-glass), 아라미드 및 탄소섬유 등이 많이 사용된다. 폴리에스터와 같은 합성섬유도 필요에 따라 사용될 수 있으며, 구조의 일부분을 강화시키기 위해 금속을 사용하기도 한다. 그러나 금속을 사용할 경우에는 프리폼에 삽입하기 전에 수분이나 다른 환경에 의하여 부식이 안 되는 재료를 사용하거나 부식을 방지하기 위한 코팅을 하여야만 한다.

강화제는 요구되는 형상의 프리폼으로 쉽게 제조될 수 있어야 하며 프리폼을 만

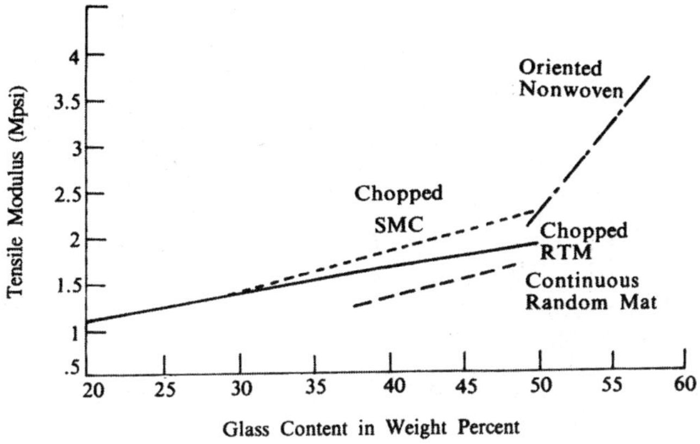

그림 14.6

무작위(Random)의 유리섬유가 강화된 복합재료의 인장탄성계수

드는 비용은 어디에 응용하느냐에 따라 다르다. 우주 항공용과 같이 생산량이 작은 경우에는 절단-재봉(Cut-and-sew) 방법을 사용한다. 절단-재봉-프리폼의 단면은 주로 패브릭(Fabric)으로 이루어지며, FEM 등을 이용한 해석 결과에 따라 요구되는 넓이로 재단되고, 꿰매어진다.

대량생산을 할 경우에는 스탬핑(Stamping)과 같은 빠른 방법을 사용하여 프리폼을 만든다. 스탬핑에 사용되는 재료로는 긴 유리섬유에 무작위(Random)의 짧은 유리섬유가 강화된 매트(Mat)를 주로 사용한다. 스탬핑을 한 후에 매트의 형상을 유지시키기 위해서는 열경화성이나 열가소성의 바인더(Binder) 시스템을 사용할 수 있으며, 바인더의 무게는 대략 전체 구조의 4~8%를 차지한다. 그림 14.5 및 그림 14.6은 이렇게 제조한 재료의 인장강도(Tensile Strength)와 인장탄성계수(Tensile Modulus)를 나타낸다. 위의 두 그림에서 보는 바와 같이 유리섬유 강화 매트를 프리폼으로 사용하는 경우는 낮은 강도와 강성일 경우에 한한다. 그리고 유리섬유의

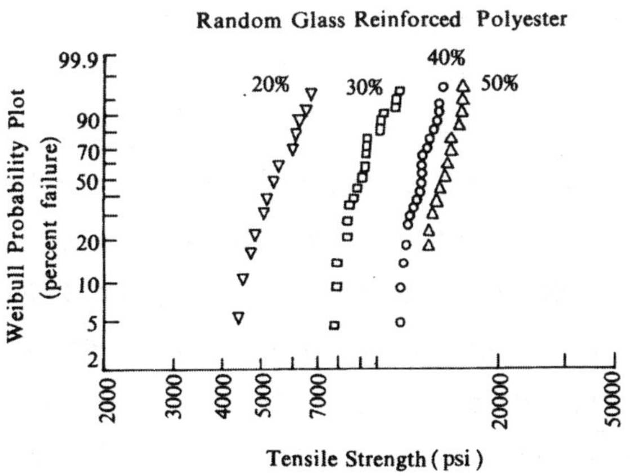

그림 14.7

무작위(Random)의 유리섬유가 강화된 복합재료의 Weibull 파괴 확률

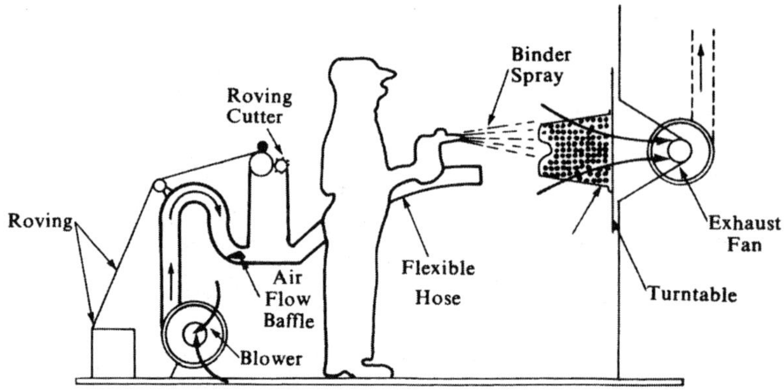

그림 14.8
분사하여 프리폼을 만드는 방법

양이 무게로 50% 이상일 경우, 섬유의 양의 증가에 비하여 물리적 성질의 증가가 낮으므로, 섬유의 양은 50% 정도가 적당한 것을 알 수 있다. 그림 14.7은 강도 데이터를 Weibull 분포로 나타낸 것으로, 유리섬유의 함량이 50% 이상 증가하면 강도의 증가가 둔화되는 것을 알 수가 있다. 이러한 경향은 유리섬유의 함량이 높으면 프리폼을 만드는 과정과 금형의 압축과정에서 유리섬유에 손상이 발생하기 때문인 것으로 추측된다.

무작위의 매트를 스탬핑하여 프리폼을 제작하는 방법은 커다란 구조를 쉽게 만들 수 있다는 장점이 있으나, 이렇게 제조한 재료의 강도와 강성의 값이 크지 않기 때문에 알루미늄이나 강철로 된 재료의 가격과 성능면에서 경쟁을 하려면, 강화섬유의 방향을 원하는 방향으로 정렬시키거나, 탄소섬유나 케블라 섬유 같은 성능이 우수한 강화제를 사용하여 원하는 부위의 성능을 강화시켜야만 한다. 이러한 고성능의 섬유나 일방향의 섬유를 무작위의 매트 위에 국부적으로 첨가하여 만든 샌드위치 형상의 재료를 스탬핑하여 성능이 우수한 프리폼을 만들 수 있다.

강화제를 분사(Spray)시키는 방법으로도 프리폼을 만들 수 있으며, 그림 14.8은 원하는 프리폼 모양에 구멍이 뚫린 스크린을 놓고 작은 길이로 자른 강화제를 분산시키는 것을 보여 준다. 스크린은 회전시킬 수도 있고, 스크린 뒷면에 진공을 가하여 섬유가 스크린에 충돌한 위치에 머물도록 하며, 진공을 가하지 않을 경우에는 섬유가 움직이지 않도록 바인더도 함께 분사된다. 공기는 강화제가 절단되는 곳을 통하여 분사되며, 이 경우 섬유는 무작위로 분산되어 스크린에 도달한다.

강화제의 두께가 얻어지면 섬유의 절단 장치(Chopping System)를 정지시킨 후, 프리폼과 스크린을 가열 오븐(Baking Oven)으로 옮겨서 바인더를 경화시켜 프리폼을 단단하게 만든다. 단단해진 프리폼은 식힌 후에 스크린에서 빼낸 후, 다듬질이 필요하면 다듬질을 한다. 분사하여 프리폼을 만드는 방법은 생산성이 아주 높아서 큰 프리폼을 1분에 1개씩 만들었다는 보고가 있다.

미래의 프리폼 시스템은 매우 높은 정도의 자동화가 이루어질 것으로 추측된다. 즉, 컴퓨터를 이용하여 실을 땋고(Computerized Braiding), 필라멘트 와인딩(Filament Winding)을 수행하며, 3차원의 스크린에 강화제를 분산시키는 방법이 이용될 것이다.

RTM 프리폼에는 폼코어(Foam Core)를 사용할 수 있다는 장점이 있다. 다른 공정에서는 일반적으로 폼코어를 사용할 수가 없기 때문에 3차원 구조물을 조인트나 이음매(Seam) 없이 제조할 수 있다는 것이 RTM의 큰 장점이다. 그러나 폼코어는 수지에 의하여 가해지는 성형 압력을 큰 변형 없이 지탱할 수 있어야만 한다. 폼코어가 변형을 하면 많은 수지가 변형 부분으로 흘러 들어가기 때문에 제조 비용과 무게가 동시에 상승한다. 사용된 폼코어는 성형온도와 사용온도에서 안정성이 있어야만 한다.

불안정한 폼코어는 가열된 금형 내에서 팽창하여 프리폼을 압축하고, 이는 수지의 유동을 제한한다. 구조의 표면 두께가 매우 얇고 폼의 부피가 매우 큰 경우에는 구조물과 폼코어 사이의 열팽창계수의 차를 고려하여야 할 경우도 있다.

일반적으로 폼코어는 구조재의 역할을 하지 않으나, 코어가 구조재로 사용될 경우에는 적당한 전단 강도와 접촉면(Interfacial)의 강도가 유지되는 재료이어야만 한다. 이 경우에 구조와 코어 사이에 발생하는 장기간의 환경 및 피로에 의한 성능 저하는 매우 중요한 문제이다.

14.5 RTM 장치

14.5.1 금형

RTM의 장점은 제품을 생산하는 금형의 제조가 용이하다는 것이다. RTM에 사용되는 수지의 압력은 낮으며, 때로는 대기압보다도 낮은 압력에서 사용되기 때문에 금형의 설계가 용이하고 비용도 저렴하다. 압력이 낮기 때문에 저가의 에폭시(Epoxy) 금형을 사용할 수 있고, 실제로 생산량이 많지 않은 경우에 RTM 금형의 대부분은 에폭시로 제조되며, 에폭시 금형을 이용한 제품의 최대 생산량은 수천 개이다. 제품의 형상이 복잡해지면 프리폼을 장착하는 과정에서 발생하는 금형의 마모와 손상 때문에 성형할 수 있는 제품의 개수가 감소된다. 일반적으로 에폭시 금형은 여러 개의 분할된 금형으로 제조되지 않으나, 금형의 한쪽이나 양쪽 모두에 제거할 수 있는 삽입물(Insert)을 부가할 수가 있다. 에폭시 금형의 내부는 고품질의 에폭시 수지로 이루어지며, 여러 겹의 유리섬유 천과 에폭시 수지에 의하여 지탱된다. 금형의 전체 두께는 2.54cm(1in)까지 될 수 있으며, 금형의 제조과정에서 가열 및 냉각용 배관을 금형의 뒷면에 첨가할 수도 있으나, 금형 면의 낮은 열전달계수 때문에 효과는 떨어지게 된다.

RTM 금형은 금형의 실링(Sealing) 장치가 필요하다. 복잡하지 않은 제품의 경우는 금형 밖으로 나온 부분을 따내는(Pinch-off) 방법을 사용하면 되나, 복잡한 제품을 생산할 경우에는 O-링(O-ring)을 사용하여 금형 내에 프리폼을 제한시키는 방법을 사용한다. 이 두 가지의 방법이 그림 14.9에 설명되어 있다.

에폭시 금형을 사용할 경우에는 금형 이형제(Molding Release)를 매우 신중하게 선정해야 한다. 내부 금형 이형제(Internal Mold Release)는 금형의 표면 온도를 올려야만 효과가 있기 때문에 사용할 수 없다. 에폭시 금형에는 왁스(Wax), 실리콘 혹은 PVA(Polyvinylalcohol)와 같은 이형제가 보통 사용되며, 매 성형마다 이형제를 도포해야 하는 경우도 있다. 만약 수지가 금형의 표면에 흡착하게 되면 금형의 내면이 당겨져서 쉽게 부풀어 오를 수 있다.

에폭시 금형에는 수지를 사출할 때에 공기를 제거하기 위한 통기 장치가 필요하다. 통기구는 금형의 실(Seal) 부분이나 금형 표면에 삽입한 튜브 등이 될 수 있다. 소량 생산의 경우는 수지가 채워지는 동안에 공기가 갇힐 염려가 있는 부분에 드릴로 구멍을 뚫어서 통기구를 만들 수 있다. 통기구는 매 성형작업 사이에 청소를 해야 하므로 유지(Maintenance)가 쉽도록 설계되어야만 한다.

에폭시 금형의 정확도와 표면 정도는 금형을 주조하기 위한 주형(Pattern)의 질에 의존한다. 이렇게 제조한 금형을 사용하여 제품을 만든 후 끝손질을 잘하면 자동차에서 요구되는 정도 A(Class A)의 제품을 제조할 수가 있다. 에폭시 금형은 매

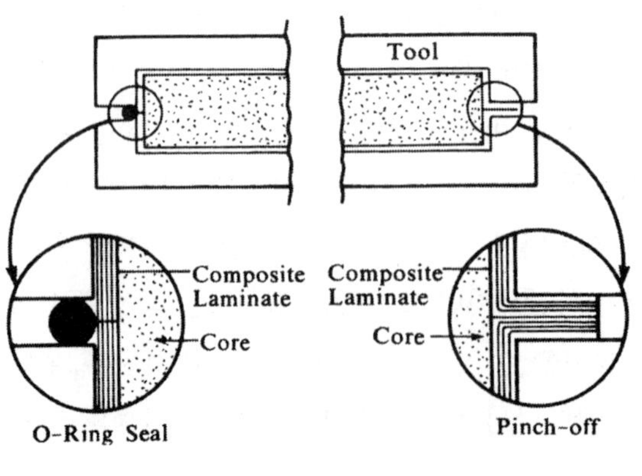

그림 14.9
금형 실(Seal)의 두 가지 방법 : 따내는(Pinch-off) 방법과 O-링 실

우 빨리 품질이 저하되므로 높은 정도의 표면이 필요하면, 표면의 정도가 높은 금형을 사용해야 한다.

좀 더 좋은 표면과 향상된 내구성 및 빠른 열적 반응, 높은 성형 압력이 필요한 경우는 니켈 쉘(Nickel Shell) 금형이 사용된다. 니켈 쉘 금형은 가격이 비싸나 품질의 우수함은 가격을 능가한다. 니켈 쉘 금형을 사용하면 매우 높은 정도의 표면을 얻을 수 있으며, 149℃(300°F)까지 금형을 쉽게 가열할 수 있으므로, 여러 종류의 열 수축이 작은 수지와 금형 이형제를 사용할 수 있다. 그리고 열반응성 촉매를 사용하여 사이클 시간을 줄일 수 있으며, 에폭시 금형과는 달리 경화 시의 발열에 의하여 금형을 손상시킬 염려가 없다. 표면 정도를 향상시키기 위하여 금형의 온도를 제어할 수가 있으며, 한 개의 니켈 쉘 금형으로 생산할 수 있는 제품은 20,000~40,000개 정도이다. 니켈 쉘 금형은 한 면을 에폭시 수지로 만들고, 다른 한 면을 니켈로 만들거나, 두 면을 모두 니켈로 만들 수 있다. 두 면을 모두 니켈로 만들 경우에는 제조과정에서 비틀림이 발생할 수 있으므로, 고정구나 안내면에 고정시켜야만 한다. 따라서 두 면을 모두 니켈로 제조한 금형은 한 면 만을 니켈로 제조한 금형보다 제조가격이 3~4배 비싸다. 니켈 쉘 금형의 통기구와 실(Seal)을 장치하는 것은 에폭시 금형의 경우와 비슷하나, 통기구는 한 번 만들면 위치를 바꾸기가 어려우므로 에폭시 금형을 먼저 만들어서 수지의 유동과 통기구를 확인한 후에 니켈 쉘 금형을 만드는 것이 현명한 방법이다.

중간 정도의 생산량을 위해서는 주형(Casting) 금형이 사용될 수 있다. 아연합금 금형, 혹은 알루미늄이나 강철의 얇은 쉘 금형이 RTM 금형으로 유효하게 사용될 수 있다. 이러한 금형은 니켈 쉘 금형과 비슷한 장점이 있는데, 니켈 쉘 금형에서 발생하기 쉬운 뒤틀림이 발생하지 않는 장점이 있다. 통기구와 실(Seal)은 에폭시 금형보다 장착하기가 어려우나, 니켈 쉘 금형보다 쉽다. 그러나 주형 금형을 사용할 때에는 금형의 무게가 너무 무거워서 기존의 장치에 장착이 불가능하지 않도록 조심하여야만 한다. 주형 금형으로는 일반적으로 높은 정도의 표면을 만들 수 있으나, 아연과 알루미늄은 금형의 제조 시 다공성이 되는 경향이 많으므로 이형제를 많이 도포해야 할 필요가 있다. 주형 금형은 니켈 쉘 금형과 생산량이 비슷하나, 니켈 쉘 금형의 경우에 발생하는 잔류응력이 존재하지 않으므로 좀 더 긴 수명을 가질 수 있다.

생산량이 아주 많은 경우, 혹은 복잡하면서 여러 개의 부품으로 나누어진 금형이 필요한 경우는 공구강을 가공하여 금형을 제조한다. 이러한 금형은 공정을 자동화하고 사이클 시간을 줄이기 위하여 금형 내에 로케이션(Location) 핀과 이젝터

(Ejector) 등을 장착한다. 강철 금형은 가격이 비싸나 500,000~1,000,000개의 부품을 한 개의 금형으로 제조할 수 있다. 강철 금형은 복잡하기 때문에 금형의 게이트(Gate), 통기구(Vent) 및 실(Seal)을 미리 결정해야 하는 어려움이 있다. 이를 해결하기 위해, 금형 내의 프리폼을 통과하는 수지의 유동현상을 분석하여 게이트와 통기구를 결정할 수 있는 해석 프로그램이 사용되고 있다[5]. 복잡한 강철 금형의 경우에는 열효율을 높이기 위해 열전달 해석을 필요로 하는 경우도 있다. 자동화된 RTM 금형에는 수지의 입구와 통기구를 자체적으로 청소할 수 있는 유압작동 밸브가 장착되어 있다. 강철 금형은 사이클 시간, 표면 정도, 제품간의 균일성, 금형의 내구성 및 자동화의 관점에서 가장 좋으나, 높은 가격 때문에 생산량이 10,000~50,000개 정도인 경우에는 비용 문제를 신중히 고려하여야만 한다.

14.5.2 프레스(Press)

RTM 공정에서는 낮은 압력을 사용하기 때문에, 넓은 단면적을 갖는 복잡한 구조를 한 개로 결합하여 제조하는 데 경제성이 있다. 이 공정으로는 깊은 단면이나 내부에 폼코어 혹은 다른 삽입물(Insert)을 갖는 제품을 일체형으로 성형할 수 있다. 따라서 RTM 공정에 사용되는 프레스는 넓은 단면적에 비하여 낮은 톤수 및 복잡한 프리폼을 장착하기 쉽도록 커다란 틈새를 갖도록 설계된다.

프레스의 톤 수는 부품의 단면적과 수지를 금형에 완전히 채우는 데 요구되는 압력에 의하여 결정된다. 만약에 금형이 자체 잠금 장치를 갖도록 설계되면 프레스의 톤 수는 많이 줄어들 수 있다.

RTM 성형을 위한 여러 종류의 저가, 저압의 프레스가 존재한다. 공기백(Air Bag) 프레스는 금형에 압력을 가하기 위하여 여러 개의 가압된 고무 백이나 천을 사용한다. 이 방법은 소량의 제품이나 시제품을 생산하는 데에는 유리하나, 제품을 꺼낼 때, 윗 부분의 금형을 열기 위하여 공기 압력을 사용할 수가 없으며, 금형의 틈새에도 제한이 있다.

저가이고 가벼운 RTM 금형에 기존의 고압용 프레스를 사용할 경우에는 금형이 과다하게 압축되는 것을 방지하기 위하여 프레스의 압력을 낮은 압력에서도 제어할 수 있어야 한다.

금형 내에 여러 개의 복잡한 프리폼을 위치시켜야만 할 경우는, 아래 면은 두 개의 금형을 사용하고, 윗면은 한 개의 금형을 사용하여 셔틀(Shuttle)을 사용하여 금형을 옮겨 가면서 체결하면 생산성을 높일 수가 있다. 구조용 부품과 같이, 강화제가 부품의 끝까지 닿아야만 하는 경우에는 프리폼이 약간 금형의 외부로 나갈 경우가 있으므로, 금형을 닫기 위한 압력이 증가하게 된다.

14.5.3 수지 사출 장치

RTM 용의 가장 간단한 수지 사출 장치는 한 성분으로 이루어진 수지와 수지 사출용 압력 포트(Pot)를 사용하는 것이다. 압력 포트 시스템은 생산량이 낮은 경우에 사용하는 저가의 장치이다. 이 시스템은 반응 속도가 낮고 긴 가사 시간(Pot Life)을 갖는 수지를 사용하면 수지를 경화시키기 위해 금형을 가열시키는 것이 필요하다.

상온에서 경화되는 수지도 압력 포트 시스템을 사용하여 경화를 시킬 수 있으나, 시스템 내부에서 수지가 경화되는 것을 방지하기 위하여 매번 수지의 사출 후에는 시스템을 완전히 청소하여야만 한다.

저가의 시스템은 아연이나 황동으로 된 부품을 포함하는데, 이 금속들은 수지와 반응하여 경화를 촉진시키거나 지연시키므로, 반응 속도에 대한 염려가 있는 경우에는 스테인리스강이나 플라스틱 부품을 시스템에 사용하는 것이 안전하다. 두 가지 수지의 성분을 사출하는 펌프 시스템을 사용함으로써 좀 더 빠른 사이클로 더 넓은 범위의 수지를 RTM 방법으로 성형할 수 있다. 이 시스템에서는 A 수지와 B 수지가 금형에 사출되기 직전에 믹서로 혼합된다. 두 수지가 혼합되면 수지는 매우 빨리 반응하여, 일반적으로 1~5분 정도에 경화가 완료된다. 수지의 반응이 매우 빨리 일어날 수 있기 때문에, 믹서 안에서 혼합된 수지의 경화가 일어나기 전에 금형 내로 사출될 수 있도록 고려하여야만 한다. 매 사출 후에는 믹서를 청소하여야 하며, 에폭시 금형의 경우에는 금형의 표면이 수지의 발열반응에 의하여 손상을 입지 않도록 주의하여야만 한다.

대부분의 RTM 생산 현장에서는 믹서가 붙은 두 개의 펌프 시스템을 사용하나, 몇몇 회사들은 그림 14.10과 같은 변형된 RIM(Reaction Injection Molding) 장치에 근거한 수지 취급 장치를 개발하고 있다. 이 장치에서도 A와 B 수지 성분이 분리된 탱크 내에 따로 보관되며, 피스톤이나 기어 펌프 같은 용적 체적펌프(Positive Displacement Pump)가 수지성분을 시스템 내로 순환시킨다. 사출을 시킬 때에는 순환 중인 수지를 혼합헤드(Mixhead) 쪽으로 보내어 혼합을 시킨 후 금형 내로 보내게 된다.

금형이 수지로 채워진 후에는, 수지의 A와 B 성분은 시스템 내에서 각각 루프(Loop)를 순환하게 되며, 혼합헤드는 용제(Solvent)에 의하여 세척되고 압축공기로

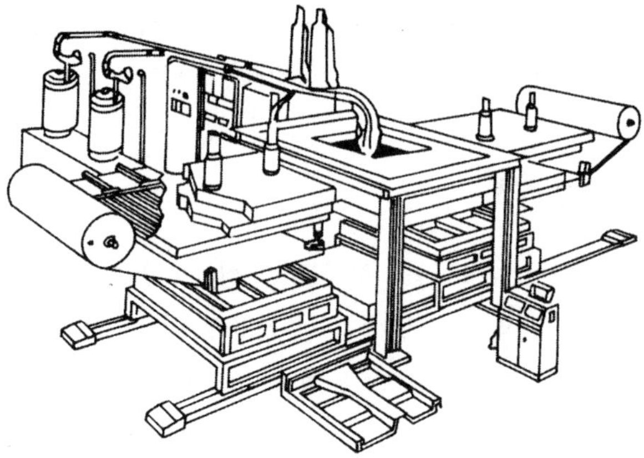

그림 14.10
RIM에 근거한 RTM 성형 시스템

건조된다. 이러한 형식의 장치에서는 빠른 사이클 시간을 얻기 위하여 높은 반응속도를 갖는 수지를 사용할 수 있다. 또한 이러한 장치는 높은 정도로 자동화 되어 있기 때문에 대량생산을 가능하게 한다. 금형 내부로의 수지의 사출은 권총형의 이동할 수 있는 노즐이나, 자동화된 고정 노즐을 사용한다. 권총형의 노즐은 압력포트나 두 가지 성분의 수지 사출을 위한 피스톤 펌프 시스템과 같이 사용된다. 자동화된 고정 노즐은 RIM 형식의 성형 시스템에 사용된다. 두 가지 시스템 모두 금형 내로 수지를 채우기 위한 입구를 마련하여야 하며, 매 사출 후에는 용제로 세척한 후 용제를 건조시키는 시스템을 가지고 있어야만 한다. 고정된 노즐은 가열된 금형을 사용할 경우에는 액체로 냉각시켜야만 한다.

수지와 용제의 폐기는 점점 어려워지고 비용이 많이 든다. 따라서 시스템은 재료의 낭비가 적어야 하며, 폐기물을 잘 저장하여 버릴 수 있어야 한다. 따라서 성형 시스템은 가동하기 전에 폐기물 처리의 계획을 수립해야 한다.

14.5.4 RTM에 의한 시제품 제작

RTM 공정은 시제품(Prototype)을 만드는 데 매우 좋은 공정이다. 압축성형(Compression Molding) 공정이나 사출성형(Injection Molding)은 실제 생산 공정에서 얻을 수 있는 물리적인 특성을 정확히 시뮬레이션 하기 위하여, 실제 생산 공정에서 사용되는 금형과 거의 비슷한 금형과 장비를 사용하여 하지만, RTM 공정은 매우 낮은 비용으로 시제품의 제작을 가능하게 한다. 어떤 경우에는 압축성형 공정과 같은 다른 공정의 시제품 제조에도 RTM 공정이 사용된다. 그러나, SMC를 이용한 압축성형 공정을 시뮬레이션 할 경우에, RTM으로 제조된 제품은 실제 생산라인에서 생산된 제품의 성질을 능가하게 된다.

RTM으로 시제품을 만들 때에는, 일반적으로 반응속도가 낮은 수지를 사용하여, 수지의 충진 시간을 길게 하는 것으로 통기구 문제를 해결한다. 금형은 일반적으로 에폭시 수지로 제조되나 석고나 나무와 같은 비 투과성의 물질로도 제조할 수 있다. 시제품의 프리폼(Preform)은 절단하여 재봉하는 (Cut-and-sew) 방법으로 만들 수 있으며, 원하는 모양의 폼코어(Foam Core)를 가공하여 사용할 수가 있다. 시제품의 크기는 매우 작은 부품으로부터 매우 크고 복잡한 3차원의 구조물까지 제조할 수가 있다.

Hand Lay-up이나 함침성형(Wet Molding) 등은 두께 방향으로 치수가 제어되지 않으므로 한쪽 방향으로만 표면 정도를 제어할 수 있으나, RTM은 양쪽 방향으로 표면 정도를 주어 두께를 제어할 수 있고, 진공이나 Autoclave 장치를 필요로 하지 않는 장점을 가지고 있다.

14.5.5 생산성

RTM의 사이클 시간은 생산목표를 달성하기 위하여 조절할 수 있다. 만약 사이클 시간을 길게 할 수 있다면, 장치의 복잡성과 비용을 절감할 수 있다. 미리 혼합된 한 가지 성분의 수지 시스템인 경우 경화시간이 1~2시간 정도인 수지의 주입은 간단히 압력 포트 시스템을 사용하여 금형에 충진시킬 수 있다. 가격이 싼 에폭시 금형을 사용하면 비교적 큰 구조물을 제작할 수 있으며, 금형의 가격에 비하여 상당히 많은 양의 제품을 생산할 수 있다.

에폭시 금형의 수명은 금형의 손상에 의하여 결정된다. 한 개의 금형으로 생산할 수 있는 제품의 수는 프리폼을 금형에 장착할 때에 얼마나 주의하느냐에도 관련된다. 생산량이 적을 경우에는 특별히 수지의 주입구나 통기구가 필요하지 않고 금형을 체결한 후에 통기구에서 수지의 방울이 보이지 않을 때까지 수지를 사출한다. 수지의 함침을 촉진시키기 위하여 수지를 유동시키거나 정지시킬 수 있으며, 금형을 경사지게도 하고 진동이나 회전 운동을 시킬 수도 있다. 매우 큰 금형의 경우에는 금형에 창을 만들어서 수지 함침의 완결 정도를 파악할 수가 있다. 사이클 시간이 길 경우에는 제품이 경화되는 과정에 펌프 장비를 옮겨서 청소할 충분한 시간이 있다. 일반적으로 수지의 젤(Gel) 시간이 t_{gel} 이면 경화시간은 4~5 t_{gel}이 된다. 그러므로 젤 시간이 1시간인 수지의 경우에 제품을 금형에서 꺼내는 시간은 4~5시간이 된다.

수지의 화학적 성분과 장치를 복잡하게 하면 RTM 사이클을 수시간에서 수초대로 줄일 수가 있다. RTM과 RIM의 구별은 액상성형(Liquid Molding)의 기술이 발전함에 따라 점점 없어져 가고 있으며, 보통 크기의 제품을 생산하는 경우에 1~2분대의 사이클 시간이 가능하다. 이렇게 빠른 사이클을 이루기 위해서는 금형을 가열하여야 하며, 수지는 두 성분의 수지이어야 하고, 자체 세척 기능을 가지고 있어야 한다.

RTM 공정의 자동화는 제품의 수가 적을 경우에나 혹은 많을 경우 모두 매우 빠른 속도로 개발되고 있다. 셔틀(Shuttle) 프레스는 윗 부분의 금형은 한 개를 사용하나 아래 부분의 금형은 두 개를 사용하여, 제품이 경화되는 중에 프리폼을 장착하고, 제품을 탈착하는 작업을 동시에 수행할 수 있다. 컴퓨터 제어(Computer-Controlled) 수지 공급 장치가 여러 제조업체들에 의하여 개발되어 현재는 일 년에 백 만개 이상의 제품을 생산하고 있다.

프리폼을 만들기 위한 자동화도 수행되고 있다. 프리폼을 조립하는 작업을 자동화하는 것은 매우 비용이 많이 들기 때문에 생산 제품의 수가 많지 않을 때에는 수작업으로 수행하는 것이 바람직하다. 생산량이 많을 경우에는 프리폼의 모양과 제품의 성질을 자동화해서 최적화시켜야 한다. 프리폼을 스탬핑하고 다듬는 작업을 자동화할 수가 있으며, 우주 항공용에 사용되는 프리프레그 적층과 비슷한 절단-재봉(Cut-and-sew) 프리폼 제조방법은 상업용품을 생산하는 데에는 비용면에서 적절하지 못하다.

RTM 공정에서 플레쉬(Flesh)를 제거하고 모서리를 다듬으며 가공하는 일은 다른 공정으로 만든 제품에서 수행되는 방법을 따르면 된다. RTM 공정의 좋은 치수정확도는 자동화된 생산시스템에서 자주 요구되는 위치의 정확도를 보장해 준다.

생산성에 영향을 미치는 또 다른 두 가지의 문제는 제품의 후경화(Postcure)와 스크랩(Scrap) 처리 문제이다. 어떤 수지 시스템은 최적의 물리적 성질을 나타내게 하기 위하여 후경화를 필요로 한다. 만약 후경화가 필요한 수지인 경우라면 후경화를 위한 라인과 중요한 치수를 유지하기 위한 고정구(Fixture)를 필요로 한다. 고정구를 사용하지 않으면, 수지의 수축 때문에 후경화 과정에서 자주 뒤틀리게 된다. 매우 복잡한 형상을 갖는 부품인 경우에는 여러 개의 고정구를 필요로 한다. 따라서 금형 내에서 완전히 경화를 시키거나, 후경화를 필요로 하지 않는 수지 시스템을 사용하는 것이 다른 해결책이 된다.

스크랩을 처리하는 것은 RTM 공정의 전반적인 경제성에 많은 영향을 미친다. 따라서 커다란 제품을 생산하는 경우에 프리폼을 검사하고 수리하는 것이 종종 필요하게 된다. 성형 후에 불량이 난 커다란 RTM 제품을 폐기하는 것은 돈이 많이 들 뿐만 아니라 복잡하다. 따라서 공정을 잘 제어하여 제품의 불량률을 낮추는 것이 매우 중요하다.

참고문헌

[1] C. F. Johnson, "Resin Transfer Molding," in *Composite Materials Technology, Processes and Properties*, P. K. Mallick/S. Newman (Eds.), Chapter 5, Hanser Publishers, 1990.

[2] R. D. Pistole, "Compression Molding and Stamping," on *Engineering Plastics*, Vol. 2, ASM International, pp,325-337, 1988.

[3] Z. Cai, "Analysis of Mold filling in RTM Process," Journal of Composite Materials, Vol, 26, no. 9, pp. 1310-1338, 1992.

[4] H. J. Borstell, "Hand Lay-up, Spray-up, and Prepreg Molding," in *Engineering Plastics*, Vol.2 , ASM International, pp. 338-343, 1988.

[5] G. Q. Martin and J. S. Son, "Fluid Mechanics of Mold Filling for Fiber Reinforced Plastics," Proceedings of the First Advanced Composites Conference, Detroit, ASM International, pp. 149-159, 1986.

CHAPTER 15

SMC

15.1 입문

SMC(Sheet Molding Compound, 판 성형복합재)는 섬유와 광물성 충진제(Filler)가 열경화성(Thermosetting) 수지에 함침되어 있는 연속적인 복합 판재로, 이 재료는 금형에서 그대로 성형시킬 수 있다. 수지는 경화가 되지 않은 상태에 있으니, 매우 점도가 높은 상태, 즉 증점된(Thickened) 상태에 있다. SMC는 압축성형 공정(Compression Molding Operation)에 의하여 경화 혹은 가교(Cross-linking) 과정에 의하여 제품으로 완성된다.

SMC는 복잡한 형상의 제품을 비교적 짧은 성형 시간에 제조하기 위하여 사용된다. 다음은 SMC 복합재료의 장점을 기술한다.

① 다양성: 제품의 기계적인 성질과 물리적인 성질을 다양하게 변화시키기 위하여 섬유의 함량과 종류를 쉽게 바꿀 수 있다.

② 일체성: 제품 내에 리브(Rib), 보스(Boss), 구멍, 삽입물 및 곡률 등을 일체형으로 쉽게 실현할 수 있다. 따라서 많은 부품으로 이루어진 제품을 한 개로 제조할 수 있으므로 제품이 컴팩트할 뿐만 아니라 조립 공정을 많이 줄일 수 있다.

③ 경량성: SMC는 금속 구조재보다 낮은 비중을 가지고 있다. 따라서, SMC 부품은 같은 부피인 경우 금속보다 가볍다. SMC는 여러 구조용 금속재료와 비슷한

표 15.1 여러 가지 구조 재료의 특성

특성	강철 SAE1010	알루미늄합금 2014-T6	SMC-R25[a]	SMC-R25[b]	유리섬유 강화나일론 6, 6[c]
비중	7.87	2.7	1.83	1.82	1.40
인장강도, MPa	365	483	82.4	227	186
인장강성, GPa	207	70	13.2	14.8	10.5
인장강도/ρg, 10^3m	4.73	18.23	4.59	12.71	13.54
인장강성/ρg, 10^6m	2.59	2.64	0.73	0.83	0.76
열팽창계수(10^{-6}/℃)	11.7	23	23.2	13.7	23

(a) 무게로 25% 유리섬유 함유
(b) 무게로 65% 유리섬유 함유
(c) 무게로 33% 유리섬유 함유

비강도(Specific Strength) 특성을 가지고 있다. (표 15.1)

④ 치수의 안정성: SMC로 제조된 제품은 열가소성(Thermoplastic) 복합재료로 제조된 제품보다도 온도와 환경에 대한 치수안정성(Dimensional Stability)이 뛰어나다. 경화 시의 부피수축은 여러 가지 저수축 첨가제(Low Profile Additive)를 첨가하여 제어할 수 있다. 또한 SMC의 열팽창계수를 강철이나 알루미늄의 열팽창계수와 같도록 조절할 수 있으므로 기하학적인 적합성(Compatibility)이 뛰어나다[1].

역사적으로 SMC의 개발은 1950년대 초에, 원자의 주기율 IIA에 있는 금속의 산화물이나 수산화물 혹은 탄산염을 불포화폴리에스터 수지(Unsaturated Polyester Resin)에 첨가하면 수지의 점도가 증가한다는 사실이 발견된 때부터 이루어졌다[2]. 초창기의 SMC는 전기 제품이나 공구 등의 손잡이, 상자 등을 제조하는 데 사용되었으나, 그 후 20년 동안에 저수축 첨가제(Low Profile Addictive)와 새로운 경화촉매(Catalyst)가 개발됨에 따라 SMC 기술이 매우 발전하였다. 1970년대 초에는 자동차의 그릴패널(Grille Panel)과 후드(Hood)에 SMC 재료가 사용되기 시작하였다. 또한 자동차의 범퍼 빔(Bumper Beam), 바퀴의 휠(Road Wheel), 크로스 멤버(Cross-member)와 뒷문(Tailgate) 등의 SMC 시작품이 제조되었으며, 이 중에 어떤 것들은 현재 자동차 산업에서 생산하고 있다. 이 외에도 자동차의 외부에 SMC 재료의 사용이 확대되고 있다. SMC는 운송산업에서 가장 많이 사용되고 있으나, 세탁기의 문, 냉장고의 몸체와 같은 장치산업 및 의자와 테이블 같은 가구, 컴퓨터

몸체와 패널 등의 비즈니스(Business) 기계에도 사용되고 있다.

SMC 제조 공정은 혼합(Composition), 숙성(Maturation) 및 압축성형(Compression Molding)의 세 단계로 나눌 수 있는데, 혼합 단계에서는 수지(Resin), 촉매(Catalyst), 충진제(Filler)와 증점제(Thickener) 등이 함유되어 있는 얇은 두 개의 수지 페이스트(Resin Paste) 사이에 강화섬유를 묻혀서 SMC 판을 만든다. 숙성 단계에서는 성형 단계에서 다루기 쉬울 정도로 수지 페이스트의 점도가 증가한다. 수지 페이스트의 성분에 따라서 숙성단계는 수일에서 수개월이 걸린다. 압축성형 공정에서는 SMC의 점도가 떨어져서 유동이 시작되고, 금형 내부를 채운 후 고체 상태로 경화된다. 금형 내에서의 경화 과정에 의하여 수지의 분자는 3차원 그물 구조를 갖는 형상의 가교(Cross-linking)가 이루어진 고체로 변한다.

15.2 SMC의 합성

SMC의 주성분은 수지, 섬유 및 충진제(Filler)이다. 이외에도 촉매(Catalyst), 증점제(Thickener), 억제제(Inhibitor), 금형이형제(Mold Release Agent) 및 저수축 첨가제(Low Profile Addictive) 등이 소량 들어 있으며, 이들은 숙성(Maturation)과 성형(Molding) 단계에서 중요한 역할을 한다. 대표적인 SMC의 성분이 표 15.2에 나타나 있다.

표 15.2 | 대표적인 SMC의 성분

재료		무게(%)
수지 페이스트 (Resin Paste)	불포화 폴리에스터	10.50
	스타이렌 모노머(Styrene Monomer)	13.40
	저수축 첨가제(Low Profile Additive)	3.45
	충진제(Filler)	40.70
	증점제(MgO)	0.70
	촉매	0.25
	금형이형제	1.00
	억제제	미량
섬유	E-glass(25mm 길이)	30.00
전체		100.00

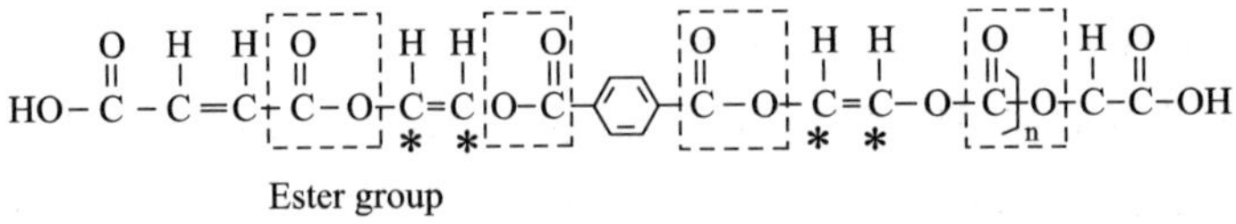

그림 15.1
불포화 폴리에스터 분자의 모형

15.2.1 수지(Resin)

상업용의 SMC에 주로 사용되는 수지는 폴리에스터(Polyester)와 비닐에스터(Vinylester)이다. 에폭시(Epoxy) 수지도 사용할 수 있으나, 경화시간이 길기 때문에 생산성이 떨어진다. 최근에는 페놀(Phenolics) 수지도 SMC의 수지로 사용되고 있다. 페놀 수지로 이루어진 SMC는 기존의 폴리에스터 수지로 이루어진 SMC보다 가연성(Flammability)이 낮고 연기의 생성도 적으며 높은 열적 안정성을 보유하고 있다. 그림 15.1은 불포화 폴리에스터(Unsaturated Polyester) 분자를 보여 주고 있다.

불포화 폴리에스터는 그림 15.1에서 보는 바와 같이 많은 탄소-탄소 이중결합(C=C)을 가지고 있기 때문에, 경화 시 이곳에서 가교(Cross-linking)가 이루어진다. 반응성(Reactivity)과 기계적인 성질을 제어하기 위하여 포화산(Saturated Acid: Orthophthalic Acid 혹은 Isophthalic Acid)을 첨가하여 사용한다.

비닐에스터는 그림 15.2에 보는 바와 같이 폴리에스터와는 달리 탄소-탄소 이중결합이 분자의 가장 끝에서 존재한다. 분자의 가장 끝에서 가교결합이 이루어지기 때문에 가교결합의 개수가 줄어들며 이에 따라 경화된 비닐에스터는 폴리에스터에 비하여 유연하고 미소크랙(Microcrack)이 잘 생기지 않는다.

폴리에스터나 비닐에스터의 가교결합에는 반응성 모노머(Reactive Monomer)인 스타이렌(Styrene)이나 비닐톨루엔(Vinyl Toluene)이 반드시 필요하다. 스타이렌이나 비닐톨루엔도 분자 내에 탄소-탄소 이중결합을 가지고 있다. 이러한 모노머는 반응을 하지 않은 수지의 점도를 낮게 하며, 후에 수지와 가교결합을 하는 두 가지의 역할을 수행한다.

스타이렌(Styrene)은 SMC에서 가장 흔히 사용되는 모노머이다. 스타이렌은 가격이 저렴하고 점도가 매우 낮으며 용해성이 높은 장점이 있으나 스타이렌의 증기가 건강에 해롭다는 단점이 있다. 미국 정부는 공장 내의 스타이렌 증기 함유량

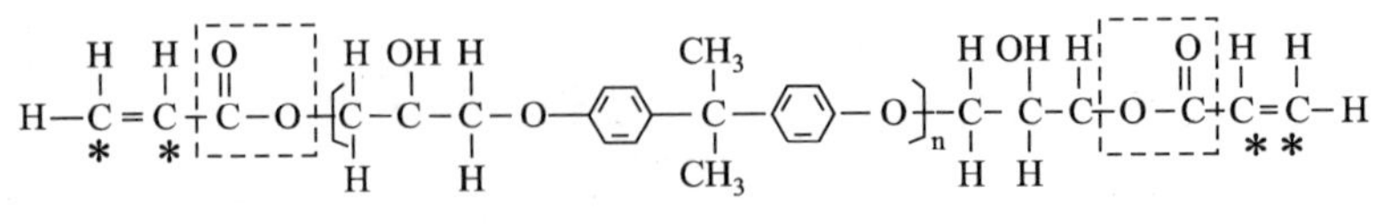

그림 15.2
비닐에스터의 모형

100 ppm 이하로 규제하고 있으며, 곧 50 ppm 이하로 규제할 것으로 예상된다. 이러한 건강문제 때문에 폴리에스터 업계는 경화 시에 적은 양의 스타이렌 모노머를 사용하는 수지를 개발하고 있다.

SMC에 사용되는 폴리에스터와 비닐에스터는 스타이렌을 30~50% 정도 함유한 상태에서 다른 성분과 혼합된다. 수지의 화학적인 성분과 스타이렌의 양에 따라서 혼합물의 점도는 300~3000 cP의 값을 갖는다. 스타이렌의 양이 많으면 수지의 점도가 낮아지기 때문에 섬유의 표면에서 수지의 함침(Wetout)이 잘 이루어진다. 그러나, 스타이렌의 양이 증가하면 경화된 제품의 기계적 및 열적 특성이 저하된다.

15.2.2 섬유(Fiber)

SMC에 가장 많이 사용되는 섬유는 유리섬유인 E-glass이다. 그러나 S2-glasss, 탄소섬유 및 Kevlar 49와 같은 섬유들이 제한적으로 사용되기도 한다. 이러한 섬유 중에서 E-glass가 가장 낮은 강성과 높은 비중을 가지고 있다(표 15.3). 그러나 이 섬유는 다른 섬유에 비하여 상대적으로 가격이 저렴하기 때문에 널리 사용되고 있다.

SMC에는 간섬유(Discontinuous)와 장섬유(Continuous)가 모두 사용되며, 단섬유는 단면 내에서 무작위의 방향(Random Orientation)을 가지므로 모든 방향으로 성질이 같은 등방성을 원할 때 사용된다. 장섬유는 섬유 방향으로는 강도와 강성이 높으나, 섬유와 수직인 횡방향(Transverse Direction)의 강도와 강성은 상대적으로 낮다. 횡방향의 강도와 강성을 향상시키기 위하여 무작위의 단섬유를 일방향의 장섬유와 결합하여 사용하기도 한다.

SMC에 사용되는 섬유는 200~400개의 E-glass 섬유로 이루어진 꼬지 않은 스트랜드(Strand)를 25~40개를 합하여 만든 로빙(Roving)을 사용한다. 단섬유는 SMC

표 15.3 | SMC에 사용되는 섬유들의 특성

섬유	비중	인장강도 (GPa)	인장강성 (GPa)	인장파괴 변형률 (%)	열팽창계수 (10^{-6} / ℃)
E-glass	2.54	3.45	72.4	4.8	5
S2-glass	2.48	4.30	86.9	5.0	2.9
탄소섬유	1.76−2.15	1.5−5.6	220−690	0.3−1.2	(길이방향) −0.1~−1.2 (반경방향) 7~12
Kevlar 49	1.45	3.62	131	2.8	(길이방향) −2 (반경방향) 59

판을 제조할 때 로빙을 원하는 길이로 잘라서 만든다. 단섬유는 일반적으로 25.4mm (1in) 길이로 자르나 50.8mm(2in) 길이로 자를 때도 있다.

유리섬유로 스트랜드를 제조할 때에는 필라멘트의 표면에 특별히 제조된 화학물질을 코팅한다. 사이징(Sizing)이라고 불리는 이 코팅 처리는 필라멘트 사이에서 발생하는 정전기를 감소시키며, 필라멘트들의 결합을 향상시킬 뿐만 아니라 수지와 섬유의 결합(Coupling)을 향상시킨다. 사용된 사이징의 종류는 SMC의 합성과 성형 시에 로빙의 성질에 영향을 미친다. 예를 들면, 강(Hard)하거나 불용성(Insoluble)의 사이징이 사용되면, 단섬유로 잘렸을 때나 수지 내의 스타이렌 모노머와 접하였을 때 로빙 내의 스트랜드가 분산되지 않는다. 이러한 스트랜드의 결합성 때문에, 성형 시에 단섬유는 단단한(Stiff) 상태로 존재하고 금형 내로 잘 흐르게 된다. 그러나 섬유와 수지 사이의 커플링이 잘 되지 않기 때문에 기계적인 특성이 저하되게 된다. 약한(Soft) 혹은 용해성(Soluble)의 사이징이 사용되면 로빙은 각각의 스트랜드로 분산되며 스트랜드 내의 필라멘트 사이의 결합도 약해져서 수지의 함침이 잘 이루어진다. 그러나 분산된 필라멘트는 성형 시에 수지의 유동을 제한하며, 따라서 금형 내에 수지가 다 채워지지 않거나, 혹은 제품 내에 기포를 함유하거나 표면의 굴곡을 가져올 수 있다.

SMC의 섬유 함유율은 요구되는 제품의 성질에 따라 변화시킬 수 있다. 무게비로 50~70% 정도의 높은 섬유 함유율은 높은 강도와 강성을 요구하는 구조재를 제조하는 데 사용된다. 무게비로 60% 이상의 섬유를 포함하는 SMC의 경우에 충진제(Filler)는 첨가되지 않는다. SMC의 높은 점도는 금형 내의 유동성을 저하시켜서 성형성을 나쁘게 하기 때문이다. SMC는 섬유의 모양에 따라 그림 15.3과 같이 분류된다.

① SMC-R, 여기서 R은 무작위의 단섬유(Randomly Oriented Short Fiber)를 나타낸다.

② SMC-CR, 여기서 C는 판 내의 다른 면의 한쪽 면의 연속(Continuous)으로 평행

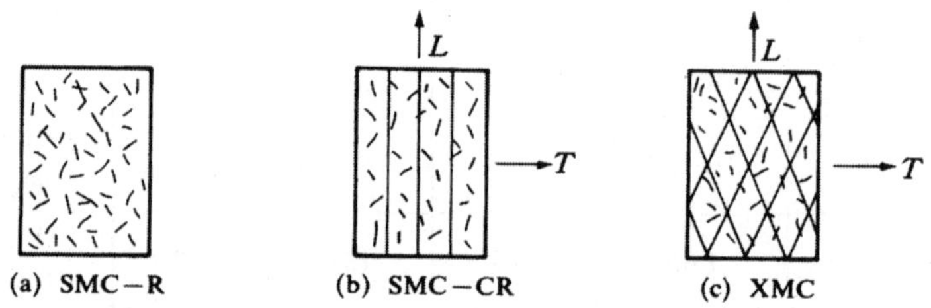

그림 15.3
SMC의 종류: (a) SMC-R, (b) SMC-CR, (c)XMC(L과 T는 종(Longitudinal)과 횡(Trans-verse)방향을 나타낸다.)

인 섬유를 나타내고, R은 같은 판 내의 다른 면의 무작위의 단섬유를 나타낸다.
③ XMC, 여기서 X는 판 내의 십자형 (Criss-crossed) 섬유를 나타낸다.

SMC-R과 SMC-CR의 섬유 함유량은 무게비를 뒤에 표기하여 나타낸다. 예를 들면, SMC-R40은 무작위의 단섬유를 무게비로 40% 함유하고 있으며, SMC-C30R10은 무게비로 연속인 섬유를 30% 무작위의 단섬유를 10% 함유하고 있다. XMC에서의 섬유의 무게 함유율은 70% 정도이며, 대부분의 섬유는 연속섬유이다. XMC에도 횡방향의 특성을 향상시키기 위하여 작은 양의 무작위 섬유를 함유시킬 수 있다. XMC에서 십자형의 섬유 교차 각도는 5~7° 범위이다.

15.2.3 충진제(Filler)

SMC에서 충진제(Filler)는 여러 가지 역할을 한다. 충진제는 수지의 부피 수축율을 줄이고, 유동을 향상시켜서 성형성을 향상시키며, 성형된 제품의 표면 정도를 향상시킨다. 또한 충진제는 수지보다 가격이 훨씬 저렴하기 때문에 재료의 비용을 줄인다. 표 15.4는 SMC에 사용되는 대표적인 충진제를 보여 준다. 이 중에서 $CaCO_3$가 가장 많이 사용되며, $Al_2CO_3 \cdot 3H_2O$도 충진제로 사용된다. 이러한 충진제 중에서 속이 빈 유리구가 가장 비중이 낮으므로, SMC의 무게를 줄이기 위하여 사용되나, 압축성형 공정에서는 높은 압력에 의해 부서질 염려가 있다. $Al_2CO_3 \cdot 3H_2O$은 내부의 물($3H_2O$)이 높은 온도(220°C 정도)에서 분해되어 발화지연제의 역할을 하므로, 전기, 가전 및 구조용 제품과 같이 발화성과 발연성이 문제가 되는 곳에 사용한다.

SMC의 충진제와 수지의 비는 수지 페이스트(Resin Paste)의 정도에 영향을 미치고, 따라서 금형 내의 수지의 유공과 섬유 표면의 수지 함침에 영향을 미친다. 일반적으로 섬유의 함량이 높으면 충진제와 수지의 비율은 낮게 된다. 예를 들면, SMC-R30, SMC-R50, SMC-R65의 충진제와 수지의 비율은 일반적으로 1.5, 0.5, 0이다. 유리섬유 SMC에 전기전도성 충진제를 사용하여 정전기를 감소시킬 수 있다. 정전기는 전자 제품에 전자파 간섭을 일으킬 수 있다. 이러한 충진제에는 탄소가루(카본 블랙), 탄소섬유, 알루미늄이나 혹은 니켈의 단섬유나 분말들이 사용된다. 이러한 충진제는 유리섬유 SMC 복합재료의 전기 및 열전도도를 높이기 위하여, 주 충진제인 $CaCO_3$와 함께 사용된다.

표 15.4 | SMC에 사용되는 광물성 충진제

충진제	비중	평균분체의 크기(㎛)
$CaCO_3$	2.71－2.93	3
진흙(Kaolin Clay)	2.60	4
$CaCO_4$	2.96	4
$Al_2CO_3 \cdot 3H_2O$	2.42	9
속이 찬 유리구	2.50	10
속이 빈 유리구	0.40	20
탈크(Talc)	2.70	2－20

15.2.4 촉매(Catalyst)

촉매의 역할은 높은 온도에서 경화반응을 시작하게 하는 것이다. 일반적인 촉매는 TBPB(t-Butyl Perbenzoate)와 같은 유기성 과산화수소로, 금형 온도에서 쉽게 분해되어 자유기(Free Radical)를 생성한다. 이러한 자유기는 스타이렌과 폴리에스터의 탄소-탄소 이중 결합을 깨뜨려서 경화 반응을 시작하게 한다.

촉매가 분해되어 자유기를 생성하는 속도는 주위의 온도가 상승하면 증가한다. 촉매의 분해 속도는 촉매의 농도가 절반으로 떨어지는 시간인 반감기(Half-life, $t_{1/2}$)로 측정되나, 편리하게 하기 위해서, 반감기가 1시간 혹은 10시간이 되는 온도로도 표현된다. 1시간 반감기 온도는 실제 사용할 수 있는 한계온도로 간주되며, 10시간 반감기 온도는 촉매의 반응성을 비교하기 위하여 자주 사용된다. 표 15.5는 SMC에 사용되는 여러 가지 상품화되어 있는 촉매에 대한 10시간 반감기 데이터를 보여 준다.

표 15.5의 촉매 중에서도 t-Butyl Perbenzoate와 l, l-di (t-Butylperoxy) Cyclohexane 등이 많이 사용된다. TBPO(t-Butyl Perbenzoate)는 좀 더 반응성이 강하여 낮은 금형 온도나 빠른 경화가 필요할 경우에 사용된다. 그러나 이러한 촉매를 사용하는 경우에 SMC의 저장 기간은 짧아지게 된다. SMC에 사용되는 다른 촉매는 Azo 화합물 (R-M=N-R′)이며, 이들은 과산화촉매와 반응성은 비슷하나 건강에 덜 해롭다. Azo 화합물의 분해율은 산, 염기나 전이금속의 존재에 훨씬 덜 민감하므로 과산화촉매보다 더 긴 가사시간(Pot Life)을 갖는다.

수지-촉매 혼합물의 경화 특성은 SPI Gel Time test에 의하여 결정된다. SPI는 Society of the Plastics Industry의 약어이다. 이 시험에서는 10g의 수지-촉매 혼합물을 표준 크기의 시험 튜브에 넣은 후 82°C의 물수조(Water Bath)에 띄워서, 시편

표 15.5 | SMC에 사용되는 촉매의 반감기 데이터

촉매	30℃에서의 반감기(일)	10시간반감기온도(℃)	149℃에서의 경화시간(분) (무게로 1% 사용하였을 때)	가사기산(일) (무게로 1% 사용하였을 때)	최고 저장온도 (℃)
t-Butyl Perbenzoate	24,068	105	0.80	8	38
t-Butyl Peroctoate	159	72		2−3	18
1, 1-di-(t-Butylperoxy) Cyclohexane		93	0.62		32
2-t-Butyl Azo-2-Cyano-4-Methylpentane		70			
1-Cyano-(1-t-Butylazo) Cyclohexane	10,954	96	0.73	71	29
2-t-Butylazo-@-Cyanopropane	600	79	0.49	43	27

의 온도를 열전대(Thermocouple)를 통하여 모니터링 한다.

그림 15.4는 Gel Time test에 의하여 얻은 온도−시간 곡선으로, 경화가 시작되는 시간과 물질이 젤리(Gel−like Mass)와 같이 변화하는 시간을 보여 준다. 경화반응에 의하여 생성된 열은 모두 물로 전달되지 못하고 혼합물의 온도를 증가시키게 된다. 이 온도의 증가는 촉매의 분해를 가속시켜서 온도의 상승을 더욱 가속시

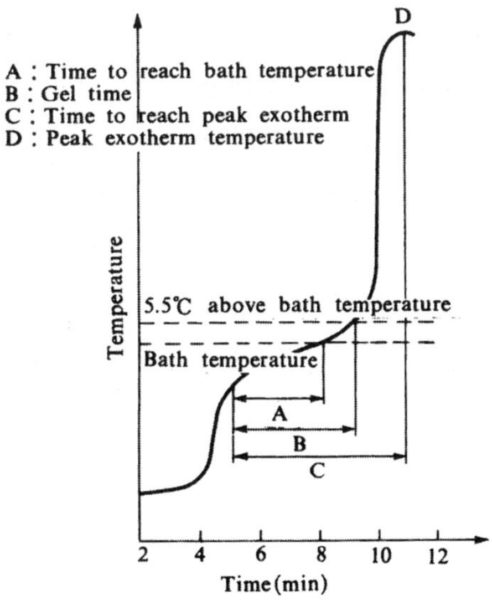

그림 15.4
SPI Gel Time Test에 의한 온도-시간 곡선

표 15.6 | 폴리에스터 경화시의 SPI (경화온도 121℃)

촉매A	촉매B	촉매 2의 무게비율(%)	Gel Time (분)	경화시간 (분)	최고온도 (℃)	32℃에서의 가사시간(일)
TBPB		0	4.2	5.60	217	40
TBPB	TBPO	17	2.3	3.13	209	12
1		0	2.71	3.71	209	81
1	TBPO	10	2.20	3.07	204	40
1	2	10	1.85	2.79	199	56

촉매 A : l, l-di(t-Butylperoxy) Cyclohexane,
촉매 B : 2-t-Butyl Azo-2-Cyano-4-Methylpentane

킨다. 시편의 온도는 SPI Gel Time Test 발열곡선에서 발열 최고 온도까지 상승하며, 이후 경화가 종료된다. 발열 반응 곡선의 경사는 촉매의 반응성에 의하여 결정되며, 경화율 측정의 수단이 된다. 시편의 온도가 수조의 물 온도보다 5.5℃ 이상 될 때까지의 시간을 Gel Time으로 간주한다.

경화시간을 줄이는 방법 중의 한 가지는 높은 온도의 촉매 TBPB에 소량(20mol%)의 낮은 온도 촉매 TBPO를 섞는 것이다. 이렇게 혼합한 촉매 시스템은 가사시간을 약간 줄일 수 있으며, 이때 Gel Time과 경화시간은 크게 줄어든다(표 15.6).

15.2.5 억제제(Inhibitor)

억제제(Inhibitor)는 SMC의 수지 합성 단계에서 아주 미량을 첨가하며, SMC의 혼합, 숙성 및 저장 중에 발생하는 경화반응을 줄이거나 억제하는 역할을 한다. 가열된 금형 내에 SMC가 놓이면, 경화반응은 억제제 때문에 처음에는 느리게 진행되나, 촉매로부터 자유기(Free Radical)가 생성되면서 억제제의 농도는 곧 줄어들게 된다. 이와 같이 억제제의 농도가 감소하면 반응 속도는 크게 증가한다.

Hydroquinone과 PBQ(Parabenzoquinone)는 SMC 합성에 사용되는 대표적인 억제제이다. 억제제는 경화율을 낮추고, 성형의 초기 단계에서 점도를 증가시키므로, 촉매와 억제제의 비율을 조정하여 SMC의 유동을 제어할 수 있다. 따라서, 충진 불량(Short Shot)이나 기공이 생기는 것과 같은 유동문제는 수지의 억제제 농도를 조절하여 해결할 수 있다.

15.2.6 내부 금형 이형제(Internal Mold Release Agent)

이형제의 역할은 수지와 금형 사이의 접착을 방지하여 제품을 탈형시키기 편하도록 하는 것이다. 수지 페이스트 내에 섞여 있는 내부 금형 이형제(Internal Mold Release Agent)가 일반적으로 효과가 있으나, 금형으로부터 제품의 탈형을 용이하게 하기 위해 이형제를 금형 표면에 분사시키는 것이 필요할 때가 종종 있다.

내부 금형 이형제는 금형 온도보다 낮은 온도에서 녹아야 하기 때문에, 용융점에 의하여 선정된다. 자주 이용되는 이형제는 Zine Stearate(133℃ 용융점), Calcium Stearate(150℃ 용융점)이며, 이 두 이형제는 각각 155℃와 165℃까지 사용될 수 있다. 이 두 이형제는 상온에서 분말 형태이나 수지에 쉽게 용해가 된다. 이형제를 너무 많이 넣으면 성형된 제품의 인장강도를 감소시키므로, 전체 양의 2% 범위 이내에서 첨가하여야 한다.

15.2.7 증점제(Thickener)

증점제(Thickener)는 SMC 판을 자르거나, 보관한 후 금형에 놓을 때 취급하기 용이하도록 수지의 점도를 증가시키는 역할을 한다. 증점된 상태에서, 수지는 경화가 되지 않은 상태이나, 점도의 범위는 30×10^6~100×10^6cP 정도로 매우 높다. 이 점도에서 SMC 판은 건조한 상태로 끈적거리지는 않으나, 굽힐 수는 있는 상태가 된다.

폴리에스터와 비닐에스터 SMC에 사용되는 증점제는 MgO, CaO 그리고 $Mg(OH)_2$와 같은 ⅡA 족의 금속산화물이다. 이러한 물질을 수지에 넣으면 다음과 같은 두 단계의 반응이 일어난다.

1단계 :

$$\underset{\text{Resin}}{\text{HOOC} — \text{COOH}} + \text{MgO} \rightarrow \underset{\text{Basic Salt}}{\text{HOMgOOC} — \text{COOH}}$$

2단계 :

$$\underset{\text{Resin}}{\text{HOOC} — \text{COOH}} + \underset{\text{Basic Salt}}{\text{HOMgOOC} — \text{COOH}}$$

$$\rightarrow \underset{\text{Neutral Salt}}{\text{HOOC} — \text{COOMgOOC} — \text{COOH}} + H_2O$$

위 반응에서 생긴 중성염(Neutral Salt)은 수지보다 큰 분자량을 가지고 있으며, 다른 염기성염(Basic Salt)과 결합하여, 더 큰 분자량을 갖는 분자를 형성시키므로, 수지 점성을 증가시키게 된다. 금속산화물과 수산화물 증점제는 수지와 혼합되면 즉시 수지와 반응을 한다. 혼합물의 점도는 처음에는 급격히 증가하다가 숙성기간(Maturation Period)이 지난 후에는 증가율이 감소한다. 숙성률, 즉 얼마나 빨리 점도의 값이 정점에 도달하는가는 숙성 제어제(Maturation Control Agent)를 첨가하여 증가시킬 수 있다. 또한 점도는 수지 내의 수분 함유의 증가에 의해서도 증가한다. 그러나, 만약 혼합 후에 점도가 너무 빨리 증가하면, 섬유가 수지에 적절히 함침되지 않을 수 있으며, 이 경우 섬유 표면에 기공이 생기게 되어 성형된 제품의 기계적 성질이 저하된다.

SMC판이 가열된 금형 위에 놓이면 증점된 SMC 내의 높은 분자량을 갖는 중성염 분자가 수지(Resin) 분자로 분해되므로 그림 15.5와 같이 수지의 점성은 저하된다. 경화공정이 시작되기 전의 성형 초기 단계에서 수지는 금형 내의 유동성을 좋게 하기 위해 낮은 점도를 유지하여야만 한다. 그렇지 않으면 금형 내에 SMC가 다 채워지지 않게 되거나(Short Shot), 제품 내에 많은 기공이 존재하게 된다. 이 경우에 SMC를 금형의 모든 부분에 채우고 기공을 줄이기 위해서는 높은 성형압력이 필요하게 된다.

성형 시의 성형압력과 점도감소의 정도는, 성형을 시작하기 전의 SMC의 최종점도에 관련된다. 이 최종점도는 증점제의 종류와 농도에 관련된다. 표 15.7의 MgO와 $Mg(OH)_2$는 저수축(Low Profile) SMC 수지를 증점시키기 위하여 사용된다.

MgO는 낮은 농도에서도 $Mg(OH)_2$보다 점도를 높게 증가시킨다. 그러나 $Mg(OH)_2$

표 15.7 | MgO와 $Mg(OH)_2$의 증점효과

증점제	증점제의 수지에 대한 무게(%)	SMC점도(10^6cP)				
		4시간	1일	2일	7일	14일
MgO	0.50	0.85	6	11	19	20
	0.55	1	10	17	32	33
	0.60	3	12	25	46	48
	0.65	3	19	30	52	60
	0.75	4	28	47	73	80
MgO/CM-201*	0.65/0.30	6	30	47	56	54
	0.65/0.85	14	39	48	46	37
$Mg(OH)_2$	2.5		8.5	25	42	49

* CM-201은 특허 등록된 숙성 제어제이다.

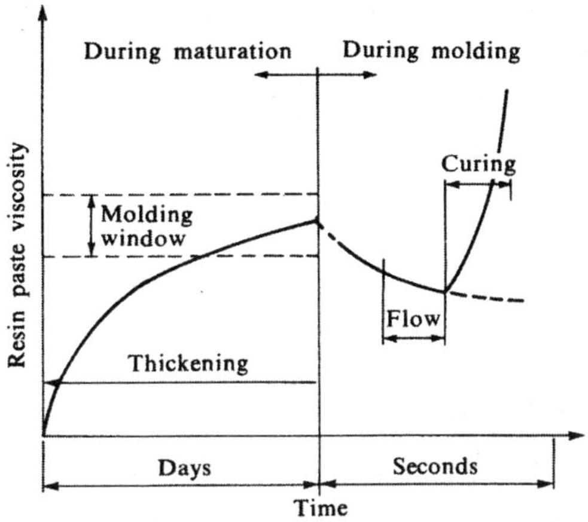

그림 15.5
숙성 단계와 성형 단계에서의 수지 페이스트의 점도 변화

는 숙성기간 동안에 전도가 매우 천천히 증가 증가하므로, 매우 긴 시간 동안에 SMC의 성형을 가능하게 한다.

양질의 제품을 성형하기 위해서는 SMC의 최종점도가 50×10^6 ~ 130×10^6cP 내의 Molding Window 사이에 있어야 함을 주의하여야만 한다. 최종점도가 50×10^6cP 보다 작으면 성형 중에 수지가 섬유로부터 분리될 수 있으며, 최종점도가 130×10^6cP 보다 높으면 불완전한 충진(Short Shot)을 야기시킨다.

SMC 수지 페이스트를 증점시키는 다른 방법은 ITP(Interpenetraing Thickening Process) 방법으로, 이 과정은 Polyisocyanate와 Polyol의 반응을 포함한다. 이 과정에서 SMC는 수지의 체인이 얽혀서 기계적으로 증점된 Polyisocyanate 네트워크(Network)를 형성한다. MgO로 증점된 기존의 SMC와는 달리, ITP로 증점된 SMC는 수분을 적게 흡수하므로 기계적인 성질과 전기적인 성질의 변화가 적으며, 충격 흡수 에너지도 크다.

15.2.8 저수축 첨가제(Low Profile Additives)

저수축 첨가제(Low Profile Additives)는 SMC의 수축을 제어하기 위하여 폴리에스터와 비닐에스터에 혼합하는 열가소성 분말(Thermoplastic Powder)을 말한다. SMC에 사용되는 수지는 금형 내에서의 경화수축과 금형 밖에서의 냉각에 의한 열수축 때문에 대개 5~9%의 선형적인 치수 감소를 가져온다. 이와 같은 수축은 성형된 제품의 치수변화를 가져오는 것은 물론, 장 혹은 단형의 파형(Wave) 형상, 싱크마크(Sink Mark)와 기공(Void)을 형성한다.

SMC 복합재료의 수축은 무게비로 10~20% 정도의 열가소성 수지인 Polyvinyl

표 15.8 | SMC* 의 선 수축률(Linear Shrinkage)과 저수축 첨가제의 관계

저수축 첨가제	양(무게)	선 수축률(%)
None	0	0.7
Polyvinyl Acetate	10	0.07
Polymethyl Methacrylate	10	0.14
Polystyrene	10	0.29

* 무게로 10%의 6.35mm E-glass 섬유를 함유하는 폴리에스터 수지

Acetate, Polycaprolactone, Polyacrylate Copolymer, Cellulose Acetate Butyrate, Polystyrene 및 Polyethylene 등을 섞음으로써 현저히 감소시킬 수 있다. 이 중에서 Polyvinyl Acetate는 가장 효과적인 열가소성 수축 제어제이다(표 15.8). 그러나 이 수지는 색깔을 내는 염료를 잘 받아들이지 않는다.

Polyethylene과 Polystyrene은 수축 제어에는 덜 효과적이지만, 염료를 잘 흡수한다. 어떤 종류의 열가소성 분말은 수지에 혼합되기 전에 스타이렌 모노머(Styrene Monomer)에 용해시키며 다른 종류의 열가소성 분말은 수지에 직접 혼합된다. 저수축 첨가제를 포함하는 수지를 때로는 저수축 수지(Low Profile Resin)라고도 부른다.

열가소성 수지는 경화가 시작될 때 수지로부터 분리되어 분산된 2차의 상(Dispersed Second Phase)을 형성하여, 경화가 되지 않은 수지와 스타이렌(Styrene)을 소량 흡수한다. 열가소성 상(Phase)의 열수축이 크고, 흡수된 스타이렌의 기체 압력이 크면 클수록 경화 시 수지의 수축을 억제한다. 수지와 스타이렌이 경화하면, 열가소성 상(Phase)에는 미소기공(Microvoid)이 발생한다. 성형된 제품이 금형 밖에서 냉각되면, 수지와 열가소성 수지 모두 수축한다. 그러나, 경화된 폴리에스터 수지의 유리 전이온도(Glass Transition Temperature)가 열가소성 첨가제보다 높기 때문에, 수지의 열수축은 열가소성 수지보다 훨씬 적다. 이러한 수축률의 차이는 두 상(Phase)의 경계면에서 기공(void)이나 미소트랙(Microcrack)을 형성하여, 경화된 수지의 열수축을 보상한다.

15.2.9 안료(Pigment)

성형된 SMC의 색깔을 내기 위하여, 유기성 혹은 무기성의 안료(Pigment)가 분말 상태나 용액 상태로 사용된다. 무기성 안료인 Titanium Dioxide와 Iron Oxide는 비중이 높으며, 기름은 적게 흡수하고 열에 대한 안정성은 유기성 안료보다 우수하다.

표 15.9 | SMC 에 사용되는 안료

Pigment	Color	Form	Secondary Effect
Cadmium Salts	Greenish Yellow to Orange	concentrate	Accelerator
Carbon Black	Black	powder	Inhibitor
Iron Oxide	Red	powder	Accelerator
Titanium Dioxide	White	powder	Slight Accelerator
Phthalocyanine Green	Green	concentrate	Slight Inhibitor
Kaolin Clays		concentrate	Slight Accelerator
Organic Dyes and Pigments		concentrate	Inhibitors

어떤 안료들은 수지의 경화에 억제제(Inhibitor)나 가속제(Accelerater)의 역할을 하기도 한다(표 15.9).

15.2.10 그 밖의 첨가제

SMC 수지 페이스트(Resin Paste)에 자주 사용되는 그 밖의 첨가제는 난연제(Flame Retardant), 자외선 흡수제(Ultraviolet Absorber)와 내충격 개질제(Impact Modifier) 등이다. 이 중에서 가장 주목할 만한 것은 Acrylonitrile-Butadiene 공중합체(Copolymer)와 Styrene-Butadiene 공중합체(Copolymer)로, 이들은 SMC의 충격에너지, 파괴인성(Fracture Toughness)및 손상저항(Damage Resistsnce)을 향상시킨다. 이러한 개질제(Modifier)는 수지 페이스트에 액체 상태로 첨가되나, 경화된 상태에서는 크기가 5~25㎛ 정도의 분산된 고무입자로서 존재하여 수지의 인성을 강화시킨다.

15.3 SMC 판의 제조

SMC 판의 제조공정은 혼합(Mixing), 배합(Compounding), 압축(Compaction) 및 숙성 (Maturation)으로 이루어진다. 수지 페이스트는 혼합과정에서 만들어지고, 섬유는 배합과정에서 수지 페이스트에 첨가되며, 압축과정에서 수지와 섬유의 함침(Impregnation)이 이루어진다. SMC-R과 SMC-CR의 배합과 압축공정은 그림 15.6

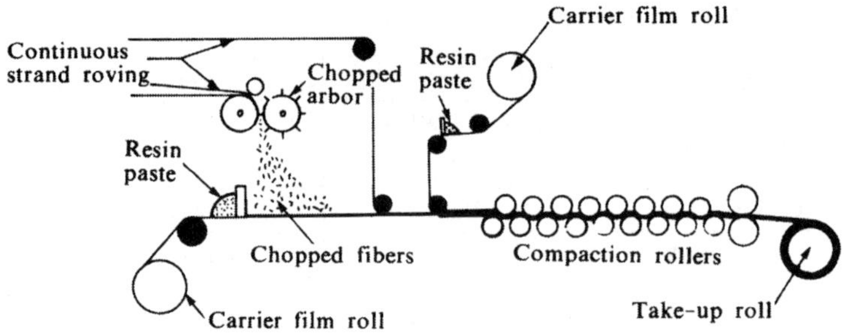

그림 15.6
SMC 제조기계의 개략도

과 같은 기계에서 이루어진다. XMC인 경우에 이러한 공정들은 필라멘트 와인딩에 의해서 이루어지며, XMC 판은 필라멘트 와인딩된 롤(Roll)의 한 선을 잘라서 제조한다.

이러한 공정 후에, SMC 판 내의 수지 페이스트의 점성을 성형 작업에 편리한 균일한 값으로 증가시키기 위하여 숙성 과정을 거친다.

15.3.1 혼합(Mixing)

SMC 수지 합성에 사용되는 여러 가지 성분은 다음과 같이 두 부분으로 나뉜다.

① A 성분, 혹은 수지 성분은 수지, 저수축 첨가제, 촉매, 억제제, 금형 이형제와 대부분의 충진제(Filler).

② B 성분, 혹은 증점제 성분은 비증점성 수지에 의해 이송되는 증점제, 안료 및 잔여 충진제.

A, B 성분은 고성능의 믹서로 각각의 탱크에서 완전히 혼합된다. A 성분을 제조하는 순서는 맨 처음 열가소성 분말을 수지에 첨가한 다음 균일하게 분산되었다고 생각되는 충분한 시간 동안 혼합을 한 후 다른 성분을 가한다. B 성분은 SMC 제조기계에 들어가기 직전에 A 성분과 혼합된다. 혼합 과정에서 진공을 가하면 수지 페이스트의 공기 함유량을 줄일 수 있으므로 성형된 제품의 기공을 줄일 수 있다. 표 15.10에는 대표적인 SMC의 조성 성분이 나타나 있다. 이 중에서 SMC-R50과 SMC0R65은 구조용 SMC로 간주된다. 섬유의 함량이 무게비로 50% 이상 되는 SMC는 열가소성 수지나 충진제를 소량 포함하거나 전혀 포함하지 않는다.

표 15.10 | SMC의 대표적인 조성 성분

성분	SMC-R30		SMC-R50		SMC-R65	
	무게비	무게%	무게비	무게%	무게비	무게%
수지	100	30.96	100	34.48	100	31.85
열가소성첨가제	15	4.64	15	5.17	0	0
촉매	1	0.31	1	0.345	1	0.32
금형이형제	5	1.55	3	1.035	3	0.95
충진제	100	30.96	20	6.90	0	0
증점제	5	1.55	6	2.07	6	1.91
섬유	97	30.03	145	50.00	204	64.97
전체	323	100	290	100	314	100

15.3.2 배합(Compounding)

수지 페이스트(Resin paste)는 계량제포기(Metering Blade 혹은 Doctor Blade) 바로 뒤의 0.05mm 두께를 갖는 두 장의 폴리에틸렌 이송 필름(Carrier Film) 위에 도포되거나 펌프로 이송된다(그림 15.6). 이송 필름 위에 도포되는 수지 페이스트의 두께는 계량제포기의 수직 방향의 위치를 조절하여 제어한다. 연속적인 섬유 로빙(Roving)은 여러 개의 로빙 저장소로부터 당겨져서 기계의 베드에서 400~800mm 위에 위치한 세단 장치(Chopper Assembly)에서 단섬유로 잘려 수지 페이스트 위에 떨어지게 된다. 세단 장치는 절삭롤(Cutter Roll), 탄성체 축(Elastomeric Arbor), 진동빗(Oscillating Comb)과 정전기 제거 막대를 포함한다. 진동빗은 로빙을 세단 장치 내의 좌우로 움직여서 절삭롤이 균일하게 사용되게 한다. 절삭롤 바로 밑에 위치한 정전기 제거 막대는 주변의 공기를 이온화하여 정전기 발생을 줄임으로서 유리섬유가 한데 뭉치는 것을 방지한다. 단섬유는 아래 (Bottom)에 위치한 수지 페이스트 위에 무작위 형상(Random Fashion)으로 떨어져서 더 아래쪽에 있는 폴리에틸렌 필름에 의해서 당겨진다. SMC-SR형의 판을 제조하기 위해서는 무작위 형상의 섬유 위에 정렬된 연속적인 섬유 로빙을 위치시킨다. 위에 있는 폴리에틸렌 필름에 코팅되어 있는 얇은 수지 페이스트는 아래에 있는 수지 페이스트 및 섬유와 결합된다. 이렇게 결합된 재료는 압축 영역으로 당겨져서 수지와 섬유의 함침이 이루어진다.

15.3.3 압축(Compaction)

압축은 여러 개의 롤(Roll) 형상의 함침기(Impregnator)에 의해서 이루어진다. 롤은 쌍으로 이루어지며, 감는 장치(Take-up) 방향으로 롤의 간격이 줄어들게 배열된다. 또한 롤은 테프론(Teflon)이 코팅된 강철이나 알루미늄 합금으로 이루어져 있으며, 함침을 향상시키기 위하여 외면에 톱니 모양이나 나선형의 홈이 있는 형상으로 만들 수도 있다. 수지 페이스트와 섬유의 함침은 압축 롤 사이를 통과할 때 발생하는 압력에 의하여 이루어진다. 감는 장치에 가까이 위치한 롤은 롤의 표면온도를 제어하기 위하여 내부에 가열 장치를 가지고 있다. 이렇게 하면 판의 온도가 높아지고, 수지 페이스트의 점도가 낮아지며 숙성시간을 줄일 수 있다. 또한 이렇게 점도가 낮으면 수지의 함침을 향상시킨다. 몇 개의 롤은 위에 있는 폴리에틸렌 필름에 구멍을 내서 내부의 공기를 방출시키는 데 사용되기도 한다. 압축 과정의 맨 마지막에 있는 대형의 롤은 수지 페이스트에 포함된 공기를 양단으로 밀어 내보내는 역할을 한다. 이 마지막 공정은 성형된 제품의 기공을 줄이고 섬유의 함침을 향상시켜서, 제품의 인장강도를 향상시킨다.

SMC 판은 감는 장치에 감겨서 알루미늄 코팅된 Kraft종이나, 셀로판 혹은 Mylar 필름으로 포장된다. 이러한 포장지는 숙성기간 동안에 SMC로부터 스타이렌이 증발하거나 수분이 흡수되는 것을 방지한다.

15.3.4 숙성

제조된 SMC 롤(Roll)은 온도가 조절되는 숙성실(Maturation Room)에 보관된다. 숙성온도는 29~32℃ 정도이고, 숙성기간은 수지와 증점제의 조합에 의하여 결정되나 보통 1~7일이다. 그러나 대부분의 SMC 숙성기간은 3일 이내이다. 적당히 점도가 얻어진 SMC는 즉시 꺼내 사용할 수 있으며, 숙성실에서 꺼낸 SMC의 보관기간은 수지-촉매-억제제의 조합에 의하여 결정된다.

15.3.5 품질관리 방법

SMC의 제조 시에 행하는 품질관리 방법은 다음과 같다.

① 수지 페이스트 (Resin Paste)의 점도: 수지 페이스트의 점도는 소량의 샘플을 채취하여 Brookfield 점도계로 측정한다. 초기점도가 측정된 샘플은 SMC롤과 같

은 온도에 저장하고, 숙성기간 동안 수시로 점도를 측정한다.

③ 단위 면적당의 무게: 단위 면적당의 무게는 SMC 판으로부터 자른 300mm × 300mm의 판의 무게를 구하여 측정한다. SMC 판의 무게의 변화는 압축성형(Compression Molding) 시의 장입(Charge)량에 필요한 SMC플라이(Ply)의 크기와 숫자를 변화시킨다. 또한 모자라는 장입량을 보충하기 위하여 여분의 양을 채워 넣어야만 할 경우도 있다. 어떤 경우이든 성형 시의 금형 내의 유동 현상을 변화시켜서 제품의 성능이나 표면 정도(Surface Quality)에 영향을 미친다.

④ 섬유의 양: 섬유의 양은 SMC 판의 폴리에틸렌 필름을 벗긴 후 염화메틸렌(Methylene Chloride)을 포함하는 초음파조(Ultrasonic Bath)에서 수지 페이스트을 제거하여 구한다. 섬유량의 변화는 성형된 제품의 기계적 성질을 변화시킨다.

⑤ 경화특성: 수지-촉매 조합의 특성을 얻기 위하여 SPI Gel Time 테스트가 수행된다.

⑥ 나선유동시험(Spiral Flow Test): 나선유동시험에서는 SMC의 유동특성을 측정한다. 이 시험에서는 정량의 SMC를 나선형의 금형 내부로 TM(Transfer Molding) 성형한 후에, 채워진 SMC의 길이를 측정하여 성형성을 측정한다.

15.4 BMC 및 TMC

BMC(Bulk Molding Compound) 및 TMC(Thick Molding Compound)도 무작위의 단섬유(Random Short Fiber)가 열경화성 수지에 포함된, 복합재료의 성형에 사용되는 재료이다. BMC는 압축성(Compression Molding), 사출성형(Injection Molding) 혹은 TM(Transfer Molding)으로 성형하고, TMC는 압축성형을 한다.

15.4.1 BMC

BMC(Bulk Molding Compound)는 두꺼운 로프나 통나무 형태로 제조되며, 유럽에서는 DMC(Dough Molding Compound)로 알려져 있다. BMC는 6~12mm 정도의 E-Glass 섬유를 무게비로 10~25% 정도 포함하는 폴리에스터 수지로 이루어져 있다. 수지의 배합은 SMC와 비슷하며 수지와 짧은 유리섬유의 혼합물이 강력한 믹서에 혼합되어 통나무 형태로 압출(Extrusion)되어, 작은 길이로 잘라진다. 압출기에서 압출된 후 곧 성형될 경우에는 수지에 증점제를 넣지 않는다. 그렇지 않은 경

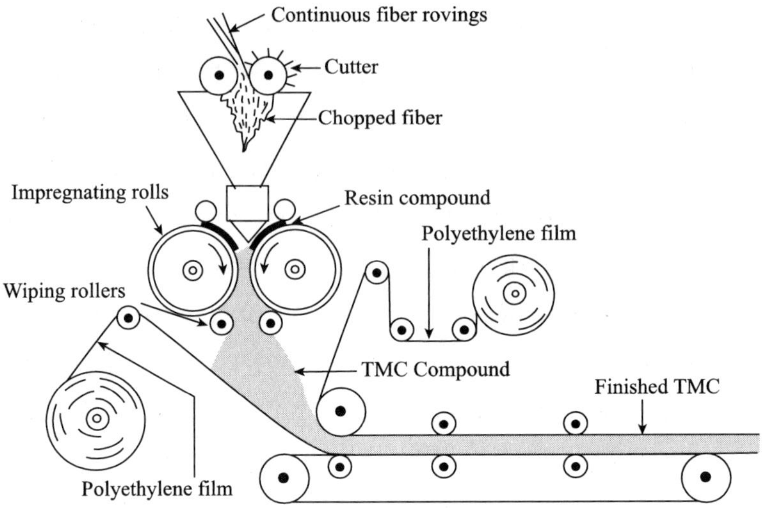

그림 15.7
TMC 기계의 개략도

표 15.11 | BMC로 제조한 복합재료의 대표적인 성질

성질	값
E-glass 함유율(무게 %)	10-25
비중	1.8-2.0
인장강도(MPa)	27-54
인장강성(GPa)	3.4-10.3
굽힘강도(Flexural Strength)(MPa)	69.172
굽힘강성(Flexural Modulus)(GPa)	5.5-8.2
열팽창계수(10^{-6}/℃)	14.4-27

우에는 MgO 분말과 같은 증점제를 수지에 넣은 후 점성을 증가시키기 위하여 숙성기간을 거친다.

BMC로 성형된 제품의 인장강도, 인장강성 및 충격 흡수에너지 등의 기계적 성질은 SMC로 성형된 제품보다 떨어진다. 이러한 기계적 성질의 저하는 포함된 섬유의 길이가 작고, 섬유의 양이 적기 때문이다. BMC로 제조한 제품의 대표적인 성질은 표 15.11에 나타나 있다.

15.4.2 TMC

TMC(Thick Modeling Compound)는 SMC의 일종이나, SMC의 두께가 6mm 이하인데 반해서, TMC는 판의 두께가 50mm까지 된다. TMC는 미리 혼합된 수지 페이스트와 단섬유를 커다란 함침롤 사이를 통과시켜 제조한다(그림 15.7). 롤을 빠져 나온 TMC는 두 장의 폴리에틸렌 필름에 포장된다. SMC 내의 유리섬유의 배열이 기본적으로 2차원 형상인데 비해, TMC 내의 유리섬유의 배열은 3차원 분포를 갖는 장점이 있다. 또한 압축성형 시 플라이(Play)의 개수를 적게 사용하여도 되므로, 층간균열(Interlaminar Crack)이 생길 확률이 적다. 이외에도 TMC 공정은 좋은 함침 효율과 제어특성 때문에 높은 충진제의 함유율을 가져온다.

참고문헌

[1] P. K. Mallick and S. Newman(Eds), composite Materials Technology, Processes and Properties, Hanser Publisher, New York, 1990.

[2] R. W. Meyer, Handbook of polyester Molding Compounds and Molding Technology, Chapman and ll, New York, 1987.

CHAPTER 16

압축성형

16.1 입문

압축성형 공정은 플라스틱 제품을 제조하는 데 사용된 방법 중에서 가장 오래된 방법 중의 하나이다. SMC(Sheet Molding Compound)가 개발되기 전에는 페놀(Phenolic)이나 알키드(Alkyd) 분발을 성형하거나 고무를 성형하는 데 한정적으로 사용되었다. 그러나 SMC가 개발되면서부터 압축성형 공정은 자동차, 가전제품 및 장치(Appliance)산업에 널리 사용되기 시작하였다[1].

압축성형 공정은 사출성형(Injection Molding) 공정에 비하여 여러 가지 장점이 있다. 즉, 스프류(Sprue), 런너(Runner)와 게이트(Gate)가 없는 간단한 금형을 사용할 수 있기 때문에 금형의 값이 저렴하고, 재료의 낭비가 매우 적다. 또한 사출성형에는 길이가 3mm 이내의 단섬유를 낮은 부피분율만 함유하게 할 수 있으나, 압축성형에서는 장섬유를 매우 높은 부피분율까지 함유하게 할 수 있다. 따라서 압축성형공정으로 제조된 부품은 좀 더 좋은 기계적인 성질을 갖는다. 압축성형 공정에서 사용되는 압력은 사출성형에서 사용되는 압력보다 낮으며, 따라서 사출성형보다 같은 크기의 표면적을 갖는 제품을 생산하기 위하여 낮은 용량의 프레스를 사용할 수가 있다. 이러한 이유 때문에 넓은 단면적을 갖는 제품을 생산할 때에는 사출성형보다 압축성형이 더 적합하다.

16.2 압축성형 공정

그림 16.1은 압축성형 공정의 개략도이며, 압축성형 공정은 다음과 같이 세 개의 기본적인 단계로 나눌 수가 있다.

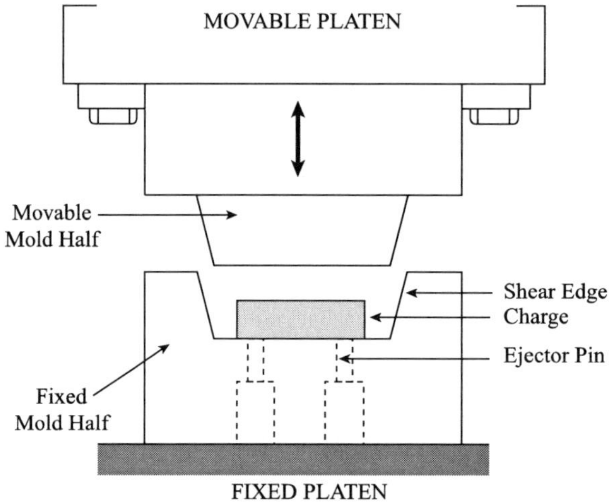

그림 16.1
압축성형공정의 개략도

(1) 장입준비와 배치(Charge Preparation and Placement)

가열된 금형 내에 위치시키는 한 덩어리의 SMC 롤(Roll)에서 다이(Die)를 이용하여 원하는 모양과 크기로 재단된 플라이는, 폴리에틸렌 이송 필름(Carrier Film)이 제거된 후 금형 밖에서 장입제 형태로 적층된다. 장입제의 모양은 정사각형의 모양이 자주 사용되나, 원형, 타원형 혹은 다른 모양이 사용될 수도 있다. 플라이의 크기는 금형 면적의 60~70%를 채우도록 재단되며, 금형 내에 들어가기 전에 장입제의 무게를 계량한다. 모든 제품의 무게가 같도록 하는 것이 제품의 품질에 중요하므로, 장입제의 무게가 다르면 SMC 롤의 일부를 잘라서 무게나 가벼운 장입제에 채워서 무게가 같도록 한다. 금형 내의 장입제의 위치에 의해서, 섬유의 방향, 기공의 양, 봉합선(Knit Line)의 형성 등이 결정되므로, 장입제를 적당한 위치에 놓는 것이 매우 중요하다.

(2) 금형의 닫힘 (Mold Closing)

아래의 금형(Fixed Mold Half)에 장입제가 놓이면, 위의 금형(Movable Mold Half)이 아래로 내려와서 장입제의 윗부분과 접촉한다. 이때부터 위의 금형이 5~10mm/s

의 낮은 속도로 하강하여 금형이 천천히 닫히기 시작한다. 금형 내의 장입제의 온도가 상승하면, SMC는 금형의 맨 끝까지 흐르게 되고, 금형 내의 공기는 금형의 전단 모서리(Shear Edge)나 혹은 통기구(Vent)를 통하여 빠져나가게 된다.

만약 금형의 닫힘 속도가 너무 느리면, 금형 내부가 모두 SMC로 채워지기 전에 장입제의 표면은 젤(Gel)화가 된다. 그리고 금형의 닫힘 속도가 너무 빠르면, 전진하는 유동선단(Flow Front)에 의하여 공기가 포집된다. 따라서 금형의 닫힘 속도는 압축 성형제품의 질을 결정하는 중요한 인자이다.

제품의 투영 면적에 기준한 압축성형 압력은 제품의 복잡성, 유동길이 및 금형온도에서의 SMC 점도 등에 따라 1~40MPa의 값을 갖는다. 금형의 표면온도는 일반적으로 149℃(300°F)이며, 위와 아래의 두 금형의 표면온도를 ±5℃의 오차 범위 내에서 유지되게 하기 위하여, 외부에서 가열을 한다. 사출성형에 비하여 압축성형에서의 유동량은 적으나, 이는 제품의 성능을 결정하는 중요한 인자이다. 유동은 공기의 집에 의하여 발생하는 기공의 양과 섬유의 방향성을 결정하므로 제품의 기계적 성질에 영향을 미친다.

(3) 경화(Curing)

금형이 SMC로 채워진 후에는, 제품 전체의 플라이의 압밀(Consolidation)과 경화를 보장할 수 있도록, 미리 정해진 시간 동안 금형을 닫은 채로 유지한다. 경화시간은 수지-촉매-억제제(Resin-Caralyst-Inhibitor)의 반응성, 제품의 두께와 금형온도 등에 의하여 1분에서 수분 사이의 값을 갖는다. 경화가 끝나면 위의 금형이 열리고, 아래 금형에 있는 제품은 이젝터 핀(Ejector Pin)에 의하여 탈형이 된다. 제품이 금형 밖에서 식는 동안, 다음 제품의 성형을 위하여, 금형 내에 남아 있는 부스러기 등이 제거된 후, 금형 표면에 이형제가 도포된다.

제품이 금형 밖에서 식는 동안에도 제품의 경화와 수축은 계속되나, 이와 같은 후경화(Postcuring) 시에는 압력이 작용하지 않으며, 제품 내 여러 부분의 냉각이 다르게 된다. 따라서 제품의 뒤틀림(Distortion)이나 잔류응력(Residual Stress)이 발생할 수 있다. 즉, 냉각 시의 온도 분포는 최종 제품의 잔류응력을 결정하는 데 매우 중요하며, 이는 제품의 설계에 의하여 많은 영향을 받는다.

최근에 압축성형 공정에 의하여 제조된 제품의 질과 생산성을 높이기 위하여 다음과 같은 공정이 개발되었다.

① 장입제 예열(Charge Preheating): 장입제를 금형에 넣기 전에 Gel 온도 아래까

지 예열하면 성형시간은 줄이고 생산성을 향상시킬 수 있다. 예열은 금형 밖에서 전자히터를 사용하면, 전체 장입제를 빠르고 균일하게 가열할 수 있다.

② 진공보조 성형(Vacuum-assisted Molding): 닫힌 금형에 진공을 가하면, SMC의 유동이 일어나는 동안에 제품의 공기포집을 줄여서 표면의 다공성을 줄이고, 강도를 향상시킨다.

③ 금형내 코팅(In-mold Coating): 금형 내 코팅은 성형된 제품의 표면기복(Surface Waviness), 다공성 및 싱크마크와 같은 결함을 메워서 감추기(Mask) 위하여 사용된다. 금형 내 코팅의 가장 일반적인 방법은 성형 사이클 중간에 금형을 0.2~0.5mm 정도로 약간 열어서, 폴리에스터(Polyester)나, 폴리에스터-우레탄 종합체(Polyester-Urethane Hybrid)와 같은 유연한 코팅 물질을 제품의 표면에 사출한 후, 금형을 다시 닫고 일반적인 성형 압력으로 성형을 계속하는 것이다. 이 경우, 코팅 물질이 경화가 되기 위해서는 금형을 폐쇄하는 시간을 좀 더 길게 하여야 하므로 전체 성형시간이 증가한다. 금형 내 성형의 두 번째 방법은 높은 사출 압력을 사용해서 금형을 열지 않고 코팅제를 사출하는 것이다. 이 경우, 코팅제는 제품의 수축이 가장 많이 일어나는 순간에 사출된다.

16.3 경화 사이클

경화가 되지 않은 SMC는 금형에서 일어나는 경화반응에 의하여 수지 분자 사이의 가교링크(Cross-link)가 발생하여 고체 상태로 된다. 경화정도(Degree of Cure)에 의하여 가교링크의 개수가 결정되며, 이 개수는 SMC 제품의 물리적 및 기계적인 성질에 영향을 미친다. 일반적으로 인장강도, 인장강성, 열 및 화학약품에 대한 저항은 경화정도가 증가함에 따라 증가하나, 파괴 시의 변형률 및 충격 저항은 감소한다. 그러나 양질의 균일한 제품을 생산하기 위해서는 경화정도가 높아야만 한다.

원하는 경화정도를 얻기 위해 필요로 하는 시간을 경화 사이클이라고 하며, 경화 사이클이 압축성형 사이클의 대부분을 이룬다. 그러므로 경화 사이클을 줄이면 생산성이 향상된다. 이러한 경화 사이클의 감소는 경화가 빠른 수지와 반응성이 좋은 촉매-억제제 시스템을 사용하거나, 금형온도를 바꿈으로써 실현할 수가 있다. 그림 16.2는 여러 경화온도에서 비닐에스터(Vinylester) 수지의 시간에 따른 경화정도를 보여 준다.

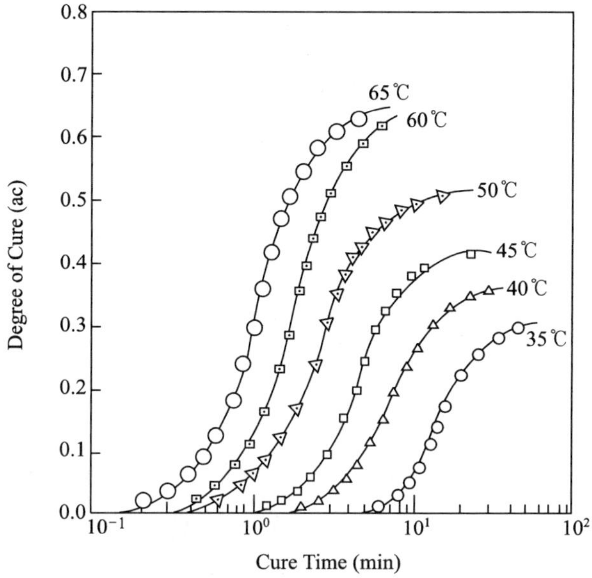

그림 16.2

여러 경화온도에서의 비닐에스터 수지의 경화시간

경화정도는 경화의 시작에서 가장 빠르고 점점 줄어들어 최종 경화값에 점근적으로 도달한다. 경화율과 경화시간은 경화온도를 조절하여 제어할 수 있다.

16.4 열 특성

금형 내에 장입제가 들어오면, 장입제의 표면은 금형온도까지 빨리 상승하나 내부의 온도는 상대적으로 천천히 상승한다. 따라서 경화는 표면으로부터 안으로 진전한다. SMC의 낮은 열전도 때문에 경화반응에 의하여 생성되는 내부의 열은 금형 표면으로 쉽게 방출되지 않는다. 제품 내부의 열 생성과 방출 사이의 불균형은 제품 내부의 온도를 상승시켜서 내부 온도는 금형온도보다도 높아질 수 있다. 경화반응이 거의 종료되면, 열 생성이 감소하므로 SMC 내부의 온도는 금형온도에 접근한다.

그림 16.3은 12.5mm 두께를 갖는 장입제의 압축성형 공정 중의 표면과, 표면의 한 층 밑, 그리고 중심의 온도를 측정한 결과를 보여 준다[2]. 그림 16.3의 온도-시간 곡선은 장입제의 발열 반응을 보여 주며, 중심에서 최고 발열점(Peak Exotherm Point)을 나타낸다. 그러나 표면의 온도는 금형의 온도에 매우 가깝게 유지된다. 얇은 장입제의 경우는 그림 16.3보다 좀 더 균일한 온도 분포를 나타낸다.

일반적으로 중심에서 최고 발열점에 도달하는 시간에서 경화는 90% 정도 진전

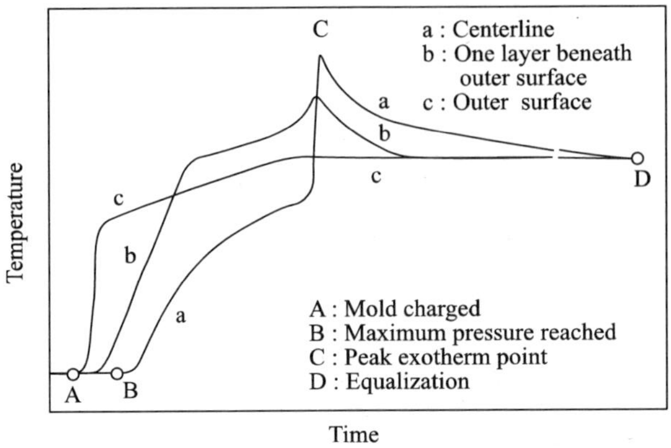

그림 16.3
압축성형 공정의 온도-시간 곡선

되므로, 이 시간을 최소 경화시간으로 간주한다. 이 시간보다 빠르게 제품을 금형에서 탈형하면 중심의 경화가 완료되지 않은 상태에서 압력이 제거되었으므로, 제품의 중심 부분에서 층간균열(Interlaminar Crack)이 발생할 수 있으며, 이는 제품의 기계적 성질에 많은 영향을 미치므로 주의해야 한다.

생산성에 영향을 미치는 경화시간은 제품의 두께, 금형의 온도, 수지-촉매-억제제의 반응성과, SMC의 열전도도에 관련된다. 경화시간은 제품의 두께에 선형적으로 변화하며 제품의 두께가 12mm 이상 되는 경우에는 10~15분 이상이 될 경우도 있다.

압축성형 공정의 경화시간은 금형의 온도를 증가시켜서 감소시킬 수가 있으나, 이 경우 최고 발열점이 상승할 수 있다. 특히 최고 발열점이 200℃ 이상이면 중심부 수지는 탄화되어 분해되면서 특성이 떨어지게 되어, 약한 층간 영역(Weak Interlaminar Zone)을 형성하게 되므로 주의해야 한다.

이러한 관찰로부터, 여러 가지 두께의 제품을 안전하게 생산하기 위한 성형도표(Molding Diagram)를 그림 16.4와 같이 만들 수 있다[3].

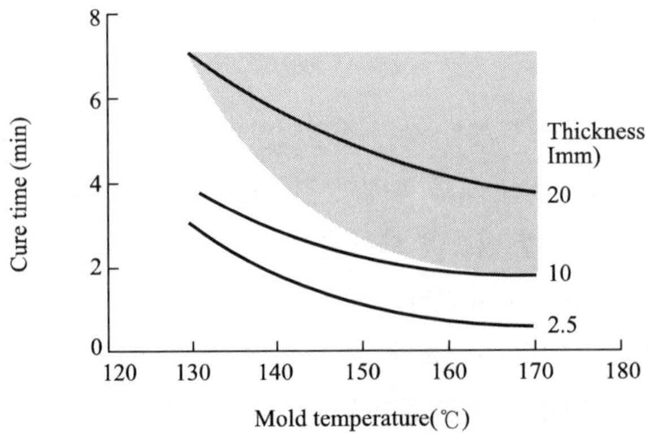

그림 16.4
압축성형을 위한 도표

16.5 기타

압축성형 공정을 통하여 제조된 제품에는 결함이 포함될 수 있으며, 표 16.1에 요약되어 있다.

또한 압축성형 시 조절될 수 있는 주요 인자는 표 16.2에 정리되어 있다.

표 16.1 | 압축성형공정시 제품에 발생될 수 있는 결함

표면 결함	내부 결함
핀홀(Pinhole) 굴곡(Waviness) 크레이터(Crater) 싱크마크(Sink Mark) 표면의 거칠음(Surface Roughness) 어두운 부분(Dark Area) 페인팅 부분의 터진 기포 (Pop-up Blisters in Painted Parts)	기공(Void) 기포(Blister) 층간분리(Delamination) 봉합선(Knit Line) 섬유의 방향성(Fiber Orientation) 섬유의 좌굴(Fiber Buckling) 저경화(Undercure) 수지과다영역(Resin-rich Area) 뒤틀림(Warpage) 잔류응력(Residual Stress)

표 16.2 | 압축성형시 주요 인자

성형인자(Molding Parameters)
금형온도(Mold Temperature) 성형압력(Molding Pressure) 금형 닫힘속도(Mold Closing Speed) 장입제의 모양, 위치 및 크기(Charge Geometry, Placement, Size)
재료인자(Material Parameters)
수지 페이스트의 합성(Resin Paste Formulation) 수지-촉매-억제제의 반응성(Resin-Catalyst-Inhibition Reactivity) 숙성시간(Maturation Time) 판의 두께(Sheet Thickness) 판의 온도(Sheet Temperature)
금형인자(Tool Parameters)
금형의 설계(반경, 리브 등){Mold Design (Radius, Ribs, etc.)} 전단모서리(Shear Edges) 통기구(Vents) 탈형시스템(Ejection System) 분할선(Parting Line) 경사(Draft) 금형재료(Tool Material) 표면 끝손질(Surface Finish)

최근에 압축성형 공정을 자동화하기 위한 많은 진전이 이루어지고 있다[4,5]. 예를 들면 SMC를 자동으로 재단하여, 무게를 측정한 후에 적층하는 기계가 개발되었다. 이렇게 적층된 SMC를 프레스로 압착하여 내부의 공기를 방출한 후, 로봇 팔을 이용하여 금형 내로 이송한다. 로봇 팔을 이용하면 금형 내에 장입제를 짧은 시간에 정확히 위치시킬 수 있다. 최근에 로봇 팔은 제품을 금형에서 탈착하며, 플래시(Flash)를 제거하고, 드릴링과 페인팅 간은 후가공을 하는 데도 사용되고 있다. 이와 같은 자동화 기술의 발전은 압축성형 공정의 질과 생산성을 높이고 있다.

16.6 사용 예

압축성형된 SMC 복합재료는 자동차, 사무용 집기, 구조물 및 산업용 장비에 이르는 다양한 응용성을 가지고 있다.

16.6.1 컴퓨터 케이스

컴퓨터 케이스는 일반적으로 철판으로 제조되나, 표면 처리와 페인팅에 비용이 많이 든다. 따라서 최근에 컴퓨터 케이스는 안료를 섞은 SMC로 제조되고 있다. SMC는 보험업자들의 실험실(Underwriters Laboratory, UL)의 화염 증가속도와 연기생성의 규제를 만족하며, 130℃까지 연속으로 사용할 수 있다. 컴퓨터 케이스는 1.5mm 정도의 두께까지도 성형되며, 성현된 판의 평평도는 판의 보이지 않는 쪽에 리브(Rib)를 보강하여 유지시킬 수가 있다. 또한 X-모양의(X-patterned) 리브가 원형(Circular) 리브보다 평평도를 유지하는 데 효과적임이 밝혀졌다. SMC 판을 컴퓨터 프레임에 고정시키기 위하여 필요한 삽입물(Molded-in Insert)은 판을 성형할 때 일체로 성형한다.

16.6.2 식기 세척기 내부문

법랑(Porcelainized)을 입히거나 페인트 칠을 한 강철 대신에, 압축성형된 SMC 복합재료가 식기 세척기, 냉장고, 세탁기와 에어컨 등에 사용된다. 이 중의 한 가지 예는, TMC(Thick Molding Compound)를 이용하여 압축성형된 식기 세척기의 내부 문이다. 페인팅 없이 흰 색깔을 내기 위하여, TMC에 안료를 섞었으며, 장착을 위한 보스(Boss)와 강화를 위한 리브를 일체형으로 성형하여, 강철로 된 문보다 작은 개수의 이음매와 고정구가 사용되었다[6]. 이와 같이 내 부문을 압축성형 공정으로 제조할 때의 주된 이익은, 강철문에 비하여 여러 부품을 한꺼번에 제조할 수 있기 때문에 생산 비용을 줄일 수가 있다는 것이다. TMC 문은 알칼리와 지방을 함유한 82℃의 물속에서 20년 동안 하루에 2~3번씩 사용하여도 문제가 없는 것으로 나타났다.

16.6.3 경 트럭의 뒷문

포드 사는 7번의 스폿(Spot) 용접에 의하여 제조되는 강철 뒷문(Tailgate)을, 두 개의 패널(Panel)로 이루어진 SMC로 제조하였다. 내부 패널은 비닐에스터 SMC-R50으로, 외부 패널은 폴리에스터 SMC-R50으로 제조하였으며, 내부 패널의 강성을 증가시키기 위하여, 내부 패널에는 리브를 만들었다[7].

두 개의 패널은 따로 압축성형된 후에, 우레탄 접착제(Urethane Adhesive)로 접합되었다. 제조된 문에는 두 개의 돌쩌귀 컵(Hinge Cup)과 빗장걸이를 위한 나사를 만들기 위한 두 개의 판이 있다. 이 두 부품을 제외한, SMC 뒷문의 무게 감소는 약 27%이다.

16.6.4 자동차 바퀴

일반적으로 자동차 바퀴는 SAE1010 혹 1020과 같은 저탄소강을 사용하여, 바퀴의 테(Rim) 부분과 원판(Disk) 부분이 따로 스탬핑(Stamping) 된 후에 스폿 용접을 하여 조립된다. 최근에, 고강도 SMC를 사용하여 자동차 바퀴의 시작품이 제조되었다. 바퀴는 위(Top), 아래(Bottom) 및 두 개의 측면으로 미끌어지는 (Slide) 부분

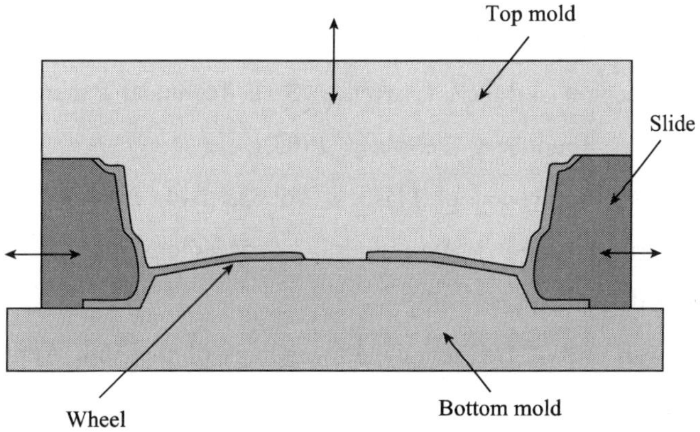

그림 16.5
압축성형에 의하여 SMC 바퀴를 제조하기 위한 금형의 배치도

등 네 개의 부분으로 이루어진 금형에서 한 번에 제조되었다(그림 16.5).

재료는 SMC-R50과 XMC를 혼합하여 사용하였으며, 수지는 폴리에스터보다 고온에서 피로 특성이 좋은 비닐에스터 수지가 사용되었다[8]. 제조 방법은 다음과 같다. SMC-R50 재료가 아래 금형에 놓여서 바퀴의 원판 부분이 형성된 후에, XMC 재료가 아래 금형 둘레에 놓여서 바퀴의 테 부분을 형성한다. 이후에 금형이 안으로 미끄러져서 금형이 닫히게 된다. 성형압력은 주로 SMC-R50 장입제에 작용하기 때문에 수지가 테 부분으로 흘러 들어가서 XMC 장입제와 접합(Join)되게 된다.

강철바퀴에 비해서 SMC 바퀴는 40~50%의 무게 절감을 가져오며, 무게가 균일하게 분포되기 때문에, 밸런싱(Balancing) 하기가 쉬우며, 부식이 되지 않는 이점이 있다. SMC 바퀴는 모의시험된 도로시험(Simulated Road Test)과 가속화된 피로시험(Accelerated Fatigue Test)에 모두 합격하였다. 그러나 한 가지 우려되는 점은 고온에서의 SMC의 응력이완(Stress Relaxation)에 의한 바퀴의 나사에 가하여진 토크의 감소이다. 이의 해결 방법은 볼트구멍 주위에 일체형의 강철 삽입물을 성형시에 함께 제조하는 것이다.

참고문헌

[1] P.K. Mallick and S. Newman (Eds.), *Composite Materials Technology, Processes and Properties*, Hanser Publishers, Chapter 3, 1990.

[2] P.K. Mallick and N. Raghupathi, Polymer Engineering and Science, Vol.24, p.175, 1984.

[3] M.R. Panter, Proceedings of the 36th Annual SPI Technical Conference, 1981.

[4] J. Stuckrad and D. Therolf, 3rd Annual ASM/ESD Advanced Composites Conference, Detroit, 1987.

[5] D.H. Anderson and A.F. Lawrence, SAE Technical Paper 830487, Society of Automotive Engineers, February, 1983.

[6] A. Stuart Wood, Modern Plastics, Vol.63, p.44, 1986.

[7] E.G. Trudeau and M.W. Lindsay, Proceedings of the 36th Annual SPI Technical Conference, 1981.

[8] M. Dewan and T.N. Coppock, Proceedings of the 36th Annual SPI Technical Conference, 1981.

찾아보기

저자약력

이대길

1975년 : 서울대학교 공과대학 기계공학과 (공학사)
1977년 : 한국과학기술원 기계공학과 (공학석사)
1985년 : M. I. T 기계공학과 (공학박사)
1993년 및 1995년도 국제학술대회(ICCS-7, 8)에서 Best Paper Award 연속 수상
1997년도 제 9회 중소기업 주간 통상 산업부 장관 표창
1998년 Marquis Who's Who in the World (15th Edition) 인명록에 등재
2006년 한국과학기술한림원 종신회원
1986 - 현재 : 한국과학기술원 기계공학과 교수
현 KAIST 복합시스템 설계연구소 소장

정명영

1982년 : 부산대학교 공과대학 기계공학과 (공학사)
1984년 : 부산대학교 공과대학 기계공학과 (공학석사)
2000년 : 한국과학기술원 기계공학과 (공학박사)
1983년 : 전자통신연구원 책임연구원
2003년 - 현재 : 부산대학교 나노과학기술대학 나노시스템 공정공학부 조교수

최진호

1988년 : 한양대학교 공과대학 정밀기계공학과 (공학사)
1991년 : 한국과학기술원 생산공학과 (공학석사)
1995년 : 한국과학기술원 정밀공학과 (공학박사)
1995년 : 대우중공업 우주항공연구소 선임 연구원
1997년 - 현재 : 경상대학교 공과대학 기계항공공학부 부교수

전성식

1993년 : 고려대학교 공과대학 기계공학과 (공학사)
1995년 : 한국과학기술원 정밀공학과 (공학석사)
1999년 : 한국과학기술원 기계공학과 (공학박사)
1999년 : Univ. of Toronto 기계산업공학과 방문연구원
2001년 : 현대 기아자동차 연구개발본부 선임연구원
2003년 - 현재 : 공주대학교 기계자동차공학부 조교수

장승환

1994년 : 중앙대학교 공과대학 기계설계학과 (공학사)
1997년 : 한국과학기술원 기계공학과 (공학석사)
2001년 : 한국과학기술원 기계공학과 (공학박사)
2002년 : University of Cambridge 연구원
2002년 - 현재 : 중앙대학교 공과대학 기계공학부 조교수

오제훈

1995년 : 한국과학기술원 정밀공학과 (공학사)
1997년 : 한국과학기술원 기계공학과 (공학석사)
2001년 : 한국과학기술원 기계공학과 (공학박사)
2001년 - 2004년: 삼성SDI 생산기술연구소 책임연구원
2004년 - 현재: 한양대학교 공학대학 기계공학과 조교수

정가25,000원

복합재료

2007년 8월 10일 초판 인쇄
2007년 8월 20일 초판 발행
저 자 : 이대길 · 정명영 · 최진호
전성식 · 장승환 · 오제훈
발행자 : 우 명 찬 · 송 준
발행처 : 홍 릉 과 학 출 판 사
주 소 : 서울시 강북구 수유5동 455-60
142-885
등 록 : 1976년 10월 21일 제5-66호
전 화 : 999-2274~5, 996-8341~2, 903-7037
팩 스 : 905-6729
e-mail : hongpub@hongpub.co.kr
http://www.hongpub.co.kr

저자와의 협의하에 인지생략